Mathematik

Aktuelles
Grundwissen

Sonderausgabe

MIX
Papier aus verantwortungsvollen Quellen
FSC® C108080
www.fsc.org

Vertrieben durch:

Baierbrunner Straße 27, D-81379 München

Redaktion: Astrid Kaufmann, Jenny Bux
Fachkorrektur: Volker Wollny
Produktion: Ute Hausleiter
Titelabbildungen: fotolia.com: orfeev (Formeln), pictus (Zirkel)
Gestaltung: textum GmbH, München
Umschlaggestaltung: Hartmut Baier; X-Design, München

ISBN 978-3-8174-9979-3
381749979/3

www.compactverlag.de

Inhaltsverzeichnis

Vorwort

Die Entwicklung der Mathematik lässt sich bis in die vorgeschichtliche Zeit zurückverfolgen. Zahlreiche mathematische Begriffe, die heute noch in ähnlicher Form Gültigkeit haben, wurden bereits in frühgeschichtlichen Hochkulturen entdeckt und angewandt. Potenzen als zusammenfassende Multiplikation mit gleichen Faktoren wurden im 3. Jahrtausend v. Chr. von den Babyloniern und Ägyptern eingeführt, wobei auch eine abkürzende Schreibweise verwendet wurde. Schon im 2. Jahrtausend v. Chr. wurde bei den Arabern mit Wurzeln gerechnet. Sinnvolle Näherungen von Wurzeln wurden um 500 v. Chr. in Indien angegeben. In dieser Zeit wurden mathematisch lösbare Probleme auch schon in Form von Gleichungen aufgeschrieben, wobei die damaligen Lösungsverfahren den heutigen sehr ähneln. Auch die Geometrie hat ihre Ursprünge in der Zeit um 2000 v. Chr. in Ägypten und Mesopotamien, wo Verfahren, Regeln und Messanleitungen entwickelt werden mussten, um die Überschwemmungen der grossen Flüsse beherrschbar zu machen.

Aus der Astronomie kamen die ersten Anstöße zur Trigonometrie. Beispielsweise konnte der Grieche Aristarch von Samos 270 v. Chr. mithilfe von rechtwinkligen Dreiecken die gegenseitigen Abstände von Sonne, Mond und Erde berechnen.

Um 500 v. Chr. begann in Griechenland eine Entwicklung, die zu einer Präzisierung des Zahlenbegriffs führte. Die natürlichen Zahlen wurden eingeführt. In der pythagoräischen Schule wurde dann die Existenz irrationaler Zahlen aufgezeigt. Diese Tatsache verschaffte der von Euklid erarbeiteten Geometrie immer mehr Bedeutung. Durch seine Erkenntnisse war es möglich, irrationale Strecken geometrisch darzustellen, ohne dass der Begriff der natürlichen Zahl erforderlich war. Bis in die Neuzeit war Euklids Werk das Standardwerk der Geometrie.

Ab dem 15. Jahrhundert n. Chr. begannen sich die heute bekannten Disziplinen der Mathematik zu entwickeln. So schufen zahlreiche bedeutende Mathematiker wie Newton, Leibniz, Euler und Gauß die Analysis, die sich mit den Eigenschaften von Funktionen beschäftigt. Im 17. Jahrhundert begründete Descartes die Analytische Geometrie, mit der sich geometrische Beziehungen algebraisch ausdrücken lassen. Die Algebra, die sich zunächst nur mit dem Rechnen mit allgemeinen Zahlen und dem Lösen von Gleichungen beschäftigte, wuchs zu einem bedeutenden Instrument, das mathematische Strukturen aufdecken und beschreiben konnte.

Die meisten Begriffsbildungen der modernen Mathematik gründen sich auf die Aussagenlogik und die Mengenlehre. Die Mengenlehre wurde von Georg Cantor begründet. Ihm ist zu verdanken, dass auch »unendliche« Mengen einer exakten Behandlung zugänglich gemacht wurden.

Die Stochastik als Teilgebiet der Mathematik wurde weitgehend im 20. Jahrhundert entwickelt und systematisiert. Von den Methoden der Mathematik profitieren viele Wissenschaftszweige, wie z. B. die Medizin, die Biologie oder die Soziologie. Vor allem aber die moderne Physik sowie die Chemie sind in vielen Bereichen auf die Grundlage mathematischer Kenntnisse angewiesen.

Vorwort

1.
Grundelemente

1.1 Aussagen

Satz und Aussage

Lässt sich einem Satz p (er kann mit Wörtern oder als mathematische Formel geschrieben sein) ein Wahrheitswert (W = wahr oder F = falsch) zuordnen, so wird dieser Satz eine Aussage.

Die mathematische Logik beschäftigt sich mit Aussagen.

Beispiele:

Der Satz „Der Rhein fließt in die Nordsee" ist eine wahre Aussage.

Der Satz „3 + 4 = 7" ist eine wahre Aussage.

Der Satz „Berlin ist ein Vogel" ist eine sinnlose Aussage.

Der Satz „6 ist eine Primzahl" ist eine falsche Aussage.

Dem Fragesatz „Wie alt bist du?" kann kein Wahrheitswert zugeordnet werden, er ist also keine Aussage.

Negation einer Aussage

Durch Verneinen einer Aussage p entsteht eine Aussage $\neg p$ (gelesen: non p), die Negation der Aussage p genannt wird.

Die Negation einer wahren Aussage ist falsch, die einer falschen ist wahr.

Beispiele:

p: „Die Geraden g und h schneiden sich."
¬ *p*: „Die Geraden g und h schneiden sich nicht."
¬ (¬ *p*): „Es ist nicht wahr, dass die Geraden g und h sich nicht schneiden."

Es können beliebig viele Aussagen durch bestimmte Verbindungswörter miteinander verknüpft werden. Dabei entstehen immer wieder Aussagen, allerdings von komplexerer Struktur.
Die einfachsten Verknüpfungen sind: Konjunktion, Disjunktion, Subjunktion, Bijunktion und Antivalenz.

Konjunktion zweier Aussagen

Verknüpft man zwei Aussagen p und q durch das Wort „und" oder ein im Sinn entsprechendes Wort, so entsteht die Konjunktion der Aussagen p und q, symbolisch mit $p \wedge q$ (gelesen: p und q) bezeichnet.

Wahrheitstafel der Konjunktion:

p	q	$p \wedge q$
W	W	W
W	F	F
F	W	F
F	F	F

Eine Konjunktion ist also nur wahr, wenn beide Teilaussagen wahr sind.

Beispiele:

Die Konjunktion der wahren Aussage p: „128 ist eine gerade Zahl" mit der falschen Aussage q: „128 ist durch 3 teilbar" ist die falsche Aussage $p \wedge q$: „128 ist eine gerade Zahl und durch 3 teilbar" (Zeile 2 der Wahrheitstafel).

Die falsche Aussage: „Der Jupiter ist ein Fixstern und hat eine kleinere Masse als die Erde" ist eine Konjunktion der falschen Aussagen: „Der Jupiter ist ein Fixstern" und: „Der Jupiter hat eine kleinere Masse als die Erde" (Zeile 4 der Wahrheitstafel).

Disjunktion zweier Aussagen

Verknüpft man zwei Aussagen p und q durch das Wort „oder" oder ein im Sinn entsprechendes Wort, so entsteht die Disjunktion der Aussagen p und q, symbolisch mit $p \vee q$ (gelesen: p oder q oder beide) bezeichnet.

Beispiele:

Die Disjunktion der wahren Aussage „$0 < 5$" und der falschen Aussage „$0 = 5$" ist die wahre Aussage „$0 \leq 5$" (Zeile 2 der Wahrheitstafel).

Die wahre Aussage: „Entweder ist die Erde ein Würfel oder die Sonne ist ein Fixstern" ist eine Disjunktion der falschen Aussage: „Die Erde ist ein Würfel" und der wahren Aussage: „Die Sonne ist ein Fixstern" (Zeile 3 der Wahrheitstafel).

Wahrheitstafel der Disjunktion:

p	q	$p \vee q$
W	W	W
W	F	W
F	W	W
F	F	F

Die Disjunktion ist also nur falsch, wenn beide Aussagen falsch sind.

Implikation zweier Aussagen (Subjunktion)

Verknüpft man zwei Aussagen p und q durch das Wort „dann" oder ein im Sinn entsprechendes Wort, so entsteht die Implikation der Aussagen p und q, symbolisch mit $p \to q$ (gelesen: p impliziert q) bezeichnet.

Die Implikationsverknüpfung kann auch durch $\neg\ p \vee q$ (gelesen: (nicht p) oder q) hergestellt werden. Man sagt auch: q ist notwendig für p, p ist hinreichend für q.

Wahrheitstafel der Implikation:

p	q	$p \to q$
W	W	W
W	F	F
F	W	W
F	F	W

Beispiele:

Die Subjunktion der wahren Aussage: „Die Lichtgeschwindigkeit beträgt annähernd 300000 km/s“ und der falschen Aussage: „Die Schallgeschwindigkeit ist größer als die Lichtgeschwindigkeit“ ist die falsche Aussage: „Die Schallgeschwindigkeit beträgt mehr als 300000 km/s“ (Zeile 2 der Wahrheitstafel).

Die Subjunktion der falschen Aussage: „2 = 3“ und der wahren Aussage: „0 = 0“ ist die Aussage: „Wenn 2 = 3 ist, dann ist 0 = 0“, die man definitionsgemäß als wahr betrachtet (Zeile 3 der Wahrheitstafel).

„Wenn 4 < 3 dann 5 < 4“ ist eine wahre Aussage, obwohl sie eine Subjunktion zweier falscher Teilaussagen ist (Zeile 4 der Wahrheitstafel).

Äquivalenz zweier Aussagen (Bijunktion)

Verknüpft man zwei Aussagen p und q durch die Wortkombination „dann und nur dann“ oder eine im Sinn entsprechende, so entsteht die Äquivalenz der Aussagen p und q, symbolisch mit $p \leftrightarrow q$ (gelesen: p äquivalent q) bezeichnet.

Wahrheitstafel der Äquivalenz:

p	q	$p \leftrightarrow q$
W	W	W
W	F	F
F	W	F
F	F	W

Die Äquivalenzverknüpfung kann auch durch $(\neg p \vee q) \wedge (\neg q \vee p)$ (gelesen: sowohl (nicht p) oder q als auch (nicht q) oder p) hergestellt werden.

Man sagt auch: wenn p, dann q und umgekehrt. p ist notwendig und hinreichend für q.

Die Äquivalenz zweier Teilaussagen ist nur wahr, wenn entweder beide Teilaussagen wahr oder beide falsch sind.

Beispiele:

Die wahre Aussage: „Im rechtwinkligen Dreieck gilt der Höhensatz" äquivalent verknüpft mit der falschen Aussage: „Im rechtwinkligen Dreieck sind alle Seiten gleich lang" ergibt die falsche Aussage: „Im rechtwinkligen Dreieck sind dann und nur dann alle Seiten gleich lang, wenn der Höhensatz gilt" (Zeile 2 der Wahrheitstafel).

Die Äquivalenzverknüpfung der falschen Aussage: „Das Kilogramm ist eine Längeneinheit" mit der wahren Aussage: „1000 Meter ergeben einen Kilometer" ist die Aussage: „Das Kilogramm ist dann und nur dann eine Längeneinheit, wenn 1000 Meter einen Kilometer ergeben", die man als falsch bewertet (Zeile 3 der Wahrheitstafel).

Antivalenz zweier Aussagen

Verknüpft man zwei Aussagen p und q durch das Wort „oder" oder ein im Sinn entsprechendes Wort („entweder oder"/„oder auch") im ausschließenden Sinn, so entsteht die Antivalenz der Aussagen p und q, mit $(\neg p \wedge q) \vee (\neg q \wedge p)$ bzw. auch mit $p \vee q$ bezeichnet.

Wahrheitstafel der Antivalenz:

p	q	$p \vee q$
W	W	F
W	F	W
F	W	W
F	F	F

Die Antivalenz zweier Teilaussagen ist nur dann wahr, wenn die Teilaussagen nicht beide wahr oder nicht beide falsch sind.

Beispiel:

> Die wahre Aussage „Der Zug fährt nach München“ antivalent mit der falschen Aussage „Der Zug fährt nach Frankfurt“ verknüpft, ergibt die wahre Aussage „Der Zug fährt entweder nach München oder nach Frankfurt“ (Zeile 2 der Wahrheitstafel).

Regeln zu den Aussagenverknüpfungen

Zwischen den Aussagen bzw. ihren Verknüpfungen sind folgende Äquivalenzen definiert, von denen einige eine formale Ähnlichkeit mit den Regeln für das Rechnen mit Zahlen haben:

Kommutativgesetze: $p \wedge q \leftrightarrow q \wedge p$

$p \vee q \leftrightarrow q \vee p$

Assoziativgesetze: $(p \wedge q) \wedge r \leftrightarrow p \wedge (q \wedge r)$

$(p \vee q) \vee r \leftrightarrow p \vee (q \vee r)$

Distributivgesetze:	$p \wedge (q \vee r) \leftrightarrow (p \wedge q) \vee (p \wedge r)$
	$p \vee (q \wedge r) \leftrightarrow (p \vee q) \wedge (p \vee r)$
Absorptionsgesetze:	$p \wedge (p \vee q) \leftrightarrow p$
	$p \vee (p \wedge q) \leftrightarrow p$
Widerspruch:	$p \wedge (p \vee \neg p) \leftrightarrow p$
	$p \vee (p \wedge \neg p) \leftrightarrow p$

($p \wedge \neg p$ heißt Kontradiktion, $p \vee \neg p$ heißt Tautologie)

Regeln von de Morgan:

$\neg (p \wedge q) \leftrightarrow \neg p \vee \neg q$

$\neg (p \vee q) \leftrightarrow \neg p \wedge \neg q$

1.2 Mengen

Definition

Der abstrakte Begriff der Menge gehört zu den universalen Grundbegriffen unseres Denkens. Georg Cantor, der Begründer der Mengenlehre, verstand unter einer Menge „eine Zusammenfassung von bestimmten, wohlunterschiedenen Objekten unserer Anschauung und unseres Denkens zu einem Ganzen“.
Daraus ergibt sich:

a) Eine Menge ist dann und nur dann festgelegt, wenn sich von allen Objekten unserer Anschauung festlegen lässt, ob sie zur Menge gehören oder nicht.

b) Ein Objekt darf in der Menge nicht mehrfach als Element auftreten.

Beispiele:

Die Teilnehmer eines bestimmten Lehrgangs sind wohlunterschiedene Objekte unserer Anschauung, sie bilden also eine Menge.

Die natürlichen Zahlen sind wohlunterschiedene Objekte unseres Denkens und bilden somit eine Menge.

Die in der Umgangssprache benutzten Wortkombinationen „eine Menge Staub“, „eine Menge Luft“, „eine Menge Wasser“ usw. werden in der Mathematik nicht als Mengen angesehen, da sich nicht genau angeben lässt, welche Objekte dazugehören.

Die abstrakten Objekte $3, \sqrt{9}, \frac{6}{2}, \frac{12}{4}$ bilden eine einelementige Menge, da sie untereinander gleichwertig sind.

Man spricht von einer leeren Menge, Symbol $\emptyset$, wenn kein konkretes oder abstraktes Objekt dazugehört.

M ist eine Menge, wenn für jedes konkrete oder abstrakte Objekt x der Satz $x \in M$ (gelesen: x gehört zu M) eine wahre oder falsche Aussage ist.

Ist der Satz $x \in M$

für alle x falsch, so ist M eine leere Menge,

für endlich viele x wahr, so ist M eine endliche Menge,

für unendlich viele x wahr, so ist M eine unendliche Menge.

Die Negation des Satzes $x \in M$ wird symbolisch $x \notin M$ geschrieben (gelesen: x gehört nicht zu M).

Angaben von Mengen

Aufzählende Form:

Die Symbole der Objekte werden zwischen zwei geschweifte Klammern, durch Komma getrennt, geschrieben. (Bei Kommazahlen werden die einzelnen Zahlen durch ein Semikolon voneinander getrennt. Z. B. { 2,5;2,6;2,7 })

Beispiele:

$M = \{ a, b, c, d \}$

$B = \{ 3 \}$

$P = \{ a_1, a_2, \dots , a_n \}$

$N = \{ 1, 2, 3, \dots \}$

Kennzeichnende oder beschreibende Form:

Zwischen zwei geschweiften Klammern wird eine Regel aufgeschrieben, mit deren Hilfe bestimmt werden kann, ob ein bestimmtes Objekt zur Menge gehört oder nicht.

Beispiele:

$P = \{ p \mid p$ ist Primzahl $\}$
(Man liest: Menge aller p mit der Eigenschaft p ist Primzahl.)

$M = \{ x \mid x$ ist PKW mit deutschem Kennzeichen $\}$

Euler-Venn-Diagramm:

Die Elemente der Menge werden als Punkte der Zeichenebene, von einer geschlossenen Kurve umrandet, dargestellt.

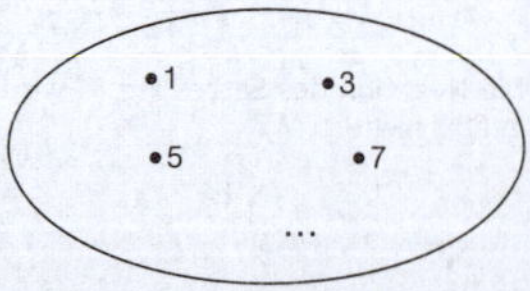

Teilmenge

Sind alle Elemente der Menge A auch Elemente der Menge B, so ist A eine Teilmenge von B, symbolisch $A \subset B$. Diese Definition beinhaltet zwei Möglichkeiten:

a) A ist echte Teilmenge von B, wenn $A \subset B$ und es in B mindestens ein Element gibt, das nicht zu A gehört.

b) A ist unechte Teilmenge von B, wenn $A \subset B$ und es in B kein Element gibt, das nicht zu A gehört.

$$A \subset B \leftrightarrow (x \in A \rightarrow x \in B)$$

Beispiele:

1. $A = \{1, 2, 3\}$,
$B = \{1, 2, 3, 4, 5\}$,
$A \subset B$

2. $A = \{x \mid x \text{ ist Stadt in Frankreich}\}$,
$B = \{y \mid y \text{ ist Stadt in Europa}\}$,
$A \subset B$

3. $A = \{1, x, y\}$
$B = \{1, 2, 3, a, b, x, y\}$
$A \subset B$

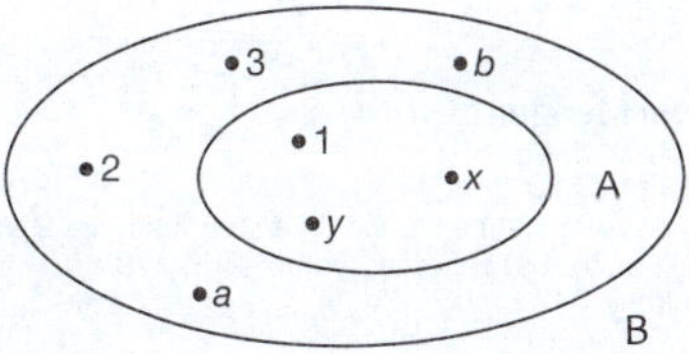

Eine leere Menge ist Teilmenge einer jeden Menge.

Gleiche Mengen

Zwei Mengen A und B sind gleich, wenn jedes Element von A auch Element von B ist, symbolisch: A = B.

$$A = B \leftrightarrow (A \subset B \wedge B \subset A)$$

Beispiele:

1. $A = \{ x \mid x \text{ ist ein positiver Teiler von } 12 \}$,
$B = \{ 1, 2, 3, 4, 6, 12 \}$,
$A = B$

2. $A = \{ 3 \}$,
$B = \{ \sqrt{9} \}$,
$A = B$

3. $A = \{ n \mid n \in N \wedge n < 0 \}$,
$B = \varnothing$,
$A = B$

Schnittmenge von zwei Mengen

Unter der Schnittmenge von zwei Mengen A und B versteht man die Menge aller Objekte, die sowohl zu A als auch zu B gehören, symbolisch: $A \cap B$.
(Gelesen: A geschnitten mit B.)

$$x \in A \cap B \leftrightarrow x \in A \wedge x \in B$$

Beispiele:

1. $A = \{6, 7, 8, 9\}$,
$B = \{2, 4, 6, 8, 10\}$
$\rightarrow A \cap B = \{6, 8\}$

2. $P = \{a, b, c, d\}$,
$Q = \{x, y, z\}$
$\rightarrow P \cap Q = \varnothing$ (leere Menge)

3. $C = \{\sqrt{9}, 4, 3^3\}$
$D = \left\{\frac{9}{3}, 1, 4^2\right\}, \rightarrow C \cap D = \{3\}$

4. $E = \{x \mid x < 5\}$,
$F = \{x \mid x \geq 1\}$,
$E \cap F = \{x \mid 1 \leq x < 5\}$, wenn x eine reelle Zahl ist.

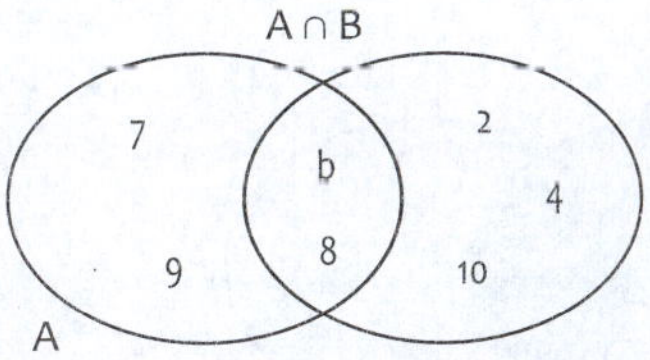

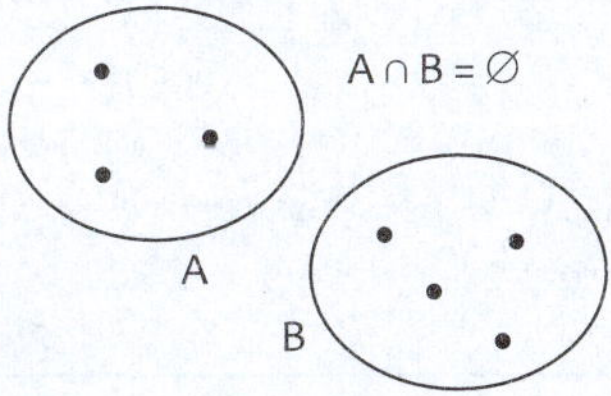

Vereinigung von zwei Mengen

Die Menge aller Objekte, die zu mindestens einer der Mengen A oder B gehören, heißt Vereinigungsmenge von A und B, symbolisch: A ∪ B. (Gelesen: A vereinigt mit B.)

$$A \cup B \leftrightarrow x \in A \vee x \in B$$

Beispiele:

1. $A = \{ a, b, c, d \}$,

$B = \{ b, c, d, e, f \}$

$\rightarrow A \cup B = \{ a, b, c, d, e, f \}$

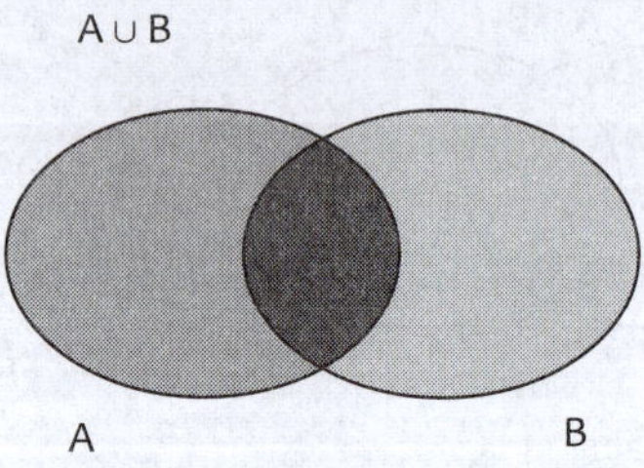

2. $N = \{ 0, 1, 2, 3, \dots \}$,

$Z^{-} = \{ -1, -2, -3, \dots \}$

$\rightarrow N \cup Z^{-} = \{ \dots -2, -1, 0, 1, 2, \dots \}$

Differenz- oder Restmenge

Die Menge aller Objekte, die zu A gehören, ohne zugleich auch zu B zu gehören, heißt Differenz- oder Restmenge der Mengen A und B, symbolisch A \ B. (Gelesen: A ohne B.)

$$x \in A \setminus B \leftrightarrow x \in A \land x \notin B$$

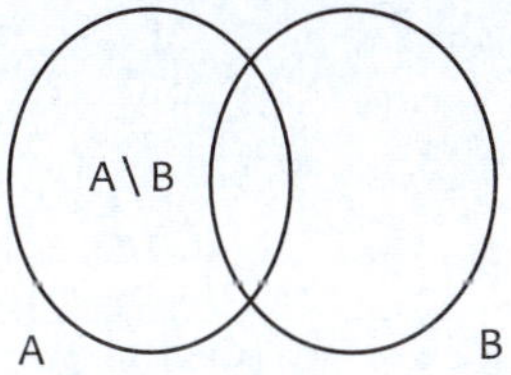

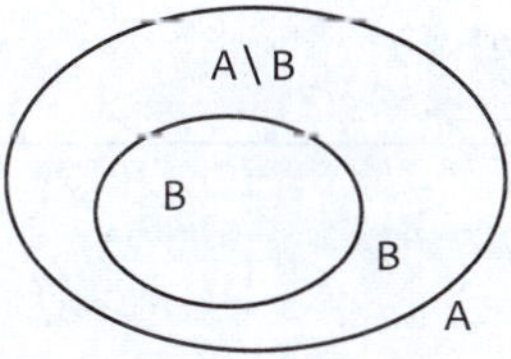

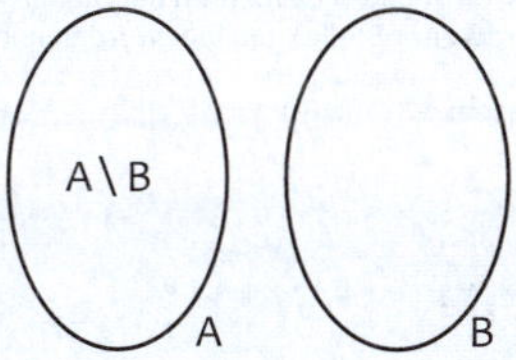

Beispiele:

1. $A = \{1, 3, 5, 7, 9\}$,

$B = \{2, 3, 5, 7, 11, 13\}$

$\rightarrow A \setminus B = \{1, 9\}$ oder

$B \setminus A = \{2, 11, 13\}$

2. $A = \{a, b, c, d, e, f\}$,

$B = \{b, d, f\}$

$\rightarrow A \setminus B = \{a, c, e\}$,

$B \setminus A = \varnothing$

3. $A = \{n^2 \mid n \in N\}$,

$B = N$

$\rightarrow A \setminus B = \varnothing$,

$B \setminus A = \{2, 3, 5, 6, 7, 8, 10, 11, \ldots\}$

Paarmenge

Die Paarmenge oder die Produktmenge der Mengen A und B ist die Menge sämtlicher geordneter Paare, die mit den Elementen der Menge A (an erster Stelle) und denen der Menge B (an zweiter Stelle) gebildet werden können.

Symbolisch A × B. (Gelesen: A Kreuz B.)

$$(x; y) \in A \times B \leftrightarrow x \in A \wedge y \in B$$

Beispiele:

1. $A = \{a, b, c\}$,
$B = \{x, y\}$
$\rightarrow A \times B = \{(a;x), (a;y), (b;x), (b;y), (c;x), (c;y)\}$

2. $A = \{1, 2, 3, 4\}$,
$B = \{2, 3, 5\}$
$\rightarrow A \times B = \{(1;2), (1;3), (1;5), (2;2), (2;3), \dots, (4;5)\}$

Ordnet man die Elemente von A als Punkte auf einem Zahlenstrahl an und ordnet man die Elemente von B auf einem dazu senkrecht stehenden Zahlenstrahl an, dann stellen sich die Elemente von A × B als Punkte der Ebene dar, die von den beiden Zahlenstrahlen aufgebaut wird.

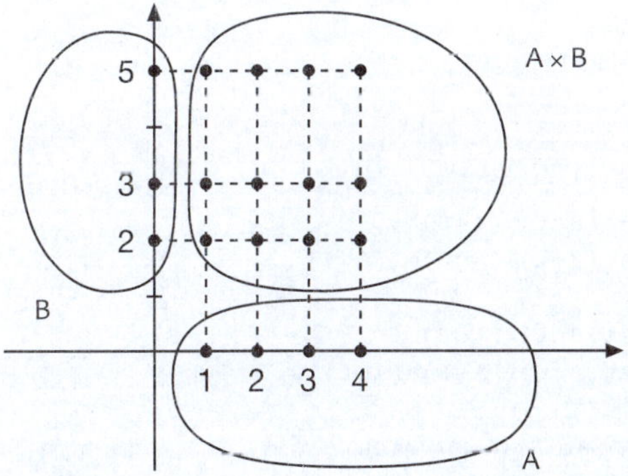

Führt man diesen Gedanken fort, so findet man, dass alle Punkte einer xy-Koordinatenebene mit $x \in R$ und $y \in R$ durch die Elemente von $R \times R$ dargestellt werden können.

Spezialfälle

Bei den Mengenverknüpfungen sind folgende Spezialfälle zu beachten:

$$A \cup A = A,$$

$$A \setminus A = \varnothing,$$

$$\varnothing \setminus A = \varnothing,$$

$$A \cup \varnothing = A$$

$$A \cap A = A,$$

$$A \setminus \varnothing = A,$$

$$A \cap \varnothing = \varnothing$$

Klammerregeln

$A \cap (B \cap C) = (A \cap B) \cap C$

$A \cap (B \cup C) = (A \cap B) \cup C(A \cap C)$

$A \cup (B \cup C) = (A \cup B) \cup C$

$A \cup (B \cap C) = (A \cup B) \cap (A \cup C)$

$A \setminus (B \cup C) = (A \setminus B) \cap (A \setminus C)$

$A \setminus (B \cap C) = (A \setminus B) \cup (A \setminus C)$

$A \times (B \cup C) = (A \times B) \cup (A \times C)$

$A \times (B \cap C) = (A \times B) \cap (A \times C)$

1.3 Aussageformen

Definition der Aussageform

Gegeben sei eine Menge G, genannt Grundmenge, und ein beliebiges Element x aus G, genannt Variable (Platzhalter) der Menge G.

> Eine Aussageform über der Menge G mit der Variablen x ist ein Satz $A(x)$, der zur Aussage wird, sobald x in G festgelegt ist.

Die Menge L aller x, für die die Aussageform zur wahren Aussage wird, heißt Lösungsmenge der Aussageform. Die Lösungsmenge ist eine Teilmenge von G.

Beispiele:

1. Die Grundmenge G sei die Menge aller Himmelskörper. Die Aussageform $A(x)$: „x ist ein Planet des Sonnensystems" hat als Lösungsmenge die Menge L = {Merkur, Venus, Erde, Mars, Saturn, Jupiter, Uranus, Neptun, Pluto}, denn z.B. ist A(Jupiter): „Jupiter ist ein Planet" eine wahre Aussage, während A(Sonne): „Sonne ist ein Planet" eine falsche Aussage ist.

2. Grundmenge G = N, $A(x)$: „Das um 1 vermehrte Doppelte von x ist 7".
   A(3): „Das um 1 vermehrte Doppelte von 3 ist 7" ist wahr, jede andere Einsetzung führt auf eine falsche Aussage. Daher ist $L = \{3\}$.

3. Grundmenge G = Z, $A(x)$: „Das um 2 verminderte Dreifache von x ist größer als –8 und kleiner als 1."
   $A(x)$ lässt sich auch durch einen mathematischen Ausdruck angeben: „ $-8 < 3x - 2 < 1$".
   Die Lösungsmenge wird durch Probieren ermittelt, es ergibt sich $L = \{-1, 0\}$.

Es gibt Aussageformen, deren Lösungsmenge die leere Menge ist, und solche, deren Lösungsmenge gleich der Grundmenge ist.

Beispiele:

1. G = R,
   A(x): „Das um 5 vermehrte Quadrat von x ist Null“,
   L = ∅, denn es gibt keine reelle Zahl mit der Eigenschaft $x^2 + 5 = 0$.

2. G = N,
   A(x): „Das Quadrat von x ist größer oder gleich x“.
   L = N, weil alle natürlichen Zahlen diese Eigenschaft besitzen.

Verknüpfungen von Aussageformen

Jede Aussageform stellt also eine endliche oder unendliche Menge von Aussagen dar. Daher lassen sich auch die Aussageformen, genau wie die Aussagen, miteinander verknüpfen.
Die Grundverknüpfungen sind: Implikation (entspricht der Subjunktion bei den Aussagen), Äquivalenz (entspricht der Bijunktion bei den Aussagen), Konjunktion und Disjunktion.
Auch die Negation einer Aussageform sieht man formal als Verknüpfung an.

Sind $A_1(x)$ und $A_2(x)$ zwei Aussageformen, dann lassen sie sich formal durch folgende logische Funktionen verknüpfen:

Implikation: $A_1(x) \Rightarrow A_2(x)$

Äquivalenz: $A_1(x) \Leftrightarrow A_2(x)$

Konjunktion: $A_1(x) \wedge A_2(x)$

Disjunktion: $A_1(x) \vee A_2(x)$

Negation: $\overline{A_1(x)}$ bzw. $\overline{A_2(x)}$

Beispiele:

1. $G = \mathbb{Q}$,

$A_1(x)$: „Die Hälfte der um 1 vermehrten Zahl x ist 2."

$A_2(x)$: „Das um 1 Vermehrte der Zahl x beträgt 4."

$A_1(x)$: $\frac{x+1}{2} = 2$

$A_2(x)$: $x + 1 = 4$

$A_1(x) \Rightarrow A_2(x)$:

„Wenn die Hälfte der um 1 vermehrten Zahl x die Zahl 2 ist, dann ist die um 1 Vermehrte der Zahl x die Zahl 4."

$\frac{x+1}{2} = 2 \Rightarrow x + 1 = 4$

$A_1(x) \Leftrightarrow A_2(x)$:

„Die Hälfte der um 1 vermehrten Zahl x ist genau dann die Zahl 2, wenn die um 1 Vermehrte der Zahl x die Zahl 4 ist."

$\frac{x+1}{2} = 2 \Leftrightarrow x + 1 = 4$

2. $G = \mathbb{Q}$,

$A_1(x)$: „Die Zahl x ist größer als −2." $x > -2$

$A_2(x)$: „Die Zahl x ist größer als 3." $x > 3$

$A_1(x) \wedge A_2(x)$:

„Die Zahl x ist größer als −2 und auch größer als 3."

$x > -2 \wedge x > 3$

$A_1(x) \vee A_2(x)$:

„Die Zahl x ist entweder größer als −2 oder größer als 3."

$x > -2 \vee x > 3$

Zwei Aussageformen $A_1(x)$, $A_2(x)$, beide über der Grundmenge G, sind äquivalent, wenn die Aussageform $A_1(x) \Leftrightarrow A_2(x)$ über G die Lösungsmenge $L = G$ hat.

Beispiel:

$G = Q,$
$A_1(x): 4x - 5 = 3$
$A_2(x): 4x = 8$
$A_1(x) \Leftrightarrow A_2(x): 4x - 5 = 3 \Leftrightarrow 4x = 8$

Die zweite Gleichung ist so entstanden, dass beide Seiten der ersten Gleichung mit 5 vermehrt wurden.
Die Aussageform $A_1(x) \Leftrightarrow A_2(x)$ ist für alle $x \in Q$ wahr, also gilt:
$L = Q = G$

Terme

Aussageformen aus dem Bereich der Mathematik enthalten fast immer Ausdrücke, in denen Zahlen und Variablen mithilfe der Symbole für die Rechenoperationen verknüpft werden. In der Umgangssprache hat das Wort „Ausdruck" einen sehr breiten Anwendungsbereich. Man ersetzt es daher genauer durch das Wort „Term" (Plural „Terme"). Es gibt in der Mathematik sehr viele verschiedene Arten von Termen. Einer der einfachsten ist der „rationale Term".

Unter einem rationalen Term $T(x)$ versteht man jede reelle Zahl oder die Variable x oder jede sinnvolle Verknüpfung von Zahlen mit der Variablen x durch die Symbole „ + " , „ – " , „ · " , „ : " , „Bruchstrich".

Beispiele:

1. Terme mit Zahlen: $-\frac{1}{2}$, 0, 13, $\frac{7\sqrt{5}}{8}$
2. Terme mit der Variablen x: x, x^2, x^3
3. Terme mit Zahlen und der Variablen x: $2x + 1$, $\frac{x+3}{x-1}$, $\frac{1}{2}x^3$

Unter der Definitionsmenge D eines Terms $T(x)$ versteht man die Menge aller Werte von x, für die der Termwert $T(x)$ zu einer reellen Zahl wird.

Beispiele:

1. $T_1(x) = \frac{x+2}{3}$, D = R

2. $T_2(x) = \frac{x^2 + 2x + 5}{(x-2)(x+2)}$, D = R \ { −2, 2 }

3. $T_3(x) = \frac{x-3}{x-3}$, D = R \ { 3 }

2.
Arithmetik

2.1 Natürliche Zahlen

Natürliche Zahlen

Die Symbole 0, 1, 2, 3, 4, 5, ... nennt man natürliche Zahlen. Man verwendet sie zum Abzählen von Dingen.

Menge der natürlichen Zahlen:

$$N = \{0, 1, 2, 3, \ldots\}$$

Gelegentlich hatte man früher die Bezeichnungen für Zahlenmengen mit Doppelstrichbuchstaben geschrieben. Auch die Zahl 0 war früher nicht in der Menge N. Mit N* wird die Menge der natürlichen Zahlen ohne 0 bezeichnet.

Primzahlen

Alle natürlichen Zahlen, die genau zwei Teiler haben, heißen Primzahlen. Das heißt, eine Primzahl ist nur durch sich selbst und die Zahl 1 teilbar. Die anderen Zahlen heißen zerlegbare Zahlen. Die Zahl 1 ist weder Primzahl noch zerlegbar. Die zerlegbaren Zahlen lassen sich in Produkte von Primzahlen (Primfaktoren) zerlegen.

Beispiele:

1 ist keine Primzahl.

2 ist Primzahl, dagegen nicht mehr 4, 6, 8, ...

3 ist Primzahl, dagegen nicht mehr 9, 15, 21, ...

5 ist Primzahl, dagegen nicht mehr 25, 35, ...

Weitere Primzahlen sind 7, 11, 13, 17, 19, 23, 29, 31, 37, ...

Die Zahl 72 lässt sich folgendermaßen in Primfaktoren zerlegen:
$72 = 2 \cdot 36$
$72 = 2 \cdot 2 \cdot 18$
$72 = 2 \cdot 2 \cdot 2 \cdot 9$
$72 = 2 \cdot 2 \cdot 2 \cdot 3 \cdot 3$

Von der Menge P der Primzahlen sind nicht alle Elemente bekannt, es ist $P \subset N$.

Ordnung der natürlichen Zahlen

Alle natürlichen Zahlen lassen sich als Punkte auf einem Zahlenstrahl darstellen. Damit sind die natürlichen Zahlen geordnet.

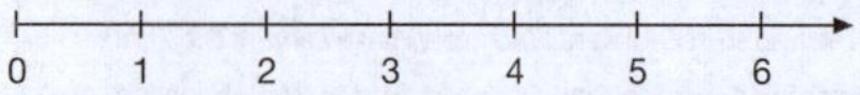

Es gilt: $1 < 2,\ 2 < 3,\ 3 < 4,\ 4 < 5, ...$

Folgen aus natürlichen Zahlen

Schreibt man natürliche Zahlen, durch Komma getrennt, hintereinander, so entsteht eine Zahlenfolge, kurz Folge genannt. Die Zahlen heißen Glieder der Folge.

Eine Folge kann ein letztes Glied oder unendlich viele Glieder haben. In einer Folge hat jede Zahl (ausgenommen der ersten) einen Vorgänger und jede Zahl (ausgenommen der letzten) einen Nachfolger. Viele Folgen sind nach einem Bildungsgesetz aufgebaut.

Beispiele:

1. Eine Folge beginnt mit der Zahl 4. Jede Zahl ist um 1 größer als das Doppelte des Vorgängers:

   Es handelt sich um die Folge: 4, 9, 19, 39, 79, …

2. Eine Zahlenfolge beginnt mit 5. Jede Zahl der Folge ist das Dreifache des Vorgängers vermindert um 2:

   Es handelt sich um die Folge 5, 13, 37, 109, 325, …

2.2 Rechnen mit natürlichen Zahlen

Addition und Subtraktion

$$31 + 49 = 80$$

Die Verknüpfung 31 + 49 heißt Term. 31 ist der erste Summand, 49 ist der zweite Summand, 80 ist der Summenwert.

$$116 - 44 = 72$$

Der Term 116 − 44 heißt Differenz, 116 ist der Minuend, 44 ist der Subtrahend, 72 ist der Differenzwert.

Beispiele:

1. Zur größten vierstelligen Zahl ist die kleinste dreistellige Zahl zu addieren:
   9999 + 100 = 10099

   Von 1354 ist die größte dreistellige Zahl zu subtrahieren:
   1354 − 999 = 355

2. Wie ändert sich der Differenzwert, wenn der Minuend um 5 vergrößert wird?

3. Angenommen, die Differenz ist 100 − 40 = 60.
   Der Minuend ist 100, um 5 vergrößert ist er 105.
   Nun lautet die Differenz 105 − 40 = 65.
   Der Differenzwert ist also auch um 5 größer geworden.

Multiplikation

$$36 \cdot 19 = 684$$

Der Term 36 . 19 heißt Produkt, 36 ist der erste Faktor oder Multiplikand, 19 ist der zweite Faktor oder Multiplikator, 684 ist der Produktwert.

Ist ein Faktor die Zahl 1, so ist der Produktwert gleich dem anderen Faktor. Ist ein Faktor die Zahl 0, so ist der Produktwert gleich 0.

Besteht ein Produkt aus mehreren Faktoren, dann multipliziert man zuerst zwei Faktoren und mit diesem Ergebnis den dritten Faktor usw.

Ist einer der Faktoren eine Stufenzahl des Dezimalsystems, so hängt man an den anderen Faktor die Nullen der Stufenzahl an und erhält damit den Produktwert.

Beispiele:

1. $2365 \cdot 1 = 2365$
2. $34409 \cdot 0 = 0$
3. $456 \cdot 0 \cdot 370 \cdot 245 = 0$
4. $156 \cdot 100 = 15600$
5. $23 \cdot 1000 \cdot 5 = 23 \cdot 5 \cdot 1000 = 115 \cdot 1000 =$
   $= 115000$
6. $37 \cdot 14 \cdot 56 \cdot 7 = (37 \cdot 14) \cdot 56 \cdot 7 =$
   $= (518 \cdot 56) \cdot 7 = 29008 \cdot 7 = 203056$

Potenzen

$$3 \cdot 3 \cdot 3 \cdot 3 \cdot 3 = 3^5 = 243$$

Wird die natürliche Zahl 3 fünfmal mit sich selbst multipliziert, so kann man dafür abkürzend die Potenz 3^5 schreiben. 3 ist die Grundzahl oder Basis, 5 ist die Hochzahl oder der Exponent, 243 ist der Potenzwert.

Beispiele:

1. $10 \cdot 10 \cdot 10 \cdot 10 = 10^4 = 10000$
2. $5 \cdot 5 = 5^2 = 25$
3. $7 \cdot 7 \cdot 7 \cdot 7 \cdot 7 \cdot 7 \cdot 7 = 7^7 = 823543$

Division

800 : 25 = 32

Der Term 800 : 25 heißt Quotient, 800 ist der Dividend, 25 ist der Divisor, 32 ist der Quotientenwert.

Die Division durch 0 ist nicht möglich. Man spricht auch von nicht definiert. Ist der Dividend 0, der Divisor aber nicht 0, so ist der Quotientenwert 0.

Es gibt Divisionen, die ohne Rest „aufgehen“, und es gibt Divisionen, die einen Rest haben.

Haben Dividend und Divisor am Ende Nullen, so kann man vor dem Dividieren zunächst bei beiden gleich viele Nullen weglassen.

Beispiele:

1. 255 : 0,
   die Division ist nicht möglich.
2. 0 : 482 = 0
3. 330 : 22 = 15,
   die Division hat keinen Rest.
4. 334 : 22 = 15 Rest 4
5. 5500 : 100 = 55,
   man lässt beim Dividenden und beim Divisor zwei Nullen weg. (55 : 1 = 55)

   55000 : 1100 =
   = 550 : 11 = 50,
   man lässt beim Divisor und beim Dividenden zunächst zwei Nullen weg und führt dann die Division aus.

2.3 Zusammengesetzte Zahlenterme

Bei Zahlentermen, die aus verschiedenen Rechenarten zusammengesetzt sind, werden diejenigen Rechnungen, die zuerst ausgeführt werden müssen, in Klammern gesetzt. Daraufhin werden die Punktrechnungen (Multiplikationen und Divisionen) ausgeführt und schließlich die Strichrechnungen (Additionen und Subtraktionen). Diese Reihenfolge merkt man sich durch den Merksatz:

Klammer vor Punkt vor Strich.

Beispiele:

1. $(24-19)\cdot 5+(16+38):9-(29-21):8=$

Klammern ausrechnen: $=5\cdot 5+54:9-8:8=$

Punktrechnungen: $=25+6-1=$

Strichrechnungen: $=31-1=30$

2. Vor einer Reise zeigt der Kilometerzähler eines Autos den Stand 23678 km. Am ersten Tag werden 468 km gefahren, am zweiten Tag das Doppelte und am dritten Tag der dritte Teil der Strecke des zweiten Tages. Wie ist der Kilometerstand am Ende des dritten Tages?

Ansatz: $23678\text{ km}+(468\text{ km}+468\cdot 2\text{ km}+468\cdot 2:3\text{ km})=$

Punktrechnungen in der Klammer:
$=23678\text{ km}+(468\text{ km}+936\text{ km}+312\text{ km})=$

Klammer ausrechnen: $=23678\text{ km}+1716\text{ km}=$

Strichrechnung ausführen: $=25394\text{ km}$

Der Kilometerstand am Ende des dritten Tages ist 25394 km.

3. Multipliziere die Differenz von 366 und 279 mit der Differenz von 764 und 733:

Ansatz: $(366 - 279) \cdot (764 - 733) =$

Klammern ausrechnen: $= 87 \cdot 31 =$

Punktrechnung: $= 2697$

2.4 Teiler

Dividiert man eine natürliche Zahl *a* ohne Rest durch eine natürliche Zahl *b*, so heißt *a* ein Vielfaches von *b* oder *b* ein Teiler von *a*. „*a* ist teilbar durch *b*" schreibt man symbolisch $b \setminus a$.

Jede Zahl hat sich selbst als Teiler. 1 ist Teiler von jeder Zahl.

Beispiel:

Gesucht sind alle Teiler der Zahl 330:

1 und 330 sind Teiler von 330.

15 und 22 sind Teiler von 330 (durch Probieren gefunden).

3 und 5 sind Teiler von 15, also auch von 330.

2 und 11 sind Teiler von 22, also auch von 330.

Weitere Teiler sind 165, 110, 66, 55, 33, 30, 10 und 6.

Sämtliche Teiler fasst man zur Teilermenge T_{330} zusammen:
$T_{330} = \{ 1, 2, 3, 5, 6, 10, 11, 15, 22, 30, 33, 55, 66, 110, 165, 330 \}$

Das zum Teil sehr mühsame Suchen von Teilern wird durch Teilbarkeitsregeln erleichtert:

Endstellenregeln

Eine Zahl ist teilbar ...

... durch 5, wenn sie die Einerziffer 0 oder 5 hat,

... durch 2, wenn die Einerziffer gerade oder 0 ist,

... durch 4, wenn die Zahl aus den letzten beiden Ziffern durch 4 teilbar ist,

... durch 8, wenn die Zahl aus den letzten drei Ziffern durch 8 teilbar ist,

... durch 25, wenn die Zahl auf 00, 25, 50 oder 75 endet.

Quersummenregeln

Eine Zahl ist teilbar ...

... durch 3, wenn ihre Quersumme durch 3 teilbar ist,

... durch 9, wenn ihre Quersumme durch 9 teilbar ist.

Beispiele:

1. Die Zahl 13671 hat als Quersumme 1 + 3 + 6 + 7 + 1 = 18.
18 ist durch 9 teilbar, also ist die Zahl 13671 auch durch 9 teilbar und selbstverständlich auch durch 3.

2. Die Zahl 8640 ist durch 2 und durch 5 teilbar, weil die Einerziffer eine 0 ist.

   Die Zahl ist auch durch 8 teilbar, weil die letzten drei Stellen 640 durch 8 teilbar sind. Damit ist sie auch durch 4 teilbar. Schließlich ist die Zahl durch 9 teilbar, weil ihre Quersumme 18 ist, und somit ist die Zahl auch durch 3 teilbar.

Gemeinsame Teiler

Ein Teiler, der sowohl zu einer Zahl *a* als auch zu einer Zahl *b* gehört, heißt gemeinsamer Teiler (gT) von *a* und *b*. Ist dieser gemeinsame Teiler größer als 1, dann heißen die Zahlen *a* und *b* teilerverwandt, andernfalls teilerfremd.

Unter den gemeinsamen Teilern von zwei Zahlen gibt es einen größten gemeinsamen Teiler (ggT).

Beispiele:

1. Die Zahlen 50 und 63 sind teilerfremd, weil sie außer 1 keinen gemeinsamen Teiler haben:
$T_{50} = \{ 1, 2, 5, 10, 25, 50 \}$ und
$T_{63} = \{ 1, 3, 7, 9, 21, 63 \}$

Die Zahl 7389 hat die Quersumme 27, sie ist durch 9 teilbar. Die Zahl 13041 hat die Quersumme 9, sie ist auch durch 9 teilbar. Also sind die Zahlen 7389 und 13041 teilerverwandt.

2. Die Menge der Teiler der Zahl 36 ist:
$T_{36} = \{ 1, 2, 3, 4, 6, 9, 12, 18, 36 \}$

Die Menge der Teiler der Zahl 56 ist:
$T_{56} = \{ 1, 2, 4, 7, 8, 14, 28, 56 \}$

Die Menge der gemeinsamen Teiler ist:
$T_{36} \cap T_{56} = \{ 1, 2, 4 \}$

Der größte gemeinsame Teiler ggT (36, 56) = 4.

Die Teiler des ggT zweier Zahlen *a* und *b* sind die gT der Zahlen *a* und *b*.

Beispiel:

ggT (48, 72) – 24
Die Teiler von 24 sind: $\{ 1, 2, 3, 4, 6, 8, 12, 24 \}$.
Dies sind die gT von 48 und 72.

2.5 Gemeinsame Vielfache

Der Durchschnitt der Menge V_a der Vielfachen von *a* mit der Menge V_b der Vielfachen von *b* ist die Menge $V_a \cap V_b$ der gemeinsamen Vielfachen von *a* und *b*. In der Menge $V_a \cap V_b$ ist das kleinste gemeinsame Vielfache (kgV) enthalten.

Beispiel:

Von den Zahlen 6 und 8 sei jeweils die Menge der Vielfachen gebildet:

$V_6 = \{ 6, 12, 18, 24, 30, 36, 42, 48, 54, 60, \dots \}$
$V_8 = \{ 8, 16, 24, 32, 40, 48, 56, 64, 72, 80, \dots \}$

Die Menge der gemeinsamen Vielfachen ist:

$V_6 \cap V_8 = \{ 24, 48, 72, \dots \}$,
das kleinste gemeinsame Vielfache ist 24,
symbolisch kgV (6, 8) = 24.

Das kgV kann man auch über Primzahlzerlegungen ermitteln:

Man zerlegt die Zahlen in Primfaktoren und fasst gleiche Primfaktoren zu Potenzen zusammen. Dann multipliziert man von jedem verschiedenen Primfaktor die höchsten Potenzen miteinander.

Beispiel:

Gesucht ist das kgV (840, 900):

$840 = 2 \cdot 2 \cdot 2 \cdot 3 \cdot 5 \cdot 7 \qquad = 2^3 \cdot 3^1 \cdot 5^1 \cdot 7^1$
$900 = 2 \cdot 2 \cdot 3 \cdot 3 \cdot 5 \cdot 5 \qquad = 2^2 \cdot 3^2 \cdot 5^2$
$\text{kgV}(840, 900) \qquad = 2^3 \cdot 3^2 \cdot 5^2 \cdot 7^1 =$
$= 12600$

2.6 Ganze Zahlen

Zahl und Gegenzahl

Ergänzt man die Menge der natürlichen Zahlen durch die Vorzeichen + und –, so erhält man die ganzen Zahlen.

Menge der ganzen Zahlen:

$$Z = \{ \ldots, -2, -1, 0, 1, 2, \ldots \}$$

–2 und 2, –1 und 1 usw. heißen Gegenzahlen.
Die natürlichen Zahlen können als nicht negative ganze Zahlen angesehen werden ($N = Z_0^+$).
Die ganze Zahl 0 hat keine Gegenzahl.
Die negativen ganzen Zahlen bezeichnet man mit $N = Z^-$.
Zusammenfassend gilt also: $Z = Z^- \cup \{0\} \cup Z^+$.

Die ganzen Zahlen lassen sich am Zahlenstrahl darstellen. Jede Zahl, deren Bild rechts vom Nullpunkt liegt, hat ein Spiegelbild links vom Nullpunkt. Damit sind die ganzen Zahlen geordnet: Von zwei ganzen Zahlen ist diejenige die kleinere, deren Bild auf der Zahlengeraden weiter links liegt.

Ganze Zahlen am Zahlenstrahl:

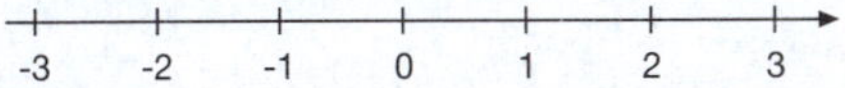

Betrag einer Zahl

Die Bildpunkte von Gegenzahlen auf der Zahlengeraden liegen auf verschiedenen Seiten vom Nullpunkt und in gleicher Entfernung zum Nullpunkt. Die Maßzahl der Entfernung des Bildes einer Zahl *a* (oder der Gegenzahl – *a*) zum Nullpunkt heißt Betrag von *a*, geschrieben $|a|$.

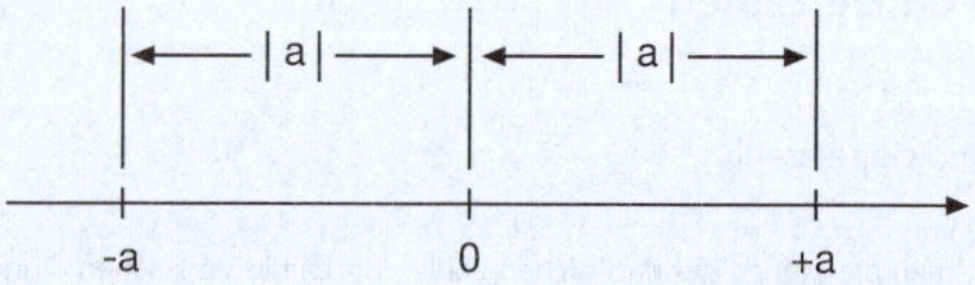

$$|a| = \begin{cases} a, & a > 0 \\ 0, & a = 0 \\ -a, & a < 0 \end{cases}$$

$-a$ ist daher für $a < 0$ positiv.

Beispiele:

1. $|+4| = 4,$

$|-4| = 4,$

$|0| = 0$

2. $|45 + |-36| - 40 - |-22|| =$

$= |45 + 36 - 40 - 22| =$

$= |+19| = 19$

Zahlenpfeile

Ganze Zahlen können auch durch Pfeile auf der Zahlengeraden dargestellt werden. Pfeile, die positive Zahlen darstellen, sind nach rechts orientiert, Pfeile von negativen Zahlen sind nach links orientiert. (Im mathematischen Fachgebrauch nennt man solche Pfeile auch Vektoren.)

Beispiel:

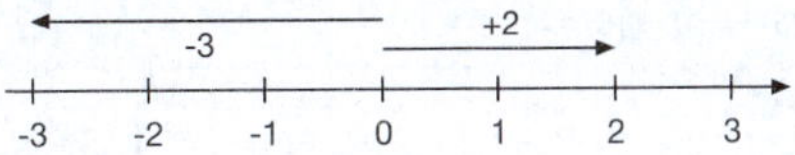

Pfeile lassen sich längs ihrer Richtung beliebig verschieben. Kehrt man die Pfeilorientierung um, so erhält die dargestellte Zahl das andere Vorzeichen. Mehrere Pfeile lassen sich unter Beibehaltung der Orientierung aneinandersetzen.

2.7 Rechnen mit ganzen Zahlen

Addition

Bei der Addition von zwei ganzen Zahlen sind folgende Fälle zu unterscheiden:

$$(+5)+(+3) = 5+3=8$$
$$(+5)+(-3) = 5-3=2$$
$$(-5)+(+3) = -5+3=-2$$
$$(-5)+(-3) = -5-3=-8$$

Die beiden Zeichen + und – haben zwei unterschiedliche Bedeutungen. Erstens sind sie Vorzeichen der Zahl und zweitens Rechenzeichen. Damit Vor- und Rechenzeichen nicht unmittelbar aufeinanderfolgen, setzt man zunächst die Zahlen mit ihren Vorzeichen in Klammern. Die Klammer der ersten Zahl des Terms fällt weg. Für die weiteren Berechnungen gilt:

$$+(+a)=+a \text{ und } +(-a)=-a$$

Beispiel:

$+23 + (-15) + (-2) + (+5) =$
$= +23 - 15 - 2 + 5 = 11$

Die oben genannten Regeln kann man durch Pfeiladditionen am Zahlenstrahl plausibel machen, wenn man die Pfeiladdition folgendermaßen erklärt: Den Pfeilfuß der zweiten Zahl setzt man an die Pfeilspitze der ersten Zahl. Der Pfeil des Summenwerts reicht dann vom Fuß des ersten Pfeils zur Spitze des zweiten Pfeils.

Beispiel:

$(-2) + (+5) = (+3)$

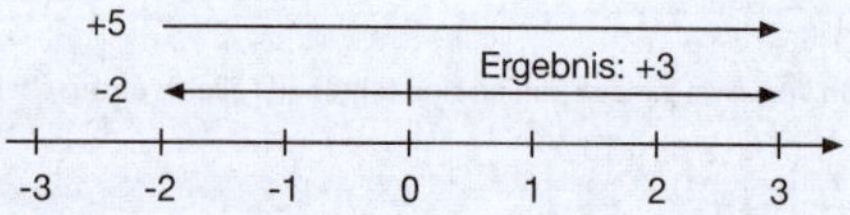

Subtraktion

Bei der Subtraktion von ganzen Zahlen sind folgende Fälle zu unterscheiden:

$(+5) - (+3) = 5 - 3 = 2$
$(+5) - (-3) = 5 + 3 = 8$
$(-5) - (+3) = -5 - 3 = -8$
$(-5) - (-3) = -5 + 3 = -2$

Die beiden Zeichen + und – haben zwei unterschiedliche Bedeutungen. Erstens sind sie Vorzeichen der Zahl und zweitens Rechenzeichen.

Damit Vor- und Rechenzeichen nicht unmittelbar aufeinanderfolgen, setzt man zunächst die Zahlen mit ihren Vorzeichen in Klammern. Die Klammer der ersten Zahl des Terms fällt weg.

Für die weiteren Berechnungen gelten die Regeln:

$$-(+a) = -a \quad \text{und} \quad -(-a) = +a$$

Beispiel:

$-34 - (-42) - (+25) + 84 =$
$= -34 + 42 - 25 + 84 - 67$

Die oben genannten Regeln kann man durch Pfeilsubtraktionen am Zahlenstrahl plausibel machen, wenn man die Pfeilsubtraktion folgendermaßen erklärt: Man setzt an die Pfeilspitze des Minuenden den Pfeilfuß der Gegenzahl des Subtrahenden.

Beispiel:

$(+3) - (+6) = 3 - 6 = -3$

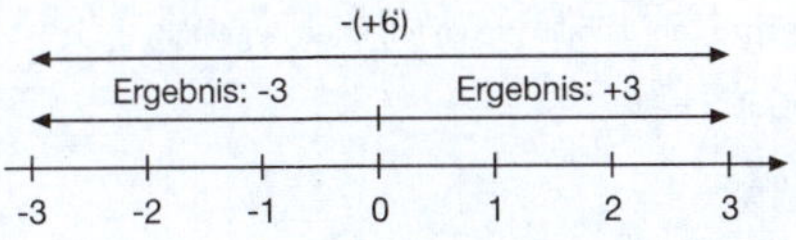

Multiplikation

Bei der Multiplikation von ganzen Zahlen sind folgende Fälle zu unterscheiden:

$$(+5)\cdot(+3) = +15 = 15$$
$$(+5)\cdot(-3) = -15$$
$$(-5)\cdot(+3) = -15$$
$$(-5)\cdot(-3) = +15 = 15$$

Damit Vor- und Rechenzeichen nicht unmittelbar aufeinanderfolgen, setzt man die Zahlen mit ihren Vorzeichen zunächst in Klammern. Für die weiteren Berechnungen gelten dann folgende Vereinfachungen:

1. Zwei ganze Zahlen mit verschiedenen Vorzeichen werden multipliziert, indem man die Beträge multipliziert und dem Produkt ein Minuszeichen gibt.

2. Zwei ganze Zahlen mit gleichem Vorzeichen werden multipliziert, indem man das Produkt der Beträge bildet. Das Ergebnis hat dann ein Pluszeichen.

Sonderfälle:

Für jede ganze Zahl a und b gelten folgende Regeln:

$1\cdot a = a$, $(-1)\cdot a = -a$

$a\cdot 0 = 0\cdot a = 0$

$a\cdot b = 0$, wenn $a = 0$ oder $b = 0$

Beispiele:

1. $(-4) \cdot (+6) = -24$
2. $(-7) \cdot (-9) = 63$
3. $(-1) \cdot (-1) \cdot (-1) \cdot (+1) \cdot (-1) = +1$
4. $(-2)^5 = (-2) \cdot (-2) \cdot (-2) \cdot (-2) \cdot (-2) = -32$

Division

Bei der Division von ganzen Zahlen sind folgende Fälle zu unterscheiden:

$(+15) : (+3) = +5$

$(+15) : (-3) = -5$

$(-15) : (+3) = -5$

$(-15) : (-3) = +5$

Damit Vor- und Rechenzeichen nicht unmittelbar aufeinanderfolgen, setzt man die Zahlen mit ihren Vorzeichen zunächst in Klammern. Für die weiteren Berechnungen gelten dann folgende Vereinfachungen:

Zwei ganze Zahlen mit verschiedenen Vorzeichen werden dividiert, indem man die Beträge dividiert und dem Quotienten ein Minuszeichen gibt.
Zwei ganze Zahlen mit gleichem Vorzeichen werden dividiert, indem man den Quotienten der Beträge bildet. Das Ergebnis hat dann ein Pluszeichen.

Sonderfälle:

Für jede ganze Zahl $a \neq 0$ gelten folgende Regeln:

$a : 1 = a\,,\;\; a : (-1) = -a$

$0 : a = 0$

$a : 0$ ist nicht definiert.

Beispiele:

1. $(+8) : (-2) = -4$
2. $(-42) : (-2) = 21$
3. $0 : (-100) = 0$
4. $(-50) : (+5) = -10$
5. $(-10000) : (-100) = +100$
6. $(+17) : (+5) = +3$ Rest 2

2.8 Rationale Zahlen

Definition

In der Menge der ganzen Zahlen lässt sich nicht jede Division durchführen. Ergänzt man die Menge der ganzen Zahlen durch alle Brüche mit ganzzahligem Zähler und ganzzahligem, von 0 verschiedenem Nenner, so entsteht eine Menge, in der jede Division (mit Ausnahme durch 0) durchführbar ist. Da sich auch jede ganze Zahl in der Bruchform (mit dem Nenner 1) schreiben lässt, kann man diese erweiterte Zahlenmenge folgendermaßen aufschreiben:

Menge der rationalen Zahlen:

$Q = \{ \frac{m}{n} \mid m \in Z \wedge n \in Z \setminus \{0\} \}$

Terme der Art $\frac{m}{n}$ heißen Brüche, *m* heißt Zähler, *n* heißt Nenner, der Quotientenwert heißt Bruchzahl. Bruchzahlen lassen sich ebenfalls auf dem Zahlenstrahl auftragen.

Beispiel:

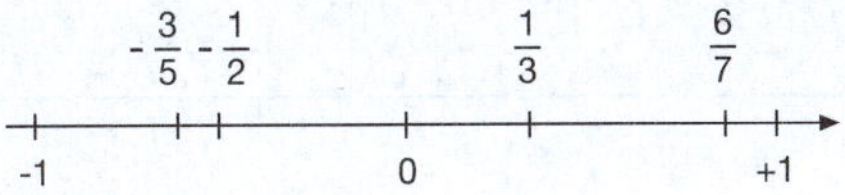

Brüche mit dem Zähler 1 heißen Stammbrüche. $(\frac{1}{2}, \frac{1}{3}, \frac{1}{4}, \ldots)$

Brüche, deren Zähler kleiner ist als der Nenner, heißen echt. $(\frac{1}{2}, \frac{5}{6}, \frac{5}{8}, \ldots)$

Brüche, deren Zähler größer ist als der Nenner, heißen unecht. $(\frac{3}{2}, \frac{5}{3}, \ldots)$

Brüche, deren Zähler und Nenner gleich sind, haben die Bruchzahl 1.

Brüche, deren Bruchzahlen ganze Zahlen sind, heißen Scheinbrüche. $(\frac{10}{2} = 5)$

Erweitern

Die durch den Bruch dargestellte Bruchzahl ändert sich nicht, wenn man Zähler und Nenner mit derselben Zahl (ungleich 0) multipliziert. Diese Formänderung des Bruches heißt Erweitern.

Beispiele:

1. $\frac{3}{4} = \frac{3 \cdot 6}{4 \cdot 6} = \frac{18}{24}$

$\frac{2}{5} = \frac{2 \cdot (-8)}{5 \cdot (-8)} = \frac{-16}{-40}$

2. $\frac{4}{5}$ soll als Bruch mit dem Nenner 195 geschrieben werden:
Die Erweiterungszahl für Zähler und Nenner ist $195 : 5 = 39$.

$\frac{4}{5} = \frac{4 \cdot 39}{5 \cdot 39} = \frac{156}{195}$

Kürzen

Die durch den Bruch dargestellte Bruchzahl ändert sich nicht, wenn Zähler und Nenner durch dieselbe Zahl geteilt werden. Diese Formänderung des Bruches heißt Kürzen.

Beispiele:

1. $\frac{70}{84} = \frac{70 : 7}{84 : 7} = \frac{10}{12}$,

$\frac{10}{12} = \frac{10 : 2}{12 : 2} = \frac{5}{6}$

2. Um den Bruch $\frac{168}{360}$ zu kürzen, zerlegt man zuerst Zähler und Nenner in Primfaktoren und streicht gleiche Primfaktoren im Zähler und Nenner weg:

$\frac{168}{360} = \frac{2 \cdot 2 \cdot 2 \cdot 3 \cdot 7}{2 \cdot 2 \cdot 2 \cdot 3 \cdot 3 \cdot 5} = \frac{7}{3 \cdot 5} = \frac{7}{15}$

3. Auch alle Faktoren des folgenden Terms zerlegt man in Primfaktoren und streicht gleiche Primfaktoren weg:

$$\frac{25 \cdot 24 \cdot 28}{72 \cdot 35 \cdot 12} = \frac{5 \cdot 5 \cdot 2 \cdot 2 \cdot 2 \cdot 3 \cdot 2 \cdot 2 \cdot 7}{2 \cdot 2 \cdot 2 \cdot 3 \cdot 3 \cdot 5 \cdot 7 \cdot 2 \cdot 2 \cdot 3} = \frac{5}{9}$$

4. Beim folgenden Term fasst man nach der Regel „Punkt vor Strich" den Zähler und Nenner zusammen und zerlegt dann in Primfaktoren:

$$\frac{60 \cdot 4 + 2 \cdot 4}{24 \cdot 6 + 4} = \frac{240 + 8}{144 + 4} = \frac{248}{148} = \frac{2 \cdot 2 \cdot 2 \cdot 31}{2 \cdot 2 \cdot 37} = \frac{62}{37}$$

5. Beim folgenden Term streicht man zunächst im Zähler und Nenner zwei Nullen (man teilt durch 100) und zerlegt dann in Primfaktoren:

$$\frac{7200}{12400} = \frac{72}{124} = \frac{2 \cdot 2 \cdot 2 \cdot 3 \cdot 3}{2 \cdot 2 \cdot 31} = \frac{18}{31}$$

Vergleichen von Brüchen

Brüche mit gleichen Nennern werden verglichen, indem man die Zähler vergleicht. Brüche mit verschiedenen Nennern müssen vor dem Vergleich gleichnamig gemacht werden.

Beispiele:

1. $\frac{3}{9} < \frac{7}{9}$, weil $3 < 7$

2. $\frac{3}{7} > \frac{11}{28}$, weil $\frac{12}{28} > \frac{11}{28}$ und $12 > 11$

3. $-\frac{2}{3} > -\frac{3}{4}$, weil $-\frac{8}{12} > -\frac{9}{12}$ und $-8 > -9$

2.9 Rechnen mit rationalen Zahlen

Addition und Subtraktion

Die Vorzeichenregeln der ganzen Zahlen gelten auch für die rationalen Zahlen.

> Brüche mit gleichen Nennern werden addiert (subtrahiert), indem man die Zähler addiert (subtrahiert) und den Nenner beibehält. Brüche mit ungleichen Nennern müssen vor dem Addieren und Subtrahieren gleichnamig gemacht werden. Das kleinste gemeinsame Vielfache (kgV) der Nenner heißt Hauptnenner.

Beispiele:

1. $\frac{50}{56} - \frac{36}{56} + \frac{18}{56} - \frac{31}{56} =$

$= \frac{50 - 36 + 18 - 31}{56} = \frac{1}{56}$

2. $\frac{104}{3} - 4 =$

$= \frac{104}{3} - \frac{12}{3} = \frac{104 - 12}{3} = \frac{92}{3}$

3. Im folgenden Term sind die Nenner 7 und 8 teilerfremd, der Hauptnenner ist also $7 \cdot 8 = 56$:

$\frac{2}{7} + \frac{3}{8} =$

$= \frac{16}{56} + \frac{21}{56} = \frac{37}{56}$

4. Im folgenden Term sind die Nenner teilerverwandt. Man sieht leicht, dass das kleinste gemeinsame Vielfache die Zahl 36 ist:

$\frac{7}{12} - \frac{5}{18} =$

$= \frac{21}{36} - \frac{10}{36} = \frac{21 - 10}{36} = \frac{11}{36}$

5. Beim folgenden Term findet man den Hauptnenner durch Zerlegen der einzelnen Nenner in Primfaktoren:

$$\begin{aligned} 63 &= 3 \cdot 3 \cdot 7 \\ 42 &= 2 \cdot 3 \cdot 7 \\ 45 &= 3 \cdot 3 \cdot 5 \\ 210 &= 2 \cdot 3 \cdot 5 \cdot 7 \end{aligned}$$

$$\text{kgV} = 2 \cdot 3 \cdot 3 \cdot 5 \cdot 7 = 630$$

$$\frac{138}{63} + \frac{29}{42} + \frac{39}{45} - \frac{787}{210} = \frac{138 \cdot 10}{630} + \frac{29 \cdot 15}{630} + \frac{39 \cdot 14}{630} - \frac{787 \cdot 3}{630}$$

$$= \frac{1380 + 435 + 546 - 2361}{630} = \frac{0}{630} = 0$$

Multiplikation

Ein Bruch wird mit einer Zahl multipliziert, indem man den Zähler mit der Zahl multipliziert und den Nenner beibehält. Zwei Brüche werden miteinander multipliziert, indem man Zähler mal Zähler und Nenner mal Nenner rechnet.

Beispiele:

1. $\frac{11}{15} \cdot 3 = \frac{11 \cdot 3}{15} = \frac{33}{15}$

2. $\frac{5}{8}$ von 56 bedeutet:

$$\frac{5}{8} \cdot 56 = \frac{5 \cdot 56}{8} = \frac{5 \cdot 7}{1} = 35$$

3. $\frac{3}{5} \cdot \frac{7}{8} = \frac{3 \cdot 7}{5 \cdot 8} = \frac{21}{40}$

Division

Aus einem Bruch bildet man den Kehrbruch, indem man den Zähler mit dem Nenner vertauscht. Eine Zahl dividiert man durch einen Bruch, indem man die Zahl mit dem Kehrbruch multipliziert. Einen Bruch dividiert man durch einen Bruch, indem man den Bruch mit dem Kehrbruch des Divisors multipliziert.

Beispiele:

1. $\frac{2}{3}$ ist der Kehrbruch von $\frac{3}{2}$
2. $15 : \frac{3}{5} = 15 \cdot \frac{5}{3} = \frac{15 \cdot 5}{3} = 25$
3. $\frac{9}{5} : 5 = \frac{9}{5} : \frac{5}{1} = \frac{9}{5} \cdot \frac{1}{5} = \frac{9}{25}$
4. $\frac{5}{8} : \frac{3}{4} = \frac{5}{8} \cdot \frac{4}{3} = \frac{5 \cdot 4}{8 \cdot 3} = \frac{5}{6}$

Gemischte Zahlen

Unechte Brüche kann man in eine Summe aus einer ganzen Zahl und einer Bruchzahl zerlegen: $\frac{18}{5} = \frac{15}{5} + \frac{3}{5} = 3 + \frac{3}{5}$.
Diese Summe schreibt man oft als gemischte Zahl $3\frac{3}{5}$ (wobei das Pluszeichen verschwunden ist). Um umgekehrt eine gemischte Zahl wieder in einen unechten Bruch zu verwandeln, ergänzt man das Pluszeichen und führt die Addition aus:
$5\frac{7}{8} = 5 + \frac{7}{8} = \frac{40}{8} + \frac{7}{8} = \frac{47}{8}$

2.10 Dezimalbrüche

Endliche Dezimalbrüche

Zahlen der Art 1,5; 17,34; 0,245; 5,0035; ... heißen Dezimalbrüche oder Dezimalzahlen. Die angegebenen Zahlen haben der Reihe nach eine, zwei, drei, vier, ... Dezimalstellen nach dem Komma.
Die erste Stelle nach dem Komma bedeutet die „Zehntel", die zweite Stelle nach dem Komma bedeutet die „Hundertstel", die dritte Stelle nach dem Komma bedeutet die „Tausendstel" usw.
Am Ende einer Dezimalzahl dürfen beliebig viele Nullen angehängt werden, ohne dass sich der Wert des Dezimalbruchs ändert.
Dezimalbrüche entstehen beim Dividieren zweier ganzer Zahlen.

Beispiele:

1. Um den Bruch $\frac{50}{8}$ in einen Dezimalbruch umzuwandeln, führt man die Division 50 : 8 aus.

Es ergibt sich der Dezimalbruch 6,25.

2. Um den Dezimalbruch 16,33 in einen Bruch zu verwandeln, rechnet man so:

$$16{,}33 = 16 + \frac{33}{100} =$$
$$= \frac{1600 + 33}{100} = \frac{1633}{100}$$

Unendliche periodische Dezimalbrüche

Es gibt Divisionen, die zu keinem Ende führen, solange man sie auch fortsetzt. Bei einigen dieser Divisionen kommen beim Quotientenwert Ziffernfolgen vor, die sich ständig wiederholen. Solche Dezimalbrüche heißen unendlich periodisch. Die Wiederholung wird durch einen Querstrich angezeigt.

Beispiele:

1. $10 : 6 = 1{,}66666... = 1{,}\overline{6}$
(rein periodischer Dezimalbruch)

2. $30 : 22 = 1{,}3636... = 1{,}\overline{36}$
(rein periodischer Dezimalbruch)

3. $48 : 550 = 0{,}08727272... = 0{,}08\overline{72}$
(gemischt periodischer Dezimalbruch; die periodische Wiederholung beginnt nach einer unregelmäßigen Ziffernfolge)

Rechnen mit Dezimalbrüchen

Dezimalbrüche werden addiert, indem man die Dezimalen der gleichen Stufen addiert.

Dezimalbrüche werden subtrahiert, indem man die Dezimalen der gleichen Stufen subtrahiert.

Beispiele:

1. $8{,}463 + 2{,}65$:
$$\begin{array}{r} 8{,}463 \\ +\,2{,}650 \\ \hline 11{,}113 \end{array}$$

2. $5{,}08 - 3{,}679$:
$$\begin{array}{r} 5{,}080 \\ -\,3{,}679 \\ \hline 1{,}401 \end{array}$$

Ein Dezimalbruch wird mit einer Stufenzahl multipliziert, indem man das Komma um so viele Stellen nach rechts rückt, wie die Stufenzahl Nullen hat.
Ein Dezimalbruch wird mit einem anderen Dezimalbruch multipliziert, indem man zunächst nur die Zahlenwerte ohne Komma multipliziert und beim Ergebnis so viele Dezimalstellen setzt, wie beide Dezimalbrüche zusammen hatten.

Beispiele:

1. 0,001344 · 10000 = 13,44
Die Stufenzahl hatte vier Nullen, also rückt das Komma um vier Stellen nach rechts.

2. 17,04 · 1,3802
Man rechnet zunächst 1704 . 13802 = 23518608.
Der erste Faktor hat 2 Dezimalen, der zweite Faktor hat 4 Dezimalen, also muss das Ergebnis 6 Dezimalen haben: 23,518608.

3. 0,12 . 0,3 . 0,5
Man rechnet zunächst 12 . 3 . 5 = 180.
Insgesamt haben die Faktoren 4 Dezimalen, also lautet das Ergebnis: 0,0180.

Um einen Dezimalbruch durch einen anderen zu dividieren, rückt man bei beiden Dezimalbrüchen gleichzeitig das Komma um so viele Stellen nach rechts, bis der Divisor eine natürliche Zahl ist.

Beispiel:

8,64 : 2,4

$$
\begin{array}{r}
86{,}4 : 24 = 3{,}6 \\
\underline{-72} \\
144 \\
\underline{-144} \\
0
\end{array}
$$

Das Komma wurde um eine Stelle nach rechts gerückt.

Runden von Dezimalbrüchen

Sollen Dezimalbrüche auf eine bestimmte Dezimale gerundet (abgebrochen) werden, so ist Folgendes zu beachten: Beim Abrunden werden die Ziffern rechts von der Dezimale weggelassen. Beim Aufrunden wird die letzte verbleibende Stelle um 1 vergrößert.

Die erste wegzulassende Stelle entscheidet, ob auf- oder abgerundet wird: Ist sie 0, 1, 2, 3 oder 4, so wird abgerundet, ist sie 5, 6, 7, 8 oder 9, so wird aufgerundet.

Beispiele:

1. Die Zahl 6,17589 soll auf Tausendstel gerundet werden, also drei Stellen nach dem Komma sollen stehen bleiben: Die 4. Stelle nach dem Komma ist eine 8, also muss aufgerundet werden.
   Die gerundete Zahl heißt 6,176.

2. Die Zahl 2,0128 soll auf Hundertstel gerundet werden, also zwei Stellen nach dem Komma sollen stehen bleiben: Die 3. Stelle nach dem Komma ist eine 2, also muss abgerundet werden.
   Die gerundete Zahl heißt 22,01.

3. Die Zahl 4,999876 soll auf zwei Stellen nach dem Komma gerundet werden:
Die 3. Stelle ist eine 9, daher muss man aufrunden. Beim Aufrunden ergibt sich jedoch ein Übertrag, der sich bis vor das Komma weiterzieht.
Die gerundete Zahl ist 5,00.

2.11 Größen und Einheiten

Größen

Viele Zahlen aus der Arithmetik, mit denen man rechnet, sind aus Messungen hervorgegangen. Sie haben eine Benennung und im Unterschied zu reinen Zahlen nennt man sie Größen.

Beispiele:

20 km, 45 cm,
32 s,
50 €,
450 kg usw.

Einheiten

Beim Messen wird stets mit einer Einheit verglichen. Die Zahl der Größe gibt an, wie oft die Einheit in der Messgröße enthalten ist.

Es gibt praktische Einheiten, wie z. B. 1 Packung (Zucker), 1 Schritt (Zimmerlänge), 1 Schubkarren (Erde), 1 Autolänge (Verkehr), 1 Pulsschlag (Zeit) usw. oder international festgelegte (genormte) Einheiten, wie z. B. 1 Meter, 1 Kilogramm, 1 Sekunde usw.

Längeneinheiten

Grundeinheit:
1 m (Meter) ist die Länge der Strecke, die das Licht im Vakuum während der Dauer von 1/299792458 Sekunden durchläuft.

Weitere Einheiten:
1 dm (Dezimeter), 1 cm (Zentimeter), 1 mm (Millimeter), 1 km (Kilometer)

Umrechnungen:
10 mm = 1 cm, 10 cm = 1 dm, 10 dm = 1 m, 1000 m = 1 km,
1 sm (Seemeile) = $\frac{9}{5}$ km

Masseeinheiten

Grundeinheit:
1 kg (Kilogramm) ist die Masse des internationalen Kilogrammprototyps.

Weitere Einheiten:
1 mg (Milligramm), 1 g (Gramm), 1 t (Tonne)

Umrechnungen:
1 g = 1000 mg
1 kg = 1000 g
1 t = 1000 kg

Zeiteinheiten

Grundeinheit:
1 s (Sekunde) ist etwa der 86400ste Teil eines Tages.
(Die genaue Festlegung der Sekunde setzt fundierte Kenntnisse in Atomphysik voraus.)

Weitere Einheiten:
1 min (Minute), 1 h (Stunde), 1 d (Tag)

Umrechnungen:
1 min = 60 s, 1 h = 60 min, 1 d = 24 h

Geschwindigkeitseinheiten

Grundeinheit:

$$1\,\frac{\text{m}}{\text{s}}\ \text{(Meter pro Sekunde)}$$

Weitere Einheiten:

$1\,\frac{\text{m}}{\text{min}}$ (Meter pro Minute), $1\,\frac{\text{km}}{\text{h}}$ (Kilometer pro Stunde),

1 kn (Knoten = Seemeile pro Stunde)

Umrechnungen:

$$1\,\frac{\text{km}}{\text{h}} = \frac{1000\ \text{m}}{\text{h}} = \frac{1000\ \text{m}}{3600\ \text{s}} = \frac{1}{3{,}6}\,\frac{\text{m}}{\text{s}}$$

$$1\,\frac{\text{m}}{\text{s}} = \frac{0{,}001\ \text{km}}{\text{s}} = \frac{0{,}001\ \text{km}}{\frac{1}{3600}\,\text{h}} = 0{,}001 \cdot 3600\,\frac{\text{km}}{\text{h}} = 3{,}6\,\frac{\text{km}}{\text{h}}$$

$$1\ \text{kn} = 1\ \frac{\text{sm}}{\text{h}}$$

2. Arithmetik

Geldeinheiten

Grundeinheit:

1 € (Euro) = Grundeinheit in Deutschland

Weitere Einheit:
1 Cent (Euro-Cent)

Umrechnung:
100 Cent = 1 €

Umrechnungen

Bei allen Umrechnungen von Größen in andere Einheiten gilt:
Ist die neue Einheit das *n*-fache der alten Einheit, so ist der neue Zahlenwert das $\frac{1}{n}$-fache des alten Zahlenwerts.

Beispiele:

1. 7,2 cm soll in dm und m umgerechnet werden:

Die Einheit dm ist das Zehnfache der Einheit cm, also muss der Zahlenwert das 0,1-fache werden:
7,2 cm = 0,72 dm.

Die Einheit m ist das 100-fache von cm, also muss der Zahlenwert das 0,01-fache werden:
7,2 cm = 0,072 m.

2. 74,5 kg soll in t umgerechnet werden:

Die Einheit 1 t ist das 1000-fache der Einheit kg, also ist der Zahlenwert das 0,001-fache:
74,5 kg = 0,0745 t.

3. 42 min 16 s soll in Stunden umgerechnet werden:

Zunächst verwandelt man die Zeit in Sekunden.
42 min 16 s = 42 · 60 s + 16 s = 2536 s.

Die Einheit 1 h ist das 3600-fache der Einheit s, also muss der Zahlenwert das $\frac{1}{3600}$-fache werden:

$2536\ \text{s} = \frac{2536}{3600}\ \text{h} = 0{,}70\overline{4}\ \text{h}.$

3.
Algebra

3.1 Relationen

Definition

Gegeben sind zwei Mengen A und B mit der Paarmenge A × B. Jede Teilmenge G der Paarmenge A × B stellt zwischen A und B eine „Beziehung" oder Relation her, symbolisch A ρ B, gelesen: A rho B. Entspricht dem Element $a \in A$ durch die Relation das Element $b \in B$, so schreibt man $a \rho b$, gelesen: b zugeordnet a. Die Menge $G \subset A \times B$, die die Zuordnungsvorschrift angibt, heißt Graph der Relation.

$$a \rho b \leftrightarrow (a, b) \in G$$

Beispiel:

Gegeben sind die Mengen A = { 1, 2, 3, 4 } und B = { 5, 6, 7 }.

Die Menge G = { (1;5) , (1;6), (2;6) } stellt eine Relation zwischen ihnen her. Wird diese Relation mit ρ bezeichnet, so gilt: $1 \rho 5$, $1 \rho 6$ und $2 \rho 6$.

Grafisch lässt sich die Relation in einem Pfeildiagramm veranschaulichen.

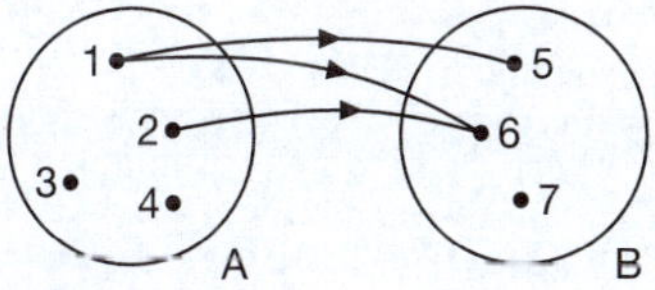

Äquivalenzrelation

Um eine Relation zwischen zwei Mengen zu definieren, ist es nicht notwendig, dass die beiden Mengen voneinander verschieden sind, es gibt auch Relationen in einer Menge M. Erfüllt eine derartige Relation ρ folgende Bedingungen, so nennt man sie Äquivalenzrelation:

$a \in M \rightarrow a \rho a$	Reflexivität
$a \rho b \leftrightarrow c \rho a$	Symmetrie
$a \rho b \wedge b \rho c \rightarrow a \rho c$	Transitivität

Beispiel:

Die Ähnlichkeit der Dreiecke (Symbol ~) ist eine Äquivalenzrelation in der Menge D aller Dreiecke. Bezeichnet man vier beliebig aus der Menge herausgegriffene ähnliche Dreiecke mit *d*, *a*, *b* und *c*, so gilt:

Reflexivität: $d \in D \rightarrow d \sim d$ (Jedes Dreieck ist sich selbst ähnlich.)

Symmetrie: $a \sim b \leftrightarrow b \sim a$ (Ist das Dreieck *a* ähnlich zu *b*, dann ist auch *b* ähnlich zu *a*.)

Transitivität: $a \sim b \wedge b \sim c \rightarrow a \sim c$ (Ist das Dreieck *a* ähnlich dem Dreieck *b* und das Dreieck *b* ähnlich dem Dreieck *c*, dann ist auch das Dreieck *a* ähnlich dem Dreieck *c*.)

Weitere Beispiele von Äquivalenzrelationen sind: Äquivalenz von Aussagen in jeder Menge A von Aussagen, Gleichheit von Mengen in jeder Menge M von Mengen, Gleichmächtigkeit von Mengen in jeder Menge M von endlichen, nicht leeren Mengen.

3.2 Strukturen

Operationen

Eine Operation in einer Menge M ist eine Relation, in der zwei Elementen $a, b \in M$ ein drittes Element $c \in M$ eindeutig zugeordnet ist, symbolisch $a \circ b = c$.

Beispiele:

Die Grundoperationen der Algebra:
Addition, Subtraktion, Multiplikation und Division.

Operationen in der Geometrie:
Translation, Drehung, Spiegelung, Streckung usw.

Strukturen

Ein Gebilde, bestehend aus einer Menge und einer oder mehrerer Operationen in dieser Menge, ist eine Struktur.

Eine in der Mathematik besonders wichtige Struktur ist die Abel'sche Gruppe. (Eine Gruppe heißt abelsch, wenn das Kommutativgesetz in der Struktur enthalten ist.) Sie besteht aus einer Menge M und einer Operation o mit folgenden Eigenschaften:

K	Kommutativität:	$a, b \in M \rightarrow a \circ b = b \circ a$
A	Assoziativität:	$a, b, c \in M \rightarrow a \circ (b \circ c) =$ $= (a \circ b) \circ c$
N	Neutrales Element:	Es existiert in M ein neutrales Element ε, sodass gilt: $a \in M \rightarrow a \circ \varepsilon = \varepsilon \circ a = a$
I	Inverses Element:	Für jedes $a \in M$ existiert ein $a' \in M$, sodass gilt: $a \in M \rightarrow a \circ a' = a' \circ a = \varepsilon$

Beispiele zu den Strukturen finden sich in den folgenden Abschnitten.

3.3 Ring der ganzen Zahlen

Die Menge der ganzen Zahlen bildet mit den Operationen „+" und „ · " eine Struktur (Z , + , ·), den Ring der ganzen Zahlen, mit folgenden Eigenschaften:

K *Kommutativität:* $a, b \in Z \rightarrow a + b = b + a$
$a, b \in Z \rightarrow a \cdot b = b \cdot a$

A *Assoziativität:* $a, b, c \in Z \rightarrow (a + b) + c = a + (b + c)$
$a, b, c \in Z \rightarrow (a \cdot b) \cdot c = a \cdot (b \cdot c)$

N *Neutrale Elemente:* $a \in Z \rightarrow a + 0 = 0 + a = a$
$a \in Z \rightarrow a \cdot 1 = 1 \cdot a = a$

I *Inverses Element:* $a \in Z \rightarrow a + (-a) = (-a) + a = 0$

D *Distributivgesetz:* $a, b, c \in Z \rightarrow a \cdot (b + c) = a \cdot b + a \cdot c$

Beispiel:

K $-3, -2 \in Z \rightarrow (-3) + (-2) = (-2) + (-3) = -5$
$\rightarrow (-3) \cdot (-2) = (-2) \cdot (-3) = 6$

A $-3, -2, 4 \in Z \rightarrow (-3 + (-2)) + 4 = -3 + (-2 + 4) = -1$
$\rightarrow ((-3) \cdot (-2)) \cdot 4 = (-3) \cdot ((-2) \cdot 4) = 24$

N $-3 \in Z \rightarrow (-3) + 0 = 0 + (-3) = -3$
$\rightarrow (-3) \cdot 1 = 1 \cdot (-3) = -3$

I $4 \in Z \rightarrow 4 + (-4) = (-4) + 4 = 0$

D $-3, -2, 4 \in Z \rightarrow -3 \cdot (-2 + 4) = (-3) . (-2) + (-3) \cdot 4$
$-3 \cdot (-2 + 4) = -3 \cdot (+2) = -6$
$(-3) \cdot (-2) + (-3) \cdot 4 = +6 - 12 = -6$

3.4 Körper der rationalen Zahlen

Die Menge Q der rationalen Zahlen bildet zusammen mit den Operationen „+“ und „·“ eine Struktur (Q , + , ·), genannt Körper, mit folgenden Eigenschaften:

K	*Kommutativität:*	$a, b \in Q \rightarrow a + b = b + a$
		$a, b \in Q \rightarrow a \cdot b = b \cdot a$
A	*Assoziativität:*	$a, b, c \in Q \rightarrow (a + b) + c = a + (b + c)$
		$a, b, c \in Z \rightarrow (a \cdot b) \cdot c = a \cdot (b \cdot c)$
N	*Neutrale Elemente:*	$a \in Q \rightarrow a + 0 = 0 + a = a$
		$a \in Q \rightarrow a \cdot 1 = 1 \cdot a = a$
I	*Inverses Element:*	$a \in Q \rightarrow a + (-a) = (-a) + a = 0$
		$a \in Q \setminus \{0\} \rightarrow a \cdot \frac{1}{a} = \frac{1}{a} \cdot a = 1$
D	*Distributivgesetz:*	$a, b, c \in Q \rightarrow a \cdot (b + c) = a \cdot b + a \cdot c$

Beispiel:

K $\frac{2}{7}, \frac{3}{7} \in Q \rightarrow \frac{2}{7} + \frac{3}{7} = \frac{3}{7} + \frac{2}{7} = \frac{5}{7}$

$\frac{2}{7} \cdot \frac{3}{7} = \frac{3}{7} \cdot \frac{2}{7} = \frac{6}{49}$

A $\frac{4}{9}, \frac{2}{9}, -\frac{5}{9} \in Q \rightarrow$

$\left(\frac{4}{9} + \frac{2}{9}\right) + \left(-\frac{5}{9}\right) = \frac{4}{9} + \left(\frac{2}{9} - \frac{5}{9}\right) = \frac{1}{9}$

$\left(\frac{4}{9} \cdot \frac{2}{9}\right) \cdot \left(-\frac{5}{9}\right) = \frac{4}{9} \cdot \left(\frac{2}{9} \cdot \left(-\frac{5}{9}\right)\right) = -\frac{40}{729}$

N	$\frac{1}{2} \in Q \rightarrow \frac{1}{2} + 0 = 0 + \frac{1}{2} = \frac{1}{2}$
	$\frac{1}{2} \in Q \rightarrow \frac{1}{2} \cdot 1 = 1 \cdot \frac{1}{2} = \frac{1}{2}$
I	$\frac{2}{3} \in Q \rightarrow \frac{2}{3} + \left(-\frac{2}{3}\right) = \left(-\frac{2}{3}\right) + \frac{2}{3} = 0$
	$\frac{2}{3} \in Q \rightarrow \frac{2}{3} \cdot \frac{3}{2} = \frac{3}{2} \cdot \frac{2}{3} = 1$
D	$\frac{1}{2}, \frac{2}{3}, \frac{3}{4} \in Q \rightarrow \frac{1}{2} \cdot \left(\frac{2}{3} + \frac{3}{4}\right) = \frac{1}{2} \cdot \frac{2}{3} + \frac{1}{2} \cdot \frac{3}{4}$

3.5 Algebraische Terme

Definition

Terme mit Variablen sind entweder Variable selbst oder sinnvolle Zusammenstellungen von Zahlen, Variablen, Rechenzeichen und Klammern. Setzt man für je eine der Variablen eine bestimmte Zahl ein, so entsteht ein Zahlenterm, daraus lässt sich der Termwert berechnen.

Beispiele:

1. Terme mit Variablen sind:

a, $2a$, $a + b + c$, $a\,(p + q)$, $5x\,(3a - 5b)$,

$\frac{1}{2}x + \frac{2}{3}y$, $(u + v)^2$, ...

2. Setzt man $a = 3$ und $b = 1$ in den Term $2ab\,(a - 3b)$ ein, so ergibt sich der Zahlenterm $2 \cdot 3 \cdot 1 \cdot (3 - 3 \cdot 1)$ mit dem Termwert 0.

Addition und Subtraktion von Termen

Terme, in denen dieselben Variablen vorkommen, heißen gleichartig. Gleichartige Terme unterscheiden sich nur im Koeffizienten (d. h. in der Zahl vor den Variablen).

Nur gleichartige Terme kann man durch Addition oder Subtraktion weiter zusammenfassen.

So gilt beispielsweise $a + a + a + a = 4a$. Dagegen lässt sich die algebraische Summe $a + b + c$ nicht weiter zusammenfassen. Die Zahl 4 heißt Beizahl oder Koeffizient. Der Koeffizient 1 wird nicht geschrieben ($1a = a$), auch der Malpunkt zwischen dem Koeffizienten und der Variablen wird in der Regel weggelassen.

Sind Teilsummen in Klammern zusammengefasst, dann gelten für die Auflösung der Klammern folgende Regeln:

$$a + (b + c) = a + b + c$$
$$a + (b - c) = a + b - c$$
$$a - (b + c) = a - b - c$$
$$a - (b - c) = a - b + c$$

Beispiel:

$$4a - 2b - (6a + 3b) - (-2a - b) =$$
$$= 4a - 2b - 6a - 3b + 2a + b =$$
$$= 4a - 6a + 2a - 2b - 3b + b = 0a - 4b = -4b$$

Multiplikation von Termen

Das Produkt zweier Variablen *a* und *b* wird durch *ab* ausgedrückt, der Malpunkt zwischen den Buchstaben (Variablen) entfällt. Werden gleichartige Variable miteinander multipliziert, so kann man sie wie bei Zahlen zu Potenzen zusammenfassen.

Werden Terme miteinander multipliziert, so multipliziert man zuerst die Koeffizienten (mit ihren Vorzeichen), dann die Variablen.

Beispiel:

$$8uv \cdot (-2)v^2w \cdot \frac{1}{2}u^2vw^2 =$$
$$= 8 \cdot (-2) \cdot \frac{1}{2} \cdot u \cdot u^2 \cdot v \cdot v^2 \cdot v \cdot w \cdot w^2 =$$
$$= -8\,u^3v^4w^3$$

Wird ein Term mit einem Klammerterm multipliziert, dann gilt das Distributivgesetz (s. Seite 81): $a(b+c) = ab + ac$.

Beispiele:

$$-4\,m(-2\,x + 3\,y) = 8\,m\,x - 12\,m\,y$$

$$3\,a(5\,a^2b - 4\,a\,b^2) = 15\,a^3b - 12\,a^2b^2$$

Werden zwei Klammerterme miteinander multipliziert, dann gilt folgende Verteilungsregel, die sich aus dem Distributivgesetz ableitet:

$$(a+b)\cdot(x+y) = ax + ay + bx + by$$

Beispiele:

1. $(3c + 4d)(2x + 3y) =$
   $= 6cx + 9cy + 8dx + 12dy$

2. $(-a - 3b)(2a - 5b) =$
   $= -2a^2 + 5ab - 6ab + 15b^2 =$
   $= -2a^2 - ab + 15b^2$

Binomische Formeln

Die Binome stellen einen Sonderfall bei der Multiplikation von algebraischen Termen dar. (Ein Binom ist ein Summenterm mit zwei verschiedenen Variablen.)

$(a + b)^2 = (a + b)(a + b) = a^2 + 2ab + b^2$
$(a - b)^2 = (a - b)(a - b) = a^2 - 2ab + b^2$
$(a + b)(a - b) = a^2 - b^2$

Beispiele:

1. $(2x + 5y)^2 = 4x^2 + 20xy + 25y^2$
2. $(2a - 3b)2 = 4a^2 - 12ab + 9b^2$
3. $(3x - 1)(3x + 1) = 9x^2 - 1$
4. $\left(\frac{4}{5}e - \frac{3}{4}f\right)^2 = \frac{16}{25}e^2 - \frac{6}{5}ef + \frac{9}{16}f^2$

Setzen von Klammern

Aus den Summanden einer Summe kann man gemeinsame Faktoren ausklammern, falls sie vorhanden sind. Dabei entsteht aus der Summe ein Produkt. Das Klammern-Setzen nennt man auch Ausklammern.

Beispiele:

1. $6ax - 3ay = 3a \cdot 2x + 3a \cdot y = 3a(2x + y)$
2. $2a^2 + 4ax^2 = 2ax \cdot a + 2ax \cdot x = 2ax(a + x)$
3. $-u - v - w = -(u + v + w)$
4. $xy - x = x \cdot y - x \cdot 1 = x(y - 1)$

Gelegentlich lassen sich bei Summentermen Faktoren aus Teilsummen ausklammern, sodass einfachere Summenterme entstehen, aus denen sich nochmals ausklammern lässt.

Beispiele:

1. $au + av + 2bu + 2bv =$
   $= a(u + v) + 2b(u + v) =$
   $= (u + v)(a + 2b)$

2. $-3rp + 2qs + qr - 6ps =$
   $= -3rp + qr - 6ps + 2qs =$
   $= r(-3p + q) + 2s(-3p + q) =$
   $= (-3p + q)(r + 2s)$

Liest man die binomischen Formeln von rechts nach links, so werden auch hier Summenterme in Produktterme umgewandelt, also Klammern gesetzt.

Beispiele:

1. $4x^2 - 12xy + 9y^2 = (2x - 3y)^2$
2. $9x^2 - 25y^2 = (3x + 5y)(3x - 5y)$
3. $36p^2 - 1 = 36p^2 - 1^2 = (6p + 1)(6p - 1)$
4. $12m^2 - 27n^2 = 3(4m^2 - 9n^2) = 3(2m + 3n)(2m - 3n)$

Quadratische Ergänzung

Unter einem vollständigen Quadrat versteht man jeden Term T_2, der sich als Quadrat eines anderen Terms T_1 darstellen lässt: $T_2 = T_1^2$

Beispiele:

1. $x^2 - 18x$ soll zu einem vollständigen Quadrat ergänzt werden:
   $x^2 - 2 \cdot x \cdot 9 + 9^2 = (x - 9)^2$ (2. binomische Formel)

   Damit ergibt sich:
   $x^2 - 18x + 9^2 - 9^2 =$
   $= (x - 9^2) - 9^2 =$
   $= (x - 9)^2 - 81$

2. Der Term $T(x) = 2x^2 + 5x - 3 = 2\left(x^2 + \frac{5}{2}x - \frac{3}{2}\right)$ soll durch quadratische Ergänzung in einen äquivalenten Term umgewandelt werden, der ein vollständiges Quadrat enthält:

   $$T(x) = 2\left[x^2 + 2 \cdot x \cdot \frac{5}{4} + \left(\frac{5}{4}\right)^2 - \left(\frac{5}{4}\right)^2 - \frac{3}{2}\right] =$$
   $$= 2\left[\left(x + \frac{5}{4}\right)^2 - \frac{25}{16} - \frac{3}{2}\right] =$$
   $$= 2\left[\left(x + \frac{5}{4}\right)^2 - \frac{49}{16}\right] =$$
   $$= 2\left(x + \frac{5}{4}\right)^2 - \frac{45}{8}$$

Binomische Formeln gibt es auch für höhere Potenzen. Sehr wichtig sind die folgenden Formeln:

$$(a + b)^3 = (a + b)(a + b)(a + b) = a^3 + 3\,a^2b + 3\,ab^2 + b^3$$
$$(a - b)^3 = (a - b)(a - b)(a - b) = a^3 - 3\,a^2b + 3\,ab^2 - b^3$$
$$a^3 + b^3 = (a + b)(a^2 - ab + b^2)$$
$$a^3 - b^3 = (a - b)(a^2 + ab + b^2)$$
$$\ldots$$
$$a^n - b^n = (a - b)(a^{n-1} + a^{n-2}b + \ldots ab^{n-2} + b^{n-1})$$

Beispiele:

1. $(3m + 2n)^3 =$

$= 27\,m^3 + 3 \cdot 9\,m^2 \cdot 2\,n + 3 \cdot 3\,m \cdot 4\,n^2 + 8\,n^3 =$

$= 27\,m^3 + 54\,m^2\,n + 36\,mn^2 + 8\,n^3$

2. $(3\,a - b)^3 =$

$= 27\,a^3 - 27\,a^2b + 9\,ab^2 - b^3 =$

$= 27\,x^3 + 125\,y^3 =$

$= (3\,x + 5\,y)(9\,x^2 - 15\,x\,y + 25\,y^2)$

3. $8\,u^3 - v^3 =$

$= (2\,u - v)(4u^2 + 2\,uv + v^2)$

Man beachte, dass sich die Terme in der zweiten Klammer nicht nach einer binomischen Formel weiter zusammenfassen lassen.

Der binomische Lehrsatz

Ist n eine beliebig hohe Potenz, so kann man eine Zerlegung nach folgender Regel durchführen:

$$(a+b)^n = \sum_{k=0}^{n} \binom{n}{k} a^{n-k} \cdot b^k =$$
$$= \binom{n}{0} a^n + \binom{n}{1} a^{n-1} b + \binom{n}{2} a^{n-2} b^2 + \ldots + \binom{n}{n-1} a\, b^{n-1} + \binom{n}{n} b^n$$

Die Zahlen in den Klammern nennt man Binomialkoeffizienten. Man kann sie nach folgender Formel berechnen:

$$\binom{n}{k} = \frac{n\,(n-1) \cdot (n-2) \cdot \ldots \cdot (n-k+1)}{1 \cdot 2 \cdot 3 \cdot \ldots \cdot k}$$

n und k sind natürliche Zahlen, wobei k höchstens n sein kann. Ohne weitere Rechnung kann man sich merken:

$$\binom{n}{n} = \binom{n}{0} = 1 \quad \text{und} \quad \binom{n}{1} = \binom{n}{n-1} = n$$

Beispiel:

$$\binom{10}{4} = \frac{10 \cdot 9 \cdot 8 \cdot 7}{1 \cdot 2 \cdot 3 \cdot 4} = 210$$

Beispiele zum binomischen Lehrsatz:

$$(x-y)^7 =$$
$$= x^7 - 7x^6y + 21x^5y^2 - 35x^4y^3 + 35x^3y^4 - 21x^2y^5 + 7xy^6 + y^7$$

Vor der Umwandlung des Terms $(x + 2y)^6$ in eine Summe soll das vierte Glied dieser Summe berechnet werden:

$$k = 3: \binom{6}{3} x^{6-3} \cdot (2y)^3 =$$
$$= \frac{6 \cdot 5 \cdot 4}{1 \cdot 2 \cdot 3} \cdot x^3 \cdot 8y^3 = 160x^3y^3$$
$$2^n = (1+1)^n =$$
$$= \binom{n}{0} \cdot 1^0 \cdot 1^n + \binom{n}{1} \cdot 1 \cdot 1^{n-1} + \binom{n}{2} \cdot 1^2 \cdot 1^{n-2} + \ldots + \binom{n}{n-1} \cdot 1^{n-1} \cdot 1 + \binom{n}{n} \cdot 1$$
$$2^n = \binom{n}{0} + \binom{n}{1} + \binom{n}{2} + \binom{n}{3} + \ldots + \binom{n}{n-1} + \binom{n}{n}$$

Pascal'sches Dreieck

Die Binomialkoeffizienten kann man auch grafisch durch den Aufbau eines Zahlendreiecks leicht finden. Falls der Koeffizient beispielsweise für die sechste Potenz gesucht wird, müssen allerdings die Koeffizienten aller früheren Potenzen bekannt sein.

1

1 1

1 2 1

1 3 3 1

1 4 6 4 1

1 5 10 10 5 1

1 6 15 20 15 6 1

1 7 21 35 35 21 7 1

usw.

Das Dreieck baut man so auf, dass sich durch Addition zweier benachbarter Zahlen die darunterstehende Zahl ergibt.

Den Koeffizient $\binom{n}{k}$ findet man in der $(n + 1)$-ten Zeile an der $(k + 1)$-ten Stelle.

Beispiel:

$\binom{4}{2}$ steht in der 5. Zeile an der 3. Stelle und hat den Wert 6.

3.6 Gleichungen

Bestimmungsgleichungen

Gegeben sind zwei Terme mit ein und derselben Variablen x: $T_1(x)$ und $T_2(x)$ mit den Definitionsmengen D_1 und D_2. Die Aussageform $T_1(x) = T_2(x)$ mit der Definitionsmenge $D = D_1 \cap D_2$ heißt die Bestimmungsgleichung für die Variable x.

Anstelle „Bestimmungsgleichung“ sagt man kurz „Gleichung“.
Die Lösungsmenge der Aussageform $T_1(x) = T_1(x)$ nennt man Lösungsmenge der Gleichung.
Das Hauptanliegen bei einer Gleichung ist die Bestimmung ihrer Lösungsmenge.

Man kann die Lösungsmenge bei einfachen Gleichungen durch Probieren finden:

Beispiele:

1. $2 \cdot |x| = 6, \quad G = N$

$x = -3 \Rightarrow 2 \cdot |-3| = 6 \Rightarrow$
$2 \cdot 3 = 6$ (wahr)

$x = 3 \Rightarrow 2 \cdot |3| = 6 \Rightarrow$
$2 \cdot 3 = 6$ (wahr),

also $L = \{-3, 3\}$

2. $x^2 - x, \quad G = Q$

$x = 0 \Rightarrow 0 - 0 = 0$ (wahr)

$x = 1 \Rightarrow 1^2 - 1 = 0$ (wahr),

also $L = \{0, 1\}$

Lässt sich die Lösungsmenge der Gleichung nicht unmittelbar angeben, so wird sie der Reihe nach durch äquivalente Gleichungen mit derselben Grundmenge ersetzt, deren Lösungsmengen immer leichter aufzufinden sind. Die Umformung einer Gleichung ist äquivalent, wenn die Lösungsmenge der umgeformten Gleichung gleich der Lösungsmenge der ursprünglichen Gleichung ist.

Beispiel:

$G = Q$

Ausgangsgleichung:	$4x + 2 = 14$	$L = \{3\}$
1. Umformung:	$4x + 2 - 2 = 14 - 2$	$L = \{3\}$
2. Umformung:	$4x = 12$	$L = \{3\}$
3. Umformung:	$4x : 4 = 12 : 4$	$L = \{3\}$
4. Umformung:	$x = 3$	$L = \{3\}$

3. Algebra

Eine Gleichung wird äquivalent umgeformt, wenn man auf beiden Seiten dieselbe Zahl (denselben Term) addiert oder subtrahiert oder auf beiden Seiten dieselbe von 0 verschiedene Zahl (denselben Term, dessen Wert nicht 0 ist) multipliziert oder dividiert.

Beispiele:

$G = \mathbb{Q}$
Ausgangsgleichung: $4x - 10 = -6x + 20$

1. Umformung: $4x - 10 + 10 = -6x + 20 + 10$
$4x = -6x + 30$

2. Umformung: $4x + 6x = -6x + 6x + 30$
$10x = 30$

3. Umformung: $10x : 10 = 30 : 10$
$x = 3$

$L = \{3\}$

$G = \mathbb{Q}$
Ausgangsgleichung: $2(2x - 8) + 6 = -4(-x + 6) + 14$

1. Umformung: $4x - 16 + 6 = 4x - 24 + 14$

2. Umformung: $4x - 10 = 4x - 10$

Die Gleichung ist für alle x wahr, also ist $L = \mathbb{Q}$.

Lineare Gleichungen

Eine Gleichung heißt linear (oder ersten Grades), wenn sie äquivalent auf die Form $ax + b = 0$ mit $a, b \in \mathbb{R}$, $a \neq 0$ gebracht werden kann.

Die Lösungsmenge einer linearen Gleichung ist $L = \left\{-\frac{b}{a}\right\}$.

Beispiel:

$\frac{1}{3}x + 6 = 0;\quad L = \{-18\}$

Bruchgleichungen:

Sie sind dann gegeben, wenn die Unbekannte x mindestens einmal im Nenner vorkommt.

Beispiele:

1. $G = R;\ D = R \setminus \{0\}$

$\left(\frac{1}{x} - \frac{1}{2x}\right) \cdot 5 = \frac{2}{3x} + \frac{1}{6}$	Klammer ausrechnen
$\frac{5}{x} - \frac{5}{2x} = \frac{2}{3x} + \frac{1}{6}$	Gleichung mit Hauptnenner
$\frac{6 \cdot 5}{6x} - \frac{3 \cdot 5}{6x} = \frac{2 \cdot 2}{6x} + \frac{x}{6x}$	mit 6x multiplizieren
$30 - 15 = 4 + x$	zusammenfassen
$15 = 4 + x$	
$11 = x$	
$L = \{11\}$	

2. $G = R;\ D = R \setminus \{-2, 2\}$

$$\frac{4}{2x-4} + \frac{12}{2x+4} = \frac{16}{(x+2)(x-2)}$$

Zunächst muss der Hauptnenner bestimmt werden, er ist das kleinste gemeinsame Vielfache der drei Nenner:

1. Nenner:	$2x - 4 = 2(x-2)$
2. Nenner:	$2x + 4 = 2(x+2)$
3. Nenner:	$(x+2)(x-2)$
Hauptnenner:	$2(x+2)(x-2)$

Jeder Term der Gleichung wird mit dem Hauptnenner multipliziert, wobei die Brüche gekürzt werden.

$4(x+2) + 12(x-2) = 16 \cdot 2$ Klammern ausrechnen

$4x + 8 + 12x - 24 = 32$ zusammenfassen

$16x - 16 = 32$

$16x = 48$

$x = 3$

$L = \{3\}$

Textaufgaben:

Viele praktische Probleme, die sich mathematisch lösen lassen, führen auf Gleichungen. Dabei bezeichnet man eine gesuchte Größe mit *x* und setzt die im Text vorkommenden Bedingungen in mathematische Terme um.

Beispiele:

1. Teilt man das Doppelte einer Zahl, vermindert um 1, durch das Vierfache dieser Zahl, vermehrt um 2, so erhält man die Zahl 0,25.

Gesuchte Zahl: x

Ansatz: $G = R; D = R \setminus \left\{-\frac{1}{2}\right\}$

$\frac{2x-1}{4x+2} = \frac{1}{4}$

Rechnung: $4(2x-1) = 1 \cdot (4x+2)$

$4x - 4 = 2$

$4x = 6$

$x = 1{,}5$

Antwort: Die gesuchte Zahl ist 1,5.

2. Eine bestimmte Arbeit wird von P in 7 Tagen 4 Stunden ausgeführt und von P und Q zusammen in 24 Stunden. Wie viele Tage würde Q allein für diese Arbeit brauchen? (1 Arbeitstag = 8 Stunden)

Arbeitszeit von P: 60 Stunden
Arbeitszeit von Q: x Stunden

In einer Stunde führen aus: P: $\frac{1}{60}$ der Arbeit
Q: $\frac{1}{x}$ der Arbeit
P und Q: $\frac{1}{24}$ der Arbeit

Ansatz: $G = \mathbb{R};\ D = \mathbb{R} \setminus \{0\}$

$$\frac{1}{60} + \frac{1}{x} = \frac{1}{24}$$

Rechnung: $2x + 120 = 5x$ Hauptnenner ist $120x$

$$120 = 3x$$
$$x = 40$$

Antwort: Q muss 40 Stunden oder 5 Tage arbeiten.

3. Es sind eine 90%ige und eine 47%ige Schwefelsäure vorhanden. Es sollen daraus 3,0 Liter Schwefelsäure von 60% gemischt werden. Wie viel Liter von jeder Sorte muss man nehmen?

90%ige Säure: x Liter
47%ige Säure: 3 – x Liter

Ansatz: $x \cdot 0{,}9 + (3 - x) \cdot 0{,}47 = 3 \cdot 0{,}6$

Rechnung: $0{,}9x + 1{,}41 - 0{,}47x = 1{,}8$

$$0{,}43x = 0{,}39$$
$$x = 0{,}907$$

Antwort: Man muss 0,907 Liter von der 90%igen Schwefelsäure und 2,093 Liter von der 47%igen Säure nehmen.

3. Algebra

Parametergleichungen:

Ein Parameter ist eine nicht näher angegebene feste Zahl. Hat eine Gleichung einen Parameter, so vertritt diese Gleichung eine Schar von unendlich vielen Gleichungen mit derselben Termstruktur. Die Lösung dieser Gleichungen erfolgt nach demselben Schema.

Beispiel:

1. $2x + a(3x - 1) = 4ax + 2$ $\quad G = \mathbb{Q}$

$a \in \mathbb{Q}$ ist der Parameter — Klammern ausrechnen

$2x + 3ax - a = 4ax + 2$ — a addieren

$2x + 3ax = 4ax + 2 + a$ — $4ax$ subtrahieren

$2x - ax = 2 + a$ — x ausklammern

$x(2 - a) = 2 + a$

Vor weiteren Umwandlungen muss eine Fallunterscheidung durchgeführt werden:

1. Fall: $a \neq 2 \Rightarrow x = \frac{2+a}{2-a} \quad L = \left\{\frac{2+a}{2-a}\right\}$

2. Fall: $a = 2 \Rightarrow x \cdot 0 = 2 + a \quad L = \emptyset$

2. $(a^2 - 1)x = a + 1 \Leftrightarrow$

$(a - 1)(a + 1)x = a + 1$

1. Fall: $a \in \mathbb{Q} \setminus \{-1, 1\}$

$$x = \frac{a+1}{(a+1)(a-1)}$$

$$x = \frac{1}{(a-1)}$$

$$L = \left\{\frac{1}{(a-1)}\right\}$$

2. Fall: $a \in \{-1, 1\} \quad L = \emptyset$

Quadratische Gleichungen

Eine Gleichung ist quadratisch (oder zweiten Grades), wenn sie äquivalent auf die Form $ax^2 + bx + c = 0$ mit $a, b, c \in R, a, b, c \notin R$, gebracht werden kann.

Die Form $ax^2 + bx + c = 0$ nennt man Hauptform oder Normalform der Gleichung. Ihre Lösung erhält man durch äquivalente Umformungen, wobei die sog. quadratische Ergänzung eines Terms eine wichtige Rolle spielt. Anfangs- und Schlussglied der Umformungskette sind am wichtigsten.

Beim praktischen Rechnen muss man lediglich die Koeffizienten der Hauptform bestimmen und diese dann in das Schlussglied einsetzen.

$$ax^2 + bx + c = 0 \Leftrightarrow$$
$$x_{1/2} = \frac{-b \pm \sqrt{b^2 - 4ac}}{2a}$$

Den Term unter der Wurzel bezeichnet man als Diskriminante, da er die Zahl der Lösungselemente bestimmt.

$$b^2 - 4ac > 0 \quad \Rightarrow \quad L = \left\{ \frac{-b - \sqrt{b^2 - 4ac}}{2a}, \frac{-b - \sqrt{b^2 - 4ac}}{2a} \right\} \quad \text{(2 Lösungen)}$$

$$b^2 - 4ac = 0 \quad \Rightarrow \quad L = \left\{ \frac{-b}{2a} \right\} \quad \text{(1 Lösung)}$$

$$b^2 - 4ac < 0 \quad \Rightarrow \quad L = \emptyset \quad \text{(keine reelle Lösung)}$$

Wird als Grundmenge die Menge der komplexen Zahlen angenommen, dann hat die Gleichung im letzten Fall zwei komplexe Lösungen.

Beispiel:

$$3x^2 + 4x - 4 = 0 \qquad a = 3, b = 4, c = -4$$

$$3x^2 + 4x - 4 = 0 \quad \Leftrightarrow \quad x_{1/2} = \frac{-4 \pm \sqrt{16 + 4 \cdot 3 \cdot 4}}{2 \cdot 3} \quad \Leftrightarrow$$

$$x_1 = \frac{2}{3} \vee x_2 = -2 \quad \Rightarrow \quad L = \left\{-2, \frac{2}{3}\right\}$$

Eine quadratische Gleichung kann auch in der sog. Normalform gegeben sein: $x^2 + px + q = 0$ (der Koeffizient bei x^2 ist stets 1). Dann lauten Anfangs- und Schlussglied der äquivalenten Umformungskette:

$$x^2 + px + q = 0 \Leftrightarrow$$

$$x_{1/2} = -\frac{p}{2} \pm \sqrt{\left(\frac{p}{2}\right)^2 - q}$$

Beispiel:

$$x^2 - 3x + 2 = 0 \qquad p = -3, \quad q = 2$$

$$x^2 - 3x + 2 = 0 \quad \Leftrightarrow$$

$$x_{1/2} = -\left(-\frac{3}{2}\right) \pm \sqrt{\left(-\frac{3}{2}\right)^2 - 2} \quad \Leftrightarrow$$

$$x_1 = 1 \vee x_2 = 2$$

$$\Rightarrow L = \{1, 2\}$$

Liegt eine verkürzte Hauptform bzw. Normalform vor (d. h. einige der Koeffizienten b oder c bzw. p oder q sind 0), so ist die Anwendung der Lösungsformel nicht notwendig. Die Gleichungen lassen sich dann durch beiderseitiges Wurzelziehen oder durch Ausklammern leichter und schneller lösen.

Beispiele:

1. $G = \mathbb{R}; D = \mathbb{R}$

$4x^2 - 1 = 0$	1 addieren
$4x^2 = 1$	durch 4 dividieren
$x^2 = \frac{1}{4}$	beiderseits Wurzel ziehen
$\lvert x\rvert = \frac{1}{2}$	Betrag auflösen

$x = \frac{1}{2} \quad \Leftrightarrow$

$x_1 = \frac{1}{2} \vee x_2 = -\frac{1}{2}$

$L = \left\{-\frac{1}{2}, \frac{1}{2}\right\}$

2. $G = \mathbb{R}$

$400x^2 - 80x = 0$ 80x ausklammern

$80x \cdot (5x - 1) = 0$

Aus der Regel „Ein Produkt wird dann 0, wenn entweder der erste Faktor oder der zweite Faktor 0 ist“ folgt die Zerlegung in ein Produkt.

$80x_1 = 0 \vee 5x_2 - 1 = 0 \quad \Leftrightarrow$

$x_1 = 0 \vee x_2 = \frac{1}{5}$

$L = \left\{0, \frac{1}{5}\right\}$

Hat die quadratische Gleichung $x^2 + px + q = 0$ die Lösungen x_1 und x_2, so gelten folgende Beziehungen zwischen diesen Lösungen:

Satz von Vieta:

$$x_1 + x_2 = -p$$

$$x_1 \cdot x_2 = q$$

3. Algebra

Hat die quadratische Gleichung $x^2 + px + q = 0$ die Lösungen x_1 und x_2, so lässt sich der Term $x^2 + px + q$ folgendermaßen in der Produktform schreiben:

Linearfaktorzerlegung: $x^2 + px + q = (x - x_1) \cdot (x - x_2)$

Beispiel:

Die quadratische Gleichung $x^2 - 5x + 6 = 0$ hat die Lösungen $x_1 = 2, x_2 = 3$.
Dann lässt sich folgende Linearfaktorzerlegung durchführen:
$x^2 - 5x + 6 = (x - 2) \cdot (x - 3)$

Bruchgleichungen:

Beispiel:

$\frac{10x}{3x+7} + \frac{4}{x+3} = 2,$ $G = R; D = R \setminus \left\{-\frac{7}{3}, -3\right\}$

Die Gleichung wird mit dem Hauptnenner $(3x + 7)(x + 3)$ multipliziert und die Terme werden gekürzt.

$10x(x+3) + 4(3x+7) = 2(3x+7)(x+3) \quad \Leftrightarrow$

$10x^2 + 30x + 12x + 28 = 6x^2 + 18x + 14x + 42 \quad \Leftrightarrow$

$10x^2 + 42x + 28 = 6x^2 + 32x + 42 \quad \Leftrightarrow$

$4x^2 + 10x - 14 = 0$ Hauptform

$x_{1/2} = \frac{-10 \pm \sqrt{100 + 4 \cdot 4 \cdot 14}}{2 \cdot 4} \quad \Leftrightarrow$

$x_{1/2} = \frac{-10 \pm \sqrt{234}}{2 \cdot 4} \quad \Leftrightarrow$

$x_{1/2} = \frac{-10 \pm 18}{8} \Leftrightarrow x_1 = -\frac{7}{2} \vee x_2 = 1$

$L = \left\{\frac{7}{2}, 1\right\}$

Gleichungen höheren Grades

Gleichungen höheren Grades löst man nur dann durch äquivalente Umformungen, wenn Sonderfälle vorliegen. Im Allgemeinen werden sie näherungsweise mithilfe von geeigneten Computerprogrammen gelöst.

Ist von einer Gleichung 3. Grades bekannt, dass sie mindestens eine ganzzahlige Lösung hat, dann wird man diese durch Probieren suchen. Durch eine Polynomdivision reduziert man dann die Gleichung auf den 2. Grad.

Beispiel:

$3x^3 - 10x^2 + 7x - 12 = 0$

Durch systematisches Probieren (man setzt $x = \pm 1, \pm 2, \pm 3$ der Reihe nach ein) findet man die Lösung $x = 3$.
Daraufhin teilt man den Term auf der linken Seite der Gleichung durch $(x - 3)$

$$(3x^3 - 10x^2 + 7x - 12) : (x - 3) = 3x^2 - x + 4$$
$$\underline{-(3x^3 - 9x^2)}$$
$$-x^2 + 7x$$
$$\underline{-(-x^2 + 3x)}$$
$$4x - 12$$
$$\underline{-(4x - 12)}$$
$$0$$

Die Polynomdivision wird ähnlich der Zahlendivision durchgeführt. Sie geht hier immer auf.

Falls die Gleichung noch weitere Lösungen hat, so sind dies die Lösungen der quadratischen Gleichung $3x^2 - x + 4 = 0$.

Die Diskriminante dieser Gleichung ist aber hier kleiner als Null, also hat die Gleichung keine reellen Lösungen mehr.
Die Gleichung hat in der Grundmenge R die Lösungsmenge $L = \{3\}$.

Sehr oft hat man es mit Gleichungen zu tun, die kein x-freies Glied haben. In einem derartigen Fall ist der erste Äquivalenzschritt das Ausklammern von x.

Beispiele:

1. $x^3 - 3x^2 - 10x = 0 \quad \Leftrightarrow$

$x(x^2 - 3x - 10) = 0 \quad \Leftrightarrow$

$x_1 = 0 \vee x^2 - 3x - 10 = 0 \quad \Leftrightarrow$

$x_1 = 0 \vee x_2 = -2 \vee x_3 = 5$

$L = \{-2, 0, 5\}$

2. $x^4 - 3x^3 = 0 \quad \Leftrightarrow$

$x^3(x - 3) = 0 \quad \Leftrightarrow$

$x_1^3 = 0 \vee (x_2 - 3) = 0 \quad \Leftrightarrow$

$x_1 = 0 \vee x_2 = 3$

$L = \{0, 3\}$

Liegt eine symmetrische Gleichung 4. Grades vor (d.h. die x-Potenzen mit ungeraden Exponenten fehlen), dann wird die Gleichung durch Substitution gelöst.

Beispiel:

$x^4 - 5x^2 + 4 = 0$ Substitution: $x^2 = z$

$z^2 - 5z + 4 = 0 \quad \Leftrightarrow$

$z_{1/2} = \frac{5 \pm \sqrt{25 - 16}}{2} \quad \Leftrightarrow$

$z_1 = 1 \vee z_2 = 4$ Rücksubstitution: $x_{1/2/3/4} = \pm\sqrt{z_{1/2}}$

$x_1 = -2 \vee x_2 = -1 \vee x_3 = 1 \vee x_4 = 2$

$L = \{-2, -1, 1, 2\}$

Wurzelgleichungen

Es handelt sich um Gleichungen, bei denen mindestens eine der Gleichungsvariablen mindestens einmal im Radikanden einer Wurzel auftritt.

In der Regel führt ein Potenzieren der Wurzelgleichung zu einer linearen oder quadratischen Gleichung. Nachdem das Potenzieren eine nicht äquivalente Umformung sein kann, muss man bei jedem Schritt darauf achten, ob sich die Lösungsmenge geändert hat.

Beispiel:

$$\sqrt{5x+5} = 3 - 2x \quad \Rightarrow$$

$$(\sqrt{5x+5})^2 = (3-2x)^2 \quad \Leftrightarrow$$

$$5x + 5 = 9 - 12x + 4x^2 \quad \Leftrightarrow$$

$$4x^2 - 17x + 4 = 0 \quad \Leftrightarrow$$

$$x_{1/2} = \frac{17 \pm \sqrt{289 - 4 \cdot 4 \cdot 4}}{2 \cdot 4} \quad \Leftrightarrow$$

$$x_1 = 4 \lor x_2 = \frac{1}{4}$$

Setzt man die beiden Lösungen zur Probe in die Wurzelgleichung ein, so stellt sich heraus, dass nur die Lösung $x = \frac{1}{4}$ zu einer wahren Aussage führt.

Also ist $L = \left\{\frac{1}{4}\right\}$.

3.7 Ungleichungen

Definitionen

Gegeben sind die Terme $T_1(x)$ und $T_2(x)$ mit den Definitionsmengen D_1 bzw. D_2. Die Aussageform $T_1(x) < T_2(x)$ über der Grundmenge $G = D_1 \cap D_2$ heißt Ungleichung mit der Variablen x.

$T_1(x) \leq T_2(x)$ ist die Disjunktion $T_1(x) < T_2(x) \vee T_1(x) = T_2(x)$

$T_1(x) > T_2(x)$ ist äquivalent mit $T_2(x) < T_1(x)$

$T_1(x) \geq T_2(x)$ ist die Disjunktion $T_1(x) > T_2(x) \vee T_1(x) = T_2(x)$

Falls die Grundmenge Q oder R ist, besteht die Lösungsmenge L bei den Ungleichungen im Allgemeinen aus Intervallen. Diese gibt man vorteilhaft durch eckige Klammern an.

Je nachdem, ob die Randpunkte eines Intervalls noch zum Intervall gehören sollen oder nicht, unterscheidet man:

Abgeschlossenes Intervall:	$a \leq x \leq b$	$[\,a\,;b\,]$
Halboffene Intervalle:	$a \leq x < b$	$[\,a\,;b\,[$
	$a < x \leq b$	$]\,a\,;b\,]$
Offenes Intervall:	$a < x < b$	$]\,a\,;b\,[$

Lineare Ungleichungen

Eine Ungleichung mit der Definitionsmenge D heißt linear oder ersten Grades, wenn sie auf die Form $ax + b < 0$ mit $a, b \in \mathbb{R}$, $a \neq 0$ gebracht werden kann.

Beispiele:

1. $-4x + 6 < 5 \quad \Leftrightarrow$

$-4x < -1 \quad \Leftrightarrow$

$x > \frac{1}{4}$

Bei der letzten Äquivalenzumformung wurde das Monotoniegesetz angewendet.

$L =]\,1\,;\infty\,[$

2. $\frac{1}{4}x + \frac{9}{2} \geq \frac{17}{4} - \frac{3}{2}x$	mit 8 multiplizieren
$2x + 36 \geq 34 - 12x$	12x addieren, 36 subtrahieren
$14x \geq -2$	durch 14 teilen
$x \geq -\frac{1}{7}$	
$L = [-\frac{1}{7}; +\infty[$	

Bruchungleichungen:

Man löst sie nach einem speziellen Verfahren: Zuerst bringt man die Bruchungleichung auf die Form $\frac{a}{b} > 0 \left(\frac{a}{b} < 0\right)$. Dann führt man eine Fallunterscheidung durch:

1. Fall: $a > 0 \vee b > 0$ (bzw. $a < 0 \wedge b < 0$) oder
2. Fall: $a < 0 \vee b > 0$ (bzw. $a > 0 \wedge b < 0$)

Beispiel:

$D = R \setminus \{-2\}$

$\frac{x-2}{x+2} < 3 \quad \Leftrightarrow \quad \frac{x-2}{x+2} - 3 < 0$

$\frac{-2x-8}{x+2} < 0 \quad \Leftrightarrow$ hier beginnt die Fallunterscheidung:

$-2x - 8 > 0 \wedge x + 2 < 0 \quad \vee \quad -2x - 8 < 0 \wedge x + 2 > 0 \quad \Leftrightarrow$

$-2x > 8 \wedge x + 2 < 0 \quad \vee \quad -2x < 8 \wedge x > -2 \quad \Leftrightarrow$

$x < -4 \wedge x < -2 \quad \vee \quad x > -4 \wedge x > -2 \quad \Leftrightarrow$

$x < -4 \quad \vee \quad x > -2$

$L_1 =]-\infty, -4[\qquad L_2 =]-2; \infty[$

$L = L_1 \cup L_2 =]-\infty, -4[\cup]-2; \infty[$

Betragsungleichungen:

Auch diese werden nach einem speziellen Verfahren gelöst. Es werden die Fälle Betragsinhalt ≥ 0 oder Betragsinhalt < 0 alternativ mit ihren Konsequenzen für die Ungleichung behandelt. Das weitere Vorgehen ist ähnlich dem bei Bruchungleichungen.

Beispiel:

$|x-1|<5 \quad \Leftrightarrow$

$(x-1 \geq 0 \wedge x-1<5) \quad \vee \quad (x-1<0 \wedge -(x-1)<5) \quad \Leftrightarrow$

Der erste Satz der Konjunktion betrifft jeweils den Betragsinhalt, der zweite Satz ist die Ungleichung.

$x \geq 1 \wedge x<6 \quad \vee \quad x<1 \wedge x>-4 \quad \Leftrightarrow$

$L_1 = [1;6[\qquad L_2 =]-4;1[$

$L = L_1 \cup L_2 =]-4;6[$

Quadratische Ungleichungen:

Eine Ungleichung mit der Definitionsmenge D heißt zweiten Grades oder quadratisch, wenn sie auf die Form $ax^2 + bx + c < 0$ mit $a \neq 0$ und $a, b, c \in R$ gebracht werden kann.

Bei der Lösung der quadratischen Ungleichung zerlegt man die linke Seite, falls möglich, in ein Produkt aus Linearfaktoren. Aus der Überlegung, dass ein Produkt nur dann nicht negativ ist, wenn die beiden Faktoren gleiche Vorzeichen haben oder Null sind, oder nur dann negativ ist, wenn die beiden Faktoren verschiedene Vorzeichen haben, leitet man die Fallunterscheidung her.

Beispiel:

$x^2 - 7x + 10 < 0 \quad \Leftrightarrow$

$(x-2)(x-5) < 0 \quad \Leftrightarrow$

$(x-2>0 \wedge x-5<0) \quad \vee \quad (x-2<0 \wedge x-5>0) \quad \Leftrightarrow$

$(x>2 \wedge x<5) \quad \vee \quad (x<2 \wedge x>5) \quad \Leftrightarrow$

$x>2 \quad \vee \quad x<5$

$L =]2;5[$

Lässt sich die linke Seite der Ungleichung nicht in Linearfaktoren zerlegen, dann ist entweder die Ungleichung für alle x wahr ($L = R$) oder für alle x falsch ($L = \varnothing$). Dies kann man durch probeweises Einsetzen leicht ermitteln.

Beispiele:

$x^2 + 20x + 130 \geq 0$

Die quadratische Gleichung $x^2 + 20x + 130 = 0$ hat keine Lösung, daher lässt sich der linke Term nicht in lineare Faktoren zerlegen. Man nimmt einen Probewert, z. B. $x = 1$ und setzt ihn in die Ungleichung ein: $1^2 + 20 \cdot 1 + 130 \geq 0 \Leftrightarrow 151 \geq 0$ (wahr), also ist $L = R$.

Bei der Ungleichung $x^2 + 20x + 130 \leq 0$ dagegen führt keine Einsetzung von x zu einer wahren Aussage, also ist hier $L = \varnothing$.

3\. Algebra

3.8 Nichtlineare Systeme

Zwei Gleichungen mit zwei Unbekannten

Aus zwei Variablen $x \in R$ und $y \in R$ lässt sich ein Variablenpaar $(x; y)$ bilden, das als eine Variable $(x; y) \in R \times R$ aufgefasst werden kann.

Eine Aussageform über der Grundmenge $R \times R$ mit der Variablen $(x; y)$ heißt nichtlineares Gleichungssystem 2. Grades aus zwei Gleichungen mit zwei Unbekannten, wenn sie folgende Form hat:

$$\begin{cases} a_1 x^2 + b_1 xy + c_1 y^2 + d_1 x + e_1 y + f_1 = 0 \\ a_2 x^2 + b_2 xy + c_2 y^2 + d_2 x + e_2 y + f_2 = 0 \end{cases}$$

In den Beispielen kommen nur Systeme vor, bei denen die erste Gleichung vom 2. Grad und die zweite Gleichung eine lineare Gleichung ist. Gelöst werden diese Systeme durch das Einsetzungsverfahren, d. h. eine der Gleichungen wird nach einer Variablen aufgelöst und diese dann in die andere Gleichung eingesetzt.

Beispiele:

1.

I. $\begin{cases} x^2 + y^2 = 25 \\ x + y = 7 \end{cases}$

II. $\begin{cases} x^2 + y^2 = 25 \\ x = 7 - y \end{cases}$

III. $\begin{cases} (7 - y)^2 + y^2 = 25 \\ x = 7 - y \end{cases}$

IV. $\begin{cases} 49 - 14\,y + y^2 + y^2 = 25 \\ x = 7 - y \end{cases}$

V. $\begin{cases} 2\,y^2 - 14\,y + 24 = 0 \\ x = 7 - y \end{cases}$

VI. $\begin{cases} y_{1/2} = \dfrac{14 \pm \sqrt{196 - 4 \cdot 2 \cdot 24}}{4} \\ x = 7 - y \end{cases}$

VII. $\begin{cases} y_1 = 4 \ \vee \ y_2 = 3 \\ x = 7 - y \end{cases}$

VIII. $\begin{cases} y_1 = 4 \ \vee \ y_2 = 3 \\ x_1 = 3 \ \vee \ x_2 = 4 \end{cases}$

$L = \{(3\,;4), (4\,;3)\}$

2.

I. $\begin{cases} \dfrac{x - 2}{y - 1} = 1 \\ (x - 3)(y - 2) = 0 \end{cases}$

II. $\begin{cases} x - 2 = y - 1 \\ xy - 2x - 3\,y + 6 = 0 \end{cases}$

III. $\begin{cases} x = y + 1 \\ (y + 1)\,y - 2\,(y + 1) - 3\,y + 6 = 0 \end{cases}$

VI. $\begin{cases} x = y + 1 \\ y^2 - 4\,y + 4 = 0 \end{cases}$

V. $\begin{cases} x = 3 \\ y = 2 \end{cases}$

$L = \{(3\,;2)\}$

3.9 Lineare Systeme

Zwei Gleichungen mit zwei Unbekannten

Aus zwei Variablen $x \in R$ und $y \in R$ lässt sich ein Variablenpaar $(x;y)$ bilden, das als eine Variable $(x;y) \in R \times R$ aufgefasst werden kann.

Eine Aussageform über der Grundmenge $R \times R$ mit der Variablen $(x;y)$ heißt lineares Gleichungssystem aus zwei Gleichungen mit zwei Unbekannten, wenn sie folgende Form hat:

$$\begin{cases} a_{11}x + a_{12}y = b_1 \\ a_{21}x + a_{22}y = b_2 \end{cases}$$

$a_{11}, a_{12}, a_{21}, a_{22} \in R$ sind Konstanten mit Doppelindizes. Ein Doppelindex gibt über die Stellung der Konstanten a im Gleichungssystem Auskunft.

Drei Gleichungen mit drei Unbekannten

Aus drei Variablen $x \in R$, $y \in R$ und $z \in R$ lässt sich ein Variablentripel bilden, das als eine Variable $(x;y;z) \in R \times R \times R$ aufgefasst werden kann. Eine Aussageform über der Grundmenge $R \times R \times R$ mit der Variablen $(x;y;z)$ heißt lineares Gleichungssystem aus drei Gleichungen mit drei Unbekannten, wenn sie folgende Form hat:

$$\begin{cases} a_{11}x + a_{12}y + a_{13}z = b_1 \\ a_{21}x + a_{22}y + a_{23}z = b_2 \\ a_{31}x + a_{32}y + a_{33}z = b_3 \end{cases}$$

Entsprechend lassen sich n lineare Gleichungen mit n Unbekannten zu einem System zusammenstellen. Die Zeilen sind durch Konjunktionen miteinander verbunden. Für das Lösen von linearen Gleichungssystemen sind mehrere Verfahren bekannt. Die beiden bedeutendsten sind das Gauß'sche Eliminationsverfahren (auch bekannt als Additionsverfahren) und die Cramer'sche Regel (s. Seite 120 f.).

Gauß'sches Eliminationsverfahren

Das Verfahren soll zunächst an einem Beispiel für zwei lineare Gleichungen mit zwei Unbekannten erläutert werden:

Beispiel:

$$\begin{cases} 5x + 7y = -2 \\ x - 2y = 3 \end{cases} \Leftrightarrow \begin{cases} 5x + 7y = -2 \\ -5x + 10y = -15 \end{cases}$$

Die 2. Gleichung wurde mit –5 multipliziert, damit die Koeffizienten in der *x*-Spalte betragsgleich, aber vorzeichenverschieden werden.

$$\begin{cases} 5x + 7y = -2 \\ 17y = -17 \end{cases} \Leftrightarrow \begin{cases} 5x + 7y = -2 \\ y = -1 \end{cases}$$

Die 1. Zeile bleibt unverändert (Eliminationsgleichung), in der 2. Zeile steht die Summe aus der 1. und der 2. Zeile. Dadurch fällt die Unbekannte in der 2. Zeile heraus.

$$\begin{cases} 5x + 7 \cdot (-1) = -2 \\ y = -1 \end{cases} \Leftrightarrow \begin{cases} x = 1 \\ y = -1 \end{cases}$$

$L = \{ (1; -1) \}$

Besteht das System aus drei linearen Gleichungen mit drei Unbekannten, so wird man durch geeignete Addition von Gleichungen ein Untersystem herstellen, das aus zwei Gleichungen mit zwei Unbekannten besteht.

Beispiel:

$$\begin{cases} x - y + 2z = -5 \\ -2x + y - z = 0 \\ 3x + 4y + z = 7 \end{cases}$$

Man lässt die erste Gleichung unverändert und multipliziert die zweite Gleichung mit 2 und die dritte Gleichung mit –2:

$$\begin{cases} x - y + 2z = -5 \\ -4x + 2y - 2z = 0 \\ -6x - 8y - 2z = -14 \end{cases}$$

Man addiert nun die erste Gleichung zur zweiten und zur dritten Gleichung. Dadurch ist es gelungen, die Unbekannte z aus zwei Gleichungen zu eliminieren. Unter Beibehaltung der ersten Zeile wird das Untersystem, das aus den beiden anderen Zeilen besteht, gelöst:

$$\begin{cases} x - y + 2z = -5 \\ -3x + y = -5 \\ -5x - 9y = -19 \end{cases} \Leftrightarrow \begin{cases} x - y + 2z = -5 \\ -27x + 9y = -45 \\ -5x - 9y = -19 \end{cases} \Leftrightarrow$$

$$\begin{cases} x - y + 2z = -5 \\ -27x + 9y = -45 \\ -32x = -64 \end{cases} \Leftrightarrow \begin{cases} x - y + 2z = -5 \\ y = 1 \\ x = 2 \end{cases}$$

Die Unbekannte z ergibt sich schließlich aus der ersten Gleichung:

$$\begin{cases} z = -3 \\ y = 1 \\ x = 2 \end{cases}$$

$L = \{(2;1;-3)\}$

Es gibt Gleichungssysteme mit drei Gleichungen und drei Unbekannten, die unendlich viele Lösungen haben.

Beispiel:

$$\begin{cases} x - y - z = -3 \\ x + 2y - 4z = 3 \\ 2x + y - 5z = 0 \end{cases}$$

Die erste Gleichung wird mit –2 und die zweite Gleichung wird mit 2 multipliziert:

3. Algebra

$$\begin{cases} -2x+2y+2z=6 \\ 2x+4y-8z=6 \\ 2x+y-5z=0 \end{cases}$$

Bei der Addition der ersten Gleichung zur zweiten und zur dritten wird die Unbekannte *x* eliminiert:

$$\begin{cases} -2x+2y+2z=6 \\ 6y-6z=12 \\ 3y-3z=6 \end{cases} \Leftrightarrow \begin{cases} -2x+2y+2z=6 \\ 3y-3z=6 \\ 3y-3z=6 \end{cases}$$

Nachdem die zweite Zeile gleich der dritten Zeile ist, gibt es nur mehr zwei Gleichungen mit drei Unbekannten. In diesem Fall wird man eine Unbekannte (z. B. x) frei wählbar machen:

$$\begin{cases} 2y+2z=6+2x \\ 3y-3z=6 \end{cases} \Leftrightarrow \begin{cases} y+z=3+x \\ y-z=2 \end{cases}$$

Die erste Zeile bleibt unverändert, in der zweiten Zeile steht die Summe aus beiden Zeilen:

$$\begin{cases} y+z=3+x \\ 2y=5+x \end{cases} \Leftrightarrow \begin{cases} y+z=3+x \\ y=\frac{5+x}{2} \end{cases}$$

Man setzt *y* in die erste Gleichung ein und löst nach *z* auf:

$$\begin{cases} \frac{5+x}{2}+z=3+x \\ y=\frac{5+x}{2} \end{cases} \Leftrightarrow \begin{cases} z=3+x-\frac{5+x}{2} \\ y=\frac{5+x}{2} \end{cases}$$

$$\begin{cases} z=\frac{x+1}{2} \\ y=\frac{5+x}{2} \end{cases}$$

$$L=\left\{(x,y,z) \text{ mit } x\in \mathbb{R} \wedge y=\frac{5+x}{2} \wedge z=\frac{x+1}{2}\right\}$$

Besteht das System aus drei Gleichungen mit nur zwei Unbekannten (überbestimmtes System), dann lässt sich auch das Gauß'sche Eliminationsverfahren anwenden, indem man zunächst das System aus den ersten beiden Gleichungen löst und prüft, ob die Lösung mit der dritten Gleichung verträglich ist.

Beispiel:

$$\begin{cases} 2x + y = 1 \\ 4x - y = -4 \\ -2x + 3y = 7 \end{cases}$$

Die erste Gleichung bleibt unverändert, man löst zunächst das Untersystem, bestehend aus der zweiten und dritten Gleichung. Dazu multipliziert man die dritte Gleichung mit 2.

$$\begin{cases} 2x + y = 1 \\ 4x - y = -4 \\ -4x + 6y = 14 \end{cases}$$

Bei der Addition der zweiten zur dritten Gleichung fällt x weg.

$$\begin{cases} 2x + y = 1 \\ 4x - y = -4 \\ 5y = 10 \end{cases} \Leftrightarrow \begin{cases} 2x + y = 1 \\ x = -\frac{1}{2} \\ y = 2 \end{cases}$$

Nun setzt man die Werte für x und y in die erste Gleichung ein:

$$\begin{cases} 2\left(-\frac{1}{2}\right) + 2 = 1 \\ x = -\frac{1}{2} \\ y = 2 \end{cases} \Leftrightarrow \begin{cases} 1 = 1 \text{ (W)} \\ x = -\frac{1}{2} \\ y = 2 \end{cases}$$

$L = \left\{\left(-\frac{1}{2}, 2\right)\right\}$

$$\begin{cases} 5x - y = -5 \\ 3x + 2y = 10 \\ 7x - 3y = 1 \end{cases}$$

Man multipliziert die erste Gleichung mit 6, die zweite Gleichung mit 3, die dritte Gleichung mit –2, dann werden die Koeffizienten von y dem Betrag nach gleich.

$$\begin{cases} 30x - 6y = -30 \\ 9x + 6y = 30 \\ -14x + 6y = -2 \end{cases}$$

3. Algebra

Die erste Gleichung wird jeweils mit der zweiten und dritten Gleichung addiert:

$$\begin{cases} 30x - 6y = -30 \\ 39x = 0 \\ 16x = -32 \end{cases} \Leftrightarrow \begin{cases} 30x - 6y = -30 \\ x = 0 \\ x = -2 \end{cases}$$

Es ergeben sich zwei verschiedene x-Werte, also ist das System nicht lösbar, $L = \varnothing$.

Sind zwei Gleichungen mit drei Unbekannten gegeben, so ist das System unterbestimmt. Ein solches System hat unendlich viele Lösungen.

Beispiel:

$$\begin{cases} x + 3y + z = -1 \\ -x - 2y + 2z = 3 \end{cases}$$

Zwei der drei Unbekannten, z. B. x und y, werden durch die dritte Unbekannte z ausgedrückt, d. h. z ist zum bekannten Parameter geworden.

$$\begin{cases} x + 3y = -1 - z \\ -x - 2y = 3 - 2z \end{cases}$$

Das Gleichungssystem wird mit dem Eliminationsverfahren gelöst.

$$\begin{cases} x + 3y = -1 - z \\ y = 2 - 3z \end{cases} \Leftrightarrow \begin{cases} x = -7 + 8z \\ y = 2 - 3z \end{cases}$$

$L = \{(x, y, z) \text{ mit } x = -7 + 8z, y = 2 - 3z, z \in R\}$

3.10 Determinanten

Definitionen

Eine zweireihige Determinante wird dargestellt durch:

$$\Delta = \begin{vmatrix} a_{11} & a_{12} \\ a_{21} & a_{22} \end{vmatrix}$$

Ihr Wert ist $\Delta = a_{11}a_{22} - a_{12}a_{21}$. Aus den Indizes kann man die Stellung der Zahlen im Schema ablesen. $a_{11}a_{22}$ ist das Produkt der in der „Hauptdiagonalen“ stehenden Zahlen (von links oben nach rechts unten), $a_{12}a_{21}$ ist das Produkt der in der „Nebendiagonalen“ stehenden Zahlen (von rechts oben nach links unten).

Beispiel:

$$\Delta = \begin{vmatrix} -3 & 2 \\ -1 & 4 \end{vmatrix} = (-3) \cdot 4 - 2 \cdot (-1) = -10$$

Eine dreireihige Determinante wird dargestellt durch:

$$\Delta = \begin{vmatrix} a_{11} & a_{12} & a_{13} \\ a_{21} & a_{22} & a_{23} \\ a_{31} & a_{32} & a_{33} \end{vmatrix}$$

Regel von Sarrus

Den Wert einer dreireihigen Determinante kann man nach der Regel von Sarrus berechnen: Man schreibt die zwei ersten Spalten rechts noch einmal neben die Determinante. Dadurch erhält man drei „Hauptdiagonalen“ und drei „Nebendiagonalen". Man bildet die Produkte der Zahlen in jeder Hauptdiagonalen und berechnet ihren Summenwert. Davon subtrahiert man die Produkte der in den Nebendiagonalen stehenden Zahlen.

Beispiel:

$$\Delta = \begin{vmatrix} 2 & 3 & -1 \\ -1 & -4 & 2 \\ 0 & 5 & 3 \end{vmatrix}$$

Die erste und zweite Spalte schreibt man noch einmal hinter die dritte Spalte:

$$\begin{matrix} 2 & 3 & -1 & 2 & 3 \\ -1 & -4 & 2 & -1 & -4 \\ 0 & 5 & 3 & 0 & 5 \end{matrix}$$

$$2 \cdot (-4) \cdot 3 + 3 \cdot 2 \cdot 0 + (-1) \cdot (-1) \cdot 5 -$$
$$(-1) \cdot (-4) \cdot 0 - 2 \cdot 2 \cdot 5 - 3 \cdot (-1) \cdot 3 = -30$$

Dreireihige Determinanten kann man in zweireihige Unterdeterminanten zerlegen. Eine der Möglichkeiten ist die „Entwicklung nach der 1. Spalte":

$$\Delta = a_{11} \begin{vmatrix} a_{22} & a_{23} \\ a_{32} & a_{33} \end{vmatrix} - a_{21} \begin{vmatrix} a_{12} & a_{13} \\ a_{32} & a_{33} \end{vmatrix} + a_{31} \begin{vmatrix} a_{12} & a_{13} \\ a_{22} & a_{23} \end{vmatrix}$$

$\Delta = a_{11} A_{11} + a_{21} A_{21} + a_{31} A_{31}$; A_{ik} heißt algebraisches Komplement. Es besteht aus der Unterdeterminante und dem entsprechenden Vorzeichen.

Allgemein erhält man die Unterdeterminante U_{ik} durch Streichung der i-ten Zeile und der k-ten Spalte. Es gilt: $A_{ik} = (-1)^{i+k}\, U_{ik}$.

Das Vorzeichen der Unterdeterminante kann auch mit der „Schachbrettregel" bestimmt werden, d.h., dass die Vorzeichen das Muster eines Schachbretts bilden:

$$\begin{matrix} + & - & + & - & + & \dots \\ - & + & - & + & - & \dots \end{matrix}$$

Beispiel:

$$\begin{vmatrix} 3 & 2 & 1 \\ 2 & 3 & 5 \\ 1 & 4 & 1 \end{vmatrix}$$

Entwicklung nach der ersten Spalte:

$$\begin{vmatrix} 3 & 2 & 1 \\ 2 & 3 & 5 \\ 1 & 4 & 1 \end{vmatrix} = 3 \cdot \begin{vmatrix} 3 & 5 \\ 4 & 1 \end{vmatrix} - 2 \cdot \begin{vmatrix} 2 & 1 \\ 4 & 1 \end{vmatrix} + 1 \cdot \begin{vmatrix} 2 & 1 \\ 3 & 5 \end{vmatrix} =$$

$$= -51 + 4 + 7 = -40$$

Entwicklung nach der zweiten Zeile:

$$\begin{vmatrix} 3 & 2 & 1 \\ 2 & 3 & 5 \\ 1 & 4 & 1 \end{vmatrix} = -2 \cdot \begin{vmatrix} 2 & 1 \\ 4 & 1 \end{vmatrix} + 3 \cdot \begin{vmatrix} 3 & 1 \\ 1 & 1 \end{vmatrix} - 5 \cdot \begin{vmatrix} 3 & 2 \\ 1 & 4 \end{vmatrix} =$$

$$= 4 + 6 - 50 = -40$$

Die Zeilen oder Spalten, nach denen eine Determinante aufgelöst wird, können ganz nach Belieben gewählt werden.

Allerdings sollten sie so bestimmt werden, dass dabei ein möglichst geringer Rechenaufwand entsteht. Man sollte jene Zeilen oder Spalten vorziehen, bei denen die meisten Elemente Null sind.

Beispiel:

$$\begin{vmatrix} 1 & -1 & 0 & 0 \\ -1 & 0 & 1 & 2 \\ 0 & -1 & 0 & 1 \\ 2 & 1 & 0 & 0 \end{vmatrix} =$$

$$= -1 \cdot \begin{vmatrix} 1 & -1 & 0 \\ 0 & -1 & 1 \\ 2 & 1 & 0 \end{vmatrix} = \begin{vmatrix} 1 & -1 \\ 2 & 1 \end{vmatrix} = 3$$

Die erste Determinante wurde nach der dritten Spalte, die zweite ebenfalls nach der dritten Spalte entwickelt.

Determinantenregeln

Der Wert einer Determinante ändert sich nicht, wenn man die Zeilen mit den Spalten vertauscht.

Der Wert einer Determinante ändert sich nicht, wenn man die mit dem gleichen Faktor multiplizierten Elemente einer Zeile (Spalte) zu den entsprechenden Elementen einer parallelen anderen Zeile (Spalte) addiert.

Eine Determinante ändert ihr Vorzeichen, wenn man zwei parallele Zeilen (Spalten) vertauscht.

Eine Determinante hat den Wert 0, wenn alle Elemente einer Zeile (Spalte) 0 sind oder wenn zwei parallele Zeilen (Spalten) gleich oder proportional sind.

Eine Determinante wird mit einem Faktor multipliziert, indem man alle Elemente einer Zeile (Spalte) mit diesem Faktor multipliziert.

Beispiele:

1. $\begin{vmatrix} 3 & 3 \\ 6 & 6 \end{vmatrix} = 3 \cdot 6 - 3 \cdot 6 = 0$

2. $\begin{vmatrix} 4 & 0 \\ 7 & 0 \end{vmatrix} = 4 \cdot 0 - 0 \cdot 7 = 0$

3. $\begin{vmatrix} 2 & 3 & 4 \\ 7 & 8 & 9 \\ 7 & 8 & 9 \end{vmatrix} = 2 \cdot \begin{vmatrix} 8 & 9 \\ 8 & 9 \end{vmatrix} - 3 \cdot \begin{vmatrix} 7 & 9 \\ 7 & 9 \end{vmatrix} + 4 \cdot \begin{vmatrix} 7 & 8 \\ 7 & 8 \end{vmatrix}$

$= 0 - 0 + 0 = 0$

4. $\begin{vmatrix} 20 & 35 & 30 \\ 12 & 14 & 6 \\ 16 & 28 & 12 \end{vmatrix} = 5 \cdot 2 \cdot 4 \cdot \begin{vmatrix} 4 & 7 & 6 \\ 6 & 7 & 3 \\ 4 & 7 & 3 \end{vmatrix} =$

$= 40 \cdot 2 \cdot 7 \cdot 3 \cdot \begin{vmatrix} 2 & 1 & 2 \\ 3 & 1 & 1 \\ 2 & 1 & 1 \end{vmatrix} =$

Zuerst wurden die Faktoren aus den Zeilen, dann die Faktoren aus den Spalten vor die Determinante gesetzt. Es wird nach der dritten Zeile entwickelt.

$= 1680 \cdot \left(2 \cdot \begin{vmatrix} 1 & 2 \\ 1 & 1 \end{vmatrix} - \begin{vmatrix} 2 & 2 \\ 3 & 1 \end{vmatrix} + \begin{vmatrix} 2 & 1 \\ 3 & 1 \end{vmatrix}\right) =$

$= 1680 \cdot (-2 + 4 - 1) = 1680$

Cramer'sche Regel

Man führt bei einem Gleichungssystem mit 2 Gleichungen und 2 Unbekannten

$$\begin{cases} a_{11}x + a_{12}y = b_1 \\ a_{21}x + a_{22}y = b_2 \end{cases}$$

folgende zweireihige Determinanten ein:

$$\Delta = \begin{vmatrix} a_{11} & a_{12} \\ a_{21} & a_{22} \end{vmatrix} = a_{11}a_{22} - a_{12}a_{21}$$

$$\Delta_x = \begin{vmatrix} b_1 & a_{12} \\ b_2 & a_{22} \end{vmatrix} = b_1 a_{22} - b_2 a_{12}$$

$$\Delta_y = \begin{vmatrix} a_{11} & b_1 \\ a_{21} & b_2 \end{vmatrix} = b_2 a_{11} - b_1 a_{21}$$

Die Lösung des Systems ergibt sich dann nach folgenden Gleichungen:

Cramer'sche Regel:

$$x = \frac{\Delta_x}{\Delta} \qquad y = \frac{\Delta_y}{\Delta}$$

$\Delta \neq 0$ Das System ist eindeutig lösbar.

$\Delta = 0$ Die Cramer'sche Regel ist nicht anwendbar. Dabei gibt es folgende Unterfälle:

1. $\Delta_x = 0 \wedge \Delta_y = 0$: Das System hat unendlich viele Lösungen.
2. $\Delta_x \neq 0 \wedge \Delta_y \neq 0$: Das System hat keine Lösung.

Beispiel:

$$\begin{cases} x + 3y = 1 \\ 5x - 2y = -12 \end{cases}$$

$$\Delta = \begin{vmatrix} 1 & 3 \\ 5 & -2 \end{vmatrix} = 1 \cdot (-2) - 3 \cdot 5 = -17$$

$$\Delta_x = \begin{vmatrix} 1 & 3 \\ -12 & -2 \end{vmatrix} = 1 \cdot (-2) - 3 \cdot (-12) = 34$$

$$\Delta_y = \begin{vmatrix} 1 & 1 \\ 5 & -12 \end{vmatrix} = 1 \cdot (-12) - 1 \cdot 5 = -17$$

$$\begin{cases} x = \dfrac{34}{-17} \\ y = \dfrac{-17}{-17} \end{cases} \Leftrightarrow \begin{cases} x = -2 \\ y = 1 \end{cases}$$

Man führt bei einem Gleichungssystem mit 3 Gleichungen und 3 Unbekannten

$$\begin{cases} a_{11}x + a_{12}y + a_{13}z = b_1 \\ a_{21}x + a_{22}y + a_{23}z = b_2 \\ a_{31}x + a_{32}y + a_{33}z = b_3 \end{cases}$$

folgende dreireihige Determinanten ein:

$$\Delta = \begin{vmatrix} a_{11} & a_{12} & a_{13} \\ a_{21} & a_{22} & a_{23} \\ a_{31} & a_{32} & a_{33} \end{vmatrix}$$

$$\Delta_x = \begin{vmatrix} b_1 & a_{12} & a_{13} \\ b_2 & a_{22} & a_{23} \\ b_3 & a_{32} & a_{33} \end{vmatrix} \qquad \Delta_y = \begin{vmatrix} a_{11} & b_1 & a_{13} \\ a_{21} & b_2 & a_{23} \\ a_{31} & b_3 & a_{33} \end{vmatrix} \qquad \Delta_z = \begin{vmatrix} a_{11} & a_{12} & b_1 \\ a_{21} & a_{22} & b_2 \\ a_{31} & a_{32} & b_3 \end{vmatrix}$$

Cramer'sche Regel:

$$x = \frac{\Delta_x}{\Delta}$$

$$y = \frac{\Delta_y}{\Delta}$$

$$z = \frac{\Delta_z}{\Delta}$$

Für $\Delta \neq 0$ ist das System eindeutig lösbar.

Ist $\Delta = 0$, so ist das System nicht eindeutig lösbar, es hat entweder unendlich viele Lösungen oder keine Lösung. Um dies festzustellen, wird man das Gauß'sche Eliminationsverfahren zur Lösung heranziehen.

Beispiel:

$$\begin{cases} 2x + 3y + z = 0 \\ x + y - z = -1 \\ 5x - y + 2z = 1 \end{cases}$$

$$\Delta = \begin{vmatrix} 2 & 3 & 1 \\ 1 & 1 & 1 \\ 5 & -1 & 2 \end{vmatrix} = 9 \quad \text{(Sarrus)}$$

$$\Delta_x = \begin{vmatrix} 0 & 3 & 1 \\ -1 & 1 & 1 \\ 1 & -1 & 2 \end{vmatrix} = 9, \ \Delta_y = \begin{vmatrix} 2 & 0 & 1 \\ 1 & -1 & 1 \\ 5 & 1 & 2 \end{vmatrix} = 0, \ \Delta_z = \begin{vmatrix} 2 & 3 & 0 \\ 1 & 1 & -1 \\ 5 & -1 & 1 \end{vmatrix} = -18$$

$$\begin{cases} x = \frac{9}{9} \\ y = \frac{0}{9} \\ z = \frac{-18}{9} \end{cases} \Leftrightarrow \begin{cases} x = 1 \\ y = 0 \\ z = -2 \end{cases} \qquad \mathbb{L} = \{(1; 0; -2)\}$$

Die Cramer'sche Regel wird bei mehr als 3 Gleichungen mit mehr als 3 Unbekannten praktisch nicht mehr verwendet, da die Berechnung der Determinanten zu aufwändig ist.

3.11 Matrizen

Definition

Eine $m \times n$-Matrix ist ein geordnetes System von reellen Zahlen der Form:

$$\mathbf{A} = \begin{pmatrix} a_{11} & a_{12} & \cdots & a_{1n} \\ a_{21} & a_{22} & \cdots & a_{2n} \\ & \cdots & & \\ a_{m1} & a_{m2} & \cdots & a_{mn} \end{pmatrix} = (a_{ik})$$

$i = 1, \ldots, m$ und $k = 1, \ldots, n$

Diese Matrix besteht aus m Zeilen und n Spalten. Der Doppelindex gibt die Stellung des Elements in der Matrix an, und zwar zeigt der erste die Zeile und der zweite die Spalte an, in der sich das Element befindet. Zwei Matrizen heißen gleichnamig oder gleichartig, wenn sie in der Anzahl der Zeilen und der Anzahl der Spalten übereinstimmen. Zwei Matrizen sind gleich, wenn sie gleichnamig sind und in den entsprechenden Elementen übereinstimmen.

Sonderfälle:

Ist $m = n$, also die Anzahl der Zeilen gleich der Anzahl der Spalten, dann heißt die Matrix quadratisch.

Ist $m = 1$, also besteht die Matrix aus einer einzigen Zeile, wird sie als Zeilenmatrix bezeichnet.

Ist $n = 1$, also besteht die Matrix aus einer einzigen Spalte, wird sie als Spaltenmatrix bezeichnet.

Die Nullmatrix ist eine Matrix, bei der alle Elemente Null sind.

Eine quadratische Matrix, bei der alle Glieder außerhalb der Hauptdiagonalen Null sind, heißt Diagonalmatrix.

Die Einheitsmatrix ist die Diagonalmatrix, bei der alle Glieder der Hauptdiagonale 1 sind.

Operationen mit Matrizen

Gegeben sind die gleichnamigen Matrizen:

$$\mathbf{A} = \begin{pmatrix} a_{11} & a_{12} & \cdots & a_{1n} \\ a_{21} & a_{22} & \cdots & a_{2n} \\ & \cdots & & \\ a_{m1} & a_{m2} & \cdots & a_{mn} \end{pmatrix} \quad \text{und} \quad \mathbf{B} = \begin{pmatrix} b_{11} & b_{12} & \cdots & b_{1n} \\ b_{21} & b_{22} & \cdots & b_{2n} \\ & \cdots & & \\ b_{m1} & b_{m2} & \cdots & b_{mn} \end{pmatrix}$$

Unter der *Summe* dieser beiden Matrizen versteht man die Matrix **S**:

$$\mathbf{S} = \mathbf{A} + \mathbf{B} = \begin{pmatrix} a_{11} + b_{11} & a_{12} + b_{12} & \cdots & a_{1n} + b_{1n} \\ a_{21} + b_{21} & a_{22} + b_{22} & \cdots & a_{2n} + b_{2n} \\ & \cdots & & \\ a_{m1} + b_{m1} & a_{m2} + b_{m2} & \cdots & a_{mn} + b_{mn} \end{pmatrix}$$

Unter der *Differenz* dieser beiden Matrizen versteht man die Matrix **D**:

$$\mathbf{D} = \mathbf{A} - \mathbf{B} = \begin{pmatrix} a_{11} - b_{11} & a_{12} - b_{12} & \cdots & a_{1n} - b_{1n} \\ a_{21} - b_{21} & a_{22} - b_{22} & \cdots & a_{2n} - b_{2n} \\ & \cdots & & \\ a_{m1} - b_{m1} & a_{m2} - b_{m2} & \cdots & a_{mn} - b_{mn} \end{pmatrix}$$

Beispiel:

$$\mathbf{A} = \begin{pmatrix} 2 & -3 & 1{,}5 \\ -8 & 0 & 1 \end{pmatrix} \qquad \mathbf{B} = \begin{pmatrix} -1 & 0 & 2{,}5 \\ -9 & 2 & 0 \end{pmatrix}$$

$$\mathbf{A} - \mathbf{B} = \begin{pmatrix} 3 & -3 & -1 \\ 1 & -2 & 1 \end{pmatrix}$$

Unter dem *Produkt* der reellen Zahl α und der Matrix **A** versteht man die Matrix **P**:

$$\mathbf{P} = \alpha \cdot \mathbf{A} = \begin{pmatrix} \alpha\, a_{11} & \alpha\, a_{12} & \cdots & \alpha\, a_{1n} \\ \alpha\, a_{21} & \alpha\, a_{22} & \cdots & \alpha\, a_{2n} \\ & \cdots & & \\ \alpha\, a_{m1} & \alpha\, a_{m2} & \cdots & \alpha\, a_{mn} \end{pmatrix}$$

Beispiel:

$$A = \begin{pmatrix} 5 & -1 \\ 0 & 3 \end{pmatrix}$$
$$\alpha = 5$$
$$\alpha \cdot A = \begin{pmatrix} 25 & -5 \\ 0 & 15 \end{pmatrix}$$

Additive Abel'sche Gruppe der Matrizen

M sei die Menge aller $m \times n$-Matrizen. Addiert man zwei Elemente aus M, so erhält man wiederum ein Element aus M. Demnach ist die Matrizenaddition eine Operation in M. Sie hat folgende Grundeigenschaften:

K: $\mathbf{A}, \mathbf{B} \in M \rightarrow \mathbf{A} + \mathbf{B} = \mathbf{B} + \mathbf{A}$ (Kommutativität)

A: $\mathbf{A}, \mathbf{B}, \mathbf{C} \in M \rightarrow (\mathbf{A} + \mathbf{B}) + \mathbf{C} = \mathbf{A} + (\mathbf{B} + \mathbf{C})$ (Assoziativität)

N: $\mathbf{A} \in M \rightarrow \mathbf{A} + \mathbf{O} = \mathbf{O} + \mathbf{A}$ (Neutrales Element)

O ist die Nullmatrix

I: Für jede Matrix $\mathbf{A} = \begin{pmatrix} a_{11} & a_{12} & \dots & a_{1n} \\ a_{21} & a_{22} & \dots & a_{2n} \\ & \dots & & \\ a_{m1} & a_{m2} & \dots & a_{mn} \end{pmatrix}$ gibt es eine

Gegenmatrix: $-\mathbf{A} = \begin{pmatrix} -a_{11} & -a_{12} & \dots & -a_{1n} \\ -a_{21} & -a_{22} & \dots & -a_{2n} \\ & \dots & & \\ -a_{m1} & -a_{m2} & \dots & -a_{mn} \end{pmatrix}$, sodass:

$\mathbf{A} \in M \rightarrow \mathbf{A} + (-\mathbf{A}) = (-\mathbf{A}) + \mathbf{A} = \mathbf{O}$ (Inverses Element)

Multiplikation von Matrizen

Die Addition von Matrizen ist nur dann möglich, wenn diese gleichnamig sind. Um zwei Matrizen multiplizieren zu können, brauchen sie nicht gleichnamig zu sein, dafür muss die erste genau so viele Spalten haben, wie die zweite Zeilen hat.

Gegeben sind die m x n-Matrix $\mathbf{A} = \begin{pmatrix} a_{11} & a_{12} & \dots & a_{1n} \\ a_{21} & a_{22} & \dots & a_{2n} \\ & & \dots & \\ a_{m1} & a_{m2} & \dots & a_{mn} \end{pmatrix}$

und die n x p-Matrix $\mathbf{B} = \begin{pmatrix} b_{11} & b_{12} & \dots & b_{1p} \\ b_{21} & b_{22} & \dots & b_{2p} \\ & & \dots & \\ b_{n1} & b_{n2} & \dots & b_{np} \end{pmatrix}$.

A hat n Spalten und **B** hat n Zeilen.

Das Produkt der Matrizen **A** und **B** ist die m x p-Matrix $\mathbf{A} \cdot \mathbf{B}$:

$$\mathbf{A} \cdot \mathbf{B} = \begin{pmatrix} c_{11} & c_{12} & \dots & c_{1p} \\ c_{21} & c_{22} & \dots & c_{2p} \\ & & \dots & \\ c_{m1} & c_{m2} & \dots & c_{mp} \end{pmatrix},$$

wobei die Elemente c_{ik} folgende Produktsummen sind:

$$c_{11} = a_{11}\, b_{11} + a_{12}\, b_{21} + \dots + a_{1n}\, b_{n1}$$
$$c_{12} = a_{11}\, b_{12} + a_{12}\, b_{22} + \dots + a_{1n}\, b_{n2}$$
$$c_{21} = a_{21}\, b_{11} + a_{22}\, b_{21} + \dots + a_{2n}\, b_{n1}$$
$$\dots$$
$$c_{mp} = a_{m1}\, b_{1p} + a_{m2}\, b_{2p} + \dots + a_{mn}\, b_{np}$$

Beispielsweise erhält man das Element c_{12} als Summe von Produkten, indem man die Elemente in der 1. Zeile der Matrix **A** mit den entsprechenden Elementen der 2. Spalte der Matrix **B** multipliziert und die Produkte addiert.

Beispiel:

$$\mathbf{A} = \begin{pmatrix} 1 & -2 & 4 \\ 2 & 0 & 1 \end{pmatrix} \qquad \mathbf{B} = \begin{pmatrix} 2 & 4 & 0 \\ -1 & -2 & 1 \\ 0 & 3 & 2 \end{pmatrix}$$

$$\mathbf{A} \cdot \mathbf{B} = \begin{pmatrix} 4 & 20 & 6 \\ 4 & 11 & 2 \end{pmatrix}$$

$$c_{11} = 1 \cdot 2 + (-2) \cdot (-1) + 4 \cdot 0 = 4$$
$$c_{12} = 1 \cdot 4 + (-2) \cdot (-2) + 4 \cdot 3 = 20$$
$$c_{13} = 1 \cdot 0 + (-2) \cdot 1 + 4 \cdot 2 = 6$$
$$c_{21} = 2 \cdot 2 + 0 \cdot (-1) + 1 \cdot 0 = 4$$
$$c_{22} = 2 \cdot 4 + 0 \cdot (-2) + 1 \cdot 3 = 11$$
$$c_{23} = 2 \cdot 0 + 0 \cdot 1 + 1 \cdot 2 = 2$$

Die linke Seite eines linearen Gleichungssystems, beispielsweise des 3 x 3-Systems

$$\begin{cases} a_{11}x + a_{12}y + a_{13}z = b_1 \\ a_{21}x + a_{22}y + a_{23}z = b_2 \\ a_{31}x + a_{32}y + a_{33}z = b_3 \end{cases}$$, lässt sich als Produkt der

Matrix $\mathbf{A} = \begin{pmatrix} a_{11} & a_{12} & a_{13} \\ a_{21} & a_{22} & a_{23} \\ a_{31} & a_{32} & a_{33} \end{pmatrix}$ mit der Spaltenmatrix $\mathbf{x} = \begin{pmatrix} x \\ y \\ z \end{pmatrix}$ darstellen.

3.12 Reelle Zahlen

Irrationale Zahlen

Jeder rationalen Zahl entspricht ein Punkt auf der Zahlengeraden. Es stellt sich aber die Frage, ob auch jeder Punkt der Zahlengeraden einer bestimmten rationalen Zahl entspricht, d. h., ob bei dieser Zuordnung keine Lücken auf der Zahlengeraden bleiben. Man kann auf einfache Weise zeigen, dass es mindestens einen Punkt auf der Zahlengeraden gibt, der keiner rationalen Zahl entspricht.

Dazu errichtet man auf der Zahlengeraden ein Quadrat der Seitenlänge 1. Bezeichnet man die Länge der Diagonalen dieses Quadrats mit x, so gilt nach dem Lehrsatz des Pythagoras $x^2 = 1^2 + 1^2$ oder $x^2 = 2$.

Einerseits lässt sich x auf der Zahlengeraden festlegen, andererseits gibt es aber keine rationale Zahl, welche die Bedingung $x^2 = 2$ erfüllt. Auf ähnliche Weise lässt sich zeigen, dass es außer dieser „Lücke" auf der Zahlengeraden noch unendlich viele andere Lücken gibt.

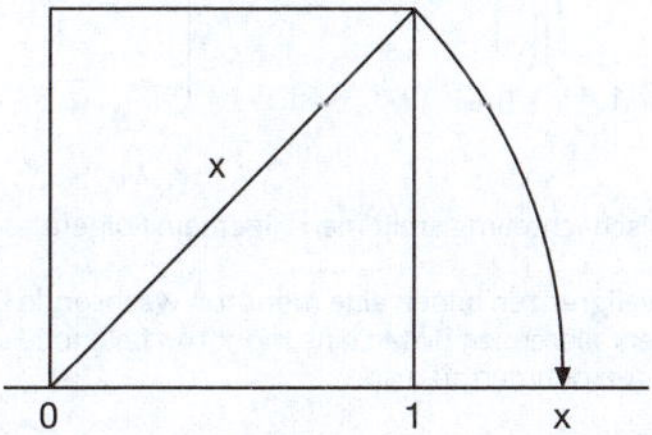

Intervallschachtelung

Da es also keine rationale Zahl gibt, welche die Lücke x auf der Zahlengeraden ausfüllt, versucht man nun, sich dieser Stelle x mit rationalen Zahlen schrittweise zu nähern.

Die Quadrate der rationalen Zahlen sind $a_1 = 1 \Rightarrow a_2 = 1{,}4$; $a_2 = 1{,}4 \Rightarrow a_1^2 = 1$; $a_3 = 1{,}41 \Rightarrow a_3^2 = 1{,}9881$; $a_4 = 1{,}414 \Rightarrow a_4^2 = 1{,}999396$, sie nähern sich der Zahl 2.

Aber auch die Quadrate der rationalen Zahlen $b_1 = 2$; $b_2 = 1{,}5$; $b_3 = 1{,}42$; $b_4 = 1{,}415$; …, nämlich $b_1^2 = 4$; $b_2^2 = 2{,}25$; $b_3^2 = 2{,}0164$; $b_4^2 = 2{,}00225$; … nähern sich der Zahl 2.

Da die Intervalle $[a_1^2 ; b_1^2]$, $[a_2^2 ; b_2^2]$, $[a_3^2 ; b_3^2]$, … , ineinander geschachtelt" sind und die Zahl 2 „einkreisen", kann man annehmen, dass auch die Intervalle $[a_1 ; b_1]$, $[a_2 ; b_2]$, $[a_3 ; b_3]$, … „ineinander geschachtelt" sind und die Zahl x „einkreisen". Die Zahl x existiert also, sie gehört nicht zu den rationalen Zahlen, man nennt sie eine irrationale Zahl.

Die angegebene Intervallschachtelung soll in einer Tabelle zusammengefasst werden:

Intervalllänge	Intervall	Kontrollintervall
1	[1 ; 2]	[1 ; 4]
0,1	[1,4 ; 1,5]	[1,96 ; 2,25]
0,01	[1,41 ; 1,42]	[1,9881 ; 2,0164]
0,001	[1,414 ; 1,415]	[1,999396 ; 2,002225]
…	…	…

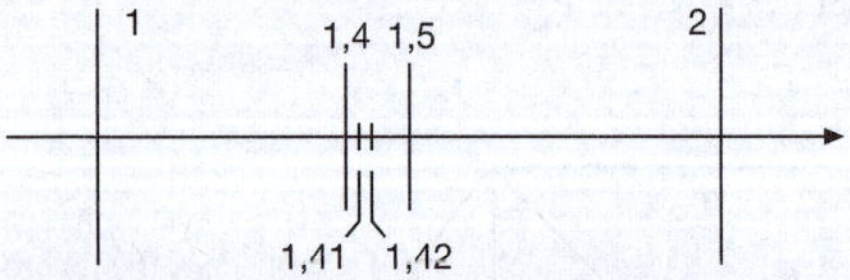

Bei dieser Intervallschachtelung stellt man allgemein Folgendes fest:

1. Die linken Intervallgrenzen bilden eine monoton wachsende Folge.
2. Die rechten Intervallgrenzen bilden eine monoton fallende Folge.
3. Die Intervalllängen nehmen zu 0 ab.

Ähnlich lassen sich auch andere irrationale Zahlen durch Intervallschachtelungen definieren. Für rationale Zahlen kann man auch Intervallschachtelungen angeben.

Körper der reellen Zahlen

Eine Zahl, die rational oder irrational ist, wird reelle Zahl genannt. Die Menge der reellen Zahlen wird mit R bezeichnet. Reelle Zahlen können addiert, subtrahiert, multipliziert und dividiert (ausgenommen durch 0) werden; das Ergebnis ist stets eine reelle Zahl. Die grundlegenden Eigenschaften der Addition und Multiplikation reeller Zahlen sind:

K:	$a, b \in R$	$\Rightarrow$	$a + b = b + a$,
			$a \cdot b = b \cdot a$
A:	$a, b, c \in R$	$\Rightarrow$	$a + (b + c) = (a + b) + c$
			$a \cdot (b \cdot c) = (a \cdot b) \cdot c$
N:	$a \in R$	$\Rightarrow$	$a + 0 = 0 + a = a$
			$a \cdot 1 = 1 \cdot a = a$
I:	$a \in R$	$\Rightarrow$	$a + (-a) = (-a) + a = 0$
	$a \in R \setminus \{0\}$	$\Rightarrow$	$a \cdot \frac{1}{a} = \frac{1}{a} \cdot a = 1$
D:	$a, b, c \in R$	$\Rightarrow$	$a \cdot (b + c) = a \cdot b + a \cdot c$

Eine Struktur $(R, +, \cdot)$ mit den genannten Eigenschaften ist ein sog. Körper. Also bilden die reellen Zahlen einen Körper.

Anordnung

Durch das Auftragen der reellen Zahlen auf der Zahlengeraden wird ihre Anordnung festgelegt. Liegt *a* auf der Zahlengeraden links von *b*, so sagt man *a* sei kleiner als *b* und schreibt $a < b$. Aus der Eigenschaft der Anordnung folgt das Monotoniegesetz, das beim Umformen von Gleichungen und Ungleichungen nützlich ist.

$a, b, c \in R \wedge a < b$	$\Rightarrow$	$a + c < b + c$	
		$a \cdot c < b \cdot c$,	falls $c > 0$
		$a \cdot c > b \cdot c$,	falls $c < 0$

3. Algebra

Betrag einer reellen Zahl

Unter dem Betrag einer positiven reellen Zahl versteht man die Zahl selbst. Der Betrag der Zahl 0 ist 0, und der Betrag einer negativen reellen Zahl ist ihre positive Gegenzahl. Zusammengefasst:

$$|a| = \begin{cases} a, & \text{wenn } a > 0 \\ 0, & \text{wenn } a = 0 \\ -a, & \text{wenn } a < 0 \end{cases}$$

Man beachte: Wenn $a < 0$, dann ist $-a > 0$.

Beispiele:

1. $|20 + 25| = 45$
2. $|20 - 25| = -(-5) = 5$
3. $|20 - 20| = 0$

Vollständigkeit der reellen Zahlen

Gegeben ist eine Teilmenge A von R. Diese Teilmenge A heißt beschränkt, wenn es zwei Zahlen s, $S \in R$ gibt, sodass: $x \in A \Rightarrow s \leq x \leq S$.
Die Zahl s ist eine untere Schranke von A, die Zahl S eine obere Schranke. Jede beschränkte Teilmenge von R hat unendlich viele untere und obere Schranken.

Axiom der Vollständigkeit:

Jede nach oben beschränkte nichtleere Menge reeller Zahlen hat eine kleinste obere Schranke.

Aus dieser Aussage folgt, dass jede nach unten beschränkte nichtleere Menge reeller Zahlen eine größte untere Schranke hat. Ist A eine beschränkte nichtleere Menge reeller Zahlen, so bezeichnet man ihre kleinste obere Schranke mit dem Symbol sup(A) (gelesen: Supremum A) und die größte untere Schranke mit dem Symbol inf(A) (gelesen: Infimum A). Das Supremum bzw. Infimum einer Menge kann zur Menge gehören, muss aber nicht.

Beispiele:

Die Menge $A = \left\{1, \frac{1}{2}, \frac{1}{3}, \frac{1}{4}, \ldots\right\}$ ist beschränkt:
$\sup(A) - 1, \inf(A) - 0$.

$N = \{0, 1, 2, 3, \ldots\} \subset R$ ist nicht beschränkt:
$\inf(N) = 0$, $\sup(N)$ existiert nicht.
Die Menge der reellen Zahlen R ist nicht beschränkt.

Aus dem Axiom der Vollständigkeit lässt sich folgende Aussage herleiten, die man die archimedische Eigenschaft nennt.

Archimedische Eigenschaft:

Für beliebige $a, b \in R$ mit $0 < a < b$ existiert ein $n \in N^*$, sodass die Ungleichung $n \cdot a > b$ gilt.

Setzt man $a = 1$, so folgt aus der archimedischen Eigenschaft, dass jede reelle Zahl von einer natürlichen Zahl (ausgenommen 0) überschritten werden kann ($n > b$) und dass jede positive reelle Zahl von einer Zahl der Form $\frac{1}{n}$ unterschritten werden kann ($\frac{1}{n} < \frac{1}{b}$, $b > 0$).

3. Algebra

Häufungspunkte

Gegeben ist die reelle Zahl x. Jedes offene Intervall, das x enthält, ist eine Umgebung von x, abgekürzt U(x).

Gegeben ist eine Menge A von reellen Zahlen. Die Zahl $x_0 \in R$ ist ein Häufungspunkt von A, wenn sich in jeder Umgebung von x_0 mindestens ein Element von A befindet, das von x_0 verschieden ist.

Beispiele:

1. $A = \left\{\frac{1}{2}, \frac{1}{4}, \frac{1}{8}, \frac{1}{16}, \dots\right\}$, die Zahl 0 ist ein Häufungspunkt von A, denn es gibt um 0 unendlich viele Umgebungen, jede davon enthält mindestens ein Element von A.
2. A = [0 ; 2 [, jedes Element ist Häufungspunkt von A, außerdem ist auch 2 ein Häufungspunkt von A.
3. Jede reelle Zahl ist Häufungspunkt von R.

Wie aus den Beispielen ersichtlich ist, kann ein Häufungspunkt zur Menge gehören, muss aber nicht. Ein Element $a \in A$ ist ein isolierter Punkt von A, wenn er kein Häufungspunkt von a ist, d. h., wenn es eine Umgebung U(a) gibt, die außer a keine Elemente von A enthält. Die isolierten Punkte einer Menge müssen also zur Menge gehören.

Beispiele:

A = {2, 4, 6, 8, ...} besteht nur aus isolierten Punkten.

N und Z bestehen nur aus isolierten Punkten.

R hat keine isolierten Punkte.

3.13 Quadratwurzeln

Definition

Gegeben ist eine Zahl $a \in R_0^+$. Unter einer Quadratwurzel der Zahl a versteht man diejenige Zahl $b \in R_0^+$, deren Quadrat a ergibt. Man schreibt symbolisch:

$$\sqrt{a} = b \Leftrightarrow a = b^2$$

Beispiele:

$\sqrt{9} = 3$	$\sqrt{625} = 25$
$\sqrt{0} = 0$	$\sqrt{0{,}01} = 0{,}1$
$\sqrt{\frac{1}{16}} = \frac{1}{4}$	$\sqrt{\frac{25}{49}} = \frac{5}{7}$
$\sqrt{a^4} = a^2$	$\sqrt{x^4 + 2x^2y^2 + y^4} = x^2 + y^2$

Aus der Definition lassen sich folgende Regeln für das Rechnen mit Wurzeln ableiten:

1. $\sqrt{a} \geq 0$ für jedes $a \in R_0^+$
2. $\sqrt{x^2} = |x|$ für jedes $x \subset R$
3. $\left(\sqrt{a}\right)^2 = a$ für jedes $a \in R_0^+$
4. $\sqrt{a} \cdot \sqrt{b} = \sqrt{a \cdot b}$ für alle $a, b \in R_0^+$
5. $\frac{\sqrt{a}}{\sqrt{b}} = \sqrt{\frac{a}{b}}$ für alle $a \in R_0^+$ und $b \in R^+$

Rechnen mit Quadratwurzeln

Addition und Subtraktion:

Es lassen sich nur gleichartige Quadratwurzeln addieren und subtrahieren.

Beispiel:

$$m\sqrt{a} - n\sqrt{a} + 3m\sqrt{a} + 4n\sqrt{a} =$$
$$= (4m + 3n)\sqrt{a}$$

Multiplikation und Division:

Zerlegt man eine Wurzel in ein Produkt aus einer Zahl und einer Quadratwurzel, so nennt man dies teilweises Radizieren. Dabei wird in der Regel der Radikand einfacher.

Beispiele:

1. $\sqrt{27} = \sqrt{9 \cdot 3} = \sqrt{9} \cdot \sqrt{3} = 3 \cdot \sqrt{3}$
2. $\sqrt{x \cdot y} \cdot \sqrt{2x} = \sqrt{2x^2 y} = x\sqrt{2y},\ x > 0$
3. $\sqrt{x^2 y} = \sqrt{x^2}\sqrt{y} = |x|\sqrt{y}$
4. $\sqrt{a^7 b^9} = \sqrt{a^6 b^8 \cdot ab} = \sqrt{a^6}\sqrt{b^8}\sqrt{ab} = |a^3| \cdot b^4 \cdot \sqrt{ab}$
5. $\sqrt{\frac{1225}{81}} = \frac{\sqrt{1225}}{\sqrt{81}} = \frac{35}{9}$
6. $\sqrt{\frac{a^3 b^2}{c^5}} = \sqrt{\frac{a^2 b^2 \cdot a}{c^4 \cdot c}} = \sqrt{\frac{a^2 b^2}{c^4}} \cdot \sqrt{\frac{a}{c}} = \frac{|ab|}{c^2} \cdot \sqrt{\frac{a}{c}}$
7. $\sqrt{\frac{x^2 + 2x + 1}{x^4 + 2x^2 + 1}} = \sqrt{\frac{(x+1)^2}{(x^2+1)^2}} = \frac{|x+1|}{x^2+1}$

Rationalmachen des Nenners eines Bruches:

Rechnet man mit Näherungswerten von Irrationalzahlen, so führt das Dividieren durch eine Irrationalzahl zu relativ großen Fehlern. Hat also ein Bruch einen irrationalen Nenner, so ist es zweckmäßig, den Bruch so zu erweitern, dass sein Nenner rational wird.

Beispiele:

1. $\frac{3}{\sqrt{2}} = \frac{3 \cdot \sqrt{2}}{\sqrt{2} \cdot \sqrt{2}} = \frac{3\sqrt{2}}{2}$

2. $\frac{a}{5\sqrt{5}} = \frac{a\sqrt{5}}{5\sqrt{5} \cdot \sqrt{5}} = \frac{a\sqrt{5}}{25}$

3. $\frac{2}{\sqrt{3}+1} = \frac{2 \cdot (\sqrt{3}-1)}{(\sqrt{3}+1) \cdot (\sqrt{3}-1)} =$

   $= \frac{2 \cdot (\sqrt{3}-1)}{3-1} = \frac{2 \cdot (\sqrt{3}-1)}{2} = \sqrt{3}-1$

4. $\frac{1}{\sqrt{7}-\sqrt{5}} = \frac{\sqrt{7}+\sqrt{5}}{(\sqrt{7}-\sqrt{5})(\sqrt{7}+\sqrt{5})} =$

   $= \frac{\sqrt{7}+\sqrt{5}}{7-5} = \frac{1}{2}(\sqrt{7}+\sqrt{5})$

3.14 Potenzen

Potenzen mit natürlichen Exponenten

Multipliziert man eine Zahl a mit sich selbst, so erhält man eine Zahl a^2, die man das Quadrat von a oder die zweite Potenz von a nennt. a ist die Grundzahl oder die Basis der Potenz, während 2 die Hochzahl oder der Exponent der Potenz ist.

Ähnlich definiert man $a \cdot a \cdot a = a^3$, $a \cdot a \cdot a \cdot a = a^4$ usw.

$$a \in \mathbb{R} \wedge n \in \mathbb{N}^* \Rightarrow \underbrace{a \cdot a \cdot a \cdot \ldots \cdot a}_{n\text{-mal}} = a^n$$

Die reelle Zahl a ist die Basis, die natürliche Zahl n ist der Exponent der Potenz a^n.

Beispiele:

1. $5^1 = 5$
2. $-1^6 = -1$, aber $(-1)^6 = 1$
3. $10^5 = 10 \cdot 10 \cdot 10 \cdot 10 \cdot 10 = 100000$
4. $\left(\frac{1}{10}\right)^4 = \frac{1}{10} \cdot \frac{1}{10} \cdot \frac{1}{10} \cdot \frac{1}{10} = \frac{1}{10000} =$
   $= 0{,}0001$
5. $0{,}1^5 = 0{,}1 \cdot 0{,}1 \cdot 0{,}1 \cdot 0{,}1 \cdot 0{,}1 =$
   $= 0{,}00001$
6. $2^6 = 2 \cdot 2 \cdot 2 \cdot 2 \cdot 2 \cdot 2 = 64$
7. $(-3)^4 = (-3) \cdot (-3) \cdot (-3) \cdot (-3) = 81$
8. $\left(-\frac{3}{4}\right)^3 = \left(-\frac{3}{4}\right) \cdot \left(-\frac{3}{4}\right) \cdot \left(-\frac{3}{4}\right) = -\frac{27}{64}$
9. $8 \cdot (-2) \cdot 8 \cdot (-2) \cdot 8 \cdot 8 = 8^4 \cdot (-2)^2 =$
   $= 16384$
10. $0^7 = 0$
11. $(\sqrt{7})^3 = \sqrt{7} \cdot \sqrt{7} \cdot \sqrt{7} = 7 \cdot \sqrt{7}$

Für das Rechnen mit Potenzen mit natürlichen Exponenten gelten folgende Regeln:

$$a^m \cdot a^n = a^{m+n}$$

$$\frac{a^m}{a^n} = a^{m-n},\ m > n$$

$$(a \cdot b)^n = a^n \cdot b^n$$

$$\left(\frac{a}{b}\right)^n = \frac{a^n}{b^n}$$

$$(a^m)^n = a^{m\,n}$$

Nur gleichartige Potenzen kann man addieren und subtrahieren.

Beispiele:

1. $2^3 + 2^4 - 2^5 = 2^3 \cdot (1 + 2 - 4) = -2^3 = -8$
2. $2x^3 + x^2 + 4\,x^3 - 2\,x^2 = 6\,x^3 - x^2$
3. $0{,}5^3 \cdot 0{,}5^2 \cdot 0{,}5^7 = 0{,}5^{3+2+7} = 0{,}5^{12}$
4. $\frac{x^5 \cdot x^2}{x^4} = x^{5+2-4} = x^3$
5. $\left(\frac{a}{b^2}\right)^3 \cdot \left(\frac{b^2}{a}\right)^3 = \left(\frac{a \cdot b^2}{b^2 \cdot a}\right)^3 = 1$
6. $\left[\left(\frac{2}{3}\right)^3\right]^2 = \left(\frac{2}{3}\right)^6 = \frac{64}{729}$
7. $32^3\,(2^5)^3 = 2^{5\cdot 3} = 2^{15}$

Allgemeine Wurzel

Eine *n*-te Wurzel einer nicht negativen Zahl *a* ist die nicht negative Zahl *b*, deren *n*-te Potenz *a* ergibt. Die Zahl *a* heißt Radikand, *n* ist der Wurzelexponent. ($n > 1$)

Definition:

$$a \in R_0^+ \wedge n \in N^* \Rightarrow \left(\sqrt[n]{a} = b \Leftrightarrow a = b^n\right)$$

Eigenschaften:

$\sqrt[n]{a} \geq 0$ für alle $a \in R_0^+$

$\sqrt[n]{a^n} = a$ für alle $a \in R_0^+$

$\sqrt[n]{a} \cdot \sqrt[n]{b} = \sqrt[n]{a \cdot b}$

$\sqrt[m]{\sqrt[n]{a}} = \sqrt[mn]{a}$

$\sqrt[n]{a} = \sqrt[mn]{a^m}$ $\quad m \geq 1$

$\left(\sqrt[n]{a}\right)^m = \sqrt[n]{a^m}$ $\quad m \geq 1$

Addition und Subtraktion:

Beispiele:

1. $\sqrt[3]{5} + 2\sqrt[3]{5} + \sqrt[6]{25} = 3\sqrt[3]{5} + \sqrt[3]{5} = 4\sqrt[3]{5}$

2. $a\sqrt[3]{x} - b\sqrt[3]{x} + c\sqrt[9]{x^3} = (a - b + c)\sqrt[3]{x}$

3. $\sqrt[3]{a^6b^5} + 3\sqrt[3]{a^9b^8} - 4\sqrt[3]{b^2} = 2a^2b\sqrt[3]{b^2} + 3a^3b^2\sqrt[3]{b^2} - 4\sqrt[3]{b^2} =$
$= \sqrt[3]{b^2} \cdot (2a^2b + 3a^3b^2 - 4)$

Multiplikation und Division:

Beispiele:

1. $\sqrt[3]{625} = \sqrt[3]{125 \cdot 5} = \sqrt[3]{125} \cdot \sqrt[3]{5} = 5\sqrt[3]{5}$

2. $\sqrt[3]{2} \cdot \sqrt[4]{3} = \sqrt[12]{2^4} \cdot \sqrt[12]{3^3} = \sqrt[12]{4^2 \cdot 3^3}$

3. $\dfrac{\sqrt[3]{16}}{\sqrt[3]{2}} = \sqrt[3]{\dfrac{16}{2}} = \sqrt[3]{8} = 2$

4. $\dfrac{\sqrt[6]{12}}{\sqrt{3}} = \dfrac{\sqrt[6]{12}}{\sqrt[6]{3^3}} = \sqrt[6]{\dfrac{12}{27}}$

5. $\sqrt[6]{x^7} + \sqrt[6]{y^7} = \sqrt[6]{x^6 \cdot x} + \sqrt[6]{y^6 \cdot y} =$
$= x\sqrt[6]{x} + y\sqrt[6]{y}$

Potenzieren von allgemeinen Wurzeln:

Beispiele:

1. $\left(\dfrac{\sqrt[3]{a}\ \sqrt{b^3}\ \sqrt[4]{c}}{\sqrt{a}\ \sqrt[3]{b}\ \sqrt[4]{c^3}}\right) =$

$= \dfrac{a^4 \cdot b^{18} \cdot c^3}{a^6 \cdot b^4 \cdot c^9} = \dfrac{b^{14}}{a^2 \cdot c^6}$

2. $\sqrt{\dfrac{\sqrt[3]{2}\ \sqrt{5}}{\sqrt[4]{10}}} = \dfrac{\sqrt[6]{2} \cdot \sqrt[4]{5}}{\sqrt[8]{2} \cdot \sqrt[8]{5}} = \dfrac{\sqrt[24]{2^4} \cdot \sqrt[4]{5^2}}{\sqrt[24]{2^3} \cdot \sqrt[8]{5}} =$

$= \sqrt[24]{\dfrac{2^4}{2^3}} \cdot \sqrt[8]{\dfrac{5^2}{5}} = \sqrt[24]{2} \cdot \sqrt[8]{5}$

Potenzen mit ganzen Exponenten

Damit die Regel $\frac{a^m}{a^n} = a^{m-n}$, $m > n$ auch für $m \leq n$ gültig wird, müssen Potenzen mit ganzzahligen Exponenten definiert werden.

Definition:

$$a \in \mathbb{R} \setminus \{0\} \wedge n \in \mathbb{N}^* \rightarrow$$

$$a^{-n} = \frac{1}{a^n} \quad \text{und} \quad a^0 = 1$$

Beispiele:

1. $(-6)^{-2} = \frac{1}{(-6)^2} = \frac{1}{36}$

2. $2^{-3} = \frac{1}{2^3} = \frac{1}{8}$

3. $\left(\frac{\sqrt[3]{2}}{\sqrt{6}}\right)^{-6} = \left(\frac{\sqrt{6}}{\sqrt[3]{2}}\right)^{6} = \frac{6^3}{2^2} = 54$

4. $\left(\frac{a^2}{x^3y^4}\right)^0 = 1$

Das Zeichen 0^0 ist nicht definiert.

Die für die Potenzen mit natürlichen Exponenten aufgestellten Rechenregeln sollen auch hier gültig sein.

Addition und Subtraktion:

Beispiele:

1. $0{,}4 \cdot 10^{-3} + 10^{-3} + 1{,}6 \cdot 10^{-3} = 3 \cdot 10^{-3}$
2. $-2e^{-5} - 6e^{-5} + e^{-5} = -7e^{-5}$
3. $(1-x)^{n-1} - x\,(1-x)^{n-1} = (1-x)^{n-1}\,(1-x) = (1-x)^{n}$

Multiplikation und Division:

Beispiele:

1. $x^{-2} \cdot x^{-3} \cdot x^{4} = x^{-2-3+4} = x^{-1} = \dfrac{1}{x}$
2. $\dfrac{x^{2n+1}}{x^{-n-1}} = x^{2n+1-(-n-1)} = x^{3n+2}$
3. $\dfrac{10x^{2}y^{-1}z^{3}}{30x^{3}y^{-3}z^{-2}} = \dfrac{1}{3} \cdot \dfrac{x^{2}}{x^{3}} \cdot \dfrac{y^{-1}}{y^{-3}} \cdot \dfrac{z^{3}}{z^{-2}} = \dfrac{1}{3x} \cdot y^{-1+3} \cdot z^{3+2} = \dfrac{1}{3x} \cdot y^{2} \cdot z^{5}$

Potenzieren von Potenzen:

Beispiele:

1. $\left[(-0{,}5)^{-1}\right]^{2} = (-0{,}5)^{-2} = \dfrac{1}{(-0{,}5)^{2}} = \dfrac{1}{0{,}25} = 4$
2. $(a^{2}b^{-3})^{2} = a^{4}\,b^{-6} = \dfrac{a^{4}}{b^{6}}$
3. $(c^{-1}d^{-5})^{-2} = c^{2}d^{10}$

Potenzen mit rationalen Exponenten

Definition:

$a \in R^+, m \in Z, n \in N^*$ → $a^{\frac{m}{n}} = \sqrt[n]{a^m}$

$a \in R^+, m \in N, n \in N^*$ → $0^{\frac{m}{n}} = \sqrt[n]{0^m} = 0$

Für $m = 1$ lassen sich die Wurzeln schreiben: $a^{\frac{1}{2}} = \sqrt{a}$, $a^{\frac{1}{3}} = \sqrt[3]{a}$ usw.

Die für die Potenzen mit natürlichen Exponenten aufgestellten Rechenregeln sollen auch hier gültig sein.

Beispiele:

1. $9^{\frac{3}{2}} = \sqrt[2]{9^3} = \sqrt{729} = 27$

2. $(3\sqrt{2})^2 = 3^2 \cdot (\sqrt{2})^2 = 9 \cdot 2 = 18$

3. $(\sqrt{5})^4 = \left(5^{\frac{1}{2}}\right)^4 = 5^{\frac{4}{2}} = 5^2 = 25$

4. $\frac{1}{\sqrt[10]{2^8}} = 2^{-\frac{8}{10}} = 2^{-\frac{4}{5}} = \frac{1}{\sqrt[5]{2^4}}$

Rechnen mit rationalen Exponenten:

Beispiele:

1. $(u^6v^4)^{\frac{3}{4}} = u^{\frac{18}{4}} \cdot v^3 = u^{\frac{9}{2}} \cdot v^3 = u^4 \cdot \sqrt{u} \cdot v^3$

2. $a^{\frac{3}{2}} \cdot \sqrt{a} = a^{\frac{3}{2}} \cdot a^{\frac{1}{2}} = a^{\frac{4}{2}} = a^2$

3. $\frac{x^{1,6} \cdot \sqrt[3]{x}}{x} = x^{\frac{8}{5}+\frac{1}{3}-1} = x^{\frac{24+5-15}{15}} = x^{\frac{14}{15}} = \sqrt[15]{x^{14}}$

4. $\left[\left(a^{-\frac{1}{2}}\right)^{0,75}\right]^{0,8} = a^{-\frac{1}{2}\cdot\frac{3}{4}\cdot\frac{4}{5}} = a^{\frac{12}{40}} = a^{\frac{3}{10}} = \frac{1}{\sqrt[10]{a^3}}$

5. $\sqrt[4]{x \cdot \sqrt[3]{x} \cdot x^2} = \sqrt[4]{x \cdot x^{\frac{1}{3}} \cdot x^2} = \sqrt[4]{x^{\frac{3+1+6}{3}}} =$
$= \sqrt[4]{x^{\frac{10}{3}}} = \sqrt[12]{x^{10}} = \sqrt[6]{x^5}$

Auch Potenzen mit reellen Exponenten lassen sich über Intervallschachtelungen definieren, wobei auch hier die Potenzregeln gelten.

Potenzgleichungen

Eine Gleichung, die man auf die Form bringen kann:
$x^{\frac{m}{n}} = a \qquad (m \in \mathbb{Z}, n \in \mathbb{N}^*, a \in \mathbb{R})$, nennt man Potenzgleichung.

Die Gleichung $x^{\frac{m}{n}} = a$ vereinfacht man so, dass man beide Seiten zuerst mit n potenziert und dann die m-te Wurzel zieht. Ist der Exponent keine ganze Zahl, so ist die Gleichung in $\mathbb{R}^-$ nicht definiert.

Beispiele:

1. $\sqrt[5]{x^2} = 2 \Rightarrow x^{\frac{2}{5}} = 2 \Rightarrow x^2 = 2^5 \Rightarrow$
$x_1 = \sqrt{32}$
$x_2 = -\sqrt{32}$ ist ebenfalls eine Lösung.

2. $\sqrt[6]{x^5} = 10^{-5} \Rightarrow x^{\frac{5}{6}} = 10^{-5} \Rightarrow x^5 = 10^{-30} \Rightarrow$
$x = 10^{-6}$

Sonderfälle:

Gleichungen der Form $x^m = a$ stellen einen Sonderfall der oben genannten Form dar.

Bei geradzahligem $m \in \mathbb{N}$ hängt die Zahl der Lösungen von a ab. Für $a > 0$ gibt es zwei Lösungen, für $a = 0$ eine Lösung und für $a < 0$ ist die Lösungsmenge leer.

Bei ungeradzahligem $m \in \mathbb{N}$ gibt es immer eine einzige Lösung.

Beispiele:

1. $x^4 = 625 \Rightarrow x = -\sqrt[4]{625} \lor x = +\sqrt[4]{625} \Leftrightarrow$
$x_1 = -5 \lor x_2 = 5$

2. $x^3 = 216 \Rightarrow$
$x = \sqrt[3]{216} \Rightarrow x = 6$

3. $x^7 = -128 \Rightarrow x = \sqrt[7]{-128} \Rightarrow$
$x = -\sqrt[7]{|128|} \Rightarrow x = -2$

Gleichungen der Form $x^{-m} = b$ sind auf Gleichungen der Form $x^m = a$ zurückführbar:
$\frac{1}{x^m} = b \Leftrightarrow x^m = \frac{1}{b}$, $\frac{1}{b}$ lässt sich durch die Konstante a abkürzend schreiben.

Beispiel:

$x^{-3} = 8 \Leftrightarrow \frac{1}{x^3} = 8 \Leftrightarrow x^3 = \frac{1}{8} \Rightarrow$

$x = \sqrt[3]{\frac{1}{8}} \Rightarrow x = \frac{1}{2}$

3.15 Exponentialgleichungen

Definition

Gleichungen, bei denen die Unbekannte im Exponenten vorkommt, nennt man Exponentialgleichungen.

Die einfachste Form einer Exponentialgleichung ist $a^x = b$ (a und b sind positive reelle Zahlen und außerdem ist $a \neq 1$).

Probieren

Viele Exponentialgleichungen kann man durch Probieren lösen und zwar dann, wenn die Zahl b eine Potenz von a ist.

Beispiele:

1. $5^x = 15625$,
durch Probieren findet man $x = 6$.

2. $0{,}2^x = \frac{1}{125} \Leftrightarrow \left(\frac{1}{5}\right)^x = \frac{1}{125}$
durch Probieren findet man $x = 3$.

Exponentenvergleich

Falls es gelingt, auf beiden Seiten einer Exponentialgleichung gleiche Basen aufzustellen, löst man diese Gleichung durch Gleichsetzung der Exponenten.

Beispiele:

1. $3^x = 81^{1,5} \Leftrightarrow 3^x = (3^4)^{1,5} \Leftrightarrow$
   $3^x = 3^6 \Rightarrow x = 6$

2. $2^{2x-2} = 4^{3x-9} \Leftrightarrow 2^{2x-2} = (2^2)^{3x-9} \Leftrightarrow$
   $2^{2x-2} = 2^{6x-18} \Leftrightarrow 2x - 2 = 6x - 18 \Leftrightarrow$
   $x = 4$

Substitution

Einige Exponentialgleichungen lassen sich dadurch lösen, dass man den Exponentialterm durch eine andere Variable ersetzt.

Beispiel:

$5 \cdot 5^{2x} - 126 \cdot 5^x + 25 = 0$

Man setzt $5^x = z$ und erhält zunächst eine quadratische Gleichung für z:

$5z^2 - 126z + 25 = 0 \Leftrightarrow$

$z_{1/2} = \frac{126 \pm \sqrt{15876 - 500}}{10} \Leftrightarrow z_{1/2} = \frac{126 \pm 124}{10} \Leftrightarrow$

$z_1 = 25 \lor z_2 = \frac{1}{5} \Rightarrow$

$25 = 5^{x_1} \lor \frac{1}{5} = 5^{x_2} \Rightarrow x_1 = 2 \lor x_2 = -1$

Exponentialgleichungen, wie z. B. $10^x = 41$; $3{,}5^x = 90$ usw., lassen sich durch Logarithmieren lösen.

3.16 Logarithmen

Definition

Gegeben sei eine Exponentialgleichung der Form $a^x = b$ (a und b sind positive reelle Zahlen und außerdem ist $a \neq 1$). Es ist die reelle Zahl x gesucht, mit der die Basis a potenziert werden muss, um die Zahl b zu erhalten. Diese Aussage wird symbolisch mit dem Logarithmuszeichen geschrieben:

Logarithmus:

$$a^x = b \quad \leftrightarrow \quad x = \log_a b$$

$$a \in \mathrm{R}^+ \setminus \{1\},\ b \in \mathrm{R}^+$$

Beispiel:

$$12^x = 356 \Leftrightarrow$$
$$x = \log_{12} 356$$

Logarithmen können also unendlich viele verschiedene Basen haben. In der Praxis genügt die Berechnung der Logarithmen zur Basis 10 (dekadische Logarithmen, Zeichen lg), zur Basis e (natürliche Logarithmen, Zeichen ln) und zur Basis 2 (duale Logarithmen, Zeichen lb oder ld). Die Logarithmen zu anderen Basen lassen sich durch eine einfache Formel leicht berechnen:

Basisumrechnung bei Logarithmen:

$$\log_a u = \frac{\log_b u}{\log_b a}$$

Beispiel:

$$\log_7 24 = \frac{\lg 24}{\lg 7}$$

Im Taschenrechner werden die Logarithmen zur Basis 10 und zur Basis e berechnet. In technisch orientierten Rechnern werden auch die Logarithmen zur Basis 2 berechnet.

Beispiele:

1. $\lg 56 = 1{,}7482$
2. $\lg 0{,}089 = -1{,}0506$
3. $\ln 56 = 4{,}0254$
4. $\ln 0{,}089 = -2{,}4191$

Lösung von Exponentialgleichungen

Mithilfe von Logarithmen lassen sich alle Exponentialgleichungen lösen.

Beispiele:

1. Exponentialgleichung mit der Basis 10:

   $10^x = 0{,}651 \Leftrightarrow$

   $x = \lg 0{,}651 \Rightarrow$

   $x = -0{,}1864$

2. Exponentialgleichung mit der Basis *e*:

$e^{-2x} = 34 \Leftrightarrow$

$-2x = \ln 34 \Rightarrow$

$-2x = 3{,}5263 \Leftrightarrow$

$x = -1{,}7632$

3. Exponentialgleichung mit der Basis 8,5:

$8{,}5^x = 121 \Leftrightarrow$

$x = \log_{8,5} 121$

Man wandelt die Basis 8,5 in die Basis 10 um, bei der sich die Logarithmen mit dem Taschenrechner leicht ermitteln lassen.

$$x = \log_{8,5} 121 = \frac{\lg 121}{\lg 8{,}5} = \frac{2{,}0828}{0{,}9294} = 2{,}2410$$

Rechenregeln

Den Logarithmus eines Produkts (eines Quotienten) erhält man, indem man die Logarithmen seiner Faktoren addiert (subtrahiert).
Den Logarithmus einer Potenz erhält man, indem man den Exponenten mit dem Logarithmus der Basis multipliziert.

$u, v \in R^+ \quad \Rightarrow \quad \log_a (u \cdot v) = \log_a u + \log_a v$

$u, v \in R^+ \quad \Rightarrow \quad \log_a \frac{u}{v} = \log_a u - \log_a v$

$u \in R^+, v \in R \quad \Rightarrow \quad \log_a u^v = v \cdot \log_a u$

Außerdem gilt: $\log_a 1 = 0$ und $\log_a a = 1$

Beispiele:

Zerlegen:

1. $\log_a x(x-2) = \log_a x + \log_a (x-2)$

2. $\log_a (c^2 - d^2) = \log_a (c-d)(c+d) =$
$= \log_a (c-d) + \log_a (c+d)$

3. $\log_a \frac{m+n}{mn} = \log_a (m+n) - \log_a m - \log_a n$

4. $\log_a (p+q)^3 = 3 \cdot \log_a (p+q)$

5. $\log_a \sqrt[n]{x} = \log_a x^{\frac{1}{n}} = \frac{1}{n} \log_a x$

6. $\log_a \frac{1}{x} = \log_a 1 - \log_a x =$
$= 0 - \log_a x = \log_a x$

Zusammenfassen:

1. $\frac{1}{2} \log_a x^3 - \log_a x + 3 \cdot \log_a x = \log_a \frac{x^{\frac{3}{2}} + x^3}{x} =$
$= \log_a x^{\frac{7}{2}} = \log_a \sqrt{x^7} = \frac{7}{2} \log_a x$

2. $\log_a 1 - 4 \cdot \log_a a^2 + 2 \cdot \log_a b =$
$= \log_a \frac{1 \cdot b^2}{a^{4 \cdot 2}} = \log_a \frac{b^2}{a^8}$

3. $m \cdot \log_a u + \frac{n}{3} \cdot \log_a v - \frac{m}{n} \cdot \log_a w =$
$= \log_a u^m + \log_a v^{\frac{n}{3}} - \log_a w^{\frac{m}{n}} =$
$= \log_a \frac{u^m \cdot v^{\frac{n}{3}}}{w^{\frac{m}{n}}} = \log_a \frac{u^m \cdot \sqrt[3]{v^n}}{\sqrt[n]{w^m}}$

3. Algebra

3.17 Logarithmusgleichungen

Definition

Gleichungen, bei denen vor der Unbekannten ein Logarithmussymbol steht, nennt man Logarithmusgleichungen.

Die einfachste Form der Logarithmusgleichung ist:
$\log_a x = b$ mit $x \in \mathbb{R}^+$ und $a \in \mathbb{R}^+ \setminus \{1\}$.
Man löst sie durch eine Umwandlung in die äquivalente Form $x = a^b$ oder durch Logarithmenvergleich.

Direkte Umwandlung

Beispiele:

1. $\lg x = 2{,}567$,
$D = \mathbb{R}^+$

2. $x = 10^{2{,}567} \Rightarrow$
$x \approx 368{,}98$

3. $\log_3 (x - 2) = 4{,}76$,
$D =]2; \infty[$

4. $x - 2 = 3^{4{,}76} \Leftrightarrow$
$x - 2 = 186{,}68 \Leftrightarrow$
$x = 188{,}68$

Logarithmenvergleich

Beispiel:

$\log_3(x+4) + \log_3(x-3) - \log_3(3x-8) = 1$

$D =]\,3; \infty\,[$

Man setzt $1 = \log_3 3$ und fasst nach den Logarithmenregeln zusammen:

$$\log_3 \frac{(x+4)\cdot(x-3)}{3x-8} = \log_3 3$$

Durch Vergleich der Logarithmen auf beiden Seiten erhält man:

$$\frac{(x+4)\cdot(x-3)}{3x-8} = 3 \quad \Leftrightarrow$$

$$(x+4)\cdot(x-3) = 3\cdot(3x-8) \quad \Leftrightarrow$$

$$x^2 - 3x + 4x - 12 = 9x - 24 \quad \Leftrightarrow$$

$$x^2 - 8x + 12 = 0 \Leftrightarrow x_{1/2} = \frac{8 \pm \sqrt{64-48}}{2} \quad \Leftrightarrow$$

$$x_1 = 6 \vee x_2 = 2$$

Da $2 \notin D$ ist, hat die Gleichung nur $x = 6$ als Lösung.

3.18 Vollständige Induktion

Induktion und Deduktion

Unter einer Induktion oder einem induktiven Schluss versteht man die Verallgemeinerung von Einzelaussagen und unter Deduktion den Schluss von einer allgemeinen Aussage auf einen ihrer Spezialfälle.

Deduktive Schlussfolgerungen sind bei richtiger Anwendung immer richtig, während induktive Schlussfolgerungen machmal zu falschen Aussagen führen. Beispielsweise ist die Induktion: „Es hat drei Sonntage hintereinander geregnet, also wird es jeden Sonntag regnen" falsch.

In der Menge N* der natürlichen Zahlen sei n_0 ein festgelegtes Element und n eine Variable. Mit $A(n_0)$ bezeichnet man eine Aussage, die sich auf n_0 bezieht, und mit $A(n)$ eine Aussageform über der Definitionsmenge N*.

> Eine Implikation der Form $A(n_0) \Rightarrow A(n)$ heißt Induktion.
>
> Eine Implikation der Form $A(n) \Rightarrow A(n_0)$ heißt Deduktion.

Beispiele:

Induktion:

$2 \cdot 5 + 1$ ist eine ungerade Zahl, also ist auch $2 \cdot n + 1$ eine ungerade Zahl.

Deduktion:

$$1 + 2 + \ldots + n = \frac{n\,(n+1)}{2} \Rightarrow$$
$$1 + 2 + \ldots + 100 = \frac{100 \cdot 101}{2}$$

Ist die Lösungsmenge der Aussageform $A(n)$ gleich der Definitionsmenge N*, so erhält man mithilfe der Deduktion $A(n) \Rightarrow A(n_0)$ die wahre Aussage $A(n_0)$. Geht man jedoch von der wahren Aussage $A(n_0)$ aus, so ist nicht sicher, dass man mithilfe der Induktion $A(n_0)$ $A(n)$ eine Aussageform $A(n)$ mit der Lösungsmenge N* erhält.

Beispiele:

Die Aussageform $A(n)$: $(n + 1)^2 = n^2 + 2n + 1$ hat die Lösungsmenge N*.

Mithilfe einer Deduktion erhält man die wahre Aussage

$A(5) : (5 + 1)^2 = 5^2 + 2 \cdot 5 + 1.$

Von der wahren Aussage $A(2): 2 < 2 + 1$ ausgehend, ergibt sich durch Induktion die Aussageform $A(n): n < n + 1$ mit der Lösungsmenge N*.

Folgende Aussagen sind wahr:

$$A(1): \frac{1}{1 \cdot 2} = \frac{1}{1+1}$$

$$A(2): \frac{1}{1 \cdot 2} + \frac{1}{2 \cdot 3} = \frac{2}{2+1}$$

$$A(3): \frac{1}{1 \cdot 2} + \frac{1}{2 \cdot 3} + \frac{1}{3 \cdot 4} = \frac{3}{3+1}$$

Aus dieser Folge von Aussageformen erhält man durch Induktion die Aussageform mit vermutlicher Lösungsmenge N*.

$$A(n): \frac{1}{1 \cdot 2} + \frac{1}{2 \cdot 3} + \frac{1}{3 \cdot 4} + \dots + \frac{1}{n(n+1)} = \frac{n}{n+1}$$

Das letzte Beispiel führt auf die Frage, wie man nachprüfen kann, ob eine durch Induktion erhaltene Aussageform $A(n)$ als Lösungsmenge die Menge N* hat, d.h., dass die Aussageform für alle natürlichen Zahlen wahr ist. Ersetzt man die Variable n der Reihe nach durch die natürlichen Zahlen 1, 2, 3, ... , so erhält man die Aussagen $A(1)$, $A(2)$, $A(3)$, ... , deren Wahrheitswert untersucht werden kann. Praktisch kann man jedoch nicht unendlich viele Aussagen auf ihren Wahrheitswert untersuchen. Auch wenn sehr viele geprüft sind, hat man immer noch nicht die Gewissheit, dass alle wahr sind.

Beispiel:

Gegeben ist die Aussageform $A(n): n^2 - n + 41$ ist Primzahl.

Für $n = 1$ erhält man die wahre Aussage $A(1): 1^2 - 1 + 41$ ist eine Primzahl.
Für $n = 2$ erhält man die wahre Aussage $A(2): 2^2 - 2 + 41$ ist eine Primzahl.
Auch die folgenden Aussagen $A(2), A(3), \dots, A(40)$ sind wahr.

Man könnte also nach einer gewissen Anzahl von Schritten glauben, die Aussageform $A(n)$ habe N* als Lösungsmenge, was nicht der Fall ist, denn $A(41)$ ist eine falsche Aussage.

Vollständige Induktion

Die Aussageform $A(n)$ hat die Lösungsmenge N*, wenn ...
... die Aussage $A(1)$ wahr ist und
... die Aussageform $A(n) \Rightarrow A(n+1)$ die Lösungsmenge N* hat.

Beispiele:

$A(n): 1 + 2 + 3 + \ldots + n = \frac{n \cdot (n+1)}{2}$ ergibt für alle natürlichen n wahre Aussagen. Dies soll durch vollständige Induktion gezeigt werden: $A(1): 1 = \frac{1 \cdot 2}{2}$ (wahr)

$A(n) \Rightarrow A(n+1)$:

$$1+2+3+\ldots+n = \frac{n \cdot (n+1)}{2} \Rightarrow$$

$$1+2+3+\ldots+n+(n+1) = \frac{n \cdot (n+1)}{2} + (n+1) \Rightarrow$$

$$1+2+3+\ldots+n+(n+1) = \frac{n \cdot (n+1) + 2\,(n+1)}{2} \Rightarrow$$

$$1+2+3+\ldots+n+(n+1) = \frac{(n+1) \cdot (n+2)}{2}$$

Die Aussageform $A(n): 2^0 + 2^1 + 2^2 + \ldots + 2^n = 2^{n+1} - 1$ soll für alle natürlichen n wahre Aussagen ergeben:

$A(1): 2^0 + 2^1 = 2^{1+1} - 1$ (wahr)

$A(n) \Rightarrow A(n+1)$:

$$2^0 + 2^1 + 2^2 + \ldots + 2^n = 2^{n+1} - 1 \Rightarrow$$

$$2^0 + 2^1 + 2^2 + \ldots + 2^n + 2^{n+1} = 2^{n+1} - 1 + 2^{n+1} \Rightarrow$$

$$2^0 + 2^1 + 2^2 + \ldots + 2^n + 2^{n+1} = 2 \cdot 2^{n+1} - 1 \Rightarrow$$

$$2^0 + 2^1 + 2^2 + \ldots + 2^n + 2^{n+1} = 2^{n+2} - 1$$

$A(n): 1^2 + 2^2 + \ldots + n^2 = \dfrac{n(n+1)(2n+1)}{6}$ soll für alle natürlichen n wahre Aussagen ergeben:

$A(1): 1^2 = \dfrac{1 \cdot (1+1) \cdot (2 \cdot 1 + 1)}{6}$ (wahr)

$A(n) \Rightarrow A(n+1):$

$1^2 + 2^2 + \ldots + n^2 = \dfrac{n(n+1)(2n+1)}{6} \Rightarrow$

$1^2 + \ldots + n^2 + (n+1)^2 = \dfrac{n(n+1)(2n+1)}{6} + (n+1)^2 =$

$= \dfrac{n(n+1)(2n+1) + 6(n+1)^2}{6} =$

$= \dfrac{n(n+1)(n+2)(2n+3)}{6}$

$A(n): 2^n > n^2$ soll für alle $n \in \mathrm{N} \setminus \{0, 1, 2, 3, 4\}$ wahre Aussagen ergeben:

$A(5): 2^5 > 5^2$ (wahr)

$A(n) \Rightarrow A(n+1):$

$2^n > n^2 \Rightarrow 2^n \cdot 2 > n^2 \cdot 2 \Rightarrow$

$2^{n+1} > 2n^2 \Rightarrow 2^{n+1} > (n+1)^2$

Die letzte Ungleichung gilt für alle $n \geq 3$, denn:

$2n^2 > (n+1)^2 \quad \Leftrightarrow$

$2n^2 > n^2 + 2n + 1 \quad \Leftrightarrow$

$n^2 - 2n - 1 > 0 \quad \Leftrightarrow$

$(n-1)^2 > 2$

$n = 1$ oder $n = 2$ eingesetzt, ergibt die Ungleichung $1 > 2$ (falsch), während für $n = 3$, $n = 4$, ... die wahren Ungleichungen $4 > 2$, $9 > 2$, ... entstehen.

4. Funktionen

4.1 Grundlagen

Relationen

Gegeben sind zwei Mengen A und B mit der Paarmenge A × B. Jede Teilmenge G der Paarmenge A × B stellt zwischen A und B eine Beziehung (Relation) her. Dazu schreibt man symbolisch A ρ B (gelesen: A rho B). Entspricht dem Element $a \in A$ durch die Relation ρ das Element $b \in B$, so schreibt man $a \, \rho \, b$. Die Menge G, welche die Zuordnungsvorschrift angibt, heißt Graph der Relation (s. Seite 77).

Beispiele:

A = { 1, 2, 3 } , B = { 1,5 , 2,5 , 3,5 }. Zwischen den Mengen A und B ist eine Relation gegeben mit folgender Zuordnungsvorschrift:
G = { (1 ; 1,5) , (1 ; 2,5) , (2 ; 2,5) , (3 ; 3,5) }

G lässt sich grafisch durch ein Pfeildiagramm darstellen.

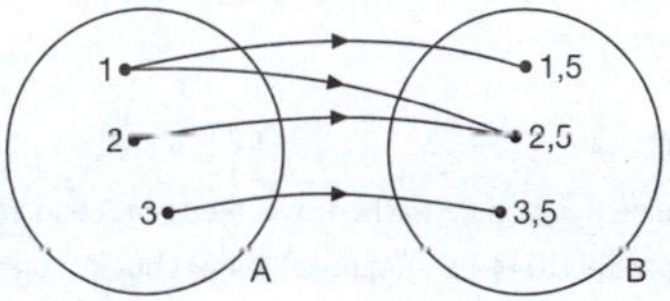

X = { −3 , −2 , −1 , 0 , 1 , 2 , 3 } , Y = { 1 , 2 , 3 , 4 }
G = { (−3 ; 4) , (−2 ; 3) , (−1 ; 4) , (0 ; 3) , (1 ; 2) , (2 ; 1) , (3 ; 3) , (3 ; 4) }

Der Graph dieser Relation lässt sich in einem rechtwinkligen *xy*-Koordinatensystem auftragen. Jedes Wertepaar entspricht dort einem Punkt.

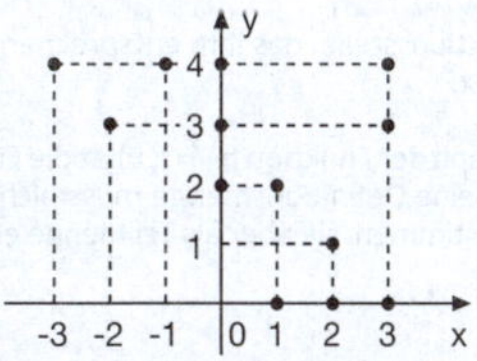

Die „ist kleiner"-Relation in der Menge $M = \{1, 2, 3, 4, 5\}$ ist als eine Relation zwischen M und M aufzufassen. Man kann sie als Pfeildiagramm angeben.

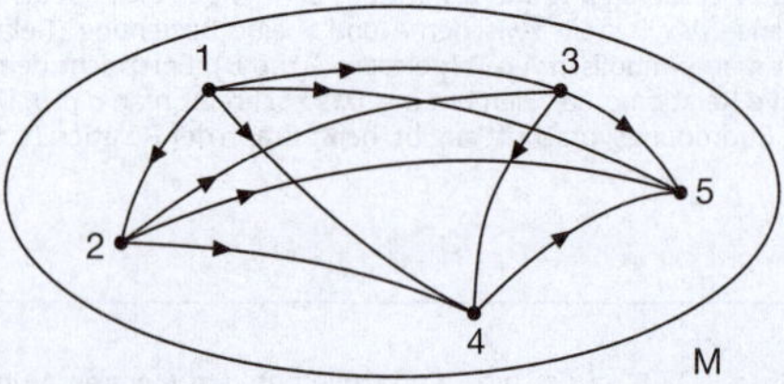

Funktionen

Eine Funktion ist eine Relation f zwischen zwei Mengen D und W, in der jedem Element aus D ein bestimmtes Element aus W zugeordnet ist, symbolisch $f: x \rightarrow f(x), x \in D$ oder auch $y = f(x), x \in D$.

Begriffe:

D heißt Definitionsmenge oder Definitionsbereich und W heißt Wertemenge (oder Wertebereich).

Ein beliebiges Element $x \in D$ heißt Funktionsstelle, das ihm entsprechende $y \in W$ nennt man Funktionswert an der Stelle x.

$G = \{(x, y) \text{ mit } x \in D \wedge y = f(x)\}$ ist der Graph der Funktion f; $y = f(x)$ ist die Funktionsgleichung; $f(x)$ ist der Funktionsterm. Seine Definitionsmenge muss nicht mit der Definitionsmenge der Funktion übereinstimmen, sie aber als Teilmenge enthalten.

Beispiele:

Ordnet man jeder natürlichen Zahl (ohne 0) ihr Quadrat eindeutig zu, so entsteht zwischen N* und M = { 1 , 4 , 9 , ... } eine Funktion. Ähnlich wie bei Relationen lassen sich auch die Funktionen in verschiedenen Darstellungsformen angeben:

Funktionsgleichung: $y = x^2$, $x \in N^*$

Wertetabelle:

x	1	2	3	4	...
y	1	4	9	16	...

Koordinatensystem:

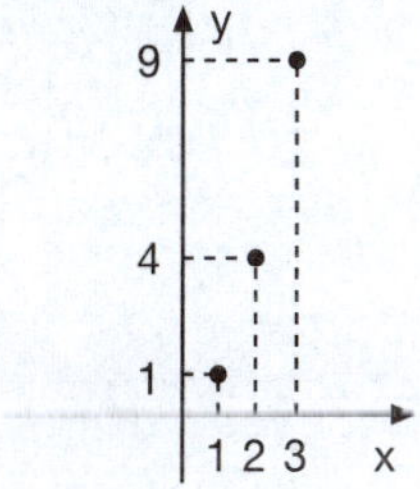

Pfeildiagramm:

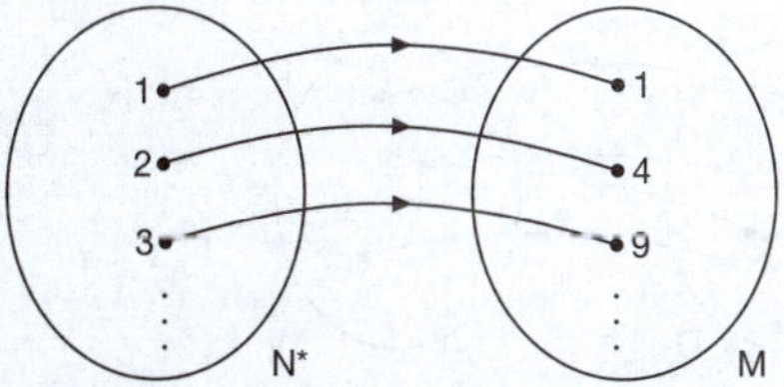

Der Graph G = { (1 ; 1) , (2 ; 3) , (3 ; 5) , (4 ; 3) } definiert zwischen D = { 1 , 2 , 3 , 4 } und W = { 1 , 3 , 5 } eine Funktion:

Funktionsgleichung:

$$y = \begin{cases} 2x - 1, & x \in \{1, 2, 3\} \\ 3, & x = 4 \end{cases}$$

Wertetabelle:

x	1	2	3	4
y	1	3	5	3

Koordinatensystem:

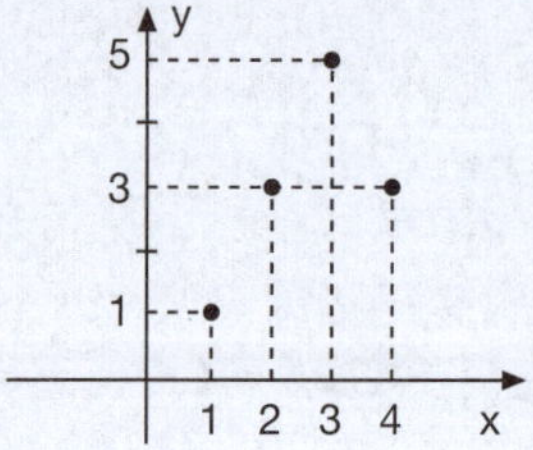

Pfeildiagramm:

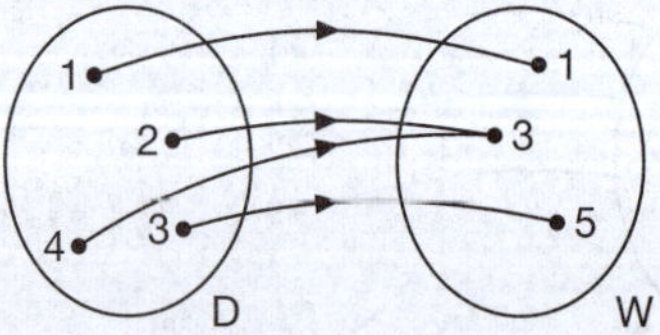

Empirische Funktionen

Die Umwelt liefert uns unzählige Beispiele von eindeutigen Zuordnungen zwischen Elementen zweier Mengen. Diese Zusammenhänge werden durch Beobachtungen und Messungen erkannt. Handelt es sich dabei um Beispiele aus den Naturwissenschaften, der Technik oder der Wirtschaft, so sind es meistens Funktionen zwischen benannten Maßzahlen (Größen).
Diese Funktionen heißen Erfahrungsfunktionen oder empirische Funktionen. Sie werden hauptsächlich durch Wertetafeln oder Schaubilder (Diagramme) festgehalten. Die Graphen dieser Funktionen können aus einzelnen Punkten oder aus zumindest stückweise zusammenhängenden Linien bestehen.

Beispiele:

1. Mittlere Lufttemperatur, gemessen in 3000 m über dem Meer:

Jan	Feb	Mär	Apr	Mai	Jun
−11,2	−11	−9,9	−7,2	−4,8	−0,9

Jul	Aug	Sep	Okt	Nov	Dez
1,8	1,6	−0,2	−3,8	−7,2	−9,9

Der Graph dieser Funktion besteht aus einzelnen Punkten. Verbindet man diese Punkte zu einem Streckenzug, so dient dies nur der Veranschaulichung des Trends, die Verbindungsstrecken gehören aber nicht zum Graphen.

2. Von 100 unter bestimmten Gesichtspunkten ausgewählten Versuchspersonen wurden die Körpergrößen gemessen.

Es ergab sich folgende Verteilung (x = Körpergröße in cm, y = absolute Häufigkeit):

x	<173	173	174	175	176	177	178	179	>179
y	2	10	21	25	22	9	6	4	1

3. Nachfrage eines Industrieprodukts, in Tonnen:

Halbjahr	1	2	3	4	5	6	7	8	9
Tonnen	5,0	7,5	12,5	15,0	7,5	5,0	5,0	10,0	12,5

Der Graph dieser Funktion besteht aus einzelnen Punkten.

4. Die Mengen von Messwertpaaren aus naturwissenschaftlichen Versuchen sind empirische Funktionen. Beispielsweise ist die Stromstärke *I* im einfachen Stromkreis eine empirische Funktion der Spannung *U*.

U	0	4,0	8,0	12,0	16,0	20,0	V
I = g(*U*)	0	0,24	0,39	0,65	0,76	1,05	A

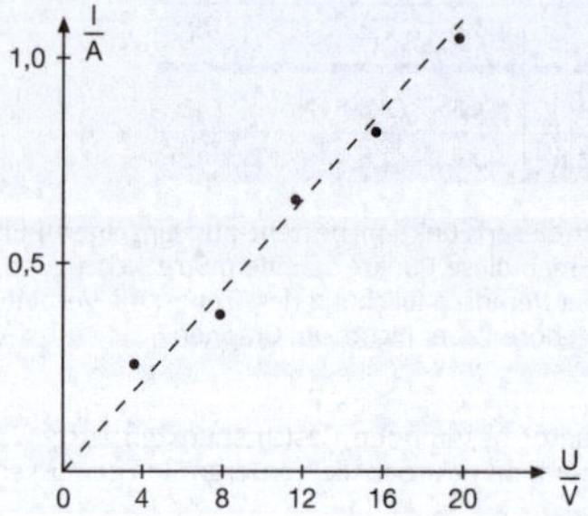

Berücksichtigt man, dass diese Funktion aus einer endlichen Zahl von messfehlerbehafteten Messungen entstanden ist, so zeigt doch immerhin die Tendenz der Punktfolge, dass es sich hier um eine Näherungsfunktion einer weiteren unbekannten, aber wirklich existierenden Funktion *f* handeln könnte.

Der Graph von g ist durch Punkte, der Graph von *f* durch eine gestrichelte Linie dargestellt. Aus dem vermutlich geradlinig verlaufenden Graph der Funktion *f* lässt sich schließen, dass die Größen Spannung und Strom in diesem Fall proportional sind.

Injektive, surjektive und bijektive Funktionen

Funktionen lassen sich nach verschiedenen Merkmalen einteilen. Die folgende Einteilung ist die wichtigste.

Unter einer injektiven Funktion versteht man eine Funktion, bei der jedes Element der Zielmenge höchstens einem Element der Definitionsmenge zugeordnet ist.

Beispiele:

Allgemeines Pfeildiagramm:

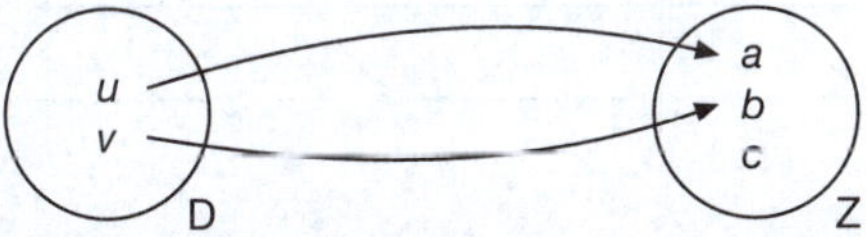

Injektive Funktion, gegeben durch einen Graph:

Definitionsmenge: $D = R^+$
Wertemenge: $W = R_0^+$
Zielmenge: $Z = R$

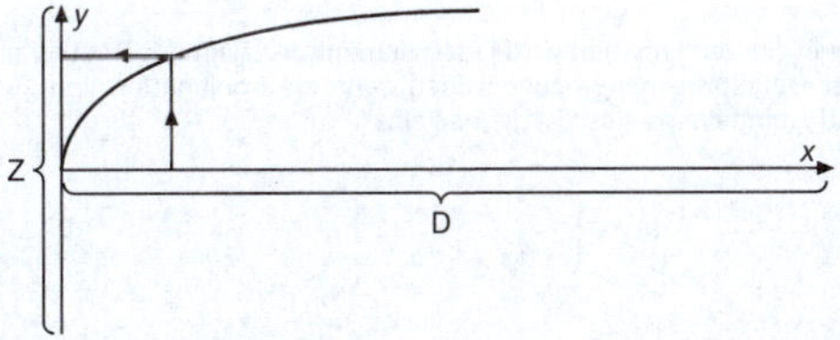

Unter einer surjektiven Funktion versteht man eine Funktion, bei der jedes Element der Zielmenge mindestens einem Element der Definitionsmenge zugeordnet ist.

Beispiel:

Surjektive Funktion, gegeben durch ihren Graphen:

D = R, Zielmenge = Wertemenge: W = [−1 ; 1]

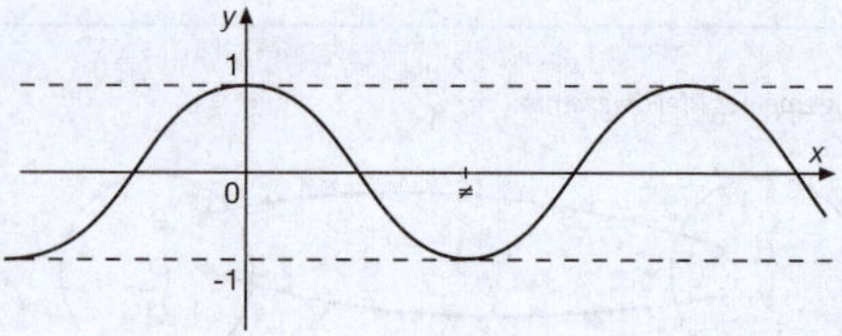

Unter einer bijektiven Funktion versteht man eine Funktion, die sowohl injektiv als auch surjektiv ist.

Bei einer bijektiven Funktion wird jedes Element der Zielmenge genau einem Element der Definitionsmenge zugeordnet, denn die Konjunktion von „höchstens eins" und „mindestens eins" ist „genau eins".

4. Funktionen

Beispiel:

Die Funktion $f: x \to \frac{1}{2}x + 1$, $x \in R$ ist bijektiv, wie man aus dem Graphen erkennen kann.

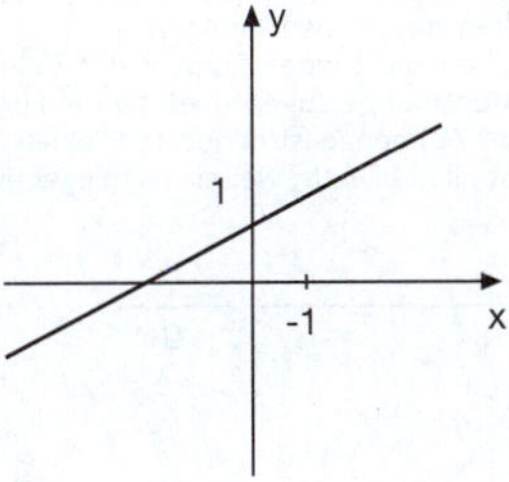

Aus den Graphen einer Funktion lässt sich leicht erkennen, ob die betreffende Funktion injektiv, surjektiv oder bijektiv ist. Als Erkennungshilfsmittel dient eine Geradenschar $g_a: x \to a$, $x \in R$, wobei a eine reelle Konstante ist. Alle Geraden liegen parallel zur x-Achse.

Bei diesem Graphen ist die Definitionsmenge R und die Zielmenge R. Aus der Geradenschar sind die Geraden g_3, g_2 und g_{-1} abgebildet. Da beispielsweise g_3 den Graphen von f nicht schneidet, ist f keine surjektive Funktion, weil nicht jedes Element der Zielmenge mindestens einem Element der Definitionsmenge zugeordnet ist.

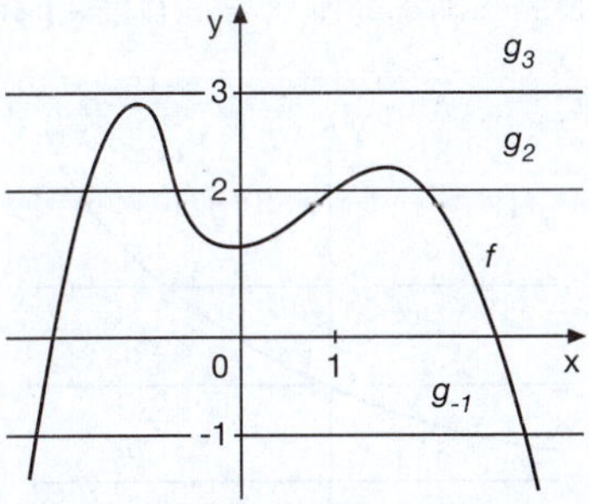

Weil sowohl g_2 als auch g_{-1} den Graphen von *f* in mehr als einem Punkt schneiden, ist die Funktion *f* auch nicht injektiv, denn nicht jedes Element der Zielmenge ist höchstens einem Element der Definitionsmenge zugeordnet. Da *f* weder injektiv noch surjektiv ist, ist die Funktion auch nicht bijektiv.

Hier handelt es sich um den Graph einer Funktion *f* mit der Definitionsmenge $R \setminus \{0\}$, deren Zielmenge mit R^+ festgelegt werden soll. Außer dem Graphen von *f* sind die Geraden g_1 und g_3 der Schar $g_a : x \to a$, $x \in R$ mit $a \in R^+$ eingezeichnet. Jede Gerade aus der Schar g_a schneidet den Graphen von *f* in zwei Punkten.
Daraus folgt, dass *f* nicht injektiv ist, weil nicht jedes Element der Zielmenge R^+ höchstens einem Element der Definitionsmenge zugeordnet ist. Die Funktion ist aber surjektiv, denn jedes Element der Zielmenge ist mindestens einem Element der Definitionsmenge zugeordnet; *f* ist nicht bijektiv, weil sie nicht injektiv ist.

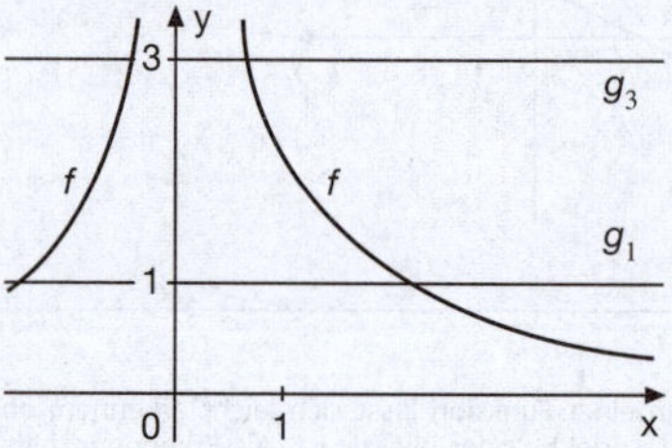

Der unten abgebildete Graph gehört zu einer Funktion *f* mit der Definitionsmenge R und der Zielmenge R_0^+. g_0, g_1 und g_2 sind drei Geraden aus der Schar $g_a : x \to a$, $x \in R$ mit $a \in R_0^+$.
Die Gerade g_0 schneidet den Graph von *f* nicht, also ist *f* nicht surjektiv, denn es gibt ein Element in der Zielmenge, nämlich $y = 0$, das nicht mindestens einem Element der Definitionsmenge zugeordnet ist. Jede Gerade der Schar g_a schneidet den Graph von *f* höchstens in einem Punkt, also ist *f* injektiv. Die Funktion ist nicht bijektiv.

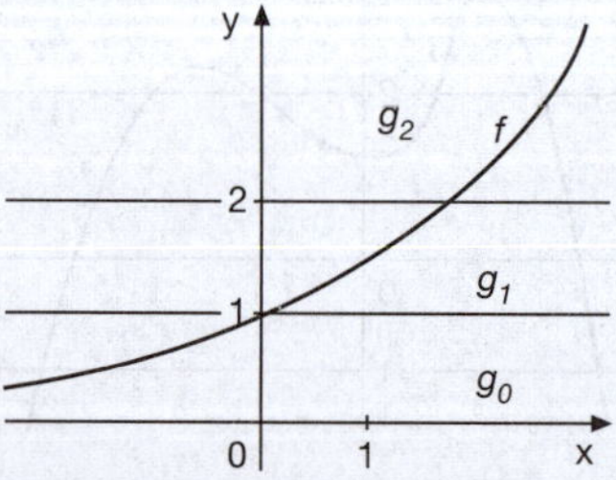

Die Funktion f hat die Definitionsmenge R und die Zielmenge R. Jede Gerade der Schar $g_a : x \to a$, $x \in R$ mit $a \in R$ schneidet den Graph von f in genau einem Punkt. Die Funktion f ist injektiv, da jedes Element der Zielmenge R höchstens einem Element der Definitionsmenge R zugeordnet ist. Da f sowohl injektiv als auch surjektiv ist, handelt es sich um eine bijektive Funktion.

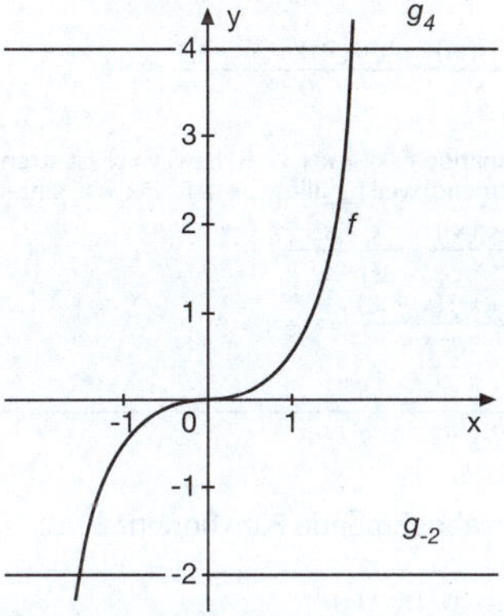

4.2 Monotone Funktionen

Streng monoton zunehmende Funktionen

> Eine in D definierte Funktion f ist dort streng monoton zunehmend, wenn für alle $x_1, x_2 \in D \wedge x_1 > x_2 \Rightarrow f(x_1) > f(x_2)$

Folgende Regel, die sich aus der Definition herleiten lässt, ist für die praktische Untersuchung von Funktionen auf ihr Monotonieverhalten nützlich:
Eine Funktion f ist genau dann in D streng monoton zunehmend, wenn für beliebige $x_1, x_2 \in D \wedge x_1 \neq x_2 \Rightarrow \dfrac{f(x_1) - f(x_2)}{x_1 - x_2} > 0$

Beispiele:

1. Die Funktion $f : x \rightarrow 3x + 1$, $x \in R$ bzw. $y = 3x + 1$ ist streng monoton zunehmend, weil für alle $x_1, x_2 \in R \wedge x_1$ ungleich x_2 gilt:

$$\frac{f(x_1) - f(x_2)}{x_1 - x_2} = \frac{(3x_1 + 1) - (3x_2 + 1)}{x_1 - x_2} = 3 > 0$$

2. Die Funktion $f : x \rightarrow x^2$, $x \in R^+$ bzw. $y = x^2$ ist streng monoton zunehmend, weil für alle $x_1, x_2 \in R^+ \wedge x_1 \neq x_2$ gilt:

$$\frac{f(x_1) - f(x_2)}{x_1 - x_2} = \frac{x_1^2 - x_2^2}{x_1 - x_2} =$$

$$= \frac{(x_1 + x_2)(x_1 - x_2)}{x_1 - x_2} = x_1 + x_2 > 0$$

Streng monoton abnehmende Funktionen

Eine in D definierte Funktion f ist dort streng monoton abnehmend, wenn für alle $x_1, x_2 \in D \wedge x_1 < x_2 \Rightarrow f(x_1) > f(x_2)$

Folgende Regel, die sich aus der Definition herleiten lässt, ist für die praktische Untersuchung von Funktionen auf ihr Monotonieverhalten nützlich:
Eine Funktion f ist genau dann in D streng monoton abnehmend, wenn für beliebige $x_1, x_2 \in D \wedge x_1 \neq x_2 \Rightarrow \frac{f(x_1) - f(x_2)}{x_1 - x_2} < 0$

Beispiele:

1. Die Funktion $f : x \rightarrow -2x + 3$, $x \in R$ bzw. $y = -2x + 3$ ist streng monoton abnehmend, weil für alle $x_1, x_2 \in R \wedge x_1$ ungleich x_2 gilt:

$$\frac{f(x_1) - f(x_2)}{x_1 - x_2} = \frac{(-2x_1 + 3) - (-2x_2 + 3)}{x_1 - x_2} = -2 < 0$$

2. Die Funktion $f: x \to x^2$, $x \in \mathbb{R}^-$ ist streng monoton abnehmend, weil für alle $x_1, x_2 \in \mathbb{R}^- \wedge x_1 \neq x_2$ gilt:

$$\frac{f(x_1) - f(x_2)}{x_1 - x_2} = \frac{x_1^2 - x_2^2}{x_1 - x_2} = \frac{(x_1 + x_2)(x_1 - x_2)}{x_1 - x_2} = x_1 + x_2 < 0$$

Beschränkte Funktionen

Eine in D definierte Funktion ist dort beschränkt, wenn es zwei Zahlen $s, S \in \mathbb{R}$ gibt, sodass für alle $x \in D \Rightarrow s \leq f(x) \leq S$.

s nennt man eine untere Schranke und S eine obere Schranke. Die Schranken einer beschränkten Funktion sind nicht eindeutig festgelegt, denn jede Zahl, die kleiner als s ist, ist auch eine untere Schranke, und jede Zahl, die größer als S ist, ist auch eine obere Schranke.

Jede Funktion ist auf jeder endlichen Teilmenge ihrer Definitionsmenge beschränkt, denn unter den endlich vielen Funktionswerten gibt es einen kleinsten und einen größten, die man als Schranken der Funktion ansehen kann.

Beispiele:

1. $f: x \to 3x - 5$, $x \in [-2; 4]$ ist beschränkt.
   $s = f(-2) = -6 - 5 = -11$, $S = f(4) = 3 \cdot 4 - 5 = 7$

2. $f: x \to \frac{1}{x^2 + 1}$, $x \in \mathbb{R}$

   Die Schranken findet man durch folgenden Ansatz von Doppelungleichungen:

   $0 \leq 1 \leq x^2 + 1 \Rightarrow 0 \leq \frac{1}{x^2 + 1} \leq 1.$

   Also sind die Schranken $s = 0$ und $S = 1$.

4.3 Operationen mit Funktionen

Gegeben sind die Funktionen $f_1 : x \to f_1(x)$, $x \in D_1$ und $f_2 : x \to f_2(x)$, $x \in D_2$. Man kann diese Funktionen addieren, subtrahieren, multiplizieren und dividieren. Bei diesen Operationen entstehen immer wieder neue Funktionen, wobei jeweils der Definitionsbereich der entstehenden Funktionen zur Schnittmenge der einzelnen gegebenen Funktionen eingeschränkt wird. Bei der Division sind außerdem die Nullstellen der Nennerfunktion nicht mehr im Definitionsbereich der Quotientenfunktion.

Summe: $f_1 + f_2 : x \to f_1(x) + f_2(x),\ x \in D_1 \cap D_2$

Differenz: $f_1 - f_2 : x \to f_1(x) - f_2(x),\ x \in D_1 \cap D_2$

Produkt: $f_1 \cdot f_2 : x \to f_1(x) \cdot f_2(x),\ x \in D_1 \cap D_2$

Quotient: $\frac{f_1}{f_2} : x \to \frac{f_1(x)}{f_2(x)},\ x \in (D_1 \cap D_2) \setminus \{x \text{ mit } f_2(x) = 0\}$

4. Funktionen

Beispiele:

$f_1 : x \to 2x,\ x \in R$ und $f_2 : x \to x^2 - 1,\ x \in R$ sind gegeben. Dann lassen sich folgende neue Funktionen bilden:

1. $f_1 + f_2 : x \to x^2 + 2x + 1,\ x \in R$

2. $f_1 - f_2 : x \to 2x - x^2 + 1,\ x \in R$

3. $f_1 \cdot f_2 : x \to 2x^3 - 2x,\ x \in R$

4. $\frac{f_1}{f_2} : x \to \frac{2x}{x^2 - 1},\ x \in R \setminus \{-1, 1\}$

Mithilfe der genannten Operationen lässt sich aus den konstanten Funktionen $f_k : x \to k,\ x \in R$, deren Graphen parallel zur x-Achse sind, und der identischen Funktion $f : x \to x,\ x \in R$, deren Graph die erste Winkelhalbierende des Koordinatensystems ist, eine Klasse von Funktionen bilden, die man rationale Funktionen nennt.

Beispiele:

Gegeben sind $f_1 : x \to 1$, $x \in R$ und $f_2 : x \to x$, $x \in R$ mit ihren Graphen. Mithilfe von Addition, Subtraktion, Multiplikation und Division lässt sich zunächst die erste Generation neuer Funktionen bilden. Durch weitere Operationen der genannten Art kann man dann beliebig viele Funktionen mit jeweils verschiedenen Funktionstermen erzeugen.

1. $f_1 : x \to 1, x \in R$

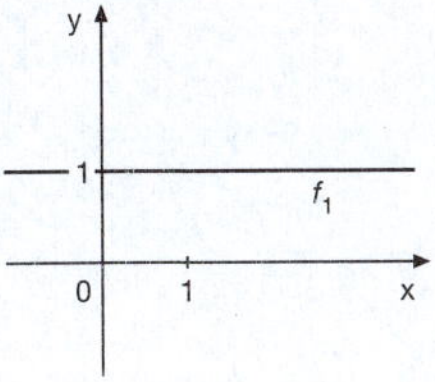

2. $f_2 : x \to x, x \in R$

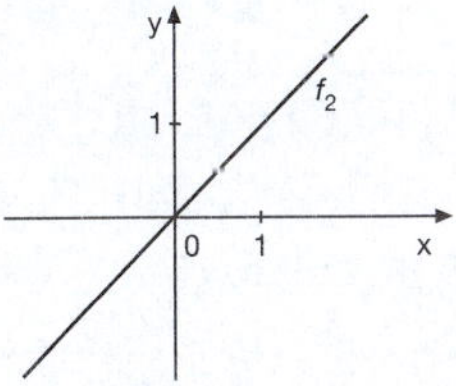

3. $f_1 + f_2 : x \to 1 + x, x \in R$

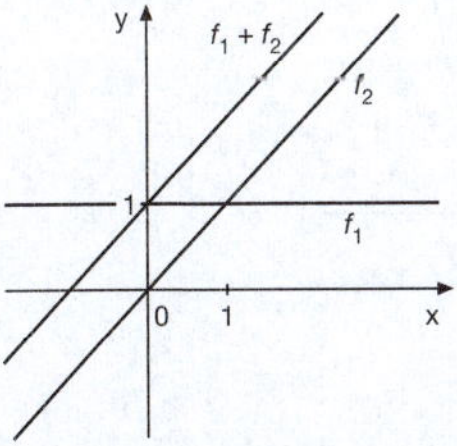

4. $f_1 - f_2 : x \rightarrow 1 - x, x \in R$

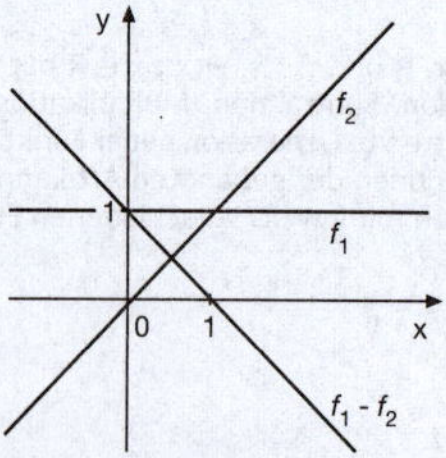

5. $f_2 \cdot f_2 : x \rightarrow x^2, x \in R$

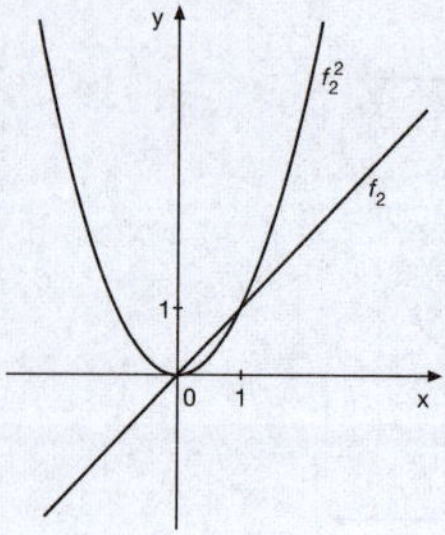

6. $f_2^2 - f_1 : x \rightarrow x^2 - 1, x \in R$

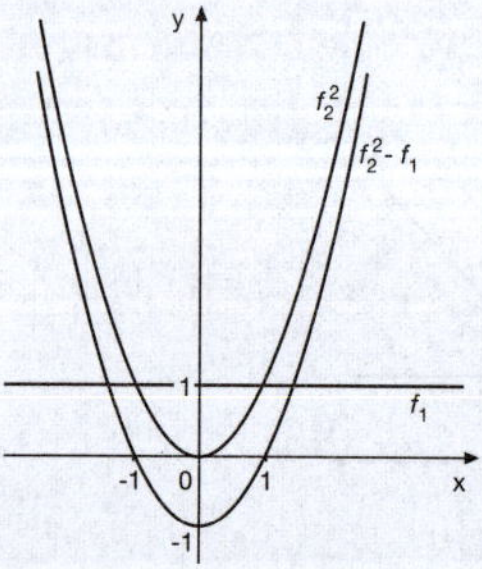

Weitere Operationen führen beispielsweise auf die Funktionen

$f_2^2 \cdot f_2 : x \rightarrow x^3 , x \in R$

$f_2^3 + f_1 : x \rightarrow x^3 + 1 , x \in R$

$\frac{f_2 - f_1}{f_2^3 + f_1} : x \rightarrow \frac{x-1}{x^3+1} , x \in R \setminus \{-1\}$

4.4 Inverse Funktionen

Verkettung von Funktionen

Gegeben sind $f_1 : x \rightarrow f_1(x)$, $x \in D_1$ und $f_2 : x \rightarrow f_2(x)$, $x \in D_2$. Das Bild von D_1 bei f_1 wird mit $f_1(D_1)$ bezeichnet.

Ist $f_1(D_1) \subset D_2$, so lässt sich $f_2 \circ f_1 : x \rightarrow f_2(f_1(x))$, $x \in D_1$ als sogenannte verkettete Funktion definieren (gelesen: f_2 verkettet mit f_1).

f_2 nennt man die äußere Funktion, f_1 nennt man die innere Funktion. Die Verkettung wird praktisch so durchgeführt, dass man jede Variable im Funktionsterm der äußeren Funktion durch den Term der inneren Funktion ersetzt.

Beispiele:

1. $f_1 : x \rightarrow 2x - 1 , x \in R$,
   $f_2 : x \rightarrow x^2 , x \in R$
2. $f_2 \circ f_1 : x \rightarrow (2x - 1)^2 , x \in R$

3. $f_1 \circ f_2 : x \to 2x^2 - 1, x \in R$

4. $f_1 : x \to x - 2, x \in [2; +\infty[$,
$f_2 : x \to \sqrt{x}, x \in R_0^+$

5. $f_2 \circ f_1 : x \to \sqrt{x-2}, x \in [2; +\infty[$

6. $f_1 \circ f_2 : x \to \sqrt{x} - 2, x \in R_0^+$

7. Die Funktion $f : x \to \sqrt[4]{x^2 + 1}, x \in R$ ist durch Verkettung von $f_2 : x \to \sqrt[4]{x^2}, x \in R^+$ und $f_1 : x \to x^2 + 1, x \in R$ entstanden, es gilt $f = f_2 \circ f_1$.

8. $f : x \to (3x+1)^3 + 2(3x+1)^2 + 4(3x+1), x \in R$

9. $f_1 : x \to 3x + 1, x \in R$

10. $f_2 : x \to x^3 + 2x^2 - 4x, x \in R$,
$f = f_2 \circ f_1$

Umkehrfunktionen

Gegeben ist die Funktion $f : x \to f(x), x \in D$. Existiert eine Funktion $f^* : x \to f^*(x), x \in f(D)$, sodass $f^*(f(x)) = x$ für alle $x \in D$, so nennt man f^* die Umkehrfunktion oder inverse Funktion von f.

Die Umkehrfunktionen bezeichnet man oft auch mit f^{-1}. Ist f eine bijektive Funktion, so hat sie eine Umkehrfunktion. Bijektive Funktionen heißen daher auch umkehrbare Funktionen.

Die Umkehrfunktion einer Funktion f findet man, indem man die Funktionsgleichung $y = f(x)$ nach x auflöst und daraufhin die Variablen x und y vertauscht. Ebenso kann man auch zuerst die Variablen tauschen und dann nach y auflösen.

Beispiele:

1. $f: x \to \frac{1}{2}x + \frac{1}{3}, x \in R,$

$y = \frac{1}{2}x + \frac{1}{3}$

$\frac{1}{2}x = y - \frac{1}{3} \Leftrightarrow x = 2y - \frac{2}{3}$ (nach x aufgelöst)

$y = 2x - \frac{2}{3}$ (x mit y vertauscht)

$f^*: x \to 2x - \frac{2}{3}, x \in R$

2. $f: x \to 3x - 1, x \in R$ und

$f^*: x \to \frac{1}{3}(x+1), x \in R$ sind Umkehrfunktionen, weil

$f^*(f(x)) = \frac{1}{3} \cdot [(3x-1)+1] = x$ für alle $x \in R$.

3. Die Funktion $f: x \to x^2, x \in R_0^+$ ist bijektiv und sie hat die Umkehrfunktion $f^*: x \to \sqrt{x}, x \in R_0^+$

4.5 Lineare Funktionen

Definition und Graph

Funktionen der Art $f: x \to mx + t, x \in D \subset R$, wobei m und t reelle Konstanten sind, heißen lineare Funktionen.

Wenn D = R ist, schreibt man oft nur die Funktionsgleichung $y = m\,x + t$. Jede lineare Funktion mit $m \neq 0$, D = R und Z = R ist bijektiv, also umkehrbar. DerGraph der linearen Funktion mit D = R ist eine Gerade.

Beispiele:

1. $f(x) = 2x$

x	−1	0	2
y	−2	0	4

$f(x) = -1{,}5x$

x	−1	0	2
y	1,5	0	3

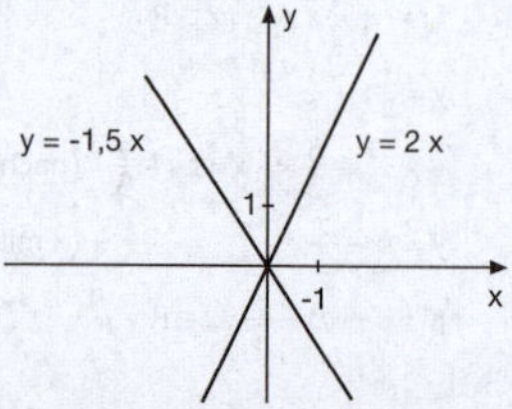

Die zu den beiden Funktionen gehörenden Graphen verlaufen durch den Ursprung des Koordinatensystems, die Konstante t hat den Wert 0.

2. $f(x) = -0{,}5x + 1$

x	−1	0	3
y	1,5	1	0,5

$f(x) = 3x - 1{,}5$

x	−1	0	1
y	−4,5	−1,5	1,5

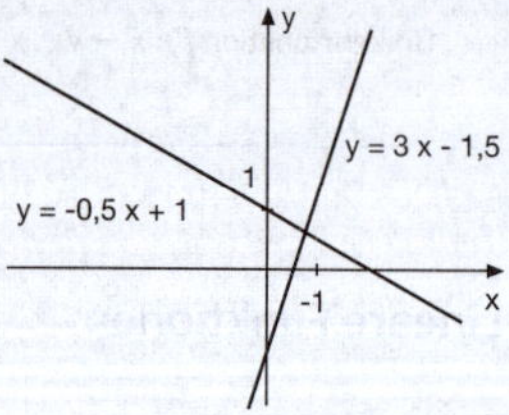

Die Konstante t = 1 bzw. t = −1,5 gibt an, an welcher Stelle die Geraden die y-Achse schneiden (y-Achsenabschnitt). Eine andere Deutung der Konstanten t ist: Die Ursprungsgeraden mit den Gleichungen $f(x) = -0{,}5x$ bzw. $f(x) = 3x$ wurden um 1 Einheit parallel nach oben bzw. um 1,5 Einheiten parallel nach unten verschoben.

Steigungsdreieck

Jeder linearen Funktion kann man ein rechtwinkliges Steigungsdreieck ABC zuordnen. Jeder linearen Funktion kann man rechtwinklige Steigungsdreiecke (A, B, C) zuordnen.
Wir wählen hier die Koordinaten: A(0 ; t) , B(1 ; t) , C(1 ; m+t). *m* ist der Steigungsfaktor.
Den positiv orientierten Winkel α, der von der *x*-Achse und der Geraden gebildet wird, nennt man Steigungswinkel. Zwischen dem Steigungsfaktor *m* und dem Steigungswinkel α besteht die trigonometrische Beziehung $m = \tan\alpha$. Mithilfe dieses Steigungsdreiecks lässt sich der Graph der linearen Funktion schneller zeichnen als über die Wertetabelle.

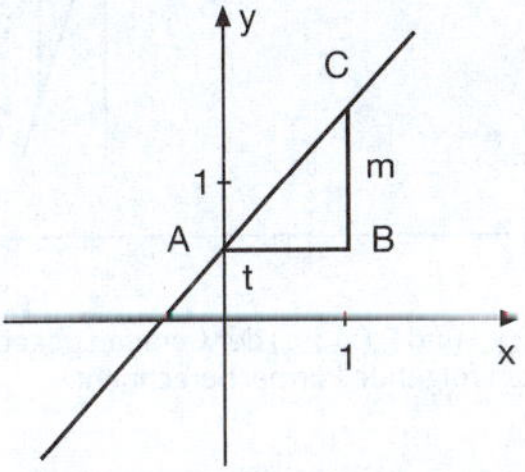

Beispiele:

1. $f: x \to 2x - 1, x \in R$
$m = 2, t = -1$

Zuerst trägt man den Punkt A ein, dann konstruiert man das Steigungsdreieck. Die Hypotenuse des Steigungsdreiecks ist bereits ein Stück der gesuchten Geraden.

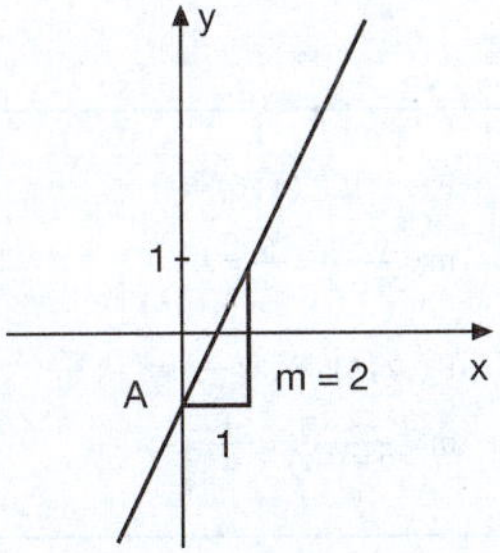

2. $f: x \to 1 - 3x\ ,\ x \in R$

$m = -3\ ,\ t = 1$

Nachdem hier der Steigungsfaktor negativ ist, wird das Steigungsdreieck vom y-Achsenabschnitt aus nach unten konstruiert. Die Gerade verläuft dann von links oben nach rechts unten.

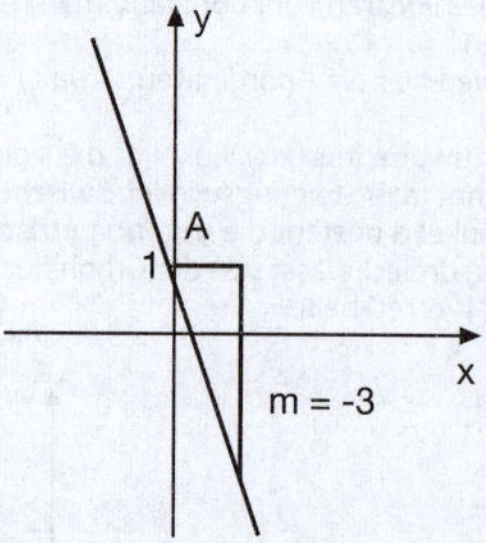

Sind zwei Punkte $P_1(x_1\,;\,y_1)$ und $P_2(x_2\,;\,y_2)$ der Geraden gegeben, dann lässt sich der Steigungsfaktor m durch folgende Formel berechnen:

Steigungsfaktor:

$$m = \frac{y_2 - y_1}{x_2 - x_1}$$

Beispiele:

1. $P_1(2\,;\,1)\,,\,P_2(4\,;\,6) \Rightarrow$

$$m = \frac{6-1}{4-2} = \frac{5}{2} = 2{,}5$$

2. $P_1(-2\,;\,5)\,,\,P_2(2\,;\,-3) \Rightarrow$

$$m = \frac{-3-5}{2-(-2)} = \frac{-8}{4} = -2$$

Aufstellen von Funktionsgleichungen

Nachdem der Graph einer linearen Funktion bereits durch zwei Punkte festgelegt ist, lässt sich auch aus den Koordinaten der gegebenen Punkte die zugehörige Funktionsgleichung finden. Man bestimmt zunächst den Steigungsfaktor *m* gemäß den genannten Beispielen.

Durch Einsetzen der Koordinaten von einem der gegebenen Punkte und Einsetzen der berechneten Steigung *m* in die Funktionsgleichung $y = mx + t$ lässt sich die Konstante *t* bestimmen. Nachdem *m* und *t* berechnet worden sind, ist auch die Funktionsgleichung festgelegt.

Beispiele:

1. $P_1(-3; 1)$, $P_2(2; 5)$,
$y = mx + t$

Berechnung von *m*: $m = \frac{5-1}{2-(-3)} = \frac{4}{5} = 0{,}8$

Berechnung von *t*: $5 = 0{,}8 \cdot 2 + t \Leftrightarrow 5 = 1{,}6 + t \Leftrightarrow$
$t = 3{,}4$

Funktionsgleichung: $f(x) = 0{,}8x + 3{,}4$

2. $P_1(4{,}5; 0)$, $P_2(1; 3{,}5)$,
$y = mx + t$

Berechnung von *m*: $m = \frac{3{,}5-0}{1-4{,}5} = \frac{3{,}5}{-3{,}5} = -1$

Berechnung von *t*: $0 = -1 \cdot 4{,}5 + t \Leftrightarrow t = 4{,}5$

Funktionsgleichung: $f(x) = -x + 4{,}5$

Umkehrfunktionen

Die lineare Funktion $f: x \to mx + t$, $x \in R$ ist umkehrbar, wenn $m \neq 0$ ist.
Die Umkehrfunktion ist wieder eine lineare Funktion.

Beispiele:

1. $f: x \rightarrow -3x + 1, x \in R$

   $y = -3x + 1$

   $x = \frac{1}{3} - \frac{1}{3}y,$

   $y = -\frac{1}{3}x + \frac{1}{3}$

2. $f^*: x \rightarrow -\frac{1}{3}x + \frac{1}{3}, x \in R$

   $f: x \rightarrow 1, x \in R$ bzw. $y = 1$

   Diese Funktion ist wegen $m = 0$ nicht umkehrbar, die Gleichung $y = 1$ kann nicht nach x aufgelöst werden.

4.6 Quadratische Funktionen

Definition

Eine Funktion der Form

$f: ax^2 + bx + c, x \in D \subset R, a, b, c, \in R$ und $a \neq 0$

heißt quadratische Funktion.

Ist der Definitionsbereich D = R, so gibt man nur die Funktionsgleichung der quadratischen Funktion an: $y = ax^2 + bx + c$.
Ist D = R, so ist die quadratische Funktion nicht umkehrbar.

Der Graph einer quadratischen Funktion ist eine Parabel. Um diese zeichnen zu können, ist es vorteilhaft, wenn man die Koordinaten des Scheitels ermittelt.

Sonderfälle:

$f: x \to x^2, x \in \mathbb{R}, y = x^2$

Der Graph der Funktion ist die Normalparabel. An der Stelle $x = 0$ erreicht diese Funktion ihren kleinsten Wert.

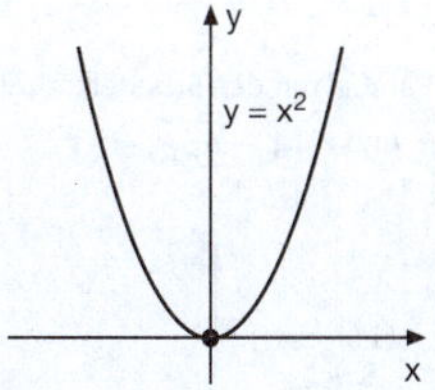

$f: x \to -x^2, x \in \mathbb{R}, y = -x^2$
Der Graph ist die an der x-Achse gespiegelte Normalparabel.

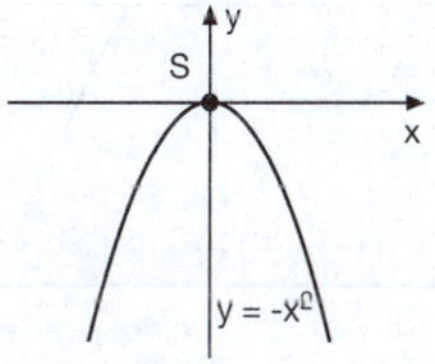

$f: x \to x^2 + c, x \in \mathbb{R}, y = x^2 + c$
Der Graph ist die um c in y-Richtung verschobene Normalparabel.

$f: x \to -x^2 + c, x \in \mathbb{R}, y = -x^2 + c$
Der Graph ist die um c in y-Richtung verschobene und um die x-Achse gespiegelte Normalparabel.

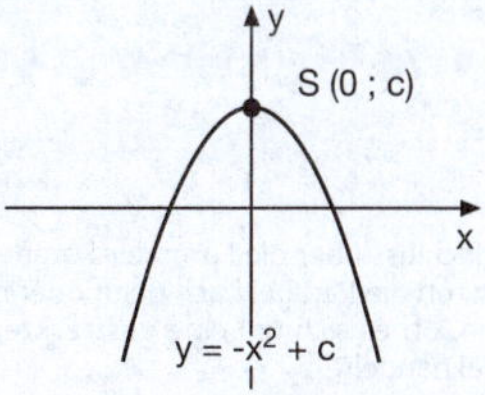

$f: x \rightarrow ax^2 + c\,,\, x \in R,$

$y = ax^2 + c$

Der Graph ist eine Parabel mit dem Scheitel $S(0\,;c)$.

$f: x \rightarrow ax^2 + bx + c\,,\, x \in R,$

$y = ax^2 + bx + c$

Der Graph ist eine Parabel mit den Scheitelkoordinaten x_s und y_s,
wobei gilt: $x_S = -\dfrac{b}{2a}$ und $y_S = c - \dfrac{b^2}{4a}$.

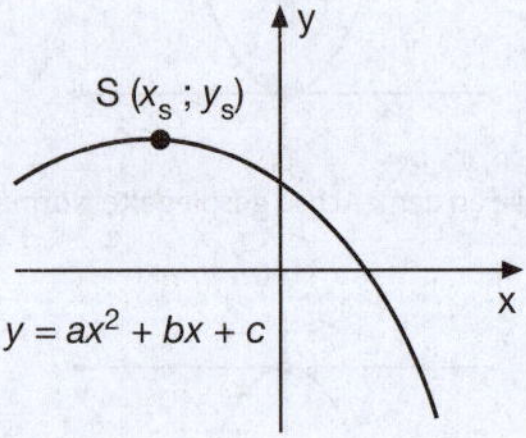

Führt man auf der rechten Seite der Gleichung $y = ax^2 + bx + c$ eine quadratische Ergänzung durch, so erhält man die Scheitelgleichung der Parabel, aus der sich die Koordinaten des Scheitels unmittelbar ablesen lassen.

Scheitelgleichung:

$$f(x) = a\,(x - x_s)^2 + y_s$$

Die Konstante *a* gibt Aufschluss über die Form der Parabel und ihre Öffnung. Das Vorzeichen von *a* gibt an, ob die Parabel nach oben oder nach unten geöffnet ist. Der Betrag von *a* gibt an, ob es sich um eine gestreckte, gestauchte oder nicht verformte Normalparabel handelt.

Beispiele:

1. $f(x) = x^2 - 4x + 3 \Leftrightarrow f(x) = x^2 - 4x + 4 - 4 + 3 \Leftrightarrow$
   $f(x) = (x-2)^2 - 1$, $S(2;-1)$

   $a = 1$, also handelt es sich um eine nach oben geöffnete Normalparabel, deren Scheitel auf den Punkt $S(2;-1)$ verschoben wurde.

2. $f(x) = -x^2 - 2x - 1 \Leftrightarrow f(x) = -(x+1)^2$

   Es handelt sich um eine nach unten geöffnete Normalparabel, deren Scheitel auf den Punkt $S(-1;0)$ verschoben wurde.

3. $f(x) = -\frac{1}{2}x^2 - 2x - 1 \Leftrightarrow f(x) = -\frac{1}{2}(x^2 + 4x + 2) \Leftrightarrow$
   $f(x) = -\frac{1}{2}[(x+2)^2 - 2] \Leftrightarrow f(x) = -\frac{1}{2}(x+2)^2 + 1$

   Es handelt sich um eine nach unten geöffnete, gestauchte Parabel mit dem Scheitel $S(-2;1)$.

Umkehrung der quadratischen Funktionen

Quadratische Funktionen mit D = R sind nicht bijektiv, also auch nicht umkehrbar. Nur bei geeignet eingeschränktem Definitionsbereich ist es möglich, umkehrbare quadratische Funktionen zu erhalten.

Beispiel:

Gegeben ist die quadratische Funktion $f(x) = x^2 - 4x + 3$, $x \in R$ und die Zielmenge R. Aus der entsprechenden Scheitelgleichung $f(x) = (x-2)^2 - 1$ ergibt sich der Scheitel $S(2;-1)$.

f ist nicht injektiv, da z. B. $0 \in Z$ den Werten $1 \in D$, $3 \in D$ zugeordnet ist. *f* ist nicht surjektiv, da z. B. $-2 \in Z$ keinem Element aus D entspricht. Demnach ist *f* auch nicht bijektiv.

Durch Einschränkung von D und Z und unter Beibehaltung der Zuordnungsvorschrift lässt sich eine bijektive Funktion definieren. Dies kann auf mehrere Arten geschehen, z. B.

$f_1(x) = x^2 - 4x + 3, x \in [2; +\infty[, Z_1 = [-1; +\infty[$

Der Graph dieser Funktion ist der monoton steigende Teil der Parabel. f_1 ist injektiv und surjektiv, also auch bijektiv und hat somit eine Umkehrfunktion f_1^*.
Die Gleichung von f_1^* erhält man aus der Gleichung $y = x^2 - 4x + 3$, indem man diese nach x auflöst:

$x^2 - 4x + (3 - y) = 0 \Leftrightarrow$

$x = \frac{4 \pm \sqrt{16 - 12 + 4y}}{2} \Leftrightarrow$

$x = \frac{4 \pm 2\sqrt{1 + y}}{2} \Leftrightarrow$

$x = 2 \pm \sqrt{1 + y}$

Da $x \geq 2$ sein muss, kommt nur die Lösung $x = 2 + \sqrt{1 + y}$ infrage.

Vertauscht man nun die Variablen x und y, so ergibt sich

$y = 2 + \sqrt{1 + x}$, und man erhält schließlich die Umkehrfunktion

$x \in [-1; \infty[\; f_1^*: x \to 2 + \sqrt{1 + x}$

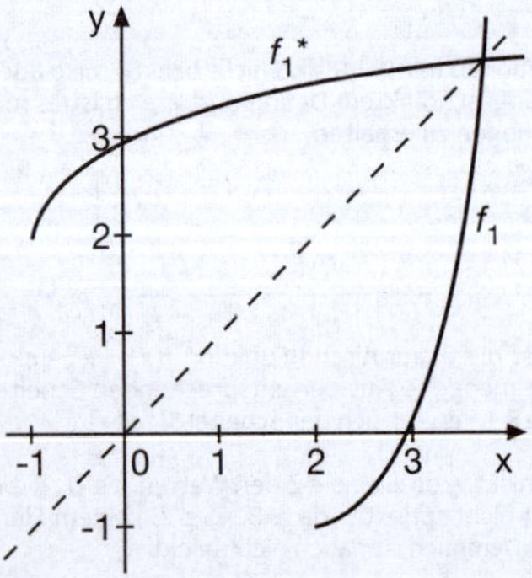

4. Funktionen

Achsenschnittpunkte

Hat die quadratische Gleichung $ax^2 + bx + c = 0$ mit der Definitionsmenge D = R Lösungen, so nennt man diese Lösungen die Nullstellen der quadratischen Funktion *f*. Ist x_1 eine dieser Nullstellen, so ist $N_1(x_1 ; 0)$ ein Schnittpunkt der Parabel mit der *x*-Achse. Der Schnittpunkt der Parabel mit der *y*-Achse ist $M(0 ; f(0))$.

Beispiele:

1. Gegeben ist die Funktion $f: x \rightarrow x^2 - 3x + 2, x \in \mathbb{R}$.

$f(x) = 0 \Leftrightarrow x^2 - 3x + 2 = 0 \Leftrightarrow x = 1 \vee x = 2$

Die Punkte $N_1 (1 ; 0)$, $N_2 (2 ; 0)$ sind die Schnittpunkte der Parabel mit der *x*-Achse.

$f(0) = 2 \Rightarrow M(0 ; 2)$ ist der Schnittpunkt der Parabel mit der *y*-Achse.

2. Gegeben ist die Funktion $f: x \rightarrow -4x^2 + 4x - 1, x \in \mathbb{R}$.

$f(x) = 0 \Rightarrow 4x^2 - 4x + 1 = 0 \Leftrightarrow$
$(2x - 1)^2 = 0 \Leftrightarrow x = \frac{1}{2}$

(doppelte Nullstelle) $\Rightarrow B(\frac{1}{2} ; 0)$ ist ein Berührungspunkt der Parabel mit der *x*-Achse, also ihr Scheitel.

$f(0) = -1 = M(0 ; -1)$ ist der Schnittpunkt der Parabel mit der *y*-Achse.

Schnittpunkte von Graphen

Gegeben sind $f: x \rightarrow f(x), x \in R, g: x \rightarrow g(x), x \in R$.
Die Lösungen der Gleichung $f(x) = g(x)$, $D = R$ sind die x-Koordinaten (Abszissen) der Schnittpunkte der Graphen von f und g.

Ist x_1 eine dieser Lösungen, so ergibt sich der Schnittpunkt $S_1(x_1; f(x_1))$ oder, was dasselbe ist, $S_1(x_1; g(x_1))$, denn $f(x_1) = g(x_1)$.

Beispiele:

1. $f: x \rightarrow 2x - 8, x \in R$ (Graph ist eine Gerade)
$g: x \rightarrow x^2 + 7x - 4, x \in R$ (Graph ist eine Parabel)
$f(x) = g(x) \Rightarrow 2x - 8 = x^2 + 7x - 4 \Leftrightarrow$
$x^2 + 5x + 4 = 0$
$x_1 = -4 \vee x_2 = -1$
$f(-4) = 2 \cdot (-4) - 8 = -16$,
$f(-1) = 2 \cdot (-1) - 8 = -10$
$S_1(-4; -16), S_2(-1; -10)$

2. $f: x \rightarrow 2x^2 - 5x - 7, x \in R$ (Graph ist eine Parabel)
$g: x \rightarrow x^2 - 4x - 1, x \in R$ (Graph ist eine Parabel)
$f(x) = g(x) \Rightarrow 2x^2 - 5x - 7 =$
$= x^2 - 4x - 1 \Leftrightarrow$
$x^2 - x - 6 = 0 \Leftrightarrow x_1 = -2 \vee x_2 = 3$
$g(-2) = (-2)^2 - 4(-2) - 1 = 11$
$g(3) = 3^2 - 4 \cdot 3 - 1 = -4$
$S_1(-2; 11), S_2(3; -4)$

Extremwerte

Ist eine Parabel nach oben geöffnet, dann ist ihr Scheitel ein Tiefpunkt, d. h., die quadratische Funktion nimmt dort ihren kleinsten Wert an.

Ist eine Parabel nach unten geöffnet, dann ist ihr Scheitel ein Hochpunkt, d. h., die quadratische Funktion nimmt dort ihren größten Wert an.

Beispiel:

Bei einer Massenproduktion treten Abfallblechstücke auf. Diese Blechstücke haben die Form von rechtwinkligen Dreiecken mit den Katheten $a = 16$ cm und $b = 12$ cm. Um den Blechabfall zu minimieren, sollen aus den Abfallstücken rechteckige Blechstücke mit möglichst großem Flächeninhalt geschnitten werden.

Für die gesuchte Länge und Breite des Rechtecks setzt man die Variablen x und y. Für den Flächeninhalt des gesuchten Rechtecks gilt dann: $A = x \cdot y$.

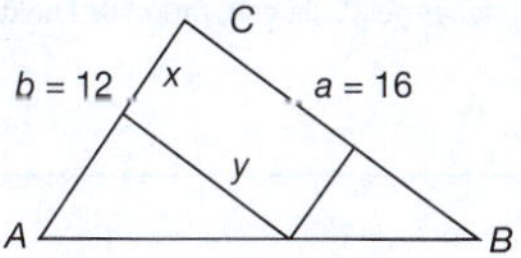

Nach dem Strahlensatz gilt folgende Beziehung zwischen x und y:

$$\frac{16}{y} = \frac{12}{12 - x} \Leftrightarrow y = \frac{4}{3}(12 - x)$$

(Die Einheiten cm sind aus Gründen der Vereinfachung weggelassen.)

Aufstellen der quadratischen Funktion A(x):

$$A = x \cdot y \Rightarrow A(x) = \frac{4}{3}x(12 - x) \Leftrightarrow A(x) = -\frac{4}{3}x^2 + 16x$$

Der Definitionsbereich ist $x \in [0\,;12]$.

Bestimmung des Maximums:

$$A(x) = -\frac{4}{3}x^2 + 16x \Leftrightarrow A(x) = -\frac{4}{3}(x^2 - 12x + 36 - 36)$$

$$A(x) = -\frac{4}{3}[(x - 6)^2 - 36] \Leftrightarrow A(x) = -\frac{4}{3}(x - 6)^2 + 48$$

$S(6\,;48)$

Hat das einbeschriebene Rechteck die Seite $x = 6$ cm, dann hat es den maximalen Flächeninhalt 48 cm².

4.7 Ganzrationale Funktionen

Definition

Unter einer ganzrationalen Funktion versteht man eine Funktion $f: x \rightarrow a_n x^n + a_{n-1} x^{n-1} + \ldots + a_2 x^2 + a_1 x + a_0, x \in \mathbb{R}$, bei der $a_0, a_1, a_2, \ldots, a_n$ reelle Konstanten sind, genannt Koeffizienten, n ist eine natürliche Zahl und heißt Grad und $a_n \neq 0$.

Der Funktionsterm $a_n x^n + a_{n-1} x^{n-1} + \ldots + a_2 x^2 + a_1 x + a_0$ wird Polynom n-ten Grades genannt, daher heißt die ganzrationale Funktion (GRF) auch Polynomfunktion.

Beispiele:

1. $f: x \rightarrow 1, x \in \mathbb{R}$
   (ganzrationale Funktion nullten Grades)

   $f: x \rightarrow 2x - 0{,}5, x \in \mathbb{R}$
   (ganzrationale Funktion ersten Grades, auch lineare Funktion genannt, $a_0 = -0{,}5$, $a_1 = 2$)

2. $f: x \rightarrow x^2 - \sqrt{5}\,x - 2, x \in \mathbb{R}$
   (ganzrationale Funktion 2. Grades, auch quadratische Funktion genannt, $a_0 = -2$, $a_1 = -\sqrt{5}$, $a_2 = 1$)

3. $f: x \rightarrow -x^3 + x^2 + 4x + 1, x \in \mathbb{R}$
   (ganzrationale Funktion 3. Grades, $a_0 = 1$, $a_1 = 4$, $a_2 = 1$, $a_3 = -1$)

usw.

Operationen mit ganzrationalen Funktionen

Ganzrationale Funktionen lassen sich – genau wie die Zahlen – addieren, subtrahieren und multiplizieren. Die Ergebnisse dieser Operationen sind dann wieder ganzrationale Funktionen.

Beispiele:

Addition und Subtraktion

$f: x \to -x^3 + x^2 - 3x + 2 \,,\, x \in R$

$g: x \to \sqrt{2}\, x^2 + 4x + 1 \,,\, x \in R$

$f + g: x \to -x^3 + (1 + \sqrt{2})x^2 + x + 3 \,,\, x \in R$

$f - g: x \to -x^3 + (1 - \sqrt{2})x^2 - 7x + 1 \,,\, x \in R$

Multiplikation

$f: x \to -3x + 1 \,,\, x \in R$

$g: x \to 2x^3 - x^2 + x + 3 \,,\, x \in R$

$f \cdot g: x \to (1 - 3x)(2x^3 - x^2 + x + 3) \,,\, x \in R$

$f \cdot g: x \to -6x^4 + 5x^3 - 4x^2 - 8x + 3 \,,\, x \in R$

Symmetrie

Eine ganzrationale Funktion ist punktsymmetrisch zum Ursprung des Koordinatensystems, wenn im Funktionsterm nur ungerade Hochzahlen vorkommen und kein x-freies Glied existiert.

Eine ganzrationale Funktion ist achsensymmetrisch zur y-Achse, wenn im Funktionsterm nur gerade Hochzahlen vorkommen. Da das x-freie Glied nur die Verschiebung des Graphen in y-Richtung angibt, stört es die Achsensymmetrie nicht.

Beispiele:

1. $f: x \to \frac{1}{2}x^3 - \frac{5}{6}x$, $x \in R$, punktsymmetrisch zum Ursprung

2. $f: x \to 5x^8 - 3x^6 + 4$, $x \in R$, symmetrisch zur *y*-Achse

Nullstellen

Gegeben ist $f: x \to a_n x^n + a_{n-1}x^{n-1} + \ldots + a_2x^2 + a_1x + a_0$, $x \in R$.
Die Lösungen der Gleichung $a_n x^n + a_{n-1}x^{n-1} + \ldots + a_2x^2 + a_1x + a_0 = 0$ mit der Definitionsmenge R nennt man Nullstellen von *f*.

Zum Auffinden dieser Nullstellen gibt es verschiedene Methoden, die von der Art der betreffenden Gleichung abhängen. Die wichtigsten werden in den folgenden Beispielen dargestellt.

Beispiele:

1. $f: x \to x^2 - 6x + 5$, $x \in R$

$x^2 - 6x + 5 = 0$, aus der Lösungsformel für quadratische Gleichungen ergeben sich die einfachen Nullstellen $x_1 = 1 \vee x_2 = 5$.

2. $f: x \to x^4 - 5x^2 + 4$, $x \in R$

$x^4 - 5x^2 + 4 = 0$
Mit der Substitution $x^2 = t$ erhält man die quadratische Gleichung $t^2 - 5t + 4 = 0 \Leftrightarrow t = 1 \vee t = 4$.

Mit der Rücksubstitution $t = \pm\sqrt{x}$ ergeben sich die Lösungen $x_1 = 1 \vee x_2 = -1 \vee x_3 = 2 \vee x_4 = -2$.

Es handelt sich um vier einfache Nullstellen.

3. $f: x \rightarrow x^3 + x^2 + x\,,\, x \in R$

$x^3 + x^2 + x = 0 \Leftrightarrow x\,(x^2 + x + 1) = 0 \Leftrightarrow$
$x_1 = 0$

Die Funktion hat nur die einfache Nullstelle $x = 0$, da der in der Klammer stehende Term nicht Null werden kann.

4. $f: x \rightarrow x^3 - x^2 - 4x + 4\,,\, x \in R$

$x^3 - x^2 - 4x + 4 = 0 \Leftrightarrow$
$x^2(x-1) - 4\,(x-1) = 0 \Leftrightarrow$
$(x^2 - 4)\,(x-1) = 0 \Leftrightarrow (x-2)\,(x+2)\,(x-1) = 0 \Leftrightarrow$
$x_1 = -2 \vee x_2 = 2 \vee x_3 = 1$

Die Funktion *f* hat drei einfache Nullstellen.

5. $f: x \rightarrow (x-3)^3 (x+1)^2\,,\, x \in R$

$(x-3)\,(x-3)\,(x-3)\,(x+1)\,(x+1) = 0$

Die Funktion hat die dreifache Nullstelle $x_1 = 3$ und die zweifache Nullstelle $x_2 = -1$.

Hat eine ganzrationale Funktion dritten oder höheren Grades eine ganzzahlige Nullstelle x_1 , so ist diese ein Teiler des *x*-freien Gliedes a_0. Um diese Nullstelle zu bestimmen, setzt man der Reihe nach die ganzzahligen Teiler von a_0 in den Funktionsterm ein, bis man einen Funktionswert $f(x_1) = 0$ erhält.

Um die weiteren Nullstellen zu finden, teilt man das Polynom $f(x)$ durch den Linearfaktor $(x - x_1)$. Das Ergebnis dieser Division ist ein Polynom $g(x)$, dessen Grad um 1 kleiner ist als der von $f(x)$. Der Rest der Division ist Null.

Die weiteren Nullstellen von *f* sind die Nullstellen von *g*. Ist *g* eine Funktion zweiten Grades, so erhält man seine Nullstellen durch Auflösen der quadratischen Gleichung $g(x) = 0$.

Ist der Grad von *g* größer als zwei, so sucht man seine Nullstellen mit demselben Verfahren, wie anfangs bei *f* geschildert wurde.

Ein ausführliches Beispiel finden Sie im Kapitel 3.6, Seite 102.

4. Funktionen

4.8 Gebrochen rationale Funktionen

Definition

Unter einer gebrochen rationalen Funktion versteht man den Quotienten zweier ganzrationaler Funktionen. Der Definitionsbereich der gebrochen rationalen Funktion ist D = R ohne die Nullstellen des Nennerpolynoms.

Allgemeine Darstellung:

$$f: x \to \frac{a_n x^n + \ldots + a_1 x + a_0}{b_m x^m + \ldots + b_1 x + b_0}$$

Ist $n \geq m$, dann heißt die Funktion unecht gebrochen, ist dagegen $n < m$, dann heißt sie echt gebrochen.

Beispiele:

1. $f(x) = \frac{3x^5 - 4x^3 + 2x}{2x^4 + x - 6}$ unecht gebrochen

2. $f(x) = \frac{4x^3 - 5x + 2}{-6x^4 + 3x^2 + 4x}$ echt gebrochen

Eine unecht gebrochen rationale Funktion lässt sich durch eine Polynomdivision in eine Summe aus einer ganzrationalen Funktion und einer echt gebrochen rationalen Funktion zerlegen.

Nullstellen, Pole, Lücken

Die *Nullstellen* der gebrochen rationalen Funktion sind die Nullstellen des Zählerpolynoms, die nicht zugleich die Nullstellen des Nennerpolynoms sind.

Beispiel:

$$f(x) = \frac{x^2 - 9}{x^4 + 8} \Rightarrow \frac{x^2 - 9}{x^4 + 8} = 0 \Leftrightarrow$$

$$x^2 - 9 = 0$$

$x_1 = -3 \vee x_2 = 3$ (Das Nennerpolynom kann nicht 0 werden.)

Die *Pole* der gebrochen rationalen Funktion sind die Nullstellen des Nennerpolynoms, die nicht zugleich die Nullstellen des Zählerpolynoms sind.

Beispiel:

$$f(x) = \frac{x^2 - 2x - 8}{x^2 - 25}$$

Nullstellen: $x^2 - 2x - 8 = 0 \Leftrightarrow$

$x_1 = -2 \vee x_2 = 4$

Pole: $x^2 - 25 = 0 \Leftrightarrow$

$x_3 = 5 \vee x_4 = -5$

Die *Lücken* der gebrochen rationalen Funktion sind die gemeinsamen Nullstellen von Zähler und Nenner (falls sie von derselben Vielfachheit sind).

Beispiele:

1. $f(x) = \frac{x^2 - 9}{(x-2)(x+3)} = \frac{(x-3)(x+3)}{(x-2)(x+3)}$

Einfache Nullstelle bei $x_1 = 3$, einfacher Pol bei $x_2 = 2$,

Lücke bei $x_3 = -3$.

2. $f(x) = \dfrac{x^2 + 4x + 3}{x^3 + x^2 - 6x}$

Die Nullstellen des Nenners ergeben sich aus der Gleichung

$x^3 + x^2 - 6x = 0 \Leftrightarrow$
$x(x^2 + x - 6) = 0 \Leftrightarrow$
$x_1 = 0 \vee x_2 = -3 \vee x_3 = 2.$

Der maximale Definitionsbereich der Funktion ist dann
$D = \mathbb{R} \setminus \{-3, 0, 2\}.$

Setzt man den Zähler gleich Null, dann ergibt sich die Gleichung
$x^2 + 4x + 3 = 0 \Leftrightarrow x_3 = -3 \vee x_4 = -1.$

Da $x_4 = -1$ eine Nullstelle des Zählers, aber keine Nullstelle des Nenners ist, handelt es sich um eine Nullstelle von *f*.

$x_2 = -3$ ist eine Nullstelle des Zählers und des Nenners, daher eine Lücke von *f*.

$x_1 = 0$ und $x_3 = 2$ sind Nullstellen des Nenners, ohne zugleich auch Nullstellen des Zählers zu sein, daher handelt es sich um Pole von *f*.

3. $f(x) = \dfrac{2x - 3}{x^2 + 4x + 4}, D = \mathbb{R} \setminus \{-2\}$

$x^2 + 4x + 4 = 0 \Leftrightarrow$
$(x + 2)^2 = 0 \Leftrightarrow x_1 = -2$

$2x - 4 = 0 \Leftrightarrow x_2 = 1{,}5$

$x_2 = 1{,}5$ ist eine Nullstelle des Zählers, die keine Nullstelle des Nenners ist, also eine Nullstelle von *f*.

$x_1 = -2$ ist eine doppelte Nullstelle des Nenners, die keine Nullstelle des Zählers ist, also ein Pol 2. Ordnung (doppelter Pol).

Da Zähler und Nenner keine gemeinsamen Nullstellen haben, hat *f* keine Lücken.

4. $f(x) = \frac{x^3 + x^2 + x + 1}{x + 1}, x \in R \setminus \{-1\}$

Hier ist der Grad des Zählers größer als der Grad des Nenners. In diesem Fall empfiehlt es sich, den Zähler durch den Nenner zu teilen. Eine Polynomdivision ergibt dann:

$(x^3 + x^2 + x + 1) : (x + 1) = x^2 + 1$

Da die Polynomdivision aufgeht, erkennt man, dass $x = -1$ als gemeinsame Nullstelle des Zählers und des Nenners eine Lücke ist.

Die Funktion lässt sich nun auch so aufschreiben:

$f(x) = x^2 + 1, x \in R \setminus \{-1\}$,

es handelt sich aber um keine ganzrationale, sondern um eine unecht gebrochene Funktion.

5. $f(x) = \frac{x^6 + 2x^4 + 1}{x^4}, x \in R \setminus \{0\}$

Der Zähler hat keine Nullstellen.

Der Nenner hat die vierfache Nullstelle $x = 0$, die somit ein Pol 4. Ordnung von f ist.

Durch Division lässt sich der Funktionsterm umformen:

$f(x) = x^2 + 2 + x^{-4}, x \in R \setminus \{0\}$

Verhalten an Polen und Lücken

Die Nullstellen einer Funktion sind die Abszissen der Schnittpunkte des Graphen mit der x-Achse. Wie sich eine Funktion in der näheren Umgebung eines Pols verhält, muss noch untersucht werden. Fest steht, dass die Funktion dort nicht definiert ist.

Anhand von Beispielen soll das weitere Verhalten der Funktion in der Nähe eines Pols oder einer Lücke untersucht werden.

Beispiel:

$$f(x) = \frac{2x+1}{x^3 - x^2 + 3x - 3} = \frac{2x+1}{(x-1)(x^2+3)}$$

$x = 1$ ist der einzige Pol von f.

Es werden einige Funktionswerte in der Nähe dieses Pols berechnet:

$f(0) =$	$-0{,}3333$
$f(0{,}5) =$	$-1{,}2300$
$f(0{,}9) =$	$-7{,}3490$
$f(0{,}99) =$	$-74{,}8730$
$f(0{,}999) =$	$-749{,}87$
$f(1{,}001) =$	$750{,}12$
$f(1{,}01) =$	$75{,}1200$
$f(1{,}1) =$	$7{,}6000$
$f(1{,}5) =$	$1{,}5238$
$f(2) =$	$0{,}7143$
...	

Je mehr man sich mit den x-Werten an den Pol nähert, desto größer werden die Beträge der entsprechenden Funktionswerte. Es ist zu erwarten, dass dieses Wachsen der Funktionswerte unbeschränkt ist.

Bei linksseitiger Annäherung an den Pol nehmen die Funktionswerte unbeschränkt ab, während sie bei rechtsseitiger Annäherung an den Pol unbeschränkt zunehmen.

Um wenigstens Bereiche des Koordinatensystems angeben zu können, in denen die Bildkurve verlaufen wird bzw. sicher nicht anzutreffen ist, wird eine Vorzeichenuntersuchung durchgeführt. Dabei ist es notwendig, Zähler und Nenner in möglichst viele Faktoren zu zerlegen.

Beispiele:

1. $f(x) = \dfrac{2x+1}{x^3 - x^2 + 3x - 3} = \dfrac{2x+1}{(x-1)(x^2+3)}$

Eine Übersicht über die Vorzeichenverteilung lässt sich am besten mit folgender Tabelle erhalten:

x				−0,5				1				
2x + 1	−	−	−	0	+	+	+	+	+	+	+	+
x − 1	−	−	−	−	−	−	−	0	+	+	+	+
$x^2 + 3$	+	+	+	+	+	+	+	+	+	+	+	+
f (x)	+	+	+	0	−	−	−	P	+	+	+	+

Die erste und letzte Zeile in der Tabelle zeigt, dass für den Graph K Folgendes gilt:

$K \subset D_1 = \{(x;y) \text{ mit } x \leq -0{,}5 \wedge y \geq 0\}$

$K \subset D_2 = \{(x;y) \text{ mit } -0{,}5 < x < 1 \wedge y < 0\}$

$K \subset D_3 = \{(x;y) \text{ mit } x > 1 \wedge y > 0\}$

Die Felder D_1, D_2, D_3 enthalten Teile der Kurve, die restlichen Felder der Ebene können durch Schraffuren entwertet werden („Felderabstreichen").

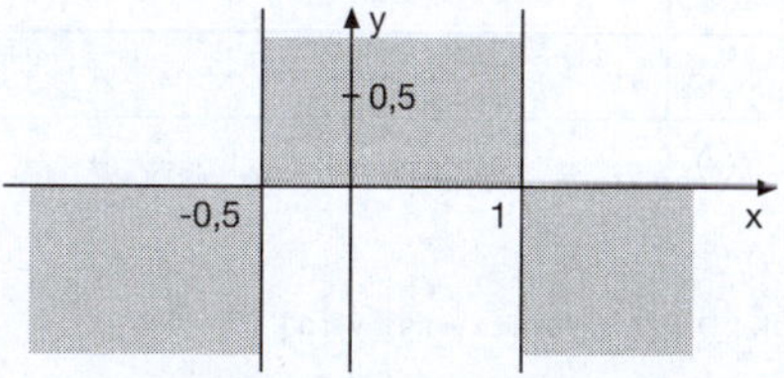

2. $\phi(\xi) = \frac{2x^2 + 3x}{x^3 + x}, x \in R \setminus \{0\}$

x = 0 ist eine Lücke von *f*.

Kürzt man durch x, so lässt sich der Funktionsterm folgendermaßen aufschreiben, wobei der gekürzte Faktor keinen Einfluss auf das Vorzeichen und die Funktionswerte hat:

$f(x) = \frac{2x + 3}{x^2 + 1}, x \in R \setminus \{0\}$

Um das Verhalten der Funktion an der Lücke anzugeben, nähert man sich von beiden Seiten an diese Lücke.

$f(-1) =$	1,50000	$f(1) =$	2,50000
$f(-0{,}5) =$	1,60000	$f(0{,}5) =$	3,20000
$f(-0{,}1) =$	2,77000	$f(0{,}1) =$	3,17000
$f(-0{,}01) =$	2,97970	$f(0{,}01) =$	3,01700
$f(-0{,}001) =$	2,997979	$f(0{,}001) =$	3,001997
...		...	

Die Funktionswerte nähern sich dem Wert 3. Die Funktion ist in der näheren Umgebung der Lücke x = 0 beschränkt.

x			−1,5				0			
2x + 3	−	−	0	+	+	+	+	+	+	+
$x^2 + 1$	+	+	+	+	+	+	+	+	+	+
f(x)	−	−	0	+	+	+	L	+	+	+

$K \subset D_1 = \{(x; y) \text{ mit } x \leq 1{,}5 \wedge y \leq 0\}$

$K \subset D_2 = \{(x; y) \text{ mit } 1{,}5 < x < 0 \wedge y > 0\}$

$K \subset D_3 = \{(x; y) \text{ mit } x > 0 \wedge y > 0\}$

4. Funktionen

4.9 Potenzfunktionen

Definition

Eine Funktion der Form $f: x \to x^{\alpha}$, $x \in D \subset R$, $\alpha \in R$ heißt Potenzfunktion.

Beispiele:

1. $f: x \to x^0$, $x \in R \setminus \{0\}$

Die Funktion ist nicht umkehrbar.

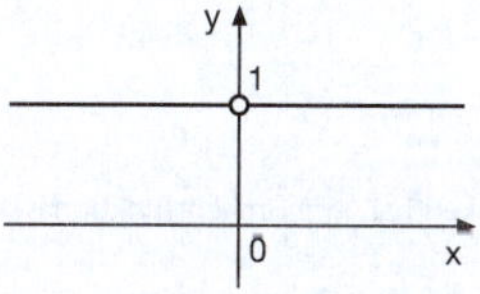

2. $f: x \to x^1$, $x \in R$

Die Funktion ist umkehrbar und stimmt mit ihrer Umkehrfunktion überein.
Der Graph ist die Winkelhalbierende des 1. Quadranten.

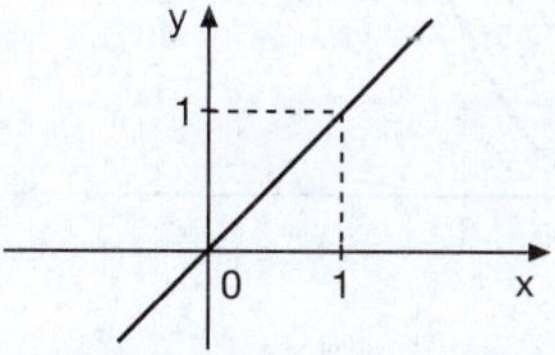

3. $f: x \to x^2, x \in R$

Diese Funktion ist nicht umkehrbar, da sie nicht injektiv ist, d. h., zwei verschiedenen Elementen x_0 und $-x_0$ aus D ordnet f ein und denselben Funktionswert x_0^2 zu.

Sie hat die *y*-Achse als Symmetrieachse.

Der Graph von *f* ist die Normalparabel.

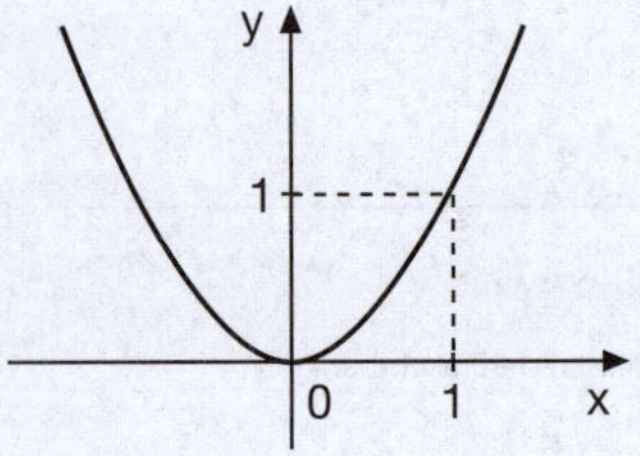

4. $f_1: x \to x^2, x \in R_0^+$

Diese Funktion ist umkehrbar, ihre Umkehrfunktion ist:

$f_1^*: x \to x^{\frac{1}{2}}, x \in R_0^+$

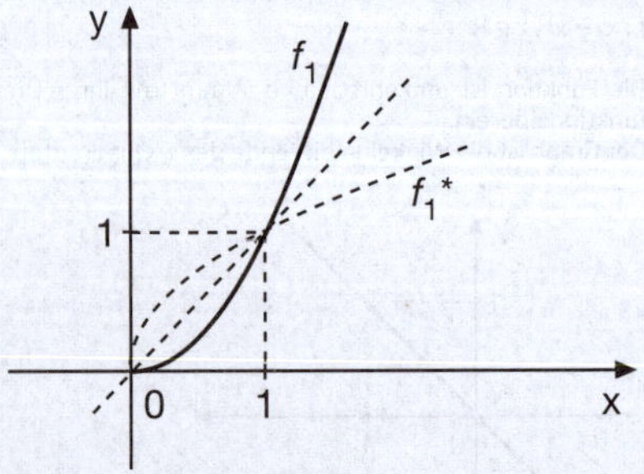

5. $f: x \to x^{-1}, x \in R \setminus \{0\}$

f ist umkehrbar und stimmt mit f^* überein. Außerdem liegt noch eine Punktsymmetrie zum Ursprung vor.

Der Graph besteht aus zwei Ästen einer Hyperbel, die Achsen sind Asymptoten.

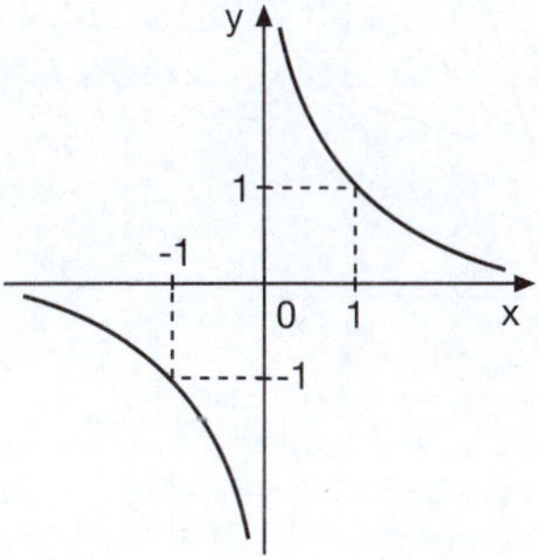

6. $f: x \to x^{-2}, x \in R \setminus \{0\}$

Die Funktion ist nicht umkehrbar, da sie nicht injektiv ist.

Der Graph ist symmetrisch zur *y*-Achse, die Achsen sind Asymptoten.

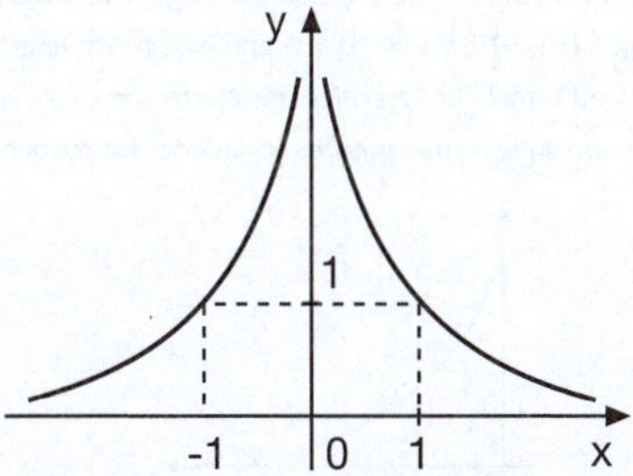

7. $f: x \to x^{\frac{3}{2}}, x \in \mathbb{R}_0^+$

Die Umkehrfunktion ist:

$f^*: x \to x^{\frac{2}{3}}, x \in \mathbb{R}_0^+$

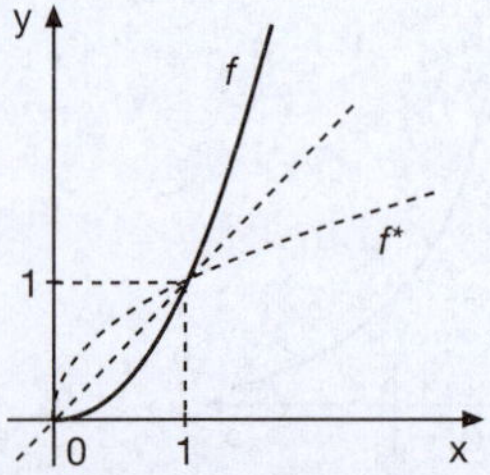

Anwendungen

Gesetz von Boyle-Mariotte:

Es besagt, dass bei einer abgeschlossenen Gasmenge von konstanter Temperatur der Druck p umgekehrt proportional zum Volumen V ist, $p \cdot V = c$ oder $p = \frac{c}{V}$, c ist eine Konstante.

Sieht man V als die unabhängige und p als die abhängige Variable an, so ist dies eine Potenzfunktion $p(V) = \frac{c}{V}$, $V \in \mathbb{R}^+$. Der Graph ist ein Ast einer Hyperbel und heißt in der Physik Isotherme. Für verschiedene Werte von c (die Konstante c ist von der Temperatur abhängig) erhält man verschiedene Isothermen.

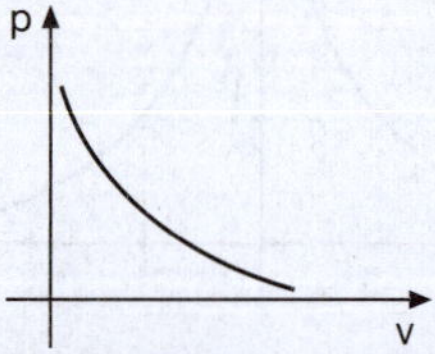

Gravitationsgesetz:

Das Newton'sche Gravitationsgesetz besagt, dass die Kraft, mit der sich zwei Massen anziehen, proportional zu dem Produkt ihrer Massen und umgekehrt proportional zum Quadrat ihrer Entfernungen ist. Bezeichnet man die Kraft mit F, die Massen der beiden Körper mit m_1 und m_2, den Abstand der beiden Körper mit x, so stellt sich das Gesetz durch die Formel dar:

$F = G \cdot \frac{m_1 \cdot m_2}{x^2}$, G ist die Gravitationskonstante.

Setzt man nun $\frac{F}{G \cdot m_1 \cdot m_2} = f(x)$, so erhält man $f(x) = \frac{1}{x^2} = x^{-2}$.

$f: x \to x^{-2}$, $x \in \mathbb{R}^+$ ist eine Potenzfunktion und gibt die Abhängigkeit der Kraft von der Entfernung der beiden Körper an.

Kepler'sches Gesetz:

Es besagt, dass die Quadrate der Umlaufzeiten zweier Planeten um die Sonne sich wie die dritten Potenzen ihrer großen Halbachsen verhalten:

$$\frac{T_1^2}{T_2^2} = \frac{r_1^3}{r_2^3} \Leftrightarrow \left(\frac{T_1}{T_2}\right)^2 = \left(\frac{r_1}{r_2}\right)^3$$

Sieht man $x = \frac{r_1}{r_2}$ als Variable mit $x \in \mathbb{R}^+$ an, so ist $y = \frac{T_1}{T_2}$ eine Funktion von x:

$y^2 = x^3 \Leftrightarrow y = x^{\frac{3}{2}}$

$f: x \to x^{\frac{3}{2}}$, $x \in \mathbb{R}^+$ ist eine Potenzfunktion.

Zinseszins (siehe auch Kapitel 5, S. 241):

Ein Kapital K_0 wird n Jahre mit dem Zinssatz p verzinst. Am Ende eines jeden Jahres werden die Zinsen zum Kapital geschlagen. Nach einem Jahr ist das Kapital auf K_1 angewachsen:

$$K_1 = K_0 + \frac{p}{100} \cdot K_0 = K_0\left(1 + \frac{p}{100}\right)$$

Nach zwei Jahren ergibt sich ein Kapital K_2:

$$K_2 = K_1 + \frac{p}{100} \cdot K_1 = K_1\left(1 + \frac{p}{100}\right) = K_0\left(1 + \frac{p}{100}\right)^2$$

Nach Ende des n-ten Jahres ergibt sich: $K_n = K_0\left(1 + \frac{p}{100}\right)^n$

Bezeichnet man den Zinsfaktor $1 + \frac{p}{100} = x$ und $\frac{K_n}{K_0} = f_n(x)$, so ergibt sich die Gleichung $f_n(x) = x^n$. Ist der Zinssatz $p \in \mathbb{R}^+$ eine Variable, so ist $x \in]1; \infty[$ eine Variable, die von p abhängt. $f_n: x \to x^n$, $x \in]1; \infty[$ sind n Potenzfunktionen, die die Abhängigkeit des nach n Jahren gebildeten Kapitals vom Zinsfaktor x bei festem K_0 beschreiben.

4. Funktionen

4.10 Exponentialfunktionen

Definition

Eine Funktion der Form

$f: x \rightarrow a^x, x \in R, a \in R^+ \setminus \{1\}$

heißt Exponentialfunktion.

Beispiel:

$f: x \rightarrow 2^x, x \in R$

Diese Funktion ist monoton wachsend und umkehrbar.

Der Graph hat die x-Achse als horizontale Asymptote.

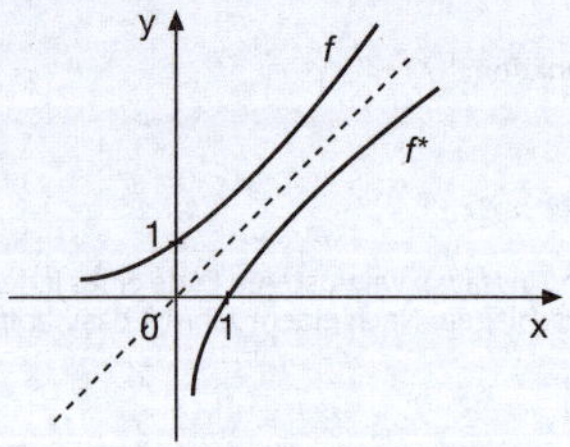

Exponentialfunktionen mit anderen Basen haben ähnliche Graphen.

In der Naturwissenschaft und der Technik ist die Exponentialfunktion zur Basis *e* besonders wichtig:

$f(x) \rightarrow e^x, x \in D \subset R$, wobei $e = 2{,}718281828\ldots$.

Anwendungen

Radioaktiver Zerfall:

Das in der Atomphysik wichtige Zerfallsgesetz radioaktiver Substanzen wird durch die Formel $N_t = N_0 \cdot e^{-\lambda t} \Leftrightarrow \frac{N_t}{N_0} = e^{-\lambda t}$ beschrieben.

N_0: Anzahl der unzerfallenen Atomkerne einer radioaktiven Substanz zum Zeitpunkt t = 0.

N_t: Anzahl der unzerfallenen Atomkerne einer radioaktiven Substanz zum Zeitpunkt t.

λ: Zerfallskonstante, eine für die radioaktive Substanz charakteristische Konstante. Sie gibt die Zerfallsgeschwindigkeit an.

Mit $\frac{N_t}{N_0} = y$ und $e^{-\lambda} = a$ erhält man die Exponentialfunktion:

$f: t \to a^t,\ t \in R_0^+$

Beispiel:

Für das Element Actinium 227 aus der Uran-Actinium-Zerfallsreihe sei diese Funktion gegeben, wobei t in Jahren angegeben ist:

$$f(t) = 0{,}969^t \Leftrightarrow \frac{N_t}{N_0} = 0{,}969^t.$$

Möchte man die Zeit berechnen, nach der die Hälfte der Atomkerne zerfallen ist (Halbwertszeit), so macht man folgenden Ansatz mit anschließender Berechnung:

$$\frac{1}{2} = 0{,}969^t \Leftrightarrow \lg\frac{1}{2} = \lg 0{,}969^t \Leftrightarrow$$

$$t = \frac{\lg\frac{1}{2}}{\lg 0{,}969} \Leftrightarrow t = \frac{-0{,}30103}{-0{,}01368} \Leftrightarrow t = 22$$

In 22 Jahren ist also noch die Hälfte der ursprünglich vorhandenen Kerne unzerfallen.

4. Funktionen

Waldbestand:

Bezeichnet man einen momentanen Waldbestand mit B_0 (Millionen Festmeter), den nach *n* Jahren mit B_n und die jährliche Wachstumsrate mit *p*, so erhält man eine ähnliche Formel wie beim Zinseszins (s. Seite 205):

$B_n = B_0\left(1 + \frac{p}{100}\right)^n$.

Setzt man $\frac{B_n}{B_0} = y$ und $1 + \frac{p}{100} = q$, so erhält man die Exponentialfunktion $y = q^n$, $n \in R_0^+$.

Beispiel:

Für einen Waldbestand, der auf eine Million Festmeter veranschlagt ist, wird eine jährliche Wachstumsrate von 3% angenommen.

Die Exponentialfunktion, die das Wachstum beschreibt, lautet: $B_n = 1{,}03^n$.

In 5 Jahren kann man mit $B_5 = 1{,}03^5 = 1{,}159$ Mio fm rechnen, in 10 Jahren sind es voraussichtlich $B_{10} = 1{,}03^{10} = 1{,}3439$ Mio fm.

4.11 Logarithmusfunktionen

Definition

Funktionen der Form

$f: x \to \log_a x,\ x \in R^+,\ a \in R^+ \setminus \{1\}$

heißen Logarithmusfunktionen.

Die Logarithmusfunktion ist die Umkehrfunktion der Exponentialfunktion

$f: x \to a^x,\ x \in R,\ a \in R^+ \setminus \{1\}$.

Beispiel:

$f: x \to 2^x, x \in R$

$f^*: x \to \text{lb}\, x, x \in R^+$

Beide Funktionen sind streng monoton wachsend, der Graph von *f* hat die *x*-Achse als horizontale Asymptote, der von f^* die *y*-Achse als vertikale Asymptote.

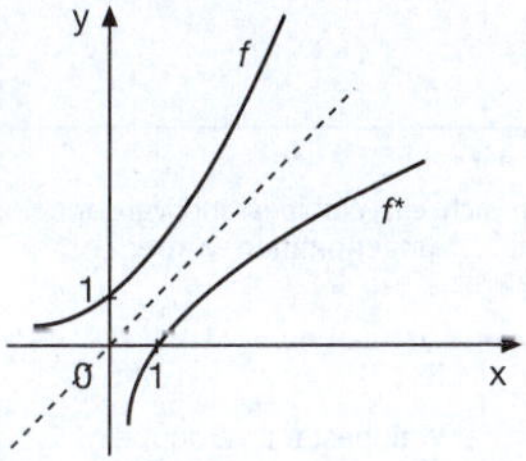

Anwendungen

Radioaktiver Zerfall (s. Seite 207):

$N_t = N_0 \cdot e^{-\lambda t} \Leftrightarrow \frac{N_t}{N_0} = e^{-\lambda t}$

Mit $\frac{N_t}{N_0} = y$ und $e^{-\lambda} = a$ erhält man die Exponentialfunktion für den Zerfall der Actiniumatome: $f: t \to a^t, t \in R_0^+$.

Möchte man umgekehrt aus dem Verhältnis der noch vorhandenen und der ursprünglich vorhandenen nicht zerfallenen Actiniumatome $\frac{N_t}{N_0} = y$ die dazu notwendige Zerfallszeit t berechnen, so benutzt man die Logarithmusfunktion: $f^*: t \to \log_a \frac{N_t}{N_0}$, mit der Definitionsmenge $D =]\,0\,;1\,]$.

Waldbestand (s. Seite 208):

$B_n = B_0\left(1 + \frac{p}{100}\right)^n$

Setzt man $\frac{B_n}{B_0} = y$ und $1 + \frac{p}{100} = q$, so erhält man die Exponentialfuntion $y = q^n$, $n \in \mathbb{R}_0^+$.

Will man aus dem Anfangsbestand und dem aktuellen Bestand bei gegebener Zuwachsrate die entsprechende Zeitdauer ermitteln, so geht man zur Logarithmusfunktion über: $f^*: n \to \log_q \frac{B_n}{B_0}$, $D =]\,0\,;1\,]$

Beispiel:

In wie vielen Jahren würde sich ein Waldbestand verdoppeln, wenn die Wachstumsrate mit 2,7% angenommen würde?

$n = \log_{1{,}027} \frac{2}{1} \Leftrightarrow n = \frac{\lg 2}{\lg 1{,}027} \Leftrightarrow n \approx 26$

In etwa 26 Jahren würde sich der Waldbestand verdoppeln.

Zinseszins (s. Seite 205 und auch Kapitel 5, Seite 241):

Ein Kapital K_0 wird n Jahre mit dem Zinssatz p verzinst. Am Ende jedes Jahres werden die Zinsen zum Kapital geschlagen.

Nach Ende des n-ten Jahres ergibt sich: $K_n = K_0\left(1 + \frac{p}{100}\right)^n = K_0\,q^n$.

Möchte man bei gegebenem Zinssatz p wissen, wie lange es dauert, bis ein Anfangskapital K_0 auf das Kapital K_n angewachsen ist, dann benutzt man die Logarithmusfunktion $f^*: y \to \log_q y$, $y \in [\,1\,;\infty\,[$ mit $y = \frac{K_n}{K_0}$.

Beispiel:

In welcher Zeit hat sich ein Anfangskapital von 10000 Euro bei einem Zinssatz von 4% auf 13700 Euro erhöht?

$n = \log_{1{,}04} \frac{13700}{10000} \Leftrightarrow n = \log_{1{,}04} 1{,}37 \Leftrightarrow n = \frac{\lg 1{,}37}{\lg 1{,}04}$

$n \approx 8$ (Jahre)

4. Funktionen

4.12 Aufgeteilte Funktionen

Funktionen mit aufgeteiltem Definitionsbereich

In der Praxis (vor allem in der Elektrotechnik, der Informatik und der Statistik) kommen sehr oft Funktionen vor, die sich nur dann darstellen lassen, wenn man den Definitionsbereich in Teilmengen aufteilt und für jede Teilmenge eine eigene Funktionsvorschrift angibt. Praktisch behandelt man eine solche Funktion als eine Aneinanderreihung von mehreren Teilfunktionen. Die Funktionen mit aufgeteiltem Definitionsbereich werden auch als abschnittsweise definierte Funktionen oder aufgeteilte Funktionen bezeichnet.

Beispiele:

1. $$f: x \to \begin{cases} x^2 + 2x - 1, & x \in \,]-\infty; -1[\\ 2 - 2x, & x \in [-1; 2] \\ -x^2 + 6x - 8, & x \in \,]2; +\infty[\end{cases}$$

Um den Graph von f schneller zeichnen zu können, wandelt man zunächst die Funktionsterme geeignet um:

$$f: x \to \begin{cases} (x+1)^2 - 2, & x \in \,]-\infty; -1[\\ 2 - 2x, & x \in [-1; 2] \\ 1 - (x-3)^2, & x \in \,]2; +\infty[\end{cases}$$

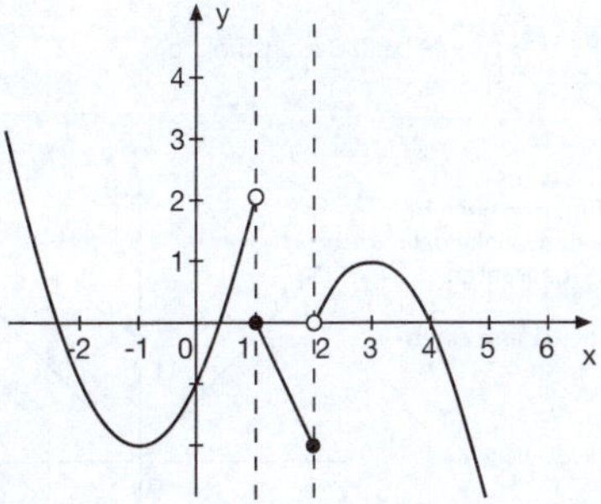

2. $f: x \to \begin{cases} 0{,}5, & x \in [3;4[\cup [8;9[\\ 1, & x \in [0;1[\cup [5;6[\\ 3, & x \in [1;3[\cup [6;8[\\ 0, & x \in [4;5[\cup [9;10[\end{cases}$

In der Zeichnung sind bei den Sprungstellen die definierten bzw. nicht definierten Teile des Graphen besonders gekennzeichnet.

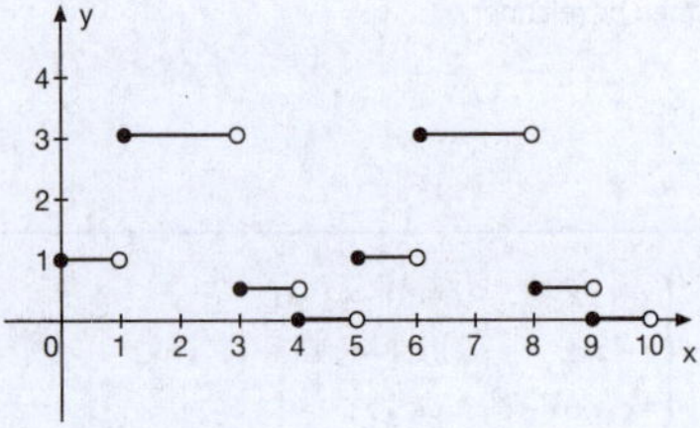

Betragsfunktion

Die Funktion $f: x \to |x|$, $x \in R$ heißt Betragsfunktion.

Der Graph der Betragsfunktion besteht aus zwei Halbgeraden, den Winkelhalbierenden des 1. und 2. Quadranten.

An der Stelle $x = 0$ hat der Graph einen Knick.

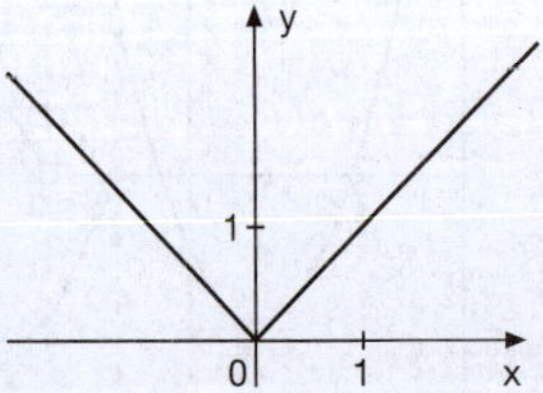

Betragsfunktionen wandelt man in Funktionen mit aufgeteiltem Definitionsbereich um, damit man ihren Graphen zeichnen kann.

Beispiel:

$$f: x \to x^2|x| - x|x| + 2, x \in R$$

$$f: x \to \begin{cases} x^3 - x^2 + 2, & x \in R_0^+ \\ -x^3 + x^2 + 2, & x \in R^- \end{cases}$$

Von großer Bedeutung sind die Verkettungen der Betragsfunktion mit ganzrationalen Funktionen.

Beispiel:

$$f: x \to |x|, x \in R,$$
$$g: x \to x^2 - 4, x \in R$$

Das Bild von R bei g ist die Menge $g(R) = [-4; \infty[$, sie ist eine Teilmenge der Definitionsmenge von f, also lässt sich die Funktion $f \circ g$ definieren:

$f \circ g: x \to |x^2 - 4|, x \in R$ oder mit aufgeteiltem Definitionsbereich:

$$f \circ g: x \to \begin{cases} x^2 - 4, & x \in]-\infty; -2] \cup [2; +\infty[\\ 4 - x^2, & x \in]-2; 2[\end{cases}$$

Auch das Bild von R bei f, die Menge $f(R) = R_0^+$ ist eine Teilmenge der Definitionsmenge R von g, demnach lässt sich auch die Funktion $g \circ f$ definieren:

$$g \circ f: x \to |x|^2 - 4, x \in R$$

$|x|^2 - 4 = x^2 - 4 = g(x)$, demnach ist $g \circ f = g$

Signum-Funktion

Unter dem Signum (Vorzeichen) einer reellen Zahl versteht man folgende Zuordnung:

$$\operatorname{sign}(x) = \begin{cases} 1, & x > 0 \\ 0, & x = 0 \\ -1, & x < 0 \end{cases}$$

Die Signum-Funktion ist die Vorzeichenfunktion. Mit ihr wird das Vorzeichenverhalten eines Funktionsterms beschrieben.

Die Funktion $f: x \rightarrow \operatorname{sign}(x), x \in R$ heißt Signum-Funktion.

Der Graph der Signum-Funktion besteht aus zwei Halbgeraden und einem Punkt.

An der Stelle x = 0 macht der Graph einen Sprung.

Zwischen der Betragsfunktion und der Signum-Funktion besteht ein enger Zusammenhang:
$|x| = x \cdot \operatorname{sign}(x)$

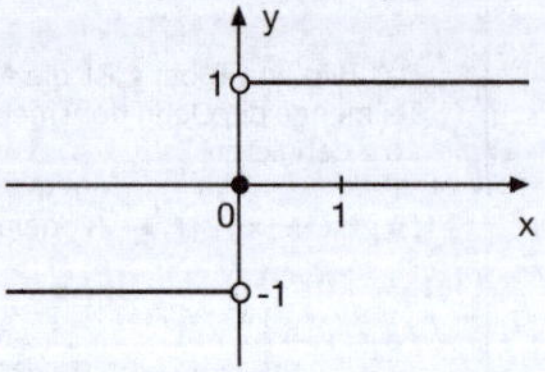

Beispiel:

$$\operatorname{sign}(2x-3) = \begin{cases} 1, & x > 1{,}5 \\ 0, & x = 1{,}5 \\ -1, & x < 1{,}5 \end{cases}$$

Integer-Funktion

Unter dem Integer-Wert einer reellen Zahl x versteht man die größte ganze Zahl z mit der Eigenschaft $z \leq x < z + 1$. Für z schreibt man $[\, x \,]$.

Beispiele:

1. $[\, -1{,}5 \,] = -2$
2. $[\, 3{,}6 \,] = 3$
3. $[\, 5 \,] = 5$

Die Funktion $f : x \rightarrow [\, x \,]$, $x \in R$ heißt Integer-Funktion.

Der Graph der Integer-Funktion ist eine Treppenkurve. Daher heißt die Integer-Funktion auch Treppenfunktion.

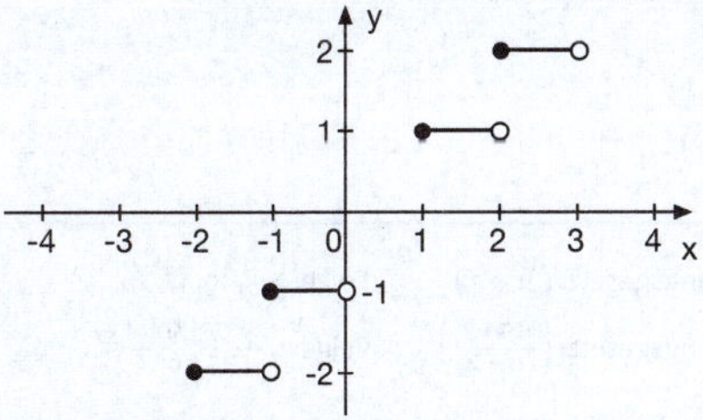

4.13 Zahlenfolgen

Definition der allgemeinen Folge

Ordnet man jeder natürlichen Zahl $n \in \mathbb{N}^*$ eine reelle Zahl a_n eindeutig zu, so entsteht eine unendliche reelle Zahlenfolge, kurz Folge:

$a_1, a_2, a_3, \dots, a_n, \dots$ oder kürzer (a_n)

Beschränkt man die Definitionsmenge auf die ersten n natürlichen Zahlen ($n \neq 0$), so erhält man eine endliche Folge mit dem Anfangsglied a_1 und dem Endglied a_n.

a_1 ist das Anfangsglied oder erste Glied der Folge, a_2 das zweite, a_n das n-te Glied, auch allgemeines Glied genannt.
Zum Unterschied zur Menge kann bei einer Folge ein und dasselbe Glied mehrere Male auftreten.
Viele Folgen lassen sich nach einem Bildungsgesetz aufstellen, das meist als Term gegeben ist. Dieser Term steht zwischen runden Klammern.

Jede Funktion der Form $f: n \rightarrow a_n$, $n \in \mathbb{N}^*$ mit $a_n \in \mathbb{R}$ ist eine unendliche Zahlenfolge.

Beispiele:

Bildungsgesetz: $(n^2 + 1)$ Folge: 2, 5, 10, 17, 26, ...

Bildungsgesetz: $\left(\frac{2n+1}{n+2}\right)$ Folge: $1, \frac{5}{4}, \frac{7}{5}, \frac{9}{6}, \frac{11}{7}, \dots$

Die Glieder einer Folge können auch grafisch dargestellt werden, und zwar entweder als Punkte auf der Zahlenachse oder als Punkte im Koordinatensystem.

Beispiel:

$f: n \to \frac{1}{n}, n \in \mathbb{N}^*$ oder $\left(\frac{1}{n}\right): 1, \frac{1}{2}, \frac{1}{3}, \frac{1}{4}, \ldots$

Zahlenachse:

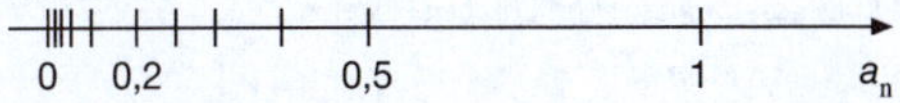

Koordinatensystem:

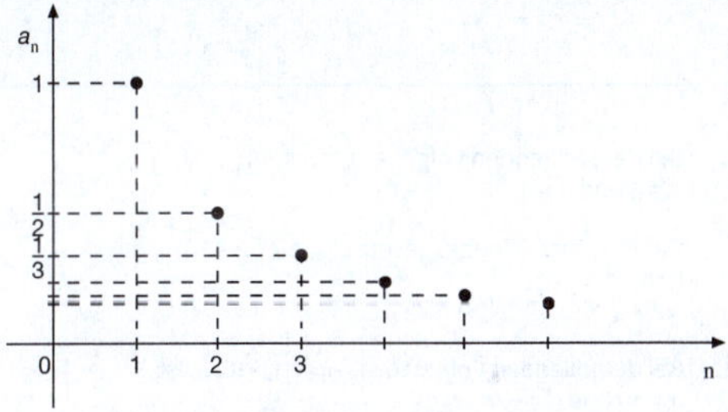

Arithmetische Folgen

Hat die Differenz d zweier aufeinanderfolgender Glieder einer Folge stets denselben Wert, so heißt die Folge arithmetisch.

(a_n) ist eine arithmetische Folge, wenn es eine konstante reelle Zahl d gibt, sodass für alle $n \in \mathbb{N}^* \Rightarrow a_{n+1} - a_n = d$.

Die Zahl d heißt Differenz der arithmetischen Folge. Ist $d > 0$, so ist die Folge steigend, bei $d < 0$ ist die Folge fallend und bei $d = 0$ handelt es sich um eine konstante Folge.

Von drei aufeinanderfolgenden Gliedern einer arithmetischen Folge ist das mittlere das arithmetische Mittel seiner Nachbarglieder.

Bildungsgesetz einer arithmetischen Folge:

$$a_n = a_1 + (n - 1) \cdot d$$

Beispiele:

1. Bei der steigenden Folge: 3, 7, 11, 15, 19, ... ist $a_1 = 3$ und $d = 4$.

Daher ist das Bildungsgesetz $a_n = 3 + (n - 1) \cdot 4$ oder $(4n - 1)$.

2. Bei der fallenden Folge: 10, 3, −4, −11, −18, ... ist $a_1 = 10$ und $d = -7$.

Daher ist das Bildungsgesetz $a_n = 10 + (n - 1) \cdot (-7)$ oder $(17 - 7n)$.

Die Summe der ersten n Glieder einer arithmetischen Folge ist:

$$s_n = a_1 + a_2 + \ldots + a_n = \frac{n}{2}(a_1 + a_n)$$

Beispiel:

Das Anfangsglied der Folge ($4n - 1$) ist 3, das 18. Glied beträgt nach dem Bildungsgesetz 71. Die Summe der ersten 18 Glieder der Folge ist dann $s_{18} = \frac{18}{2}(3 + 71) = 666$

Jede arithmetische Folge mit $a_n = a_1 + (n - 1)\,d$ ist aus einer linearen Funktion mit dem Steigungsfaktor d und der Verschiebung $a_1 - d$ entstanden:
$f: n \rightarrow d\,n + a_1 - d,\ n \in \mathbb{N}^*$.

Geometrische Folgen

Hat der Quotient q zweier aufeinanderfolgender Glieder einer Folge stets denselben Wert, so handelt es sich um eine geometrische Folge.

(a_n) ist eine geometrische Folge, wenn $a_1 \neq 0$ ist und es eine Konstante $q \in \mathbb{R} \setminus \{0\}$ gibt, sodass für alle $n \in \mathbb{N}^* \Rightarrow \frac{a_{n+1}}{a_n} = q$.

Bei positivem Anfangsglied kann man folgende Arten von geometrischen Folgen unterscheiden:

$q \in]1, \infty[$:	steigend
$q \in]0, 1[$:	fallend
$q \in]-\infty, 0[$:	alternierend
$q \in 1$:	konstant

Von drei aufeinanderfolgenden Gliedern einer geometrischen Folge ist das mittlere das geometrische Mittel seiner Nachbarglieder.

Bildungsgesetz der geometrischen Folge:

$a_n = a_1 \cdot q^{n-1}$

Beispiele:

1. Die fallende geometrische Folge:

$3, \frac{3}{2}, \frac{3}{4}, \frac{3}{8}, \ldots$ hat

$a_1 = 3$ und $q = \frac{1}{2}$ und damit das Bildungsgesetz

$a_n = 3 \cdot \left(\frac{1}{2}\right)^{n-1}$ oder $\left(3 \cdot \left(\frac{1}{2}\right)^{n-1}\right)$.

2. Die alternierende geometrische Folge:

$5, -\frac{5}{2}, \frac{5}{4}, -\frac{5}{8}, \frac{5}{16}, \ldots$ hat

$a_1 = 5$ und $q = -\frac{1}{2}$ und das Gesetz

$a_n = 5 \cdot \left(-\frac{1}{2}\right)^{n-1}$.

Die Summe der ersten n Glieder einer geometrischen Folge ist:

$$s_n = a_1 + a_2 + \ldots + a_n = \frac{a_1 \cdot (1 - q^n)}{1 - q} = \frac{a_1 \cdot (q^n - 1)}{q - 1}$$

Die erste Formel ist für $q < 1$ vorteilhaft, die zweite Formel für $q > 1$.

Beispiel:

Die Summe der ersten sechs Glieder der geometrischen Folge mit dem Bildungsgesetz $\left(3 \cdot \left(\frac{1}{2}\right)^{n-1}\right)$ ist:

$$s_n = \frac{3 \cdot \left(1 - \left(\frac{1}{2}\right)^6\right)}{1 - \frac{1}{2}} = 5{,}90625$$

Jede geometrische Folge mit $a_n = a_1 \cdot q^{n-1} \Leftrightarrow a_n = \frac{a_1}{q} \cdot q^n \Leftrightarrow \frac{a_n \cdot q}{a_1} = q^n$ ist aus einer Exponentialfunktion mit dem konstanten Faktor $\frac{a_1}{q}$ und der Basis q entstanden: $f: n \rightarrow \frac{a_1}{q} \cdot q^n, n \in \mathrm{N}^*$.

Monotone Folgen

Werden die Glieder einer Folge mit zunehmender Platzziffer nicht kleiner, so ist die Folge monoton wachsend.

Werden die Glieder einer Folge mit zunehmender Platzziffer nicht größer, so ist die Folge monoton fallend.

Folge ist monoton wachsend:	$n \in \mathrm{N} \Rightarrow a_n \leq a_{n+1}$
Folge ist streng monoton wachsend:	$n \in \mathrm{N} \Rightarrow a_n < a_{n+1}$
Folge ist monoton fallend:	$n \in \mathrm{N} \Rightarrow a_n \geq a_{n+1}$
Folge ist streng monoton fallend:	$n \in \mathrm{N} \Rightarrow a_n > a_{n+1}$

Beschränkte Folgen

Die Folge (a_n) ist beschränkt, wenn es zwei reelle Zahlen s und S gibt, sodass $n \in N^* \Rightarrow s \leq a_n \leq S$.

s nennt man untere Schranke, S eine obere Schranke der Folge.

Beispiel:

Die Folge $\left(-\frac{1}{2^n}\right)$ oder $-\frac{1}{2}, -\frac{1}{4}, -\frac{1}{8}, \ldots$ ist streng monoton wachsend und hat als untere Schranke jede Zahl, die kleiner oder gleich −0,5 ist, und als obere Schranke die Zahl 0 oder jede positive Zahl. Die kleinste obere Schranke ist 0, die größte untere Schranke −0,5.

4.14 Grenzwerte von Folgen

Konvergente und divergente Folgen

Eine Folge (a_n) ist konvergent zum Grenzwert $a \in R$, wenn sich außerhalb jeder Umgebung von a nur endlich viele Glieder der Folge befinden, symbolisch: $\lim_{n \to \infty} a_n = a$.
(Gelesen: Limes von (a_n) für n gegen Unendlich.) ($n \in N^*$)

Beispiele:

1. Die Folge $\left(\frac{1}{n}\right)$ oder $1, \frac{1}{2}, \frac{1}{3}, \frac{1}{4}, \ldots$ ist konvergent zum Grenzwert 0, also $\lim\limits_{n \to \infty} \frac{1}{n} = 0$

2. Die Folge $\left(\frac{n}{n+1}\right)$ oder $\frac{1}{2}, \frac{2}{3}, \frac{3}{4}, \ldots$ ist konvergent zum Grenzwert 1, also $\lim\limits_{n \to \infty} \frac{n}{n+1} = 1$

Eine Folge (a_n) ist divergent, wenn sie nicht konvergent ist, d.h., wenn es keine reelle Zahl gibt, sodass sich außerhalb jeder Umgebung dieser Zahl nur endlich viele Glieder der Folge befinden. $(n \in \mathrm{N}^*)$

Beispiel:

Die Folge (n^2) oder $1, 4, 9, 16, \ldots$ ist divergent, sie hat keinen Grenzwert.

Eine Folge (a_n) ist genau dann konvergent zum Grenzwert a, wenn sich zu jeder Zahl $\varepsilon \in \mathrm{R}^+$ ein $n_\varepsilon \in \mathrm{N}^*$ so bestimmen lässt, dass die Implikation $n > n_\varepsilon \Rightarrow |a_n - a| < \varepsilon$ gilt.

Beispiel:

Gegeben ist eine Folge $a_n = \frac{2n+1}{3n-1}$ mit dem Grenzwert $a = \frac{2}{3}$ und $\varepsilon = 0{,}01$. Gesucht ist die zu ε gehörende Grenzplatzziffer n_ε.

$$\left|\frac{2n+1}{3n-1} - \frac{2}{3}\right| < 0{,}01 \Leftrightarrow \left|\frac{3(2n+1)-2(3n-1)}{3(3n-1)}\right| < 0{,}01 \Leftrightarrow$$

$$\left|\frac{6n+3-6n+2}{3(3n-1)}\right| < 0{,}01 \Leftrightarrow \frac{5}{3(3n-1)} < 0{,}01 \Leftrightarrow$$

$$5 < 0{,}03(3n-1) \Leftrightarrow 5{,}03 < 0{,}09n \Rightarrow n > 55{,}89$$

Für alle Folgenglieder ab der Platzziffer $n_\varepsilon = 56$ ist die Implikation $n > n_\varepsilon \Rightarrow |a_n - a| < \varepsilon$ erfüllt. Lässt man ε immer kleiner werden, so wird die Grenzplatzziffer n_ε immer größer.

Der Grenzwert einer konvergenten Folge ist eindeutig bestimmt.
Jede konvergente Folge ist beschränkt.
Jede monotone und beschränkte Folge ist konvergent.

Wichtige Grenzwerte

$\lim\limits_{n \to \infty} \frac{a}{n} = 0$ für $a \in \mathrm{R}$ $\qquad$ $\lim\limits_{n \to \infty} a^n = 0$ für $|a| < 1$

Folgen mit dem Grenzwert 0 heißen Nullfolgen.

$\lim\limits_{n \to \infty} \sqrt[n]{a} = 1$ für $a \in \mathrm{R}^+$ $\qquad$ $\lim\limits_{n \to \infty} \sqrt[n]{n} = 1$

$\lim\limits_{n \to \infty} \left(1 + \frac{1}{n}\right)^n = e$ $\qquad$ $\lim\limits_{n \to \infty} \left(1 - \frac{1}{n}\right)^n = \frac{1}{e} = e^{-1}$

$\lim\limits_{n \to \infty} \left(1 + \frac{k}{n}\right)^n = e^k$ $\qquad$ $\lim\limits_{n \to \infty} \left(1 - \frac{k}{n}\right)^n = \frac{1}{e^k} = e^{-k}$

e ist die Euler'sche Zahl, $e \approx 2{,}71821 \ldots$

4.15 Reihen

Summenoperator

Die Summe der ersten n Glieder einer Folge(a_n) bezeichnet man durch das Symbol $a_1 + a_2 + a_3 + \ldots + a_n = \sum_{k=1}^{n} a_k$.

(Gelesen: Summe aller a_k von $k = 1$ bis $k = n$.) $(n \in \mathbb{N}^*)$

Der Operator mit dem Symbol $\sum$ wird Summenoperator genannt, er hat folgende Eigenschaften und Sonderfälle:

$$\sum_{k=1}^{n} (a_k + b_k) = \sum_{k=1}^{n} a_k + \sum_{k=1}^{n} b_k$$

$$\sum_{k=1}^{n} c \cdot a_k = c \cdot \sum_{k=1}^{n} a_k$$

$$\sum_{k=1}^{1} a_k = a_1$$

$$\sum_{k=1}^{n} c = nc$$

Beispiele:

1. $\sum_{k=1}^{n} k = 1 + 2 + 3 + \ldots + n$

2. $\sum_{k=1}^{n} (-1)^k = -1 + 1 - 1 + 1 - 1 \ldots + (-1)^n$

3. $\sum_{k=1}^{n} \frac{3}{2^k} = 3 \cdot \left(\frac{1}{2} + \frac{1}{4} + \ldots + \frac{1}{2^n} \right)$

Reihen

Addiert man alle Glieder einer Folge (a_n), so erhält man die unendliche Reihe zu dieser Folge:

$$a_1 + a_2 + a_3 + a_4 + \dots = \sum_{k=1}^{\infty} a_k$$

Um festzustellen, ob die unendliche Reihe einen endlichen Summenwert hat, bildet man die Folge (s_n) der Teilsummen:

$$s_1 = a_1$$

$$s_2 = a_1 + a_2$$

$$s_3 = a_1 + a_2 + a_3$$

$$s_n = a_1 + a_2 + a_3 + \dots + a_n$$

Ist die Teilsummenfolge (s_n) konvergent zum Grenzwert s, so hat die unendliche Reihe $\sum_{k=1}^{\infty} a_k$ einen Summenwert, nämlich genau den Wert s.

Andernfalls hat die unendliche Reihe keinen Summenwert, sie ist divergent.

Geometrische Reihe

Addiert man alle Glieder einer geometrischen Folge, so ergibt sich die geometrische Reihe: $a_1 + a_1q + a_1q^2 + a_1q^3 + \ldots = \sum_{k=1}^{\infty} a_1 q^{k-1}$

$s_n = a_1 \cdot \frac{q^n - 1}{q - 1}$ ist das Bildungsgesetz ihrer Teilsummenfolge.

$$\sum_{k=1}^{\infty} a_1 q^{k-1} = \lim_{n \to \infty} a_1 \cdot \frac{q^n - 1}{q - 1} = \frac{a_1}{1 - q} \qquad |q| < 1$$

Die Konvergenz der geometrischen Reihe hängt von q ab.

Beispiele:

1. Die Reihe $\sum_{k=1}^{\infty} \frac{1}{3^k}$ ist geometrisch und hat $a_1 = q = \frac{1}{3}$,

damit ist sie konvergent.

Ihr Summenwert ist $s = \frac{\frac{1}{3}}{1 - \frac{1}{3}} = \frac{1}{2}$.

2. Die Reihe $\sum_{k=1}^{\infty} 1{,}5^k$ ist geometrisch und hat $a_1 = q = 1{,}5$,

damit ist sie divergent und hat keinen Summenwert.

4.16 Grenzwerte von Funktionen

Einführung

Gegeben ist eine Funktion mit aufgeteiltem Definitionsbereich und zwei Trennstellen bei $x = -1$ und bei $x = 1$:

$$f: x \to \begin{cases} -x-1, & x \in \, -\infty; -1\,] \\ x^2+1, & x \in \,]-1; 1[\\ 1, & x = 1 \\ \frac{1}{x}+1, & x \in \,]1; +\infty[\end{cases}$$

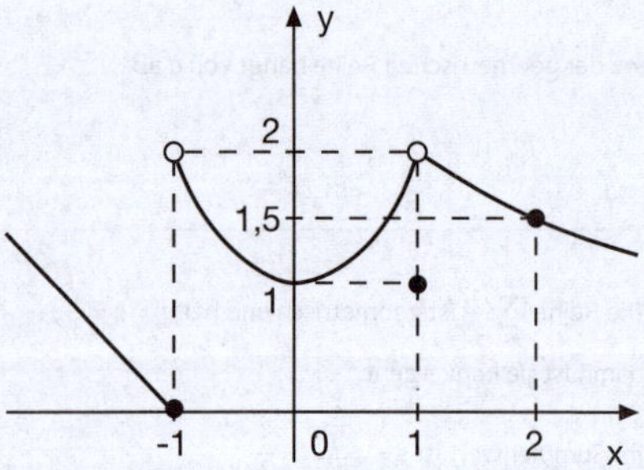

An der Trennstelle $x = -1$ ist der Graph von f unterbrochen (Sprung), die Funktion ist hier nicht „stetig". Nähert man sich dieser Stelle von links, dann nähern sich die Funktionswerte dem Funktionswert $f(-1) = 0$. Nähert man sich der Stelle von rechts, dann nähern sich die Funktionswerte dem „Grenzwert" 2 (der aber selbst kein Funktionswert ist).

An der Trennstelle $x = 1$ ist der Graph auch unterbrochen, die Funktion also auch nicht „stetig". Bei der Annäherung von links und von rechts existiert zwar ein „Grenzwert" 2, doch er ist nicht gleich dem Funktionswert. $f(1) = 1$ ist in der dritten Zeile der Funktionsvorschrift ausgewiesen. Der Graph springt bei $x = 1$ vom Grenzwert 2 auf den Funktionswert 1 und wieder zurück zum Grenzwert 2.

An den anderen Stellen ist der Graph nicht unterbrochen (z. B. bei $x = 2$), die Funktion ist „stetig", Grenzwert und Funktionswert stimmen überein.

Grenzwerte bei Funktionen

Die Funktion $f(x)$, $x \in D_f$ hat an der Stelle x_0 einen linksseitigen Grenzwert $a_l = \lim\limits_{\substack{x \to x_0 \\ x < x_0}} f(x)$, wenn für jede Folge (x_n), deren Glieder links von x_0 liegen, die Folge der entsprechenden Funktionswerte $(f(x_n))$ gegen a_l strebt.

Analog ist der rechtsseitige Grenzwert $a_r = \lim\limits_{\substack{x \to x_0 \\ x > x_0}} f(x)$.

Beide Grenzwerte können existieren. Haben sie verschiedene Werte oder existiert auch nur einer von beiden nicht, so existiert $a = \lim\limits_{x \to x_0} f(x)$ nicht.

Eine andere oft gebrauchte Definition des Grenzwerts einer Funktion f an der Stelle x_0 lautet:

$a = \lim\limits_{x \to x_0} f(x)$, wenn sich zu jedem $\varepsilon > 0$ ein $\delta > 0$ so bestimmen lässt, dass aus $x \in D_f \wedge |x - x_0| < \delta$ folgt: $|f(x) - a| < \varepsilon$.

Bei Annäherung von rechts gilt $0 < x - x_0 < \delta$, bei Annäherung von links gilt $0 < x_0 - x < \delta$.

Eine Funktion f hat bei unbeschränkter Zunahme der unabhängigen Variablen x den Grenzwert a, wenn für jede Folge (x_n), deren Glieder gegen $+\infty$ streben, die Folge der entsprechenden Funktionswerte $(f(x_n))$ gegen a strebt, $a = \lim\limits_{x \to +\infty} f(x)$.

Analog wird ein Grenzwert bei unbeschränkter Abnahme der unabhängigen Variablen x definiert, für den man $a = \lim\limits_{x \to -\infty} f(x)$ schreibt.

Beispiele:

1. $\lim\limits_{x \to 1} 2x^3 + 2x = 4$,
beispielsweise mit $x_n = 1 + \frac{1}{n}$.

2. $f: x \to \begin{cases} 3x, & x \in]-\infty; 2[\\ x^2, & x \in [2; \infty[\end{cases}$

$\lim\limits_{\substack{x \to 2 \\ x < 2}} 3x = 6, \lim\limits_{\substack{x \to 2 \\ x > 2}} x^2 = 4,$

$\lim\limits_{x \to 2} f(x)$ existiert nicht.

3. $f: x \to \dfrac{x^2 - 1}{x - 1}, x \in \mathbb{R} \setminus \{1\}$

An der Stelle $x = 1$ gibt es keinen Funktionswert, ein Grenzwert lässt sich jedoch berechnen:

$$\lim_{x \to 1} f(x) = \lim_{x \to 1} \frac{x^2 - 1}{x - 1} =$$

$$= \lim_{x \to 1} \frac{(x + 1)(x - 1)}{x - 1} =$$

$$= \lim_{x \to 1} (x + 1) = 2$$

Der Funktionsterm wurde vor dem Grenzübergang geeignet umgeformt.

Lokale Stetigkeit

Die Funktion f ist an der Stelle x_0 stetig, wenn der Grenzwert $\lim\limits_{x \to x_0} f(x)$ existiert und gleich dem Funktionswert $f(x_0)$ ist.

f ist an der Stelle x_0 unstetig, wenn der Grenzwert in x_0 nicht existiert oder, wenn er existiert, nicht gleich $f(x_0)$ ist:

f lokal stetig in $x_0 \Leftrightarrow \lim\limits_{x \to x_0} f(x) = f(x_0)$

Beispiele:

1. $f: x \to \begin{cases} 1 - x^2, & x \in]-\infty; 1] \\ x - 1, & x \in]1; +\infty[\end{cases}$

$\lim\limits_{\substack{x \to 1 \\ x < 1}} (1 - x^2) = 0$ $\lim\limits_{\substack{x \to 1 \\ x > 1}} (x - 1) = 0$

Die Funktion f hat bei $x = 1$ den Grenzwert 0.

$f(1) = 1 - 1^2 = 0$

Die Funktion ist bei $x = 1$ lokal stetig.

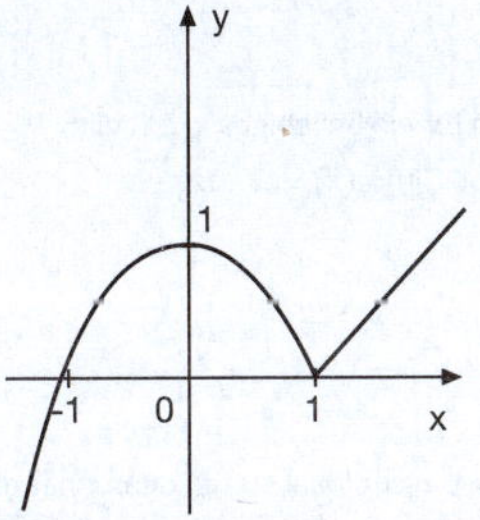

2. $f: x \to \begin{cases} x^3, & x \neq 0 \\ 1, & x = 0 \end{cases}$

f ist an der Stelle $x = 0$ nicht stetig, denn $\lim\limits_{x \to 0} x^3 = 0$ und $f(0) = 1$.

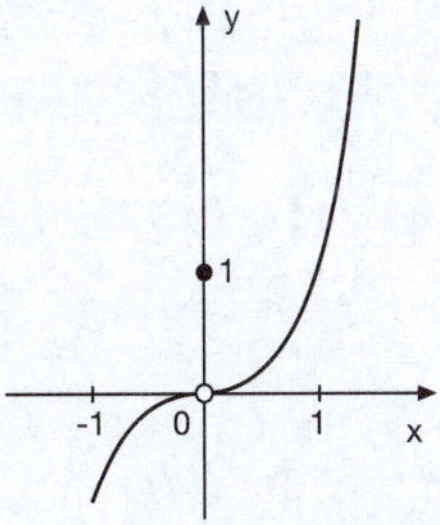

Globale Stetigkeit

Die Funktion $f: x \rightarrow f(x); x \in D_f$ heißt im Intervall $]\,a; b\,[\in D_f$ global stetig, wenn sie an jeder Stelle $x \in]\,a; b\,[$ stetig ist.

Beispiele:

1. $f: x \rightarrow x^2 - 2x + 2,\ x \in R$

f ist in R stetig, denn für ein beliebiges $x_0 \in R$ gilt:

$f(x_0) = x_0^2 - 2x_0 + 2$ und $\lim\limits_{x \to x_0} f(x) = x_0^2 - 2x_0 + 2$

2. $f: x \rightarrow \begin{cases} \frac{1}{x^2}, & x \neq 0 \\ 0, & x = 0 \end{cases}$

f ist an der Stelle $x = 0$ nicht lokal stetig, denn *f* hat dort keinen Grenzwert.

Dagegen ist *f* im abgeschlossenen Intervall [0,5 ; 10] global stetig.

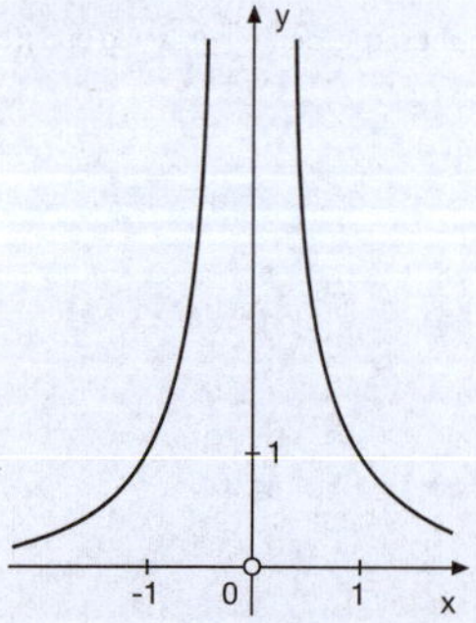

4. Funktionen

Lehrsätze über Stetigkeit

Ist eine Funktion *f* in einem abgeschlossenen Intervall [*a* ; *b*] stetig, so ist sie dort auch beschränkt.
Das heißt, es existieren zwei Zahlen s und S, sodass $s \le f(x) \le S$ für alle reellen $x \in [a; b]$ ist.

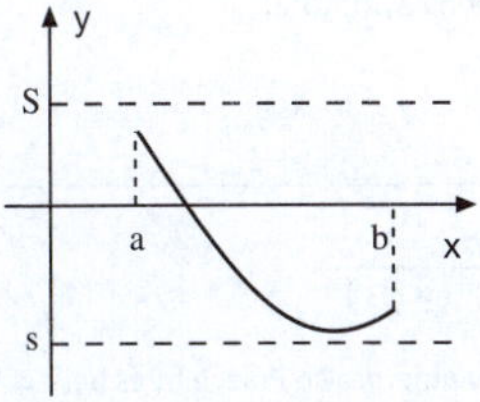

Eine im abgeschlossenen Intervall [*a* ; *b*] stetige Funktion *f* nimmt jeden Wert k_{ab} zwischen *f* (*a*) und *f* (*b*) mindestens einmal an. (Zwischenwertsatz)

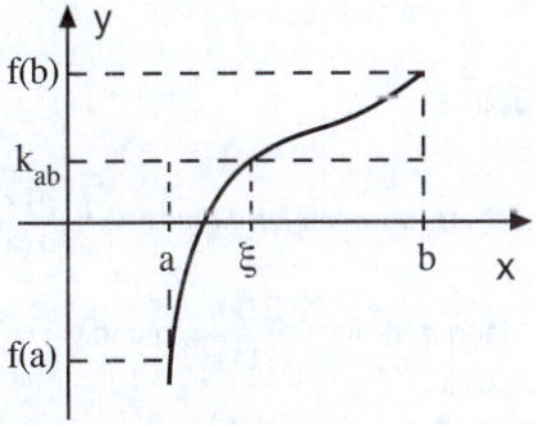

Eine im abgeschlossenen Intervall [*a* ; *b*] stetige Funktion *f* erreicht dort immer ihren kleinsten Wert *m* und ihren größten Wert *M*. (Extremwertsatz)

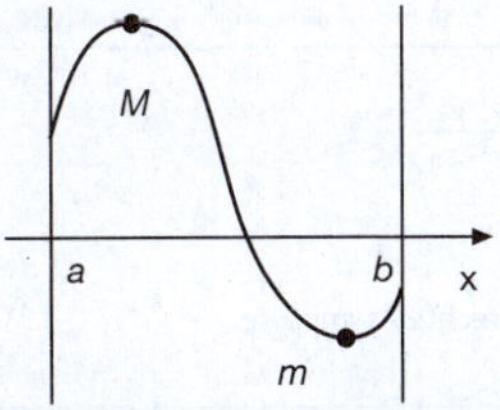

4.17 Asymptoten

Senkrechte Asymptote

Ist x_P ein Pol einer gebrochen rationalen Funktion $f(x) = \frac{p(x)}{q(x)}$, so ist $x = x_P$ die Gleichung der senkrechten Asymptote.

Beispiel:

$$f(x) = \frac{2x}{(x^2 - 16) \cdot (x + 3)}$$

Nullstellen des Nenners, also Pole, gibt es bei $-4, -3, 4$.

Die Gleichungen der senkrechten Asymptoten lauten demnach:

$x = -4, x = -3, x = 4$

Waagrechte Asymptote

Gegeben ist eine gebrochen rationale Funktion $f(x) = \frac{p(x)}{q(x)}$. Man unterscheidet folgende Fälle:

Grad $p(x) <$ Grad $q(x)$, dann gilt $\lim\limits_{x \to \pm\infty} \frac{p(x)}{q(x)} = 0$ und $y = 0$ (die x-Achse) ist waagrechte Asymptote.

Grad $p(x) =$ Grad $q(x)$, dann gilt $\lim\limits_{x \to \pm\infty} \frac{p(x)}{q(x)} = c$ und $y = c$ ist waagrechte Asymptote.

Beispiel:

$$f(x) = \frac{3x}{2 - x} = \frac{3}{\frac{2}{x} - 1}$$

$$\lim_{x \to \pm\infty} \frac{3}{\frac{2}{x} - 1} = -3$$

$y = -3$ ist waagrechte Asymptote.

Schiefe Asymptote

Eine schiefe Asymptote existiert, wenn gilt: Grad $p(x)$ = Grad $q(x) + 1$,
$g(x)$ ist schiefe Asymptote, wenn gilt: $\lim\limits_{x \to \pm\infty} (f(x) - g(x)) = 0$

Beispiel:

$$f(x) = \frac{x^2 + 2x + 2}{x - 1} = x + 3 + \frac{5}{x - 1}$$

(Die Termumwandlung ist durch Polynomdivision entstanden.)

$$\lim_{x \to \pm\infty} \left(x + 3 + \frac{5}{x - 1} - (x + 3)\right) = 0.$$

Der Abstand des Graphen von *f* zur Geraden $y = x + 3$ wird mit zunehmenden (abnehmenden) *x*-Werten immer kleiner, also ist $g(x) = x + 3$ dieGleichung der schiefen Asymptote.

5. Finanzmathematik

5. Finanzmathematik

5.1 Zinsrechnung

Jahreszins

Legt man ein Kapital der Höhe K an, so erhält man dafür nach einem Jahr einen bestimmten Prozentsatz *p* (genannt Zinssatz) des Kapitals vergütet. Der Prozentwert Z heißt Jahreszins. Nach der Definition von Prozentsatz und Prozentwert errechnet sich der Zins nach folgender Formel:

Jahreszins:

$$Z = K \cdot \frac{p}{100} = \frac{K \cdot p}{100}$$

Beispiel:

15000 Euro werden zu einem Zinssatz von 4 % ein Jahr lang angelegt.

$$Z = \frac{15000\,€ \cdot 4}{100} = 600\,€$$

Ist das Kapital bei gegebenem Zins und Zinssatz gesucht, dann löst man die Zinsformel nach K auf:

Kapital:

$$K = \frac{Z \cdot 100}{p}$$

Beispiel:

Welches Kapital bringt nach einem Jahr bei 5,5% Zinssatz genau 467,50 € Zins:

$$K = \frac{467{,}5\ € \cdot 100}{5{,}5} = 8500\ €$$

Ist der Zinssatz bei gegebenem Kapital und Zins gesucht, dann löst man die Zinsformel nach *p* auf:

$$p = \frac{Z \cdot 100}{K}$$

Beispiel:

Zu welchem Zinssatz wurde ein Kapital von 11500 € angelegt,das 517,50 € Zins erbrachte:

$$p = \frac{517{,}5\ € \cdot 100}{11500\ €} = 4{,}5$$

Monats- und Tageszinsen

Gibt man den Anlagezeitraum des Kapitals in Monaten *M* an, dann ändert sich die Zinsformel um in:

$$Z = \frac{K \cdot p \cdot M}{100 \cdot 12}$$

Beispiel:

Ein Kapital von 9500 € wird zum Zinssatz von 5% 7 Monate lang angelegt. Der Zins Z beträgt dann:

$$Z = \frac{9500\,€ \cdot 5 \cdot 7}{100 \cdot 12} = 277{,}08\,€$$

Gibt man den Anlagezeitraum des Kapitals in Tagen *T* an, dann ändert sich die Zinsformel um in:

$$Z = \frac{K \cdot p \cdot T}{100 \cdot 360}$$

Beispiel:

Ein Kapital von 25000 € wird 142 Tage lang beim Zinssatz 6,5% ausgeliehen. Man erhält dafür folgende Zinsen:

$$Z = \frac{25000\,€ \cdot 6{,}5 \cdot 142}{100 \cdot 360} = 640{,}97\,€$$

5.2 Zinseszins

Ein Kapital K_0 wird *n* Jahre lang beim Zinssatz *p* verzinst, und zwar so, dass am Ende jedes Jahres der fällige Zins zum Kapital addiert wird. (Zinseszins)

Nach einem Jahr ist das Kapital auf $K_1 = K_0 + \frac{K_0 \cdot p}{100} = K_0\left(1 + \frac{p}{100}\right)$ angewachsen.

Nach zwei Jahren beträgt das Kapital:

$$K_2 = K_1 + \frac{K_1 \cdot p}{100} = K_1\left(1 + \frac{p}{100}\right) = K_0\left(1 + \frac{p}{100}\right)^2$$

Am Ende des *n*-ten Jahres ergibt sich ein Kapital (mit Zinseszins) von:

Nach n Jahren:

$$K_n = K_0 \left(1 + \frac{p}{100}\right)^n$$

Der Term $q = 1 + \frac{p}{100}$ heißt Zinsfaktor. Mit der Einführung des Zinsfaktors lässt sich die Zinseszinsformel einfacher schreiben:

$$K_n = K_0\, q^n$$

Beispiele:

1. Ein Kapital von 10000 € wird 15 Jahre lang bei 6,5% mit Zinseszins angelegt. Nach dieser Zeit ist es auf 25718,41 € angewachsen:
$K_n = 10000 \cdot \left(1 + \frac{6{,}5}{100}\right)^{15}$ € =
$= 10000 \cdot 1{,}065^{15}$ € = 25718,41 €

2. Wie viele Jahre müsste man ein Kapital von 10000 € bei 6,5% Zinseszins anlegen, damit es auf mindestens 18000 € angewachsen ist:
$18000\text{ €} = 10000 \cdot \left(1 + \frac{6{,}5}{100}\right)^n \text{ €} \Leftrightarrow 1{,}8 = 1{,}065^n \Leftrightarrow$
$n \cdot \lg 1{,}065 = \lg 1{,}8 \Leftrightarrow n = \frac{\lg 1{,}8}{\lg 1{,}065} \Leftrightarrow n = 9{,}334$
Das Kapital muss 10 Jahre angelegt werden.

3. Bei welchem Zinssatz ist ein Kapital von 10000 € in 5 Jahren auf 14000 € angewachsen:
$14000\text{ €} = 10000\text{ €}\left(1 + \frac{p}{100}\right)^5 \Leftrightarrow 1{,}4 = \left(1 + \frac{p}{100}\right)^5$
$\Rightarrow \sqrt[5]{1{,}4} = 1 + \frac{p}{100} \Leftrightarrow 1{,}0696 = 1 + \frac{p}{100} \Leftrightarrow p = 6{,}96$
Der gesuchte Zinssatz beträgt 7%.

5.3 Abschreibung

Definition

Abschreibungen geben die Wertminderung eines Anlagevermögens zahlenmäßig an. Eine Anlage vom Anschaffungswert *A* wird in *n* Jahren degressiv auf den Wert B_n abgeschrieben, d. h., die Abschreibungssumme ist ein fester Prozentsatz *p* des jeweils zu Buch stehenden Restwerts, den man auch Buchwert nennt. Nach einem Jahr beträgt der Buchwert $B_1 = A\left(1 - \frac{p}{100}\right)$.

Buchwert nach n Jahren:

$$B_n = A\left(1 - \frac{p}{100}\right)^n$$

Beispiel:

Eine Maschinenanlage im Wert von 80000 € soll in 10 Jahren mit einem Abschreibungssatz von 20 % degressiv abgeschrieben werden. Der Buchwert nach 10 Jahren beträgt dann:

$$B_n = 80000\left(1 - \frac{20}{100}\right)^{10} € = 8589{,}93 €$$

Schrottwert

Im Allgemeinen wird der Vermögenswert nicht voll abgeschrieben, sondern nur bis auf einen Schrottwert S, der nach t Jahren erreicht wird. Für den Schrottwert gilt dann:

Schrottwert:

$$S = A \cdot \left(1 - \frac{p}{100}\right)^t$$

Bei drei verschiedenen Abschreibungssätzen p_1, p_2, p_3 und den entsprechenden Abschreibungszeiten n_1, n_2, n_3 erfolgt die Abschreibung bis auf den Schrottwert gemäß der Formel:

$$S = A \cdot \left(1 - \frac{p_1}{100}\right)^{n_1} \cdot \left(1 - \frac{p_2}{100}\right)^{n_2} \cdot \left(1 - \frac{p_3}{100}\right)^{n_3}$$

Beispiele:

1. Eine Maschinenanlage wird in der ersten Periode mit 15%, dann doppelt so lange mit 20% und schließlich dreimal so lange wie in der ersten Periode mit 25% vom Buchwert degressiv abgeschrieben. Der Anschaffungswert beträgt 1 Million € und der Schrottwert soll 52000 € betragen.
Gesucht ist die Abschreibungsdauer:

Ist n die Dauer der ersten Periode, dann gilt für die gesamte Dauer der Abschreibung $t = n + 2n + 3n$.

$$52000 = 10^6 \cdot \left(1 - \frac{15}{100}\right)^{n} \cdot \left(1 - \frac{20}{100}\right)^{2n} \cdot \left(1 - \frac{25}{100}\right)^{3n} \Leftrightarrow$$

$$52 = 10^3 \cdot 0{,}85^n \cdot 0{,}8^{2n} \cdot 0{,}75^{3n} \Rightarrow$$

$$n = \frac{\lg 52 - 3 \cdot \lg 10}{\lg 0{,}85 + 2 \cdot \lg 0{,}8 + 3 \cdot \lg 0{,}75}$$

$n \approx 2$, die Abschreibungsdauer beträgt damit 12 Jahre.

Nun soll noch der konstante Abschreibungssatz berechnet werden, mit dem die Anlage in der gleichen Zeit auf denselben Schrottwert abgeschrieben werden kann:

$$52000 = 10^6 \cdot \left(1 - \frac{p}{100}\right)^{12} \Leftrightarrow$$

$$0{,}052 = \left(1 - \frac{p}{100}\right)^{12} \Rightarrow$$

$$1 - \frac{p}{100} = \sqrt[12]{0{,}052} \Leftrightarrow$$

$$1 - \frac{p}{100} = 0{,}7816 \Leftrightarrow p = 21{,}8$$

2. Eine Anlage im Wert von 80000 € soll mit 18% 10 Jahre lang abgeschrieben werden. Es sollen die einzelnen Buchwerte berechnet werden.

Es gilt der Ansatz $B_n = 80000\,€ \cdot 0{,}82^n\,€$

$B_1 = 65600\,€$ $B_6 = 24320\,€$
$B_2 = 53792\,€$ $B_7 = 19943\,€$
$B_3 = 44109\,€$ $B_8 = 16353\,€$
$B_4 = 36170\,€$ $B_9 = 13409\,€$
$B_5 = 29659\,€$ $B_{10} = 10996\,€$

Wegen $\dfrac{B_n}{80000} = f(n)$ kann man folgende Funktion aufstellen:

$f: n \rightarrow 0{,}82^n,\ n \in \{0,1,2,3,4,\ldots,10\}$

Graph der Funktion:

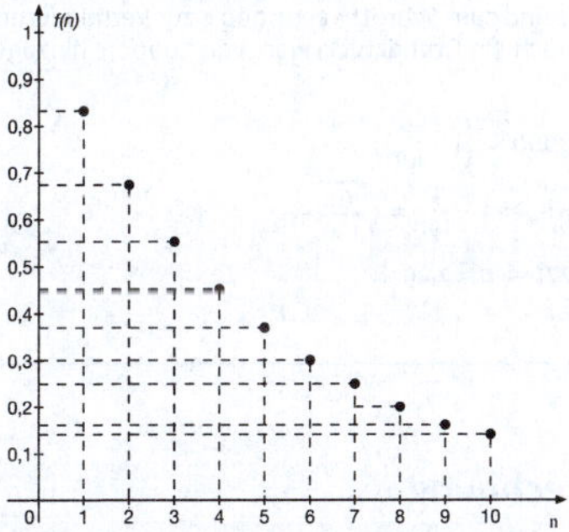

Nun soll berechnet werden, nach wie vielen Jahren die Anlage auf den Schrottwert 1 € abgeschrieben wird.

$1\,€ = 80000\,€ \cdot 0{,}82^n \Rightarrow$
$\lg 1 = \lg 80000 + n \cdot \lg 0{,}82 \Leftrightarrow$
$0 = 4{,}903 + n \cdot (-0{,}086) \Leftrightarrow$
$n = \dfrac{4{,}903}{0{,}086} \Rightarrow n = 57$

Nach 57 Jahren wäre die Anlage voll abgeschrieben.

Verminderte Degression

Addiert man zum Anschaffungswert und zum Schrottwert einen festen Betrag B, so ändert sich zwar die Abschreibungssumme nicht, jedoch die Degression, d. h., das Verhältnis zwischen den jährlichen Abschreibungsbeträgen im ersten und im letzten Jahr wird vermindert. Die Abschreibungsformel ist dann:

Verminderte Degression:

$$S + B = (A + B) \cdot \left(1 - \frac{p}{100}\right)^n$$

Beispiel:

Wie ändert sich der Abschreibungssatz, wenn zum Anschaffungswert 80000 € und zum Schrottwert 11000 € zur Verminderung der Degression noch ein Grundstückswert von 50000 € hinzugezählt wird:

$$61000\ € = 130000\ € \cdot \left(1 - \frac{p}{100}\right)^{10} \Leftrightarrow$$

$$\frac{61}{130} = \left(1 - \frac{p}{100}\right)^{10} \Rightarrow 1 - \frac{p}{100} = \sqrt[10]{\frac{61}{130}} \Rightarrow$$

$$1 - \frac{p}{100} = 0{,}9271 \Leftrightarrow p = 7{,}29$$

5.4 Ertragsrechnung

Definitionen

Ein fester Geldbetrag r, der in gleichbleibenden Zeitabständen (meistens 1 Jahr) ein- oder ausgezahlt wird, heißt Rendite.

Bei einem Zinsfaktor q ist die erste Einzahlung r am Ende des n-ten Jahres auf den Betrag $r \cdot q^{n-1}$ durch Zinseszins angewachsen. Die zweite Einzahlung, die am Ende des zweiten Jahres erfolgt, ist am Ende des n-ten Jahres auf den Betrag $r \cdot q^{n-2}$

angewachsen usw. Die am Ende des *n*-ten Jahres erfolgende Einzahlung wird nicht mehr verzinst.

Die Beträge $r \cdot q^{n-1}$, $r \cdot q^{n-2}$, $r \cdot q^{n-3}$, ... , $r \cdot q$, r bilden eine endliche geometrische Folge. Der Endwert S_n der nach *n* Jahren gezahlten Rendite ist gleich dem Summenwert dieser Folge.

Endwert der Rendite nach n Jahren:

$$S_n = r \cdot \frac{q^n - 1}{q - 1}$$

Beispiel:

Ein Sparer zahlt 10 Jahre lang jährlich 2400 € auf ein Konto ein, wobei das Guthaben mit 5,5% verzinst wird. Am Ende des 10. Jahres hat sich folgender Endwert angesammelt:

$$S_{10} = 2400\,€ \cdot \frac{1{,}055^{10} - 1}{1{,}055 - 1} = 2400\,€ \cdot 12{,}875$$

$$S_{10} = 30900{,}85\,€$$

Kapitalaufbau

Wird während der Dauer der Renditenzahlung noch ein festes Kapital K_0 verzinst, so ergibt sich in *n* Jahren ein gesamter Endwert B_n.

Endwert des Kapitalaufbaus nach n Jahren:

$$B_n = K_0 \cdot q^n + r \cdot \frac{q^n - 1}{q - 1}$$

Beispiel:

Ein Bausparer zahlt bei einer Bausparkasse 10000 € und dann in sechs jährlichen Raten je 3600 € ein. Das Guthaben am Ende des 6. Jahres errechnet sich bei 5 % Zinsen wie folgt:

$$B_n = 10000 \cdot 1{,}05^6\text{ €} + 3600\text{ €} \cdot \frac{1{,}05^6 - 1}{1{,}05 - 1} = 37888\text{ €}$$

Kapitalabbau

Wird ein festes Kapital K_0 verzinst und gleichzeitig eine Rendite r ausgezahlt, so verringert sich das Guthaben in n Jahren auf den Betrag: E_n

Guthaben nach n Jahren:

$$E_n = K_0 \cdot q^n - r \cdot \frac{q^n - 1}{q - 1}$$

Es kommt aber erst dann zu einem wirklichen Kapitalabbau, wenn die ausgezahlte Rendite r größer als die Zinsen ist, die K_0 jährlich trägt, d. h. wenn gilt:

$r > K_0 \cdot \frac{p}{100} \Leftrightarrow r > (q-1) \cdot K_0$.

Ist $r = (q-1) \cdot K_0$, so handelt es sich weder um einen Abbau noch um einen Aufbau, sondern um eine ewige Rendite.

Beispiel:

Wie groß ist der jährlich fällige Betrag, wenn aus einem Kapital von 150000 € bei 4,5% eine ewige Rendite ausbezahlt werden soll:

$r = (1{,}045 - 1) \cdot 150000\text{ €} = 0{,}0045 \cdot 150000\text{ €} = 6750\text{ €}$

5.5 Tilgung

Wird das eingezahlte Kapital in *n* Jahren durch die Renditenauszahlung aufgezehrt, so liegt ein Sonderfall von Kapitalabbau vor, den man Tilgung nennt.

$E_n = 0 \Rightarrow 0 = K_0 \cdot q^n - r \cdot \frac{q^n - 1}{q - 1}$

Tilgungsformel:

$$K_0 \cdot q^n = r \cdot \frac{q^n - 1}{q - 1}$$

Beispiel:

Ein Darlehen von 75776 € soll bei einem Zinssatz von 6,5% in 12 Jahren getilgt werden. Gesucht ist die jährliche Tilgungsrate.

$75776 \cdot 1{,}065^{12} = r \cdot \frac{1{,}065^{12} - 1}{0{,}065} \Leftrightarrow$

$161334{,}40 = r \cdot 17{,}37 \Leftrightarrow r = 9288{,}11$

Die jährliche Tilgungsrate beträgt also 9288,11 €.

Wie ändert sich die Tilgungsdauer, wenn der Sparer jährlich nur 6000 € aufbringen kann?

$$75776 \cdot 1{,}065^n = 6000 \cdot \frac{1{,}065^n - 1}{0{,}065} \Leftrightarrow$$

$$75776 \cdot 1{,}065^n = \frac{6000}{0{,}065} \cdot (1{,}065^n - 1) \Leftrightarrow$$

$$75776 \cdot 1{,}065^n = 92308 \cdot (1{,}065^n - 1) \Leftrightarrow$$

$$75776 \cdot 1{,}065^n = 92308 \cdot (1{,}065^n - 92308) \Leftrightarrow$$

$$1{,}065^n \cdot (92308 - 75776) = 92308 \Leftrightarrow$$

$$1{,}065^n \cdot 16532 = 92308 \Leftrightarrow$$

$$n \cdot \lg 1{,}065 + \lg 16532 = \lg 92308 \Leftrightarrow$$

$$4{,}96524 = 4{,}21833 + n \cdot 0{,}02735 \Leftrightarrow$$

$$0{,}74691 = n \cdot 0{,}2735 \Rightarrow n \approx 27{,}3$$

Die Tilgungsdauer beträgt in diesem Falle also ungefähr 27 Jahre.

5.3 Tilgung

Die Tilgungsdauer beträgt

6.
Zahlensysteme

6.1 Dezimalsystem

Im Dezimalsystem gibt es zehn verschiedene Ziffern 0, 1, 2, 3, ..., 9, mit denen man alle natürlichen Zahlen darstellen kann. Eine Zahl wird als Ziffernfolge geschrieben, der Wert einer Ziffer hängt dabei von der Stelle der Ziffernfolge ab, an der sie steht. Jede Stelle ist einer bestimmten Zehnerpotenz zugeordnet.

Aufbau der Ziffernfolge

...	4. Stelle	3. Stelle	2. Stelle	1. Stelle	Stellen v. rechts
...	10^3	10^2	10^1	10^0	Zehnerpotenz
...	Tausender	Hunderter	Zehner	Einer	Name
...	9	6	0	3	Beispiel

Als Beispiel wurde die Zahl 9603 dargestellt. Die Zahl enthält 9 Tausender und 6 Hunderter und 0 Zehner und drei Einer. Der mathematische Zusammenhang der Ziffernfolge mit dem Zahlenwert ist:

$$9603 = 9 \cdot 10^3 + 6 \cdot 10^2 + 0 \cdot 10^1 + 3 \cdot 10^0$$

Die Zehnerpotenzen nennt man die Stufenzahlen des Dezimalsystems. Auch eine Dezimalzahl lässt sich ähnlich darstellen, wenn man die Zehnerpotenzen mit negativen Hochzahlen als Stufenzahlen einführt.

Beispiele:

1. $0{,}504 = 5 \cdot 10^{-1} + 0 \cdot 10^{-2} + 4 \cdot 10^{-3}$
2. $126{,}37 = 1 \cdot 10^2 + 2 \cdot 10^1 + 6 \cdot 10^0 + 3 \cdot 10^{-1} + 7 \cdot 10^{-2}$

6.2 Dualsystem

Das Dualsystem hat die Ziffern 0 und 1, mit denen man alle natürlichen Zahlen darstellen kann. Eine Dualzahl wird als Ziffernfolge geschrieben, wobei jede Stelle der Ziffernfolge einer bestimmten Zweierpotenz zugeordnet ist. Beim selben Zahlenwert ist die Ziffernfolge beim Dualsystem länger als beim Dezimalsystem.

Aufbau der Ziffernfolge

...	4. Stelle	3. Stelle	2. Stelle	1. Stelle	Stellen v. rechts
...	2^3	2^2	2^1	2^0	Zweierpotenz
...	Achter	Vierer	Zweier	Einer	Name
...	1	1	0	1	Beispiel

Als Beispiel wurde die Zahl 1101 dargestellt. Die Zahl enthält 1 Achter und 1 Vierer und 0 Zweier und 1 Einer. Der mathematische Zusammenhang der Ziffernfolge mit dem Zahlenwert ist:

$$1101 = 1 \cdot 2^3 + 1 \cdot 2^2 + 0 \cdot 2^1 + 1 \cdot 2^0$$

Dualzahl in Dezimalzahl

Da es bei Dualzahlen nur zwei Ziffern gibt, ist entweder im Fall der Ziffer 1 die Zweierpotenz vorhanden oder im Fall der Ziffer 0 fehlt die Zweierpotenz. Man braucht also nur die vorhandenen Zweierpotenzen aufzuaddieren.

Beispiel:

Die Dualzahl 1100101 soll in eine Dezimalzahl umgewandelt werden:

$$1100101 = 1 \cdot 2^6 + 1 \cdot 2^5 + 1 \cdot 2^2 + 1 \cdot 2^0 =$$
$$= 64 + 32 + 4 + 1 = 101$$

Dezimalzahl in Dualzahl

Für die Umwandlung von Dezimalzahlen in Dualzahlen ist folgende Tabelle der Zweierpotenzen nützlich:

n	0	1	2	3	4	5	6	7	8	9	...
2^n	1	2	4	8	16	32	64	128	256	512	...

Von der Dezimalzahl spaltet man die größte Zweierpotenz ab, vom Rest wieder die größte Zweierpotenz usw.

Beispiele:

1. 39 soll in eine Dualzahl zerlegt werden:

$39 = 1 \cdot 2^5$ Rest 7

$7 = 1 \cdot 2^2$ Rest 3

$3 = 1 \cdot 2^1$ Rest 1

$1 = 1 \cdot 2^0$

$39 = 1 \cdot 2^5 + 0 \cdot 2^4 + 0 \cdot 2^3 + 1 \cdot 2^2 + 1 \cdot 2^1 + 1 \cdot 2^0 =$

$= 100111$

2. 120 soll in eine Dualzahl zerlegt werden:

$120 = 1 \cdot 2^6$ Rest 56

$56 = 1 \cdot 2^5$ Rest 24

$24 = 1 \cdot 2^4$ Rest 8

$8 = 1 \cdot 2^3$

$120 = 1 \cdot 2^6 + 1 \cdot 2^5 + 1 \cdot 2^4 + 1 \cdot 2^3 + 0 \cdot 2^2 + 0 \cdot 2^1 + 0 \cdot 2^0 =$

$= 1111000$

Addition und Subtraktion

Im Dualsystem kommen nur folgende einfache Additionen und Subtraktionen vor:

$0 + 0 = 0$	$0 - 0 = 0$
$1 + 0 = 1$	$1 - 0 = 1$
$0 + 1 = 0$	$1 - 1 = 0$
$1 + 1 = 10$	$10 - 1 = 1$

Beispiele:

1. Es sollen die Zahlen 27 und 23 im Dualsystem addiert und subtrahiert werden:

$27 = 1 \cdot 2^4 + 1 \cdot 2^3 + 1 \cdot 2^1 + 1 \cdot 2^0 = 11011$

$23 = 1 \cdot 2^4 + 1 \cdot 2^2 + 1 \cdot 2^1 + 1 \cdot 2^0 = 10111$

Addition:

$$\begin{array}{rcccccc} & & 1 & 1 & 0 & 1 & 1 \\ + & & 1 & 0 & 1 & 1 & 1 \\ \hline & 1 & 1 & 0 & 0 & 1 & 0 \end{array}$$

Erläuterungen zur Addition in den einzelnen Spalten (von rechts):

Spalte 1:	$1 + 1 = 10$	(Übertrag 1)
Spalte 2:	$1 + 1 + 1 = 11$	(Übertrag 1)
Spalte 3:	$1 + 1 = 10$	(Übertrag 1)
Spalte 4:	$1 + 1 = 10$	(Übertrag 1)
Spalte 5:	$1 + 1 + 1 = 11$	

Probe: $110010 = 1 \cdot 2^5 + 1 \cdot 2^4 + 1 \cdot 2^1 = 50 =$
$= 27 + 23$

2. *Subtraktion:*

$$\begin{array}{r} 1\;1\;0\;1\;1 \\ -\quad 1\;0\;1\;1\;1 \\ \hline 0\;0\;1\;0\;0 \end{array}$$

Erläuterungen zur Subtraktion in den einzelnen Spalten (von rechts):

Spalte 1: $1 - 1 = 0$

Spalte 2: $1 - 1 = 0$

Spalte 3: $10 - 1 = 0$ (der Übertrag kommt von Spalte 4)

Spalte 4: $0 - 0 = 0$

Spalte 5: $1 - 1 = 0$

Probe: $100 = 1 \cdot 2^2 + 0 \cdot 2^1 + 0 \cdot 2^0 = 4 =$

$= 27 - 23$

Multiplikation und Division

Für die Multiplikation und Division gelten folgende Rechenvorschriften:

$0 \cdot 0 = 0$	$0 : 1 = 0$
$1 \cdot 0 = 0$	$1 : 1 = 1$
$0 \cdot 1 = 0$	$10 : 1 = 10$
$1 \cdot 1 = 1$	$1 : 0 =$ nicht definiert

Außerdem gilt $10 \cdot 10 = 100$.

Beispiele:

1. Es soll der Produktwert von 9 . 13 mit Dualzahlen berechnet werden:

$9 = 1 \cdot 2^3 + 0 \cdot 2^2 + 0 \cdot 2^1 + 1 \cdot 2^0 = 1001$

$13 = 1 \cdot 2^3 + 1 \cdot 2^2 + 0 \cdot 2^1 + 1 \cdot 2^0 = 1101$

```
 1001 · 1101
 -----------
 1001
  1001
    1001
 -----------
 1110101
```

Das Multiplizieren wird wie beim Dezimalsystem durchgeführt.

Probe: $1110101 = 1 \cdot 2^6 + 1 \cdot 2^5 + 1 \cdot 2^4 + 1 \cdot 2^2 + 1 \cdot 2^0 =$

$= 64 + 32 + 16 + 4 + 1 = 117 = 9 \cdot 13$

2. Es soll 72 : 24 im Dualsystem berechnet werden.

$72 = 1 \cdot 2^6 + 0 \cdot 2^5 + 0 \cdot 2^4 + 1 \cdot 2^3 + 0 \cdot 2^2 + 0 \cdot 2^1 + 0 \cdot 2^0 =$

$= 1001000$

$24 = 1 \cdot 2^4 + 1 \cdot 2^3 + 0 \cdot 2^2 + 0 \cdot 2^1 + 0 \cdot 2^0 =$

$= 11000$

```
 1001000 : 11000 = 11
- 11000
 -------
   11000
 - 11000
 -------
       0
```

Das Dividieren wird wie beim Dezimalsystem durchgeführt.

Probe: $11 = 1 \cdot 2^1 + 1 \cdot 2^0 = 2 + 1 = 3 = 72 : 24$

6.3 Hexadezimalsystem

Aufbau

Im Hexadezimalsystem gibt es 16 verschiedene Ziffern 0, 1, 2, 3, ... , 9, A, B, C, D, E, F, mit denen man alle natürlichen Zahlen darstellen kann. Eine Zahl wird als Ziffernfolge geschrieben, der Wert einer Ziffer hängt dabei von der Stelle der Ziffernfolge ab, an der sie steht. Jede Stelle ist einer bestimmten Potenz der Zahl 16 zugeordnet.

Die Ziffern 0 – 9 entsprechen den üblichen Ziffern im Dezimalsystem, A = 10, B = 11, C = 12, D = 13, E = 14, F = 15.

...	4. Stelle	3. Stelle	2. Stelle	1. Stelle	Stellen v. rechts
...	16^3	16^2	16^1	16^0	Potenz von 16
...	4096	256	16	1	Dezimalwert
...	1	C	2	B	Beispiel

Als Beispiel wurde die Zahl 1C2B dargestellt. Der mathematische Zusammenhang der Ziffernfolge mit dem Zahlenwert ist:

$$1C2B = 1 \cdot 16^3 + 12 \cdot 16^2 + 2 \cdot 16^1 + 11 \cdot 16^0$$

Das Hexadezimalsystem oder Sedezimalsystem ist also ein Sechzehner-Zahlensystem, bei dem 16 Ziffern verwendet werden.

Hexadezimalzahlen in Dezimalzahlen

Die Umwandlung von Hexadezimalzahlen in Dezimalzahlen erfolgt nach dem vom Dualsystem her bekannten Muster.

Beispiele:

1. $4F = 4 \cdot 16^1 + 15 \cdot 16^0 = 4 \cdot 16 + 15 = 79$

2. $2E05A = 2 \cdot 16^4 + 14 \cdot 16^3 + 0 \cdot 16^2 + 5 \cdot 16^1 + 10 \cdot 16^0 =$
$= 2 \cdot 65536 + 14 \cdot 4096 + 5 \cdot 16 + 10 =$
$= 131072 + 57344 + 80 + 10 = 188506$

Dezimalzahlen in Hexadezimalzahlen

Für die Umwandlung von Dezimalzahlen in Hexadezimalzahlen ist folgende Tabelle der Sechzehnerpotenzen nützlich:

n	0	1	2	3	4	5	...
16^n	1	16	256	4096	65536	1048576	...

Von der Dezimalzahl spaltet man die größte Sechzehnerpotenz ab, vom Rest wieder die größte Sechzehnerpotenz usw.

Beispiele:

1. Die Dezimalzahl 956 soll in eine Hexadezimalzahl umgewandelt werden:

$956 = 3 \cdot 16^2$ Rest 188
$188 = 11 \cdot 16^1$ Rest 12
$12 = 12 \cdot 16^0$
Die Hexadezimalzahl lautet demnach: 3BC.

2. Die Dezimalzahl 5000 soll in eine Hexadezimalzahl umgewandelt werden:

$5000 = 1 \cdot 16^3$ Rest 904
$904 = 3 \cdot 16^2$ Rest 136
$136 = 8 \cdot 16^1$ Rest 8
$8 = 8 \cdot 16^0$
Die Hexadezimalzahl lautet demnach: 1388.

Dualzahlen in Hexadezimalzahlen

Sollen Dualzahlen in Hexadezimalzahlen umgewandelt werden, so kann man die Dualzahlen zunächst in Dezimalzahlen umwandeln und diese wieder in Hexadezimalzahlen. Dieses Verfahren ist jedoch recht umständlich. Es gibt einen einfachen Zusammenhang zwischen dem dualen und dem hexadezimalen Zahlensystem:

Jede vierstellige Dualzahl (Tetrade) kann durch eine Hexadezimalziffer dargestellt werden.

Die folgende Tabelle veranschaulicht diesen Zusammenhang:

Hexadezimalziffer	Dualzahl			
	2^3	2^2	2^1	2^0
0	0	0	0	0
1	0	0	0	1
2	0	0	1	0
3	0	0	1	1
4	0	1	0	0
5	0	1	0	1
6	0	1	1	0
7	0	1	1	1
8	1	0	0	0
9	1	0	0	1
A	1	0	1	0
B	1	0	1	1
C	1	1	0	0
D	1	1	0	1
E	1	1	1	0
F	1	1	1	1

Bei Dualzahlen mit mehr als vier Stellen können jeweils vier Stellen durch eine Hexadezimalziffer dargestellt werden. Bei Dualzahlen sind also von rechts Tetraden zu bilden. Enthält die letzte Gruppe links weniger als vier Stellen, so ist sie durch vorzusetzende Nullen auf eine Tetrade aufzufüllen.

Beispiele:

1. Die Dualzahl 10011101 lässt sich in genau zwei Tetraden aufteilen: 1001 – 1101.
   Die Hexadezimalzahl ist 9D.

2. Die Dualzahl 1011010100 lässt sich unter Ergänzung von zwei Nullen am Anfang in genau drei Tetraden zerlegen:
   0010 – 1101 – 0100.
   Die Hexadezimalzahl ist 2D4.

Das Hexadezimalsystem wird also häufig dazu verwendet, um lange Dualzahlen kürzer und damit übersichtlicher darzustellen.

Beispiel:

10011101011001000100
entspricht der Hexadezimalzahl 9D644.
Die entsprechende Dezimalzahl ist 644676.

6.4 BCD-Code

Codevorschrift

Die Buchstabenfolge BCD leitet sich aus der englischen Bezeichnung „Binary Coded Decimals“ (binär codierte Dezimalziffern) ab.

Mit dem BCD-Code wird also jede Dezimalziffer durch eine Tetrade von Dualzahlen (vier binäre Stellen) dargestellt.

Die Codevorschrift ist durch folgende Tabelle gegeben:

Dzimalziffer	Dualzahl 2^3	2^2	2^1	2^0
0	0	0	0	0
1	0	0	0	1
2	0	0	1	0
3	0	0	1	1
4	0	1	0	0
5	0	1	0	1
6	0	1	1	0
7	0	1	1	1
8	1	0	0	0
9	1	0	0	1

Es gibt noch andere Tetraden, die den Dezimalziffern nicht mehr zugeordnet werden konnten. Man nennt sie Pseudotetraden, sie dürfen bei der Codierung nicht auftreten. Es sind dies:

1	0	1	0
1	0	1	1
1	1	0	0
1	1	0	1
1	1	1	0
1	1	1	1

Hat eine Dezimalzahl mehrere Stellen, so wird für jede Stelle eine Tetrade benötigt.

Eine *n*-stellige Dezimalzahl wird im BCD-Code durch *n* Tetraden ausgedrückt.

Beispiele:

1. Die Dezimalzahl 568 lautet im BCD-Code mit 3 Tetraden:

   0101 0110 1000

2. Die Dezimalzahl 1024 lautet im BCD-Code mit 4 Tetraden:

   0001 0000 0010 0100

Es gibt neben dem BCD-Code noch eine Reihe anderer Codierungen, die alle das Ziel haben, Zahlen in binäre Zeichen umzusetzen, die dann in Computern leicht verarbeitet werden können.

Addition im BCD-Code

Die Addition erfolgt nach den Regeln der Addition von Dualzahlen. Es müssen aber folgende Fälle gesondert beachtet werden:

Summe ist kleiner oder gleich 9:

Beispiel:

5 + 3 = 8		0	1	0	1	
	+	0	0	1	1	
		1	1	1		Übertrag
		0	0	0	0	

Summe ist größer oder gleich 10:

In diesem Fall ist das Ergebnis zunächst eine Pseudotetrade. Nach der Codierungsvorschrift müssen jedoch bei einer zweistelligen Dezimalzahl zwei Tetraden auftreten. Dies kann man dadurch erreichen, dass man zum Ergebnis noch die Tetrade 0110 (Ziffer 6) addiert.

Beispiel:

7 + 5 = 12		0 1 1 1	
		+ 0 1 0 1	
		1 1 1	Übertrag
		1 1 0 0	Pseudotetrade
		+ 0 1 1 0	Korrektur
		1	Übertrag
	0 0 0 1	0 0 1 0	Entspricht der Zahl 12

Addition von mehreren Tetraden:

Die Addition ist der Reihe nach für jede Tetrade durchzuführen, beginnend mit der rechten Tetrade. Ein eventuell auftretender Übertrag bei einer Ergebnistetrade ist der wertniedrigsten Stelle der nächsten Tetrade zuzurechnen. Tritt eine Pseudotetrade auf, so ist die Korrekturaddition durchzuführen.

Beispiel:

59 + 78 = 137				
59		0 1 0 1	1 0 0 1	
78		+ 0 1 1 1	1 0 0 0	
		1 1 1 1		Übertrag
		1 1 0 1	0 0 0 1	Pseudotetrade
		+ 0 1 1 0	0 1 1 0	Korrektur
		1		Übertrag
	0 0 0 1	0 0 1 1	0 1 1 1	Ergebnis
	1	3	7	

Zehnerkomplement

Das Zehnerkomplement einer Ziffer des Dezimalsystems ist die Ergänzung dieser Ziffer zu 10.

Beispiel:

Das Zehnerkomplement von 7 ist:
10 − 7 = 3

Das Zehnerkomplement einer BCD-Tetrade ist die Ergänzung des Tetradenwerts zu 1010.

Beispiel:

Das Zehnerkomplement von 0111 ist 0011:

	1	0	1	0
−	0	1	1	1
	0	0	1	1

Subtraktion im BCD-Code

Die Subtraktion im BCD-Code wird zurückgeführt auf eine Addition des Zehnerkomplements vom Minuenden zum Subtrahenden.

Ergibt sich eine Pseudotetrade, so ist die Korrekturaddition mit 0110 durchzuführen.

Stellt sich beim Ergebnis ein Übertrag in die 5. Stelle ein, so ist das Ergebnis positiv. Der Wert in der 5. Stelle ist nicht von Bedeutung für das Ergebnis.

Fehlt der Übertrag in die 5. Stelle, dann ist das Ergebnis negativ.

Beispiele:

1. *Ergebnis ist eine positive Zahl:* 9 – 7 = 2

Das Zehnerkomplement von 7 ist 3, also die Tetrade 0011.

	1	0	0	1	9
+	0	0	1	1	3
		1	1		Übertrag
	1	1	0	0	Pseudotetrade
	0	1	1	0	Korrektur
	1				Übertrag
1	0	0	1	0	

Das Ergebnis ist also die Tetrade 0010, die Dezimalzahl 2. Die 1 in der 5. Stelle bedeutet +2.

2. *Ergebnis ist eine negative Zahl:* 7 – 9 = –2

Das Zehnerkomplement von 9 ist die Tetrade 0001.

	0	1	1	1	7
+	0	0	0	1	1
	1	1	1		Übertrag
	1	0	0	0	

Es gibt keinen Übertrag in die 5. Stelle, also ist das Ergebnis negativ. Um den Betrag der negativen Zahl zu erhalten, ist wieder ihr Zehnerkomplement zu bilden. Das Zehnerkomplement von 1000 ist 0010, also die Dezimalzahl 2.

Beim BCD-Code gibt es einige Schwierigkeiten beim Umsetzen der binären Tetraden in elektrische Spannungswerte. Beispielweise tritt bei Spannungsausfall immer die Tetrade 0000 auf, was zu Verwechslungen führen kann. Dies hat zu Überlegungen geführt, die 16 möglichen Tetraden anders auf die 10 Ziffern des Dezimalsystems zu verteilen. Zum Beispiel werden beim 3-Exzess-Code die ersten und die letzten drei der 16 möglichen Tetraden nicht verwendet. Die den Tetraden zugeordneten Dualzahlen haben dann einen Wert, der immer um drei größer als der Wert der entsprechenden Dezimalzahl ist.

7. Komplexe Zahlen

7.1 Imaginäre Zahlen

Die Lösung der Gleichung $x^2 = -a$ für $a > 0$ ist in der Menge der reellen Zahlen nicht darstellbar, denn die Wurzel bei $|x| = \sqrt{-a}$, ist nicht definiert.

Zerlegt man die Gleichung in $|x| = \sqrt{-1} \cdot \sqrt{a}$, und führt $\sqrt{-1} = i$ als Einheit einer neuen Zahlenart, die umfassender als die reellen Zahlen ist, ein, dann lässt sich eine Lösung der Gleichung angeben: $|x| = \sqrt{a} \cdot i$.

$i = \sqrt{-1}$ ist die Einheit der imaginären Zahlen und mit i sind auch bi imaginäre Zahlen (wobei b eine reelle Zahl sein soll). Das Quadrat von i ist die reelle Zahl –1, denn es gilt $i^2 = \sqrt{-1} \cdot \sqrt{-1} = -1$

Die für die reellen Zahlen festgelegten Rechenregeln sollen auch für die imaginären Zahlen gelten.

Beispiele:

1. $\sqrt{-36} = \sqrt{36} \cdot \sqrt{-1} = 6i$
2. $-\sqrt{-\frac{1}{9}} = -\frac{1}{3} \cdot \sqrt{-1} = -\frac{1}{3} i$
3. $x^2 + 4 = 0 \Leftrightarrow x^2 = -4 \Rightarrow |x| \sqrt{-1} \cdot 2$

   $x = 2i \vee x = -2i$

Menge der imaginären Zahlen:

$$I = \{ bi \text{ mit } b \in R \wedge i = \sqrt{-1} \}$$

7.2 Komplexe Zahlen

Definition

Eine Zahl, die aus der Summe einer reellen und einer imaginären Zahl besteht, nennt man eine komplexe Zahl.

Menge der komplexen Zahlen:

$$\mathbb{C} = \{ a + bi \quad \text{mit} \quad a, b \in \mathbb{R} \wedge i = \sqrt{-1} \}$$

Bei einer komplexen Zahl $z = a + bi$ heißt a der Realteil und b der Imaginärteil von z. Man schreibt kurz $a = \mathrm{Re}(z)$ und $b = \mathrm{Im}(z)$.

Eine komplexe Zahl, deren Realteil 0 ist, heißt rein imaginär.

Eine komplexe Zahl, deren Imaginärteil 0 ist, ist eine reelle Zahl.

Beispiele:

1. $z = 1 + \sqrt{7}\, i$,
$\mathrm{Re}(z) = 1$, $\mathrm{Im}(z) = \sqrt{7}$

2. $z = 15i$,
$\mathrm{Im}(z) = 15$, rein imaginär

3. $z = -2$,
$\mathrm{Re}(z) = -2$, reell

Die Lösungen von quadratischen Gleichungen können komplex sein, wie aus folgendem Beispiel ersichtlich ist.

Beispiel:

$x^2 - 2x + 8 = 0 \Leftrightarrow$

$x = \frac{2 \pm \sqrt{4 - 32}}{2} \Leftrightarrow$

$x_{1/2} = \frac{2 \pm \sqrt{-28}}{2} \Leftrightarrow$

$x_{1/2} = \frac{2 \pm 2\sqrt{-1} \cdot \sqrt{7}}{2} \Leftrightarrow$

$x_{1/2} = 1 \pm \sqrt{7}\,i \Leftrightarrow x_1 = 1 + \sqrt{7}\,i \vee x_2 = 1 - \sqrt{7}\,i$

Die beiden Lösungen sind komplexe Zahlen.

7.3 Operationen mit komplexen Zahlen

Addition und Subtraktion

Addiert (subtrahiert) man zwei komplexe Zahlen, so entsteht wieder eine komplexe Zahl, wobei man jeweils die Realteile und die Imaginärteile addiert (subtrahiert).

$z_1 = a + bi\,,\ z_2 = c + di \Rightarrow$

$z_1 + z_2 = (a + bi) + (c + di) = (a + c) + (b + d)i$

$z_1 - z_2 = (a + bi) - (c + di) = (a - c) + (b - d)i$

Für die Addition gelten das Kommutativgesetz und das Assoziativgesetz, außerdem gilt für jede komplexe Zahl z:

$z + 0 = z$ und $z + (-z) = 0 + 0i = 0$.

Beispiele:

1. $(3+5i)+(-2+3i)=(3-2)+(5+3)i=1+8i$
2. $(-2+3i)+(3+5i)=(-2+3)+(3+5)i=1+8i$
3. $(8-4i)+(0+0i)=8-4i$
4. $z+(-z)=(8-4i)+(-8+4i)=0$
5. $(10-20i)-(7+3i)=(10-7)+(-20-3)i=3-23i$
6. $(12+3i)-4i=(12-0)+(3-4)i=12-i$

Multipiikation

Multipliziert man zwei komplexe Zahlen, so entsteht wieder eine komplexe Zahl.

$$z_1=a+bi\,,\,z_2=c+di\Rightarrow z_1z_2=(ac-bd)+(ad+bc)i$$

Diese Regel kommt so zustande:

$z_1=a+bi\,,\,z_2=c+di\Rightarrow$

$z_1z_2=(a+bi)\cdot(c+di)=$

$ac+adi+bci+bdi^2=$

$(ac-bd)+(ad+bc)i$

Es gilt $z\cdot 1=z$ und $z\cdot 0=0$.
Für die Multiplikation gelten das Kommutativgesetz und das Assoziativgesetz, außerdem gibt es für jede komplexe Zahl z eine Zahl $\frac{1}{z}$, sodass gilt $z\cdot\frac{1}{z}=1+0i=1$.

Für komplexe Zahlen gilt auch das Distributivgesetz:
$z_1\cdot(z_2+z_3)=z_1z_2+z_1z_3$

Die komplexen Zahlen $z=a+bi$ und $z^*=a-bi$ heißen zueinander konjugiert. Ihr Produkt ist eine reelle Zahl: $z\cdot z^*=a^2+b^2$

Beispiele:

1. $(5-2i)\cdot(3+4i)=(15+8)+(20-6)\,i=$
$=23+14i$

2. $(6+3i)\cdot(1+0i)=(6-0)+(0+3)\,i=$
$=6+3i$

3. $(1-i)\cdot[(2+3i)+(3-4i)]=$
$=(1-i)\cdot(2+3i)+(1-i)\cdot(3-4i)$

4. $(1-2i)\cdot(1+2i)=1+2i-2i-4\,(-1)=$
$=1+4=5$

Division

Bei der Division zweier komplexer Zahlen erweitert man den Bruch mit der konjugiert komplexen Zahl zum Nenner.

Beispiel:

$$\frac{2+3i}{1-4i}=\frac{2+3l}{1-4i}\cdot\frac{1+4l}{1+4i}=$$

$$=\frac{2+8i+3i-12}{1+16}=\frac{-10+11i}{17}$$

$$=-\frac{10}{17}+\frac{11}{17}i$$

Bei der Bildung des Kehrbruchs einer komplexen Zahl erweitert man den Nenner ebenfalls mit der konjugiert komplexen Zahl:

$$\frac{1}{z} = \frac{1}{a+bi} = \frac{1}{a+bi} \cdot \frac{a-bi}{a-bi} =$$

$$= \frac{a-bi}{a^2+b^2} = \frac{a}{a^2+b^2} - \frac{bi}{a^2+b^2}$$

$$\text{Re}\left(\frac{1}{z}\right) = \frac{a}{a^2+b^2} \text{ und } \text{Im}\left(\frac{1}{z}\right) = \frac{-b}{a^2+b^2}, z \neq 0$$

Vermischte Rechnungen

Beispiele:

1. Produkt von drei komplexen Zahlen:

$$i \cdot (3+2i) \cdot (4-5i) =$$
$$= i \cdot (22-7i) = 7 + 22i$$

2. Produkt von vier rein imaginären Zahlen:

$$3i \cdot 5i \cdot (-i) \cdot 6i = -90i^4 = -90$$

3. Summe und Produkt von komplexen Zahlen:

$$4 + 2i + (8-i) \cdot (2+5i) =$$
$$= 4 + 2i + (16+5) + (40-2)i =$$
$$= 4 + 2i + 21 + 38i = 25 + 40i$$

4. Quadrat einer komplexen Zahl:

$$(3-i)^2 = 9 - 6i + i^2 = 9 - 6i - 1 = 8 - 6i$$

5. Division einer komplexen Zahl durch eine rein imaginäre Zahl:

$$\frac{4-i}{i} = \frac{4-i}{i} \cdot \frac{i}{i} =$$
$$= \frac{4i-i^2}{-1} = \frac{4i+1}{-1} = -1 - 4i$$

6. Komplexe Bestimmungsgleichung für z:

$$(1+i)z+(3-i)=7-3i \Leftrightarrow$$

$$(1+i)z=7-3i-3+i \Leftrightarrow (1+i)z=4-2i \Leftrightarrow$$

$$z=\frac{4-2i}{1+i} \Leftrightarrow z=\frac{4-2i}{1+i}\cdot\frac{1-i}{1-i} \Leftrightarrow z=\frac{4-6i-2i^2}{2} \Leftrightarrow$$

$$z=\frac{4-6i-2}{2} \Leftrightarrow z=1-3i$$

7. Summe und Produkt von konjugiert komplexen Zahlen:

$$z=a+bi\,,\ z^*=a-bi \Rightarrow$$

$$z+z^*=(a+bi)+(a-bi)=2a$$

$$z\cdot z^*=(a+bi)\cdot(a-bi)=a^2+b^2$$

7.4 Grafische Darstellung

Rechtwinkliges Koordinatensystem

Komplexe Zahlen kann man als Punkte in der Ebene darstellen, die von der reellen Zahlenachse und der imaginären Zahlenachse aufgespannt ist. Die Zahlenachsen stehen senkrecht aufeinander. (Gauß'sche Zahlenebene)

Beispiel:

$z = 2 + 2i$
$z^* = 2 - 2i$

Zu den Punkten führen vom Ursprung aus Pfeile, genannt Vektoren. Jede komplexe Zahl lässt sich daher auch in der Gauß'schen Zahlenebene darstellen.

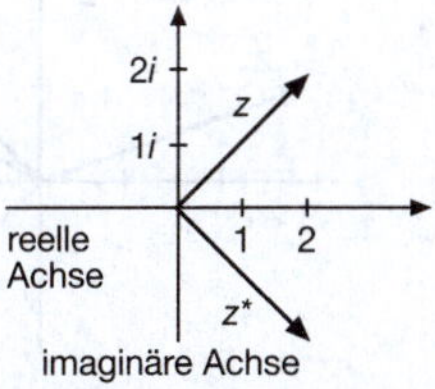

7. Komplexe Zahlen

Für zwei Vektoren z_1 und z_2 ergibt sich der Vektor $z_1 + z_2$ als die vom Ursprung ausgehende Diagonale des Parallelogramms, das von z_1 und z_2 aufgespannt wird. Der Vektor $z_1 - z_2$ ist die vom Ursprung ausgehende Diagonale des Parallelogramms, das von z_1 und $-z_2$ aufgespannt wird.

Beispiele:

1. $z_1 = 2 \quad z_2 = 1{,}5i$

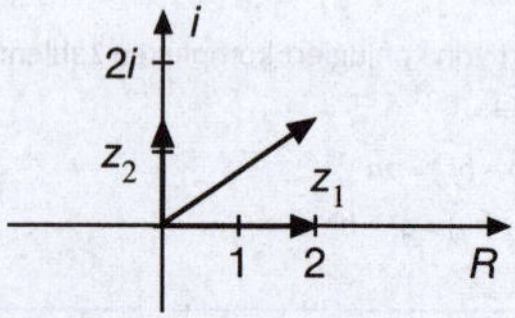

2. $z_1 = 1{,}5 - 0{,}5i \quad z_2 = -1 + 2i$

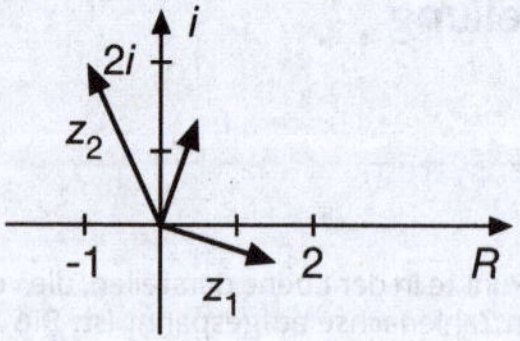

3. $z_1 = 4 + 2i \quad z_2 = -3 + i \quad z_3 = 1 - i$

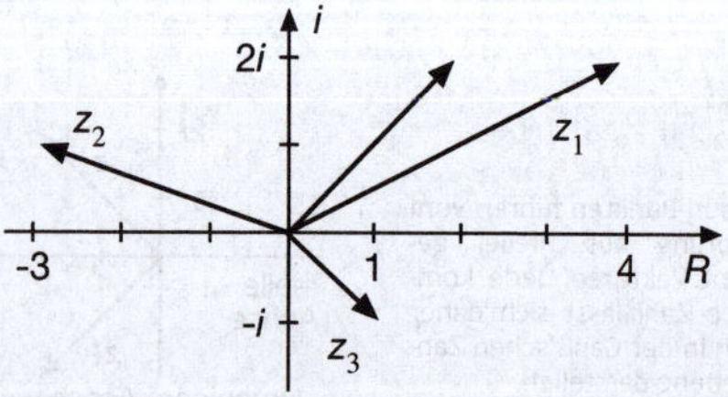

Polarform einer komplexen Zahl

Der zu einer komplexen Zahl mit dem Realteil *a* und dem Imaginärteil *b* gehörende Vektor hat eine Länge, die den Betrag $|z| = r$ der komplexen Zahl darstellt, und ist, von der reellen Zahlenachse ausgehend, um den Winkel α gegen den Uhrzeigersinn gedreht.

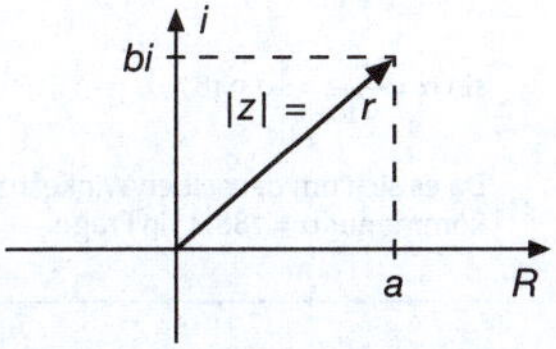

Nach dem Satz von Pythagoras gilt für den Betrag einer komplexen Zahl:

$r = |z| = \sqrt{a^2 + b^2}$

Nach den Sätzen der Trigonometrie gilt:

$\cos\alpha = \frac{a}{|z|}$, $\sin\alpha = \frac{b}{|z|}$

$\mathrm{Re}(z) = a = |z| \cdot \cos\alpha$ $\qquad$ $\mathrm{Im}(z) = b = |z| \cdot \sin\alpha$

Jede komplexe Zahl $z = a + bi$ kann in der sog. Polarform geschrieben werden: $z = |z| \cdot \cos\alpha + i$
$|z| \cdot \sin\alpha = |z| \cdot (\cos\alpha + i\sin\alpha)$ mit
$0 \le \alpha < 360°$, $|z| = \sqrt{a^2 + b^2}$

Beispiele:

1. $z = i \Rightarrow z = 1 \cdot (\cos 90° + i \sin 90°) =$
$= 1(0 + i \cdot 1) = i$

2. $z = -3 \Rightarrow z = 3 \cdot (\cos 180° + i \sin 180°) =$
$= 3 \cdot (-1 + i \cdot 0) = -3$

3. $z = 1 - 3i \Rightarrow \quad z = \sqrt{10} \cdot (\cos 288{,}4° + i \sin 288{,}4°)$

weil: $|z| = \sqrt{1+9} = \sqrt{10}$

$$\cos \alpha = \frac{1}{\sqrt{10}} = 0{,}3162$$

$$\sin \alpha = \frac{-3}{\sqrt{10}} = -0{,}9487$$

Da es sich um denselben Winkel handeln muss, kommt nur $\alpha = 288{,}4°$ in Frage.

Multiplikation von komplexen Zahlen

Gegeben sind zwei komplexe Zahlen in Polarform:

$z_1 = r_1 (\cos \alpha + i \sin \alpha)$ und $z_2 = r_2 (\cos \beta + i \sin \beta)$.

Für das Produkt dieser Zahlen gilt dann:

$$z_1 \cdot z_2 = r_1 (\cos \alpha + i \sin \alpha) \cdot r_2 (\cos \beta + i \sin \beta) =$$

$$= r_1 \cdot r_2 (\cos \alpha \cos \beta + i \cos \alpha \sin \beta + i \sin \alpha \cos \beta - \sin \alpha \sin \beta) =$$

$$= r_1 \cdot r_2 (\cos \alpha \cos \beta - \sin \alpha \sin \beta + i (\sin \beta \cos \alpha + \sin \alpha \cos \beta))$$

Nach den Additionstheoremen aus der Trigonometrie lässt sich der Term folgendermaßen vereinfachen:

$$z_1 \cdot z_2 = r_1 \cdot r_2 \cdot (\cos(\alpha + \beta) + i \sin(\alpha + \beta))$$

Zwei komplexe Zahlen, die in Polarform gegeben sind, werden multipliziert, indem man die Beträge multipliziert und die Winkel addiert.

Beispiele:

1. $z_1 = 2 \cdot (\cos 45° + i \sin 45°)$

$z_2 = 1{,}5 \cdot (\cos 115° + i \sin 115°)$

$z = z_1 \cdot z_2 = 3 \cdot (\cos 160° + i \sin 160°)$

2. $z_1 = 1 \cdot (\cos 30° + i \sin 30°)$

$z_2 = 1 \cdot (\cos 120° + i \sin 120°)$

$z = z_1 \cdot z_2 = 1 \cdot (\cos 150° + i \sin 150°)$

Aus der Multiplikationsregel folgt speziell, dass für eine komplexe Zahl z in Polarform gilt:

$$z = r(\cos\alpha + i \sin\alpha) \Rightarrow$$
$$\frac{1}{z} = \frac{1}{r} \cdot (\cos(360° - \alpha) + i \sin(360° - \alpha))$$

Division von komplexen Zahlen

Durch eine ähnliche Rechnung wie bei der Multiplikation erhält man für den Quotienten zweier komplexer Zahlen folgende Regel:

$$z = z_1 : z_2 = \frac{r_1}{r_2} \cdot (\cos(\alpha - \beta) + i \sin(\alpha - \beta))$$

Zwei komplexe Zahlen, die in Polarform gegeben sind, werden dividiert, indem man die Beträge dividiert und die Winkel subtrahiert.

Beispiel:

$z_1 = 87 \cdot (\cos 105° + i \sin 105°)$
$z_2 = 29 \cdot (\cos 15° + i \sin 15°)$
$z_1 \cdot z_2 = 2523 \cdot (\cos 120° + i \sin 120°)$
$z_1 : z_2 = 3 \cdot (\cos 90° + i \sin 90°) = 3i$

7.5 Wurzeln und Potenzen

Quadratwurzel

Zu einer komplexen Zahl $z = r(\cos\alpha + i\sin\alpha)$ ist die komplexe Zahl $\sqrt{z} = s(\cos\beta + i\sin\beta)$ mit $(\sqrt{z})^2 = z$ und $(-\sqrt{z})^2 = z$ gesucht.

Dies führt zu folgendem Ansatz:
$r(\cos\alpha + i\sin\alpha) = s^2(\cos\beta + i\sin\beta)^2 = s^2(\cos 2\beta + i\sin 2\beta)$.

Ein Vergleich ergibt: $s = \sqrt{r}$ und $\beta = \frac{1}{2}\alpha$.

Aber auch folgender Ansatz muss gelten:
$r(\cos\alpha + i\sin\alpha) = s^2(-\cos\beta - i\sin\beta)^2$, dies führt zu $s = \sqrt{r}$ und $\beta = \frac{1}{2}\alpha + 180°$.

Jede komplexe Zahl $z = r(\cos\alpha + i\sin\alpha)$, $z \neq 0$, hat in der Menge C zwei Quadratwurzeln:

$$z_1 = \sqrt{r}\left(\cos\frac{\alpha}{2} + i\sin\frac{\alpha}{2}\right)$$

$$z_2 = \sqrt{r}\left(\cos\left(\frac{\alpha}{2} + 180°\right) + i\sin\left(\frac{\alpha}{2} + 180°\right)\right) = -z_1$$

Die bei den reellen Zahlen geltenden Gesetze für das Rechnen mit Quadratwurzeln gelten im komplexen Zahlenbereich nicht mehr.

Beispiel:

Gesucht sind die Wurzeln: $\sqrt{2\sqrt{3} + 2i}$

Der komplexe Radikand wird in die Polarform umgewandelt:

$z = 4 \cdot (\cos 30^\circ + i \sin 30^\circ)$

Die beiden Quadratwurzeln sind dann:

$z_1 = 2 \cdot (\cos 15^\circ + i \sin 15^\circ) = 1{,}9318 + 0{,}5176i$

$z_2 = 2 \cdot (\cos 195^\circ + i \sin 195^\circ) = -1{,}9318 - 0{,}5176i$

Quadratische Gleichungen

Gegeben ist die Normalform einer quadratischen Gleichung mit komplexen Zahlen $z^2 = pz + q = 0$. Auch hier kann man die bei den reellen Zahlen bekannte Lösungsformel für quadratische Gleichungen verwenden:

$$z = \frac{-p \pm \sqrt{p^2 - 4q}}{2}.$$

Man muss nur beachten, dass der Wurzelradikand eine komplexe Zahl ist.

Die Gleichung $z^2 + pz + q = 0$, $p, q \in C$ hat in C die beiden Lösungen

$z_1 = \frac{-p + w_1}{2}$ und $z_2 = \frac{-p + w_2}{2}$,

wobei w_1 und w_2 die beiden komplexen Wurzeln von $p^2 - 4q$ sind.

Beispiel:

$$z^2 + (-1+i)z - i = 0 \Leftrightarrow$$

$$z = \frac{1 - i + \sqrt{(1-i)^2 + 4i}}{2} \Leftrightarrow$$

$$z = \frac{1 - i + \sqrt{2i}}{2}$$

Berechnung der komplexen Wurzeln $\sqrt{2i}$:

$$2i = 2 \cdot (\cos 90^\circ + i \sin 90^\circ)$$

$$\sqrt{2i} = \sqrt{2} \cdot (\cos 45^\circ + i \sin 45^\circ) =$$

$$= \sqrt{2} \cdot \left(\frac{1}{2}\sqrt{2} + i \cdot \frac{1}{2}\sqrt{2}\right) = 1 + i \text{ oder } \sqrt{2i} = -1 - i$$

Eingesetzt in die Lösungsformel:

$$z_1 = \frac{1 - i + 1 + i}{2} = 1 \text{ oder}$$

$$z_2 = \frac{1 - i - 1 - i}{2} = -i$$

An den Lösungen kann man erkennen, dass im komplexen Zahlenbereich auch der Satz von Vieta Gültigkeit hat.

Potenzen

Gegeben ist eine komplexe Zahl in der Polarform $z = r \cdot (\cos \alpha + i \sin \alpha)$ mit $r \in R^+$ und $0 \leq \alpha < 360^\circ$. Für die *n*-te Potenz der Zahl *z* gilt:

$$z^n = r^n \cdot (\cos n\alpha + i \sin n\alpha),\ n \in Z$$

Diese Formel wird nach dem französischen Mathematiker de Moivre benannt.

Bei negativen Exponenten sind die Argumente der Winkelfunktionen negativ. Sie können jedoch durch die bekannte Beziehung $-\alpha = 360^\circ - \alpha$ wieder in positive Argumente umgewandelt werden.

Beispiele:

1. $z = 2 \cdot (\cos 45° + i \sin 45°) \Rightarrow$

$z^4 = 2^4 \cdot (\cos 4 \cdot 45° + i \sin 4 \cdot 45°) =$

$16 \cdot (\cos 180° + i \sin 180°) = 16 \cdot (-1 + 0) = -16$

2. $z^{-3} = 2^{-3} \cdot (\cos(-3) \cdot 45° + i \sin(-3) \cdot 45°) =$

$\frac{1}{8} \cdot (\cos(-135°) + i \sin(-135°)) =$

$\frac{1}{8} \cdot (\cos 225° + i \sin 225°) =$

$\frac{1}{8} \cdot (0{,}7071 - 0{,}7071\, i) = 0{,}0883 - 0{,}0883\, i$

7.6 Kreisteilungsgleichung

Einheitswurzeln

Die Gleichung $z^n = 1$ soll nach z aufgelöst werden:

Man setzt $z = r(\cos \alpha + i \sin \alpha)$ und

$1 = 1 \cdot (\cos 0 + i \sin 0)$,

dann gilt $r^n(\cos n\alpha + i \sin n\alpha) =$

$= 1 \cdot (\cos 0 + i \sin 0)$.

Ein Vergleich ergibt:

$r^n = 1 \Rightarrow r = 1$ und weiterhin für

$n = 1: \quad \alpha = 0°$

$n = 2: \quad \alpha_1 = 0° \quad \alpha_2 = 180°$

$n = 3: \quad \alpha_1 = 0° \quad \alpha_2 = 120° \quad \alpha_3 = 240°$

$n = 4: \quad \alpha_1 = 0° \quad \alpha_2 = 90° \quad \alpha_3 = 180° \quad \alpha_4 = 270° \ldots$

$n = n: \quad \alpha_1 = 0° \quad \alpha_2 = \frac{360°}{n} \quad \alpha_3 = 2 \cdot \frac{360°}{n} \quad \ldots \quad \alpha_n = (n-1) \cdot \frac{360°}{n}$

$z^n = 1$ hat demnach in C n Lösungen (n-te Einheitswurzeln):

$z_0 = 1$

$z_1 = \cos\frac{360°}{n} + i\sin\frac{360°}{n}$

$z_2 = \cos 2\cdot\frac{360°}{n} + i\sin 2\cdot\frac{360°}{n}$

...

$z_{n-1} = \cos(n-1)\cdot\frac{360°}{n} + i\sin(n-1)\cdot\frac{360°}{n}$

Beispiele:

1. $z^4 = 1$ hat folgende Lösungen:

$z_0 = 1$

$z_1 = \cos\frac{360°}{4} + i\sin\frac{360°}{4} = \cos 90° + i\sin 90°$

$z_2 = \cos 2\cdot\frac{360°}{4} + i\sin 2\cdot\frac{360°}{4} = \cos 180° + i\sin 180°$

$z_3 = \cos 3\cdot\frac{360°}{4} + i\sin 3\cdot\frac{360°}{4} = \cos 270° + i\sin 270°$

2. $z^6 = 1$ hat folgende Lösungen:

$z_0 = 1$

$z_1 = \cos\frac{360°}{6} + i\sin\frac{360°}{6} = \cos 60° + i\sin 60°$

$z_2 = \cos 2\cdot\frac{360°}{6} + i\sin 2\cdot\frac{360°}{6} = \cos 120° + i\sin 120°$

$z_3 = \cos 3\cdot\frac{360°}{6} + i\sin 3\cdot\frac{360°}{6} = \cos 180° + i\sin 180°$

$z_4 = \cos 4\cdot\frac{360°}{6} + i\sin 4\cdot\frac{360°}{6} = \cos 240° + i\sin 240°$

$z_5 = \cos 5\cdot\frac{360°}{6} + i\sin 5\cdot\frac{360°}{6} = \cos 300° + i\sin 300°$

Kreisteilung

Trägt man die Lösungen der Gleichung $z^n = 1$ als Punkte in der Gauß'schen Zahlenebene auf, dann bilden sie die Eckpunkte eines regelmäßigen *n*-Ecks auf dem Einheitskreis, wobei stets ein Eckpunkt bei 1 auf der reellen Zahlenachse liegt. Dies gilt, weil alle Lösungen den gleichen Betrag 1 haben, sich also nur um Vielfache der Winkel $\frac{360°}{n}$ unterscheiden. Daher nennt man $z^n = 1$ die Kreisteilungsgleichung.

Beispiele:

1. $z^6 = 1$

In die Gauß'sche Zahlenebene sind die Lösungspunkte der Gleichung $z^6 = 1$ eingetragen. Sie liegen auf dem Einheitskreis und bilden ein regelmäßiges Sechseck.

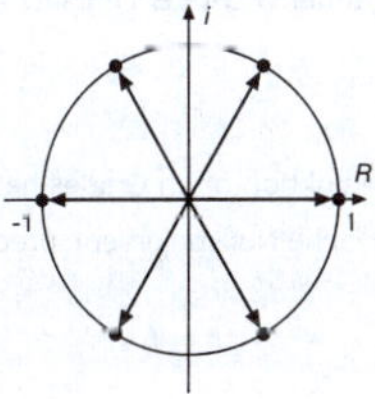

2. $z^4 = 1$
In die Gauß'sche Zahlenebene sind die Lösungspunkte der Gleichung $z^4 = 1$ eingetragen.
Sie liegen auf dem Einheitskreis und bilden ein regelmäßiges Viereck.

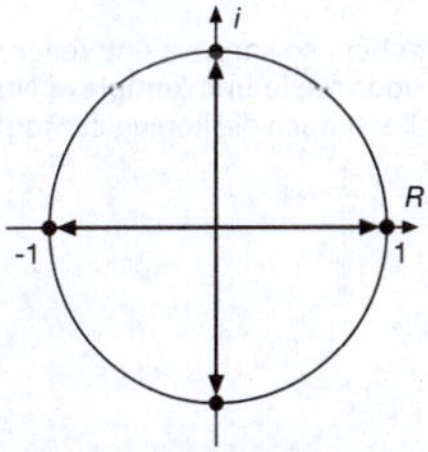

7.7 Fundamentalsatz der Algebra

In der Menge C der komplexen Zahlen haben nicht nur lineare und quadratische Gleichungen sowie Kreisteilungsgleichungen Lösungen. Der Mathematiker Carl Friedrich Gauß hat bereits 1799 bewiesen, dass eine umfangreiche Klasse von Gleichungen lösbar ist. Sein sog. Fundamentalsatz der Algebra lautet:

> Jede Gleichung n-ten Grades der Form
>
> $a_n z^n + a_{n-1} z^{n-1} + \ldots + a_1 z + a_0 = 0$ mit $a_n, a_{n-1}, \ldots, a_0 \in C$
>
> hat in C mindestens eine Lösung.

Die Lösungen dieser Gleichung kann man als Nullstellen der ganzrationalen Funktion $f(x) = a_n z^n + a_{n-1} z^{n-1} + \ldots + a_1 z + a_0$ betrachten. Aus dem Fundamentalsatz der Algebra leitet sich dann folgender wichtiger Lehrsatz ab:

> Jede ganzrationale Funktion n-ten Grades hat in C genau n Nullstellen, wobei mehrfache Nullstellen entsprechend oft zu zählen sind.

Sind $z_1, z_2, \ldots, z_n$ die Nullstellen von $f(z)$, dann lässt sich $f(z)$ in C folgendermaßen zerlegen:

$f(x) = a_n(z - z_1)(z - z_2) \ldots (z - z_n)$

Ist eine reelle Funktion gegeben, so kann sie entweder nur reelle Nullstellen oder nur komplexe Nullstellen oder reelle und komplexe Nullstellen haben. Mit jeder komplexen Zahl als Nullstelle ist auch die konjugiert komplexe Zahl eine Nullstelle.

8. Planimetrie

8.1 Grundelemente

Eine Gerade g besteht aus einer Menge von unendlich vielen Punkten. Jede Gerade ist durch zwei Punkte eindeutig festgelegt.

Ein Punkt P teilt eine Gerade in zwei Halbgeraden g_1 und g_2.
$g_1 = [PA$; $g_2 = [PB$

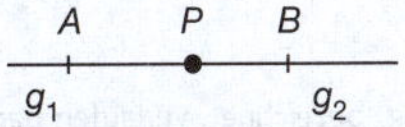

Eine Strecke [*AB*] ist die Menge aller Punkte einer Geraden g, die zwischen den Punkten *A* und *B* liegen. Die beiden Endpunkte A und B gehören mit zur Punktmenge.

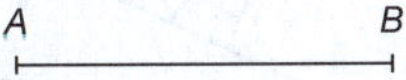

Eine Halbgerade [*AB* mit dem Anfangspunkt *A* durch *B*.

Ein Vektor (Pfeil) $\overrightarrow{AB}$ ist eine Strecke mit einer Richtung.

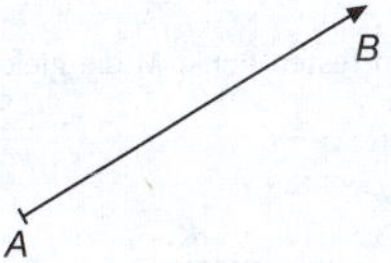

Eine Gerade teilt die Ebene, in der sie liegt, in zwei Halbebenen. Die Gerade selbst ist eine Teilmenge jeder dieser Halbebenen.

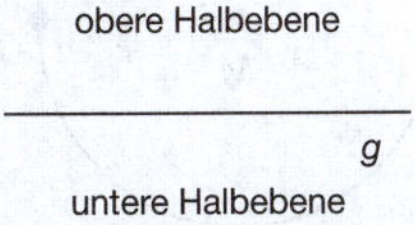

Zwei Geraden, mit *g* und *h* bezeichnet, schneiden sich, wenn es einen Punkt *P* gibt, der sowohl ein Element von *g* als auch ein Element von *h* ist:

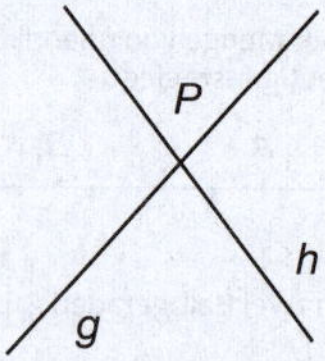

Zwei Geraden, mit g_1 und g_2 bezeichnet, verlaufen parallel zueinander, wenn es eine Gerade g_3 gibt, die auf beiden Geraden senkrecht steht.

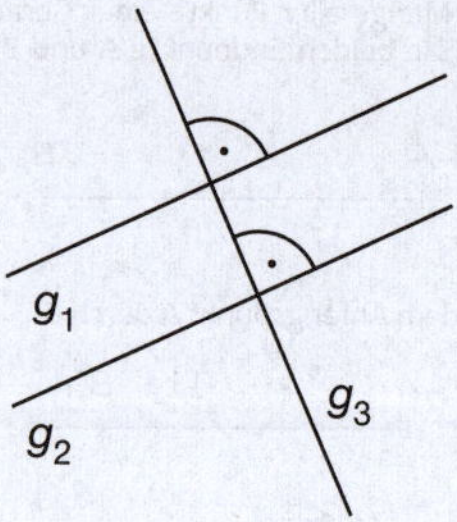

Alle Punkte, die von einem festen Punkt *M* die gleiche Entfernung $\overline{PM}$ haben, liegen auf einer Kreislinie *k*.

$r = \overline{PM}$ heißt Kreisradius.

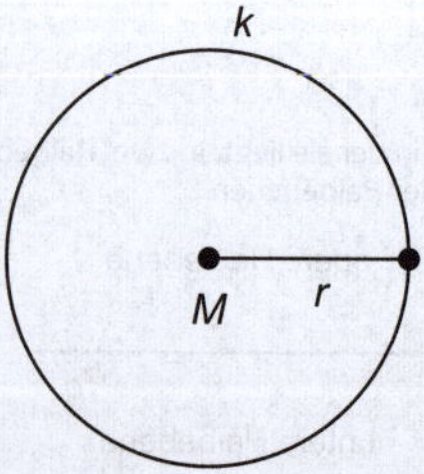

Alle Punkte P_i, für die gilt $\overline{P_iM} < r$, liegen im Kreisinneren (auf der Kreisfläche).
Alle Punkte P_a, für die gilt $\overline{P_aM} > r$, liegen im Kreisäußeren.

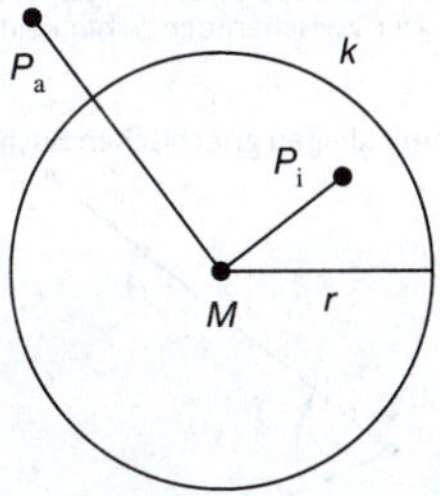

Eine Gerade g kann eine Kreislinie *k* schneiden, berühren oder passieren:

Gerade ist Passante p: $g \cap k = \{\}$
Gerade ist Tangente t: $g \cap k = \{B\}$
Gerade ist Sekante a: $g \cap k = \{P_1, P_2\}$
Gerade ist Zentrale z: $g \cap k = \{P_1, P_2\} \wedge M \in g$

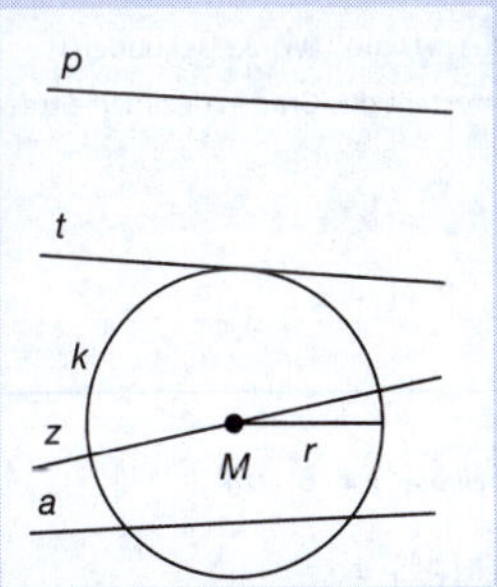

Die Kreissehne s ist die Strecke, die die Kreislinie aus einer Sekante herausschneidet. Die größtmögliche Sehne (also die Sekante durch *M*) heißt Durchmesser *d*.

Winkel

Zwei von einem Punkt S (Scheitel) ausgehende Halbgeraden [AB und [SB (Schenkel) bilden einen Winkel. Der zwischen den Schenkeln liegende Teil der Ebene heißt Winkelfeld.

Bezeichnung: $\sphericalangle ASB$ oder mit kleinen griechischen Buchstaben, z. B. α.

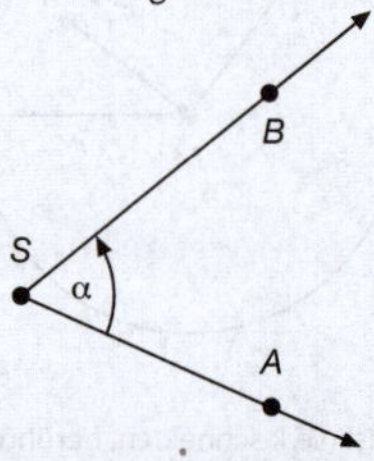

Dreht man die Halbgerade [SA gegen den Uhrzeiger um S bis zur Halbgerade [SB, so gilt das überstrichene Winkelfeld als Maß des Winkels.

1 Grad (1°) ist der 360. Teil des Winkelfelds einer vollen Umdrehung.

$1° = 60'$ (Winkelminuten), $1' = 60''$ (Winkelsekunden)

Der Taschenrechner unterteilt das Grad in dezimale Stufen:

$6' = 0{,}1°$ $36' = 0{,}01°$

Beispiele:

1. $64{,}4° = 64°\,24'$, weil $0{,}4° = 4 \cdot 6' = 24'$
2. $23°\,42' = 23{,}7°$, weil $\left(\frac{42}{60}\right)^{\circ} = 0{,}7°$
3. $32°\,25'\,20'' = 32{,}4222°$,

   weil $\left(\frac{25}{60}\right)^{\circ} = 0{,}41667°$ und $\left(\frac{20}{3600}\right)^{\circ} = 0{,}00556°$

Je nach der Größe des Winkels unterscheidet man folgende Winkelarten:

Spitze Winkel bei	$0 < \alpha < 90°$
Rechter Winkel bei	$\alpha = 90°$
Stumpfe Winkel bei	$90° < \alpha < 180°$
Gestreckter Winkel bei	$\alpha = 180°$
Überstumpfe Winkel bei	$180° < \alpha < 360°$
Vollwinkel bei	$\alpha = 360°$

Die gegenüberliegenden Winkel bei zwei sich schneidenden Geraden sind gleich groß, sie heißen Scheitelwinkel:
$\alpha_1 = \alpha_2$; $\beta_1 = \beta_2$

Die Nebenwinkel liegen nebeneinander und ergänzen sich zu 180°:
$\alpha_1 + \beta_1 = \alpha_2 + \beta_2 = 180°$

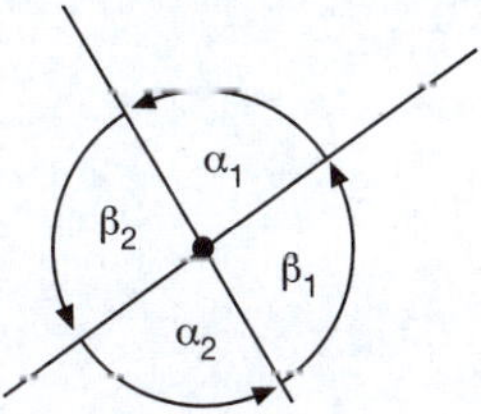

Werden zwei parallele Geraden von einer dritten Geraden geschnitten, so ergeben sich gleich große Stufenwinkel (F-Winkel) $\alpha_1 = \alpha_2$; $\beta_1 = \beta_2$ und gleich große Wechselwinkel (Z-Winkel) $\alpha_1 = \alpha_3$; $\beta_1 = \beta_3$.

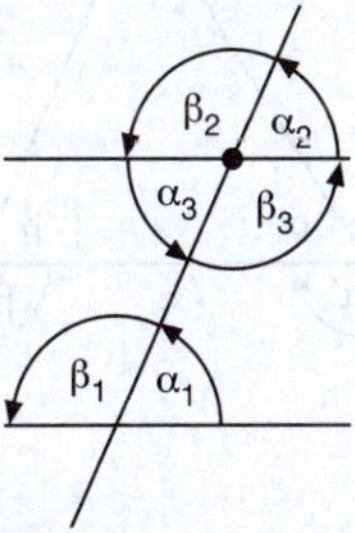

Beispiel:

Gegeben ist der Winkel $\beta_1 = 123°$.

Dann gilt für die anderen Winkel:

$\beta_2 = 123°$ (Stufenwinkel zu β_1)

$\beta_3 = 123°$ (Scheitelwinkel zu β_2)

$\alpha_1 = 180° - 123° = 57°$ (Nebenwinkel zu β_1)

$\alpha_2 = 57°$ (Stufenwinkel zu α_1)

$\alpha_3 = 57°$ (Wechselwinkel zu α_1)

8.2 Dreieck

Bezeichnungen:

Eckpunkte:	A, B, C
Seiten:	a, b, c
Innenwinkel:	α, β, γ
Außenwinkel:	α', β', γ'

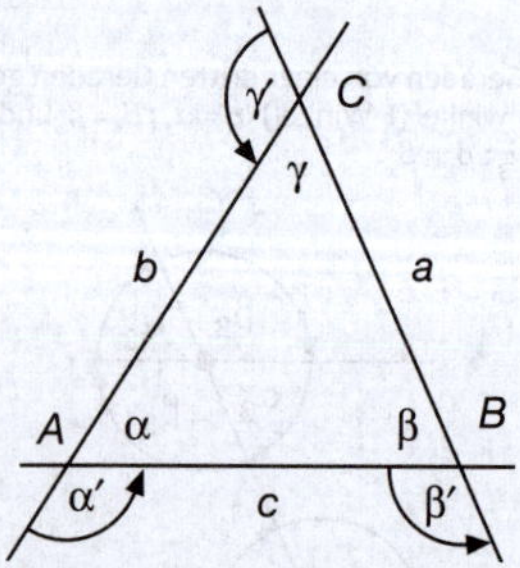

Winkelsummen

Die Summe der Innenwinkel im Dreieck beträgt 180°, die Summe der Außenwinkel beträgt 360°.

$$\alpha + \beta + \gamma = 180°$$

$$\alpha' + \beta' + \gamma' = 360°$$

Ein Außenwinkel ist so groß wie die Summe der beiden nicht anliegenden Innenwinkel.

$$\alpha' = \beta + \gamma$$

$$\beta' = \alpha + \gamma$$

$$\gamma' = \alpha + \beta$$

Beispiele:

1. In einem Dreieck ist $\alpha = 48°$ und b = 105°; gesucht sind der restliche Innenwinkel und alle Außenwinkel.

$\gamma = 180° - 48° - 105° = 27°$ (Innenwinkelsumme)

$\gamma' = 48° + 105° = 135°$ (Innenwinkelsatz)

$\alpha' = 180° - 48° = 132°$ (Nebenwinkel)

$\beta' = 180° - 105° = 75°$ (Nebenwinkel)

2. In einem Dreieck ist $\gamma' = 135°$ und $\alpha = \beta$; gesucht sind die Innenwinkel und die restlichen Außenwinkel.

$\gamma = 180° - 135° = 45°$ (Nebenwinkel)

$\alpha + \beta = \alpha + \alpha = 135° \Rightarrow \alpha = 67{,}5° = \beta$

$\alpha' = \beta' = 180° - 67{,}5° = 112{,}5°$

Dreiecksungleichungen

In jedem Dreieck ist die Summe zweier Seitenlängen größer als die Länge der dritten Seite.

$$a + b > c\,;\, a + c > b\,;\, b + c > a$$

In jedem Dreieck ist der Betrag der Differenz zweier Seitenlängen kleiner als die Länge der dritten Seite.

$$|b - a| < c\,;\, |c - a| < b\,;\, |c - b| < a$$

Dreieckstransversalen

Höhe:

Sie ist das Lot von einem Eckpunkt auf die gegenüberliegende Seite. Eine Höhe kann auch außerhalb der Dreiecksfläche liegen. Die drei Höhen eines Dreiecks schneiden sich in einem Punkt.

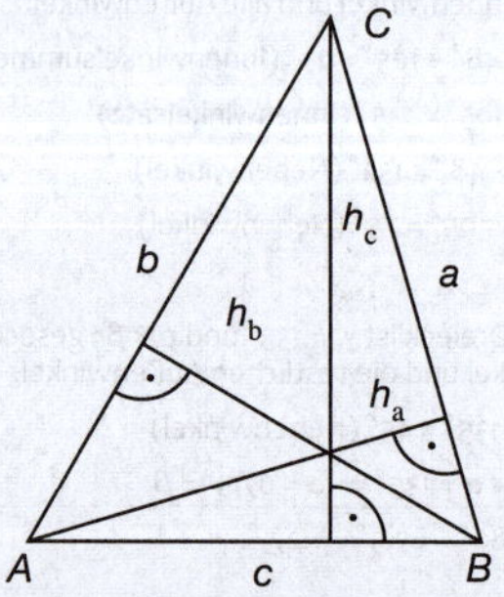

Mittelsenkrechte:

Sie ist die Senkrechte durch den Mittelpunkt einer Dreiecksseite. Die drei Mittelsenkrechten eines Dreiecks schneiden sich in einem Punkt, dem Umkreismittelpunkt.

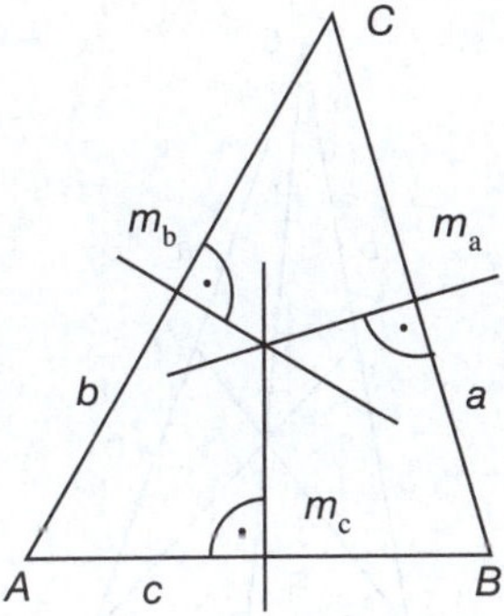

Winkelhalbierende:

Sie ist eine Strecke im Dreieck, die zu zwei Dreiecksseiten immer denselben Abstand hat. Die drei Winkelhalbierenden eines Dreiecks schneiden sich in einem Punkt, dem Inkreismittelpunkt.

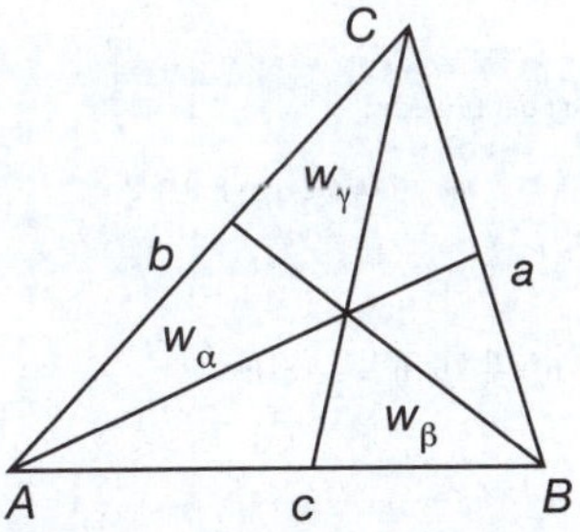

Seitenhalbierende:

Eine Seitenhalbierende des Dreiecks ist die Verbindungsstrecke von einem Eckpunkt zum Mittelpunkt der gegenüberliegenden Seite. Die drei Seitenhalbierenden eines Dreiecks schneiden sich in einem Punkt, dem Schwerpunkt.

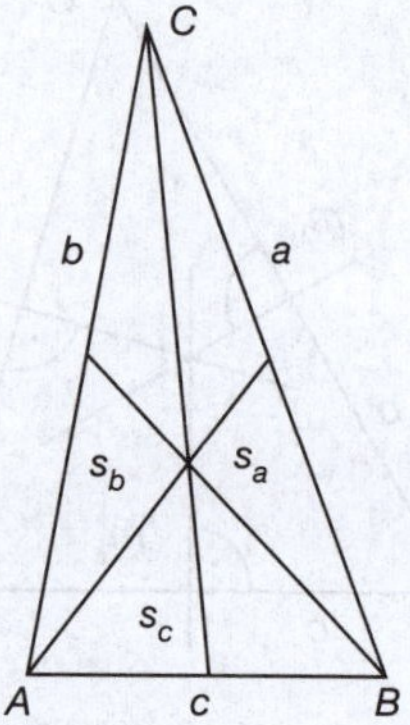

Flächeninhalt des Dreiecks

Allgemein berechnet man den Flächeninhalt eines Dreiecks aus einer Grundlinie g und der dazugehörenden Höhe *h*:

Flächeninhalt des Dreiecks:

$$A = \frac{1}{2} \cdot g \cdot h$$

Genauer: $A = \frac{1}{2} \cdot a \cdot h_a = \frac{1}{2} \cdot b \cdot h_b = \frac{1}{2} \cdot c \cdot h_c$

Beispiel:

Von einem Dreieck sind gegeben

$c = 49$ cm, $b = 34$ cm und $h_c = 35{,}6$ cm.

Gesucht sind der Flächeninhalt und die Höhe h_b.

$$A = \frac{49\text{ cm} \cdot 35{,}6\text{ cm}}{2} = 872{,}2\text{ cm}^2$$

$$A = \frac{b \cdot h_b}{2} \Rightarrow h_b = \frac{2 \cdot A}{b} \Rightarrow$$

$$h_b = \frac{2 \cdot 872{,}2\text{ cm}^2}{34\text{ cm}} = 51{,}3\text{ cm}$$

Der Flächeninhalt eines Dreiecks lässt sich auch aus zwei Seiten und dem Sinus des eingeschlossenen Winkels berechnen:

$$A = \frac{1}{2} \cdot a \cdot b \cdot \sin\gamma =$$
$$= \frac{1}{2} \cdot a \cdot c \cdot \sin\beta =$$
$$= \frac{1}{2} \cdot b \cdot c \cdot \sin\alpha$$

Beispiel:

$c = 6{,}0$ cm, $a = 3{,}5$ cm, $\beta = 47{,}5°$

$$A = \frac{1}{2} \cdot 3{,}5\text{ cm} \cdot 6{,}0\text{ cm} \cdot \sin 47{,}5° =$$

$$= 7{,}74\text{ cm}^2$$

8.3 Achsenspiegelung

Definition

Die Achsenspiegelung (mit der Achse *a*) ist eine Zuordnung, bei der jedem Punkt *P* der Ebene ein Bildpunkt *P′* nach folgender Vorschrift zugeordnet ist:

P und *P′* liegen auf verschiedenen Seiten von *a*. Die Gerade *PP′* verläuft senkrecht zur Achse *a*. *P* und *P′* haben von der Achse denselben Abstand.

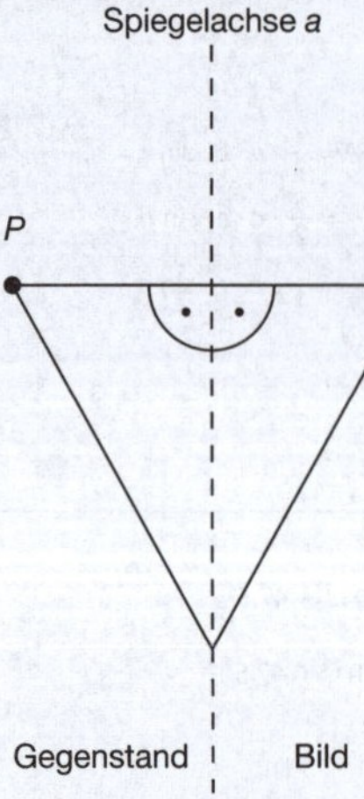

Wenn diese Vorschrift für alle Punkte von zwei Figuren gilt, dann heißt diese Figur achsensymmetrisch und a heißt Symmetrieachse.

Eigenschaften der Achsensymmetrie

Das Bild einer Geraden ist wieder eine Gerade.

Das Bild einer Strecke ist eine gleich lange Strecke.

Das Bild eines Winkelfelds ist ein gleich großes Winkelfeld mit umgekehrtem Drehsinn.

Das Bild eines Kreises ist ein gleich großer Kreis.

Der Umlaufsinn einer Figur (oftmals gegeben durch die alphabetische Reihenfolge der Punktebezeichnung) ändert sich.

Fixelemente bei der Achsenspiegelung

Ein Punkt, der mit seinem Bildpunkt zusammenfällt, wird als Fixpunkt bezeichnet. Eine Gerade, die mit ihrer Bildgeraden zusammenfällt, heißt Fixgerade. Ein Kreis, der mit seinem Bildkreis zusammenfällt, heißt Fixkreis.

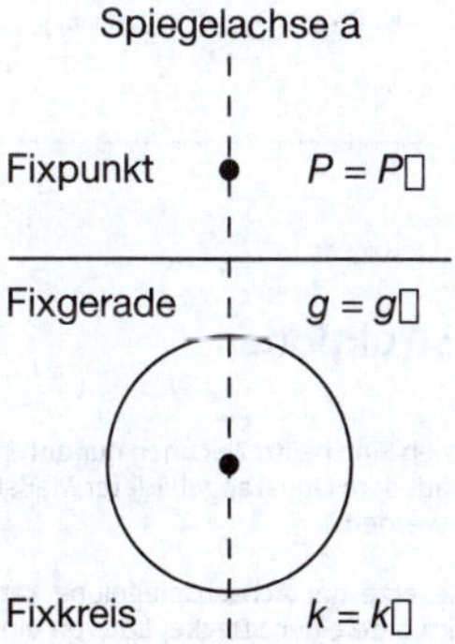

Beispiel:

Es sollen die Spiegelbilder der Strecke [AB] und des Kreises k gezeichnet werden:

Links von der Spiegelachse a ist die Urbildseite. Dort liegen Strecke und Kreismittelpunkt.
Rechts von a ist die Bildseite. Dort liegen die Bilder der Strecke und des Kreises.

Man beachte die Überlappungen von Urbild und Bild beim Kreis.

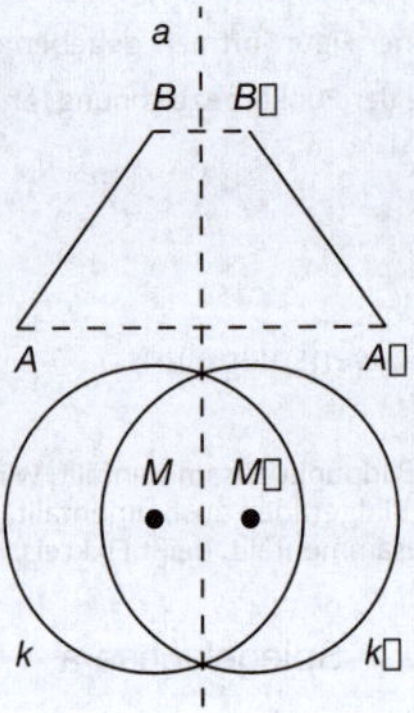

8.4 Grundkonstruktionen

Konstruieren im klassischen Sinn heißt: Zeichnen nur unter Verwendung von Lineal und Zirkel. Ein eventuell auf dem Lineal abgebildeter Maßstab oder das Geodreieck dürfen nicht verwendet werden.

Unter Beachtung der Gesetze der Achsenspiegelung kann man folgende Linien konstruieren: Mittelsenkrechte einer Strecke, Lot von einem Punkt auf eine Strecke und Winkelhalbierende.

Mittelsenkrechte

Die Mittelsenkrechte m_{AB} zur Strecke [AB] ist eine Gerade durch den Mittelpunkt der Strecke, die auf der Strecke senkrecht steht (mit der Strecke einen rechten Winkel bildet).

Konstruktion:
Zuerst trägt man die Strecke [AB] an. Dann zeichnet man einen Kreis um A mit einem Radius, der etwas größer ist als die Hälfte der Länge $\overline{AB}$, sowie einen Kreis um B mit demselben Radius. Die beiden Kreise schneiden sich in den Punkten P und Q. Die Gerade PQ ist die gesuchte Mittelsenkrechte.

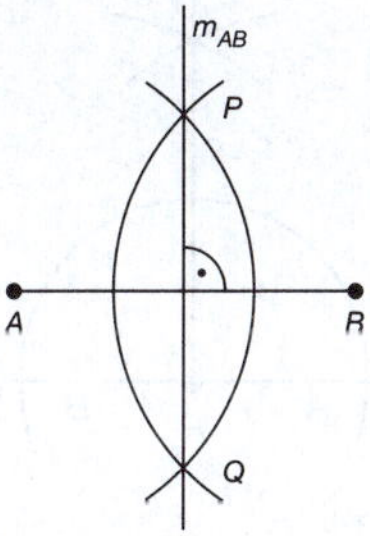

Lot fällen

Von einem Punkt P aus soll auf eine Gerade g ein Lot gefällt werden.

Konstruktion:
Zuerst zeichnet man P und g. Dann zeichnet man um P einen Kreis, der g zweimal schneidet, und zwar in A und B. Jetzt wird die Mittelsenkrechte zu [AB] konstruiert. Das gesuchte Lot ist eine Teilstrecke der Mittelsenkrechten.

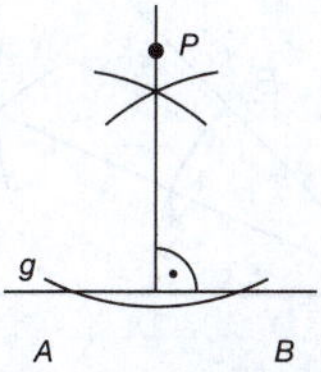

Lot errichten

Von einem Punkt *P* aus, der auf einer Geraden g liegt, soll ein Lot errichtet werden.

Konstruktion:
Zuerst zeichnet man g und *P* auf g. Dann wird ein Kreis um *P* gezeichnet, der die Gerade g in *A* und *B* schneidet. Jetzt konstruiert man die Mittelsenkrechte [*AB*]. Das gesuchte Lot liegt auf dieser Mittelsenkrechten.

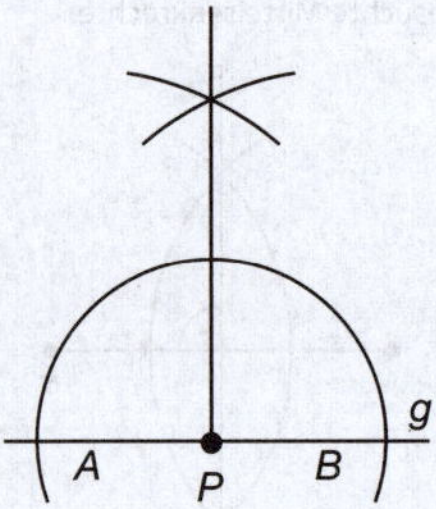

Winkelhalbierende

Zu einem gegebenen Winkel ist die Winkelhalbierende zu konstruieren.

Konstruktion:
Man zeichnet um den Scheitel des gegebenen Winkels einen Kreis mit beliebigem Radius. Der Kreis schneidet die Schenkel in den Punkten *A* und *B*. Die Mittelsenkrechte zu [*AB*] ist die gesuchte Winkelhalbierende.

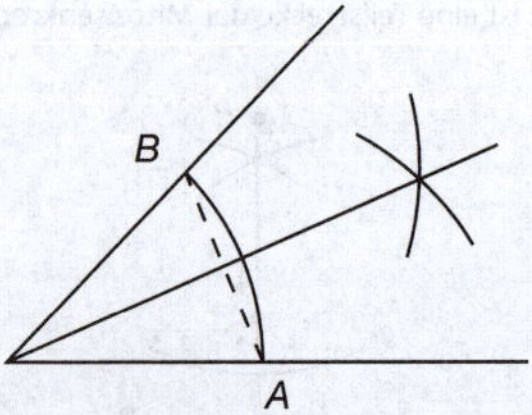

Konstruktion besonderer Winkel

Mit der Konstruktion einer Mittelsenkrechten oder beim Errichten eines Lotes ist ein rechter Winkel konstruiert worden. Durch Konstruktion von Winkelhalbierenden lassen sich daraus Winkel der Größe 45°, 22,5°, 11,25° usw. herstellen. Durch Aneinanderfügen dieser Winkel ist die Konstruktion von 135°, 67,5°, 122,5°, 101,25°, usw. möglich.

8.5 Besondere Dreiecke

Gleichschenkliges Dreieck

Es besteht aus zwei gleich langen Seiten (Schenkeln) [*BC*] und [*AC*], einer Basis [*AB*] und gleich großen Basiswinkeln α und β. Im gleichschenkligen Dreieck gilt:

Die Basiswinkel α und β sind gleich groß.

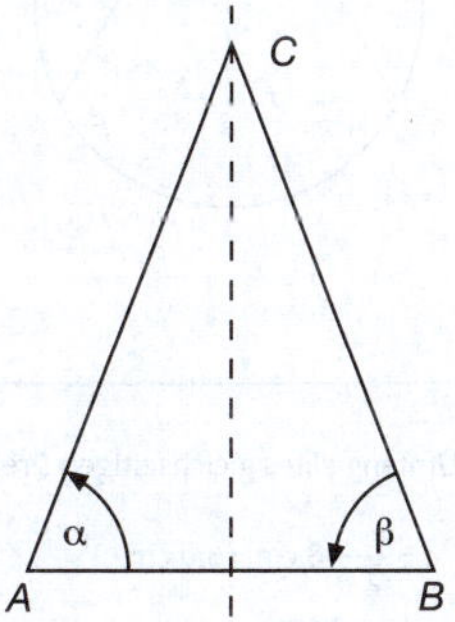

Gleichseitiges Dreieck

Es besteht aus drei gleich langen Seiten *a*. Jeder Innenwinkel beträgt 60°. Es hat drei Symmetrieachsen, die sich in einem Punkt schneiden. Daher schneiden sich auch die Höhen, die Mittelsenkrechten, die Winkelhalbierenden und die Seitenhalbierenden alle in ein und demselben Punkt. Der Umfang ist dreimal so lang wie eine Seite.

Aus der Tatsache, dass die Innenwinkel die Größe 60° haben, lassen sich durch Konstruktion eines gleichseitigen Dreiecks Winkel von 60°, 30°, 120° usw. konstruieren.

Höhe:	$h = \frac{a}{2}\sqrt{3}$
Fläche:	$A = \frac{a^2}{4}\sqrt{3}$
Umkreis:	$r_u = \frac{a}{3}\sqrt{3}$
Inkreis:	$r_i = \frac{a}{6}\sqrt{3}$

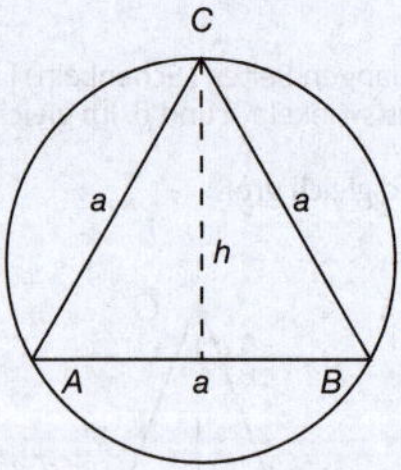

Beispiel:

Gegeben ist der Umfang eines gleichseitigen Dreiecks: 18 cm.

Seite:	$a = \frac{1}{3} \cdot 18\ \text{cm} = 6{,}0\ \text{cm}$
Fläche:	$A = \frac{(6{,}0\ \text{cm})^2}{4} \cdot \sqrt{3} = 15{,}6\ \text{cm}^2$
Höhe:	$h = \frac{6{,}0\ \text{cm}}{2} \cdot \sqrt{3} = 5{,}2\ \text{cm}$
Umkreisradius:	$r_u = \frac{6{,}0\ \text{cm}}{3} \cdot \sqrt{3} = 3{,}5\ \text{cm}$
Inkreisradius:	$r_i = \frac{6{,}0\ \text{cm}}{6} \cdot \sqrt{3} = 1{,}7\ \text{cm}$

Rechtwinkliges Dreieck

Es ist ein Dreieck mit einem 90°-Winkel (Rechter Winkel). Die Seiten, die den rechten Winkel bilden, heißen Katheten. Die dem rechten Winkel gegenüberliegende Seite heißt Hypotenuse.

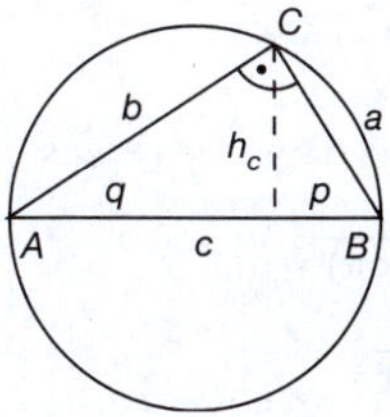

Thaleskreis:
Die Ecke mit dem rechten Winkel liegt auf einem Kreis mit der Hypotenuse als Durchmesser. Er heißt Thaleskreis und ist der Umkreis des rechtwinkligen Dreiecks.

Hypotenusenabschnitte:
Die Höhe auf der Hypotenuse teilt die Hypotenuse in zwei Abschnitte p und q.

Den Flächeninhalt des rechtwinkligen Dreiecks berechnet man entweder aus dem halben Produkt der beiden Kathetenlängen oder aus dem halben Produkt der Länge der Hypotenuse und der entsprechenden Höhe.

$$A = \frac{1}{2} \cdot a \cdot b \text{ oder } A = \frac{1}{2} \cdot c \cdot h_c$$

Im rechtwinkligen Dreieck ist die Summe der Flächeninhalte der Kathetenquadrate gleich dem Flächeninhalt des Hypotenusenquadrats.

Satz des Pythagoras:

$$a^2 + b^2 = c^2$$

Beispiel:

$c = 10\text{ cm},\ b = 8{,}0\text{ cm}$

$c^2 = a^2 + b^2 \Leftrightarrow a^2 = c^2 - b^2 \Rightarrow$

$\Rightarrow a = \sqrt{c^2 - b^2}$

$a = \sqrt{(10\text{ cm})^2 - (8\text{ cm})^2} =$

$= \sqrt{100\text{ cm}^2 - 64\text{ cm}^2} =$

$= \sqrt{36\text{ cm}^2} = 6{,}0\text{ cm}$

Die Quadratfläche über einer Kathete hat dieselbe Maßzahl wie das Rechteck aus der Hypotenuse und demjenigen Hypotenusenabschnitt, der auf der Seite der Kathete liegt.

Kathetensätze:

$$a^2 = c \cdot p \quad \text{und}$$
$$b^2 = c \cdot q$$

Das Quadrat über der Höhe hat dieselbe Maßzahl wie das Rechteck aus den beiden Hypotenusenabschnitten.

Höhensatz:

$$h^2 = p \cdot q$$

Beispiele:

1. $a = 6{,}0\text{ cm}$, $p = 4{,}5\text{ cm}$

Mit einem Kathetensatz berechnet man zunächst die Hypotenuse c, daraus ergibt sich sofort *q*.
Jetzt wird mit dem Satz von Pythagoras die Kathete *b* berechnet und schließlich mit dem Höhensatz die Höhe *h*:

$$a^2 = c \cdot p \Leftrightarrow c = \frac{a^2}{p} \Rightarrow c = \frac{(6\text{ cm})^2}{4{,}5\text{ cm}} = 8\text{ cm}$$

$$c = p + q \Leftrightarrow q = c - p \Rightarrow$$

$$q = 8\text{ cm} - 4{,}5\text{ cm} = 3{,}5\text{ cm}$$

$$c^2 = a^2 + b^2 \Leftrightarrow b^2 = c^2 - a^2 \Rightarrow b = \sqrt{c^2 - a^2}$$

$$b = \sqrt{64\text{ cm}^2 - 36\text{ cm}^2} = \sqrt{28\text{ cm}^2} \approx 5{,}3\text{ cm}$$

$$h^2 = p \cdot q \Rightarrow h = \sqrt{p \cdot q}$$

$$h = \sqrt{4{,}5\text{ cm} \cdot 3{,}5\text{ cm}} = \sqrt{15{,}75\text{ cm}^2} \approx 4{,}0\text{ cm}$$

2. Von einem gleichseitigen Dreieck ist die Seitelänge *a* gegeben, gesucht wird die Höhe *h*:

Das Teildreieck *ADC* ist rechtwinklig mit der Hypotenuse *AC*. Bei ihm gilt der Satz des Pythagoras:

$$a^2 = \left(\frac{a}{2}\right)^2 + h^2 \Leftrightarrow$$

$$h^2 = a^2 - \frac{a^2}{4} \Leftrightarrow$$

$$h = \sqrt{a^2 - \frac{a^2}{4}} = \frac{a}{2}\sqrt{3}$$

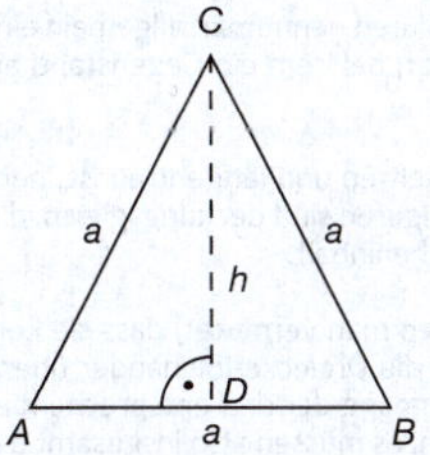

Pythagoräische Zahlen:

Ganze Zahlen, welche den Satz des Pythagoras erfüllen, heißen pythagoräische Zahlen.

Durchlaufen die Variablen u und v der Reihe nach die natürlichen Zahlen 1, 2, 3, ... (wobei $u > v$ ist), so ergeben sich die pythagoräischen Zahlen: $a = u^2 - v^2$, $b = 2uv$, $c = u^2 + v^2$

Beispiel:

Setzt man $u = 4$ und $v = 2$, so ergeben sich folgende pythagoräische Zahlen:

$a = 4^2 - 2^2 = 16 - 4 = 12$, $b = 2 \cdot 4 \cdot 2 = 16$, $c = 4^2 + 2^2 = 16 + 4 = 20$

Probe: $12^2 + 16^2 = 20^2 \Rightarrow 144 + 256 = 400$

8.6 Dreieckskonstruktionen

Kongruenzabbildungen

Eine Überführung von Figuren in Bildfiguren nennt man allgemein eine Abbildung. Man denke dabei an einen Fotoapparat, bei dem ein Gegenstand auf einen Film abgebildet wird.

Eine Abbildung, die geradentreu, winkeltreu und längentreu ist, nennt man Kongruenzabbildung. Kongruente ebene Figuren sind deckungsgleich, d. h., sie haben die gleiche Form und den gleichen Flächeninhalt.

Gegeben sind zwei Dreiecke, von denen man vermutet, dass sie kongruent sind. Sind die Achsenspiegelungen, welche die Dreiecke ineinander überführen, nicht bekannt, so muss man die Übereinstimmung der drei entsprechenden Seiten und der drei entsprechenden Winkel prüfen, es müssen also insgesamt 6 Größenpaare gemessen werden. Dabei stellt sich die Frage, ob man die Kongruenz der Dreiecke auch mit weniger Messungen nachweisen kann.

Kongruenzsatz SSS

Zwei Dreiecke sind bereits kongruent, wenn sie in den drei entsprechenden Seiten übereinstimmen.

Dieser Kongruenzsatz erlaubt es, aus drei gegebenen Seiten beliebig viele kongruente Dreiecke zu konstruieren.

Beispiel:

Man konstruiere ein Dreieck aus den gegebenen Seiten *a*, *b* und *c*.

b

a

c

Konstruktionsplan:

A, *B*: Gegeben durch die Seite *c*

C : 1. Kreis k_1 $(A; r = b)$

2. Kreis k_2 $(B; r = a)$

Erklärung für k_1 $(A; r = b)$: Kreis k_1 mit dem Mittelpunkt *A* und dem Radius $r = b$.

Von den beiden entstehenden Dreiecken wählt man dasjenige aus, das den Umlaufsinn der Eckpunkte gegen den Uhrzeigersinn hat.

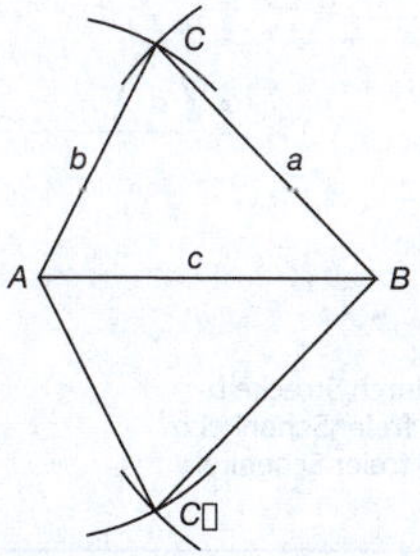

Kongruenzsatz WSW oder SWW

Zwei Dreiecke sind bereits kongruent, wenn sie in einer Seite und den beiden anliegenden Winkeln übereinstimmen (WSW) oder wenn sie in einer Seite, einem anliegenden Winkel und dem der Seite gegenüberliegenden Winkel (SWW) übereinstimmen.

Dieser Kongruenzsatz erlaubt es, aus zwei gegebenen Winkeln und einer Seite beliebig viele kongruente Dreiecke zu konstruieren.

Beispiel:

Man konstruiere ein Dreieck aus den gegebenen Winkeln α und γ und der Seite b.

Gegeben:

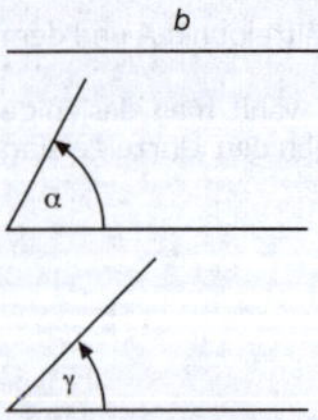

Konstruktion:

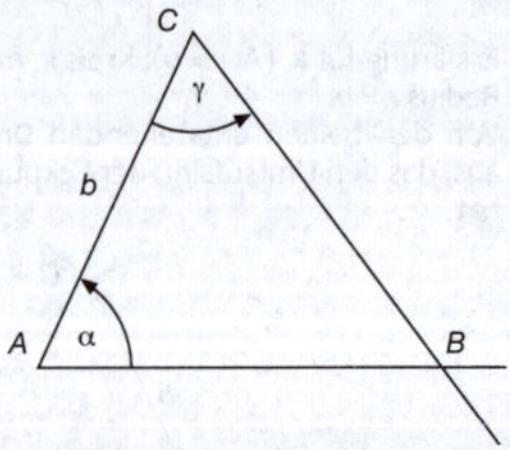

Konstruktionsplan:

A, C: Gegeben durch Strecke b

B: 1. Ortslinie freier Schenkel α

2. Ortslinie freier Schenkel γ

Kongruenzsatz SWS

Zwei Dreiecke sind bereits kongruent, wenn sie in zwei entsprechenden Seiten und ihrem Zwischenwinkel übereinstimmen (SWS).

Dieser Kongruenzsatz erlaubt es, aus zwei gegebenen Seiten und dem Zwischenwinkel beliebig viele kongruente Dreiecke zu konstruieren.

Beispiel:

Man konstruiere ein Dreieck aus den gegebenen Seiten a und b und dem Winkel γ.

Gegeben:

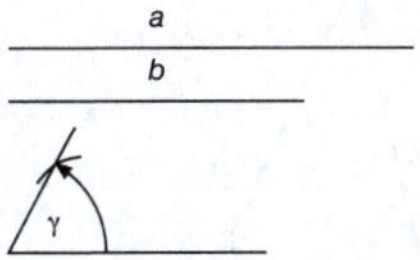

Konstruktion:

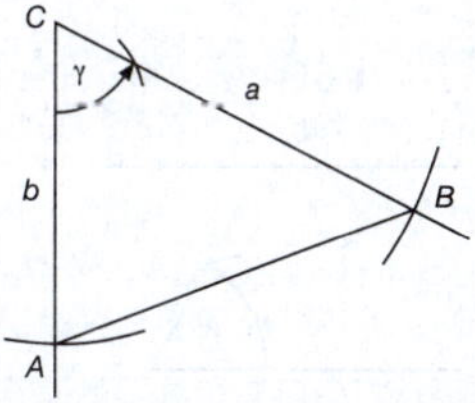

Konstruktionsplan:

C : Gegeben durch den Scheitel von γ

A : 1. Ortslinie freier Schenkel γ
2. Kreis k_1 $(C; r = b)$

B : 1. Ortslinie freier Schenkel γ
2. Kreis k_2 $(C; r = a)$

Der Winkel γ wurde durch Konstruktion übertragen.

Kongruenzsatz SSW

Zwei Dreiecke sind bereits kongruent, wenn sie in zwei entsprechenden Seiten und dem der größeren Seite gegenüberliegenden Winkel übereinstimmen (SSW).

Dieser Kongruenzsatz erlaubt es, aus zwei gegebenen Seiten und dem der größeren Seite gegenüberliegenden Winkel beliebig viele kongruente Dreiecke zu konstruieren.

Beispiel:

Man konstruiere ein Dreieck aus den gegebenen Seiten b und c und dem gegebenen Winkel β.

Gegeben:

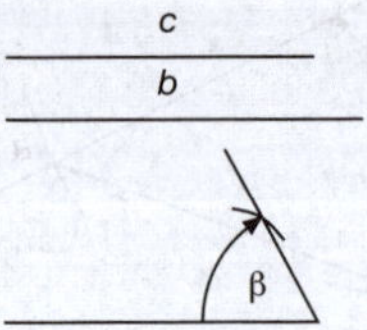

Konstruktion:

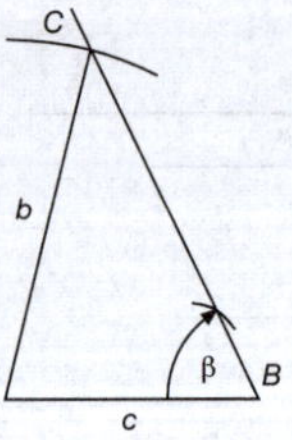

Konstruktionsplan:

A, B : Gegeben durch die Seite c

C : 1. Ortslinie freier Schenkel β

2. Kreis $k(A; r = b)$

Der Winkel β wurde durch Konstruktion übertragen.

Konstruktion über Teildreiecke

Sind Dreiecke zu zeichnen, bei denen auch Transversalen gegeben sind, so konstruiert man zunächst ein Teildreieck davon.

Beispiele:

1. Man konstruiere ein Dreieck aus den Seiten c und a sowie aus der Höhe h_b.

Gegeben:

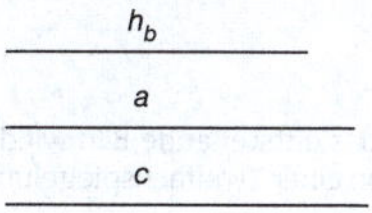

Konstruktion:

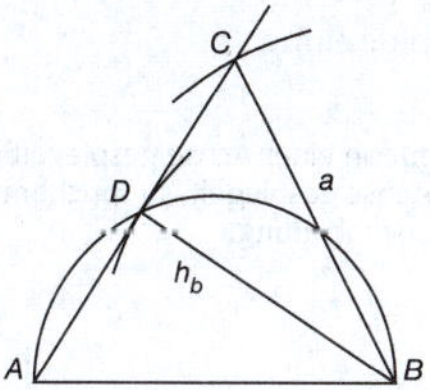

Konstruktionsplan:

A, B: Gegeben durch die Seite c
D: 1. Ortslinie Thaleskreis über AB
2. Ortslinie Kreis k_1 (B; $r = h_b$)
C: 1. Ortslinie Gerade AD
2. Ortslinie Kreis k_2 (B; $r = a$)

2. Man konstruiere ein Dreieck aus der Seite a, der Seitenhalbierenden s_a und dem Winkel β.

Gegeben:

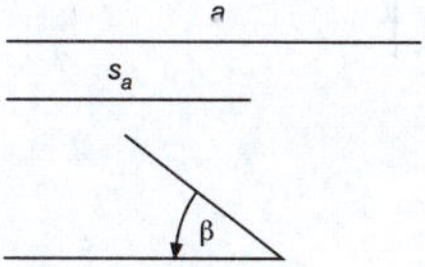

Konstruktion:

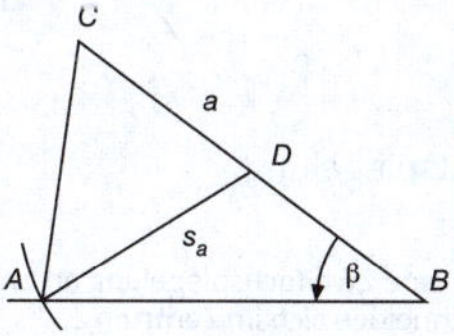

Konstruktionsplan:

B, *C* :	Gegeben durch Seite *a*
D :	Mittelpunkt der Strecke [*BC*] = *a*
A :	1. Ortslinie freier Schenkel β
	2. Ortslinie Kreis $k = (D; r = s_a)$

8.7 Punktspiegelung

Zweifachspiegelung

Wird eine Figur an einer Achse gespiegelt und das entstehende Bild wieder an einer zweiten Achse gespiegelt, so spricht man von einer Zweifachspiegelung, sie ist eine Kongruenzabbildung.

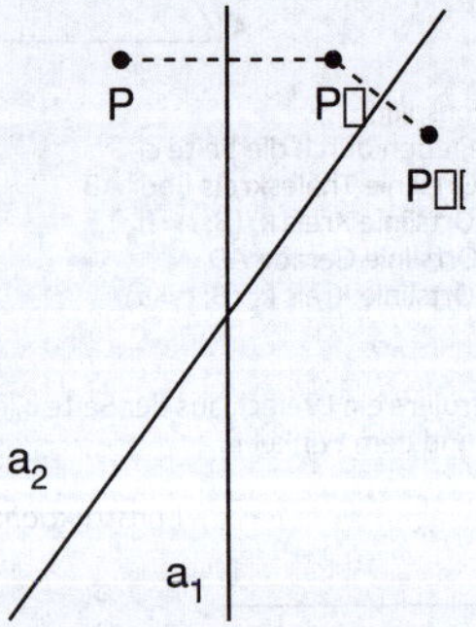

Punktspiegelung

Sie ist eine Zweifachspiegelung an zwei zueinander senkrechten Achsen. Die Achsen schneiden sich im Zentrum Z.

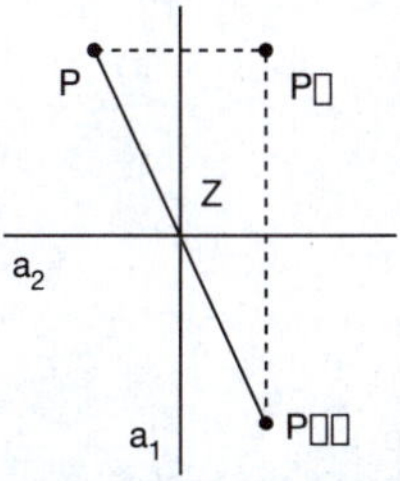

Die Punktspiegelung ist eine Abbildung mit folgenden Eigenschaften:

Die Verbindungsgeraden entsprechender Punkte schneiden sich im Zentrum Z. Die Verbindungsstrecken entsprechender Punkte werden von Z halbiert. Figur und Bild einer Punktspiegelung nennt man zueinander punktsymmetrisch.

Fixelemente:

Das Zentrum Z ist Fixpunkt.
Alle Geraden durch Z sind Fixgeraden.
Alle um Z konzentrischen Kreise sind Fixkreise.

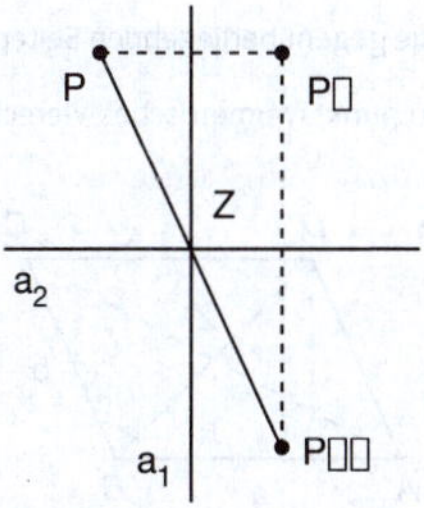

8. Planimetrie

8.8 Vierecke

Allgemeines Viereck

Bezeichnungen:

Eckpunkte: A, B, C, D
Seitenlängen: a, b, c, d
Diagonalen: $\overline{AC} = e$, $\overline{BD} = f$
Innenwinkel: $\alpha, \beta, \gamma, \delta$ mit $\alpha + \beta + \gamma + \delta = 360°$
Umfang: $U = a + b + c + d$
Flächeninhalt: $A = \frac{1}{2} ef \sin\theta$

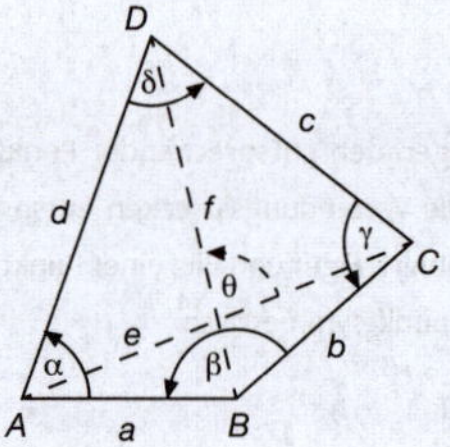

Eine Diagonale zerlegt das Viereck in zwei Dreiecke. Ein allgemeines Viereck kann man durch 5 gegebene Stücke (Seiten oder Winkel) konstruieren.

Parallelogramm

Es ist ein Viereck, in dem die gegenüberliegenden Seiten parallel sind.

Das Parallelogramm ist ein punktsymmetrisches Viereck mit Z als Zentrum. Es ist durch 3 Stücke gegeben.

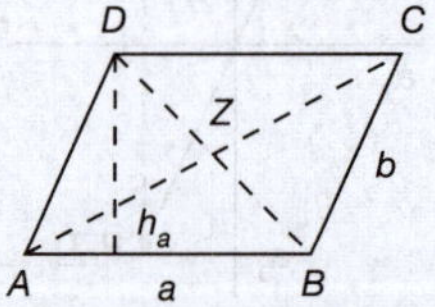

Eigenschaften:

Gegenüberliegende Seiten sind gleich lang.
Gegenüberliegende Winkel sind gleich groß.
Benachbarte Winkel ergänzen sich zu 180°.
Die Diagonalen halbieren sich gegenseitig.

Beispiel:

Man konstruiere ein Parallelogramm aus den Seiten *a* und *d* sowie der Höhe h_a.

Gegeben:

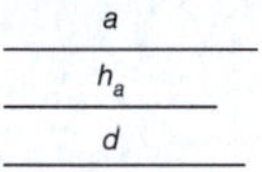

Konstruktion:

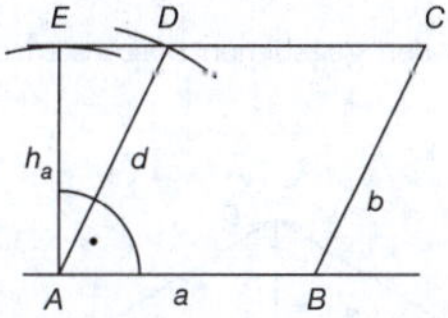

Konstruktionsplan:

A, B :	Gegeben durch die Seite *a*
E :	1. Ortslinie Lot auf *AB* in *A* 2. Ortslinie Kreis k_1 $(A; r = h_a)$
D :	1. Ortslinie Kreis k_2 $(A; r = d)$ 2. Ortslinie Parallele zu *AB* durch *E*
C :	1. Ortslinie Verlängerung *ED* 2. Ortslinie Parallele zu *AD* durch *B*

Raute

Sie ist ein Parallelogramm mit vier gleich langen Seiten. Die Raute hat alle Eigenschaften eines Parallelogramms. Außerdem ist die Raute eine achsensymmetrische Figur. Die Diagonalen stehen aufeinander senkrecht. Eine Raute ist durch 2 Stücke gegeben.

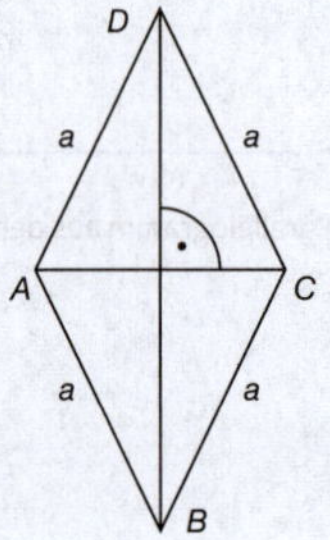

Beispiel:

Man konstruiere eine Raute aus den gegebenen Diagonalen *e* und *f*.

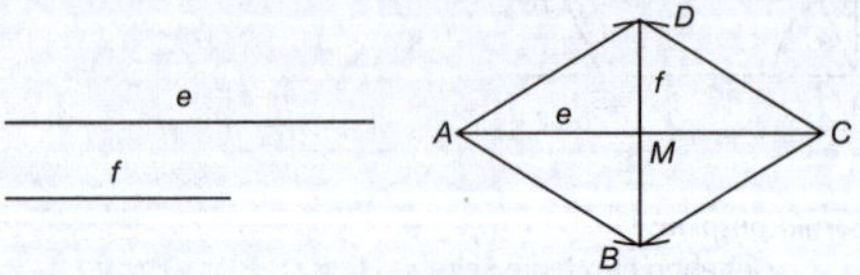

Konstruktionsplan:

A, *C*: Gegeben durch die Diagonale *e*

B, *D*: 1. Ortslinie Mittelsenkrechte von [*AC*]

2. Ortslinie Kreis $k\,(M;\ r = \frac{f}{2})$

M ist die Mitte der Strecke [*AC*].

Rechteck

Es ist ein Parallelogramm mit vier gleich großen Winkeln (also mit vier rechten Winkeln). Das Rechteck hat alle Eigenschaften eines Parallelogramms. Außerdem hat es zwei Spiegelachsen. Das Rechteck ist durch 2 Stücke gegeben.

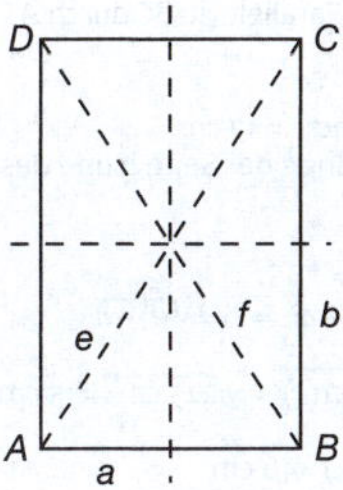

Umfang:	$U = 2 \cdot (a + b)$
Flächeninhalt:	$A = a \cdot b$
Länge der Diagonalen:	$e = f = \sqrt{a^2 + b^2}$

Beispiel:

Man konstruiere ein Rechteck, von dem die Seite *a* und die Diagonale *e* gegeben sind.

Gegeben:

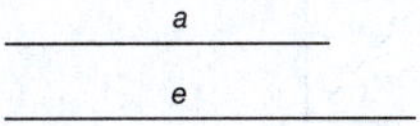

Konstruktion:

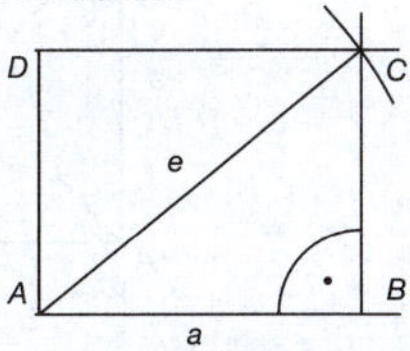

Konstruktionsplan:

A, B :	Gegeben durch Seite a
C :	1. Ortslinie Lot auf AB durch B
	2. Ortslinie Kreis k (A; $r = e$)
D :	1. Ortslinie Parallele zu AB durch C
	2. Ortslinie Parallele zu BC durch A

Nun sei $a = 8{,}0$ cm und $e = 17$ cm.
Man berechne die Länge der Seite b und des Umfangs sowie den Inhalt der Fläche.

$$e^2 = a^2 + b^2 \Leftrightarrow b^2 = e^2 - a^2 \Rightarrow b = \sqrt{e^2 - a^2}$$

$$b = \sqrt{(17\text{ cm})^2 - (8\text{ cm})^2} = \sqrt{225\text{ cm}^2} = 15\text{ cm}$$

$$U = 2 \cdot (8\text{ cm} + 15\text{ cm}) = 46\text{ cm}$$

$$A = 8\text{ cm} \cdot 15\text{ cm} = 120\text{ cm}^2$$

Quadrat

Es ist ein Parallelogramm mit gleichen Seiten und gleich großen Winkeln.
Das Quadrat hat alle Eigenschaften des Parallelogramms. Außerdem sind die Diagonalen gleich lang und stehen senkrecht aufeinander.
Das Quadrat hat 4 Symmetrieachsen. Das Quadrat ist durch 1 Stück gegeben.

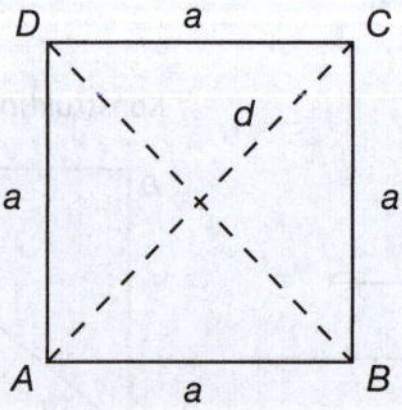

Umfang:	$U = 4 \cdot a$
Flächeninhalt:	$A = a^2$
Länge der Diagonale:	$d = \sqrt{2a^2} = a\sqrt{2}$

Beispiel:

Von einem Quadrat ist die Diagonale $d = 10$ cm gegeben.

Gesucht sind die Seitenlängen, der Umfang sowie der Inhalt der Fläche.

$$d^2 = a^2 + a^2 \Rightarrow a = \sqrt{\frac{d^2}{2}}$$

$$a = \sqrt{\frac{100\text{ cm}^2}{2}} = \sqrt{50\text{ cm}^2} = 5\sqrt{2}\text{ cm} \approx 7{,}07\text{ cm}$$

$$U = 4 \cdot 5\sqrt{2}\text{ cm} = 20\sqrt{2}\text{ cm} \approx 28{,}28\text{ cm}$$

$$A = a^2 \Rightarrow A = 50\text{ cm}^2$$

Drachenviereck

Es ist ein Viereck, bei dem eine Diagonale auch Symmetrieachse ist.

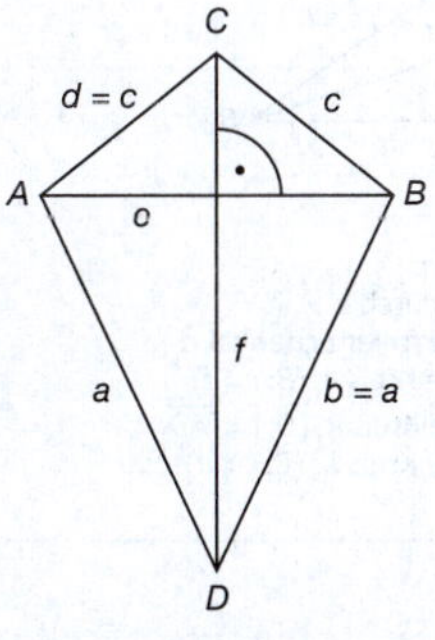

Eigenschaften des Drachenvierecks:

Je zwei Seiten sind gleich lang: $a = b$; $c = d$

Zwei Winkel werden von der Spiegelachse halbiert.

Eine Diagonale wird von der Spiegelachse halbiert.

Die Diagonalen stehen senkrecht aufeinander.

Ein Drachenviereck ist durch 3 Stücke bestimmt.

Beispiel:

Man konstruiere ein Drachenviereck aus den Seiten $a = b$, der Diagonale f und dem Winkel α.

Gegeben:

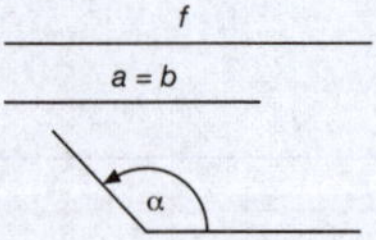

Konstruktion:

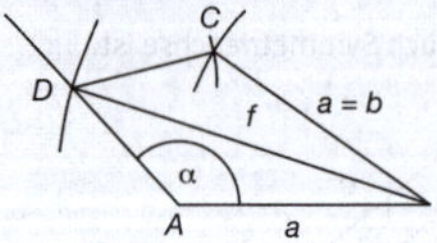

Konstruktionsplan:

A, B : Gegeben durch a

D : 1. Ortslinie freier Schenkel α

2. Ortslinie Kreis k_1 (B; $r = f$)

C : 1. Ortslinie Kreis k_2 (D; $r = \overline{AD}$)

2. Ortslinie Kreis k_3 (B; $r = a$)

Allgemeines Trapez

Es ist ein Viereck mit zwei parallelen Seiten. Die parallelen Seiten heißen Grundlinien, ihr Abstand heißt Höhe. Die anderen beiden Gegenseiten werden als Schenkel bezeichnet.

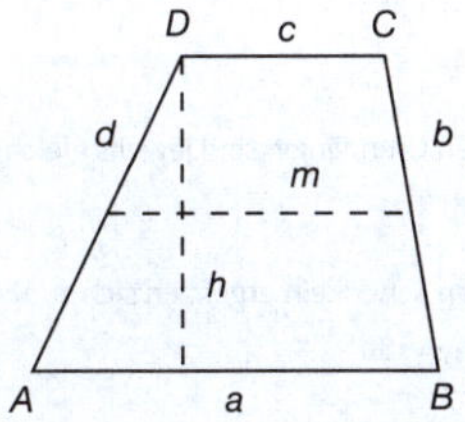

Eigenschaften des Allgemeinen Trapez:

Die Mittelparallele zu den Grundlinien halbiert die Schenkel.

Die Mittellinie ist halb so lang wie die Summe der Grundlinien:

$$m = \frac{1}{2} \cdot (a + c)$$

Umfang: $U = a + b + c + d$

Flächeninhalt: $A = m \cdot h = \frac{a + c}{2} \cdot h$

Schwerpunkt: Der Schwerpunkt S liegt auf der Verbindungslinie der Mitten der Grundlinien im Abstand s von der Grundlinie *a*:

$$s = \frac{h}{3} \cdot \frac{a + 2c}{a + c}$$

Gleichschenkliges Trapez

Es ist ein Trapez mit gleich langen Schenkeln und hat eine Symmetrieachse.

Das gleichschenklige Trapez hat alle Eigenschaften des allgemeinen Trapezes und zusätzlich noch folgende:

Die Winkel an den Grundlinien sind jeweils gleich groß:

$\alpha = \beta, \gamma = \delta$

Die Winkel an den Schenkeln ergänzen sich zu 180 Grad:

$\alpha + \beta = 180°, \beta + \gamma = 180°$

Die Diagonalen sind gleich lang: $e = f$

Das Trapez ist durch 3 Stücke bestimmt.

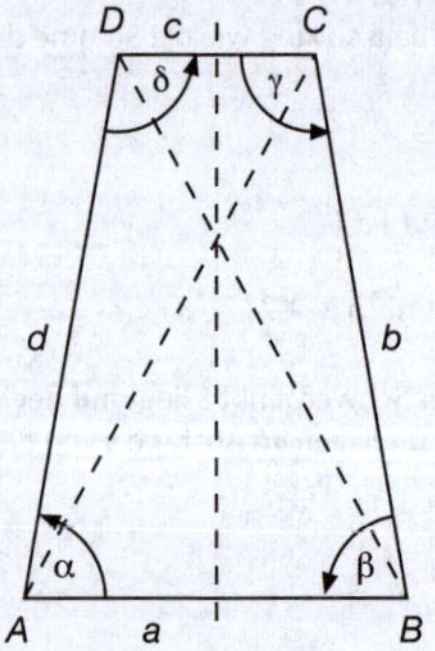

Beispiel:

Man konstruiere ein gleichschenkliges Trapez aus der Seite a, der Seite d und dem Winkel β.

Gegeben: *Konstruktion:*

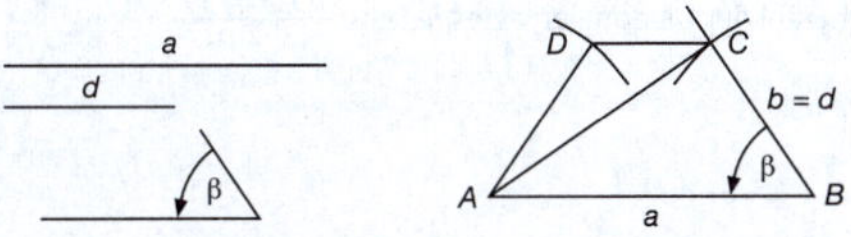

Konstruktionsplan:

A, B :	Gegeben durch die Seite a
C :	1. Ortslinie freier Schenkel β
	2. Ortslinie Kreis k_1 (B; r = d)
D :	1. Ortslinie Parallele zu a durch C
	2. Ortslinie Kreis k_2 (A; r = d)

8.9 Vielecke

Allgemeines Vieleck (n-Eck)

Ein konvexes n-Eck ($n = 3, 4, 5, \ldots$) entsteht, wenn man n Punkte der Zeichenebene durch einen geschlossenen, sich nirgends überschneidenden Streckenzug miteinander verbindet und alle auftretenden Innenwinkel kleiner als 180° sind.

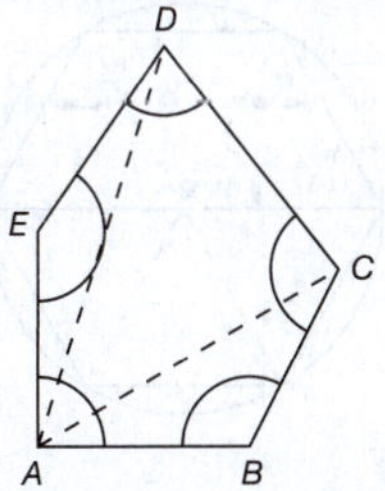

Durch jede Ecke gehen $n-3$ Diagonalen. Ein konvexes n-Eck lässt sich durch die Diagonalen in einer Ecke in $n-2$ Dreiecke zerlegen.

Vieleck:

Die Winkelsumme des n- Ecks beträgt: $(n-2)\cdot 180°$

Gesamtzahl der Diagonalen eines n- Ecks: $\frac{n\cdot(n-3)}{2}$

Beispiel:

Gegeben sei ein 18-Eck:

Winkelsumme: $(18-2)\cdot 180° = 16\cdot 180° = 2880°$

Diagonalen: $\frac{18\cdot(18-3)}{2} = \frac{18\cdot 15}{2} = 135$

Dreiecke: $18-2=16$

Reguläres Vieleck

Es hat n gleiche Seiten und n gleiche Innenwinkel.

Das reguläre n-Eck hat einen Umkreis. Verbindet man die Ecken mit dem Mittelpunkt des Umkreises, so entstehen n deckungsgleiche gleichschenklige Mittendreiecke.

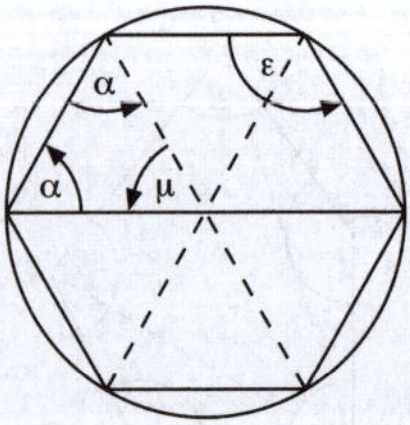

Beispiel:

Gegeben ist ein reguläres 18-Eck.

Innenwinkel ε: $\frac{1}{18} \cdot (18-2) \cdot 180° = 160°$

Basiswinkel α: je $80°$

Mittelpunktswinkel μ: $360° : 18 = 20°$

8.10 Drehung

Definition

Eine Drehung ist festgelegt durch einen Drehpunkt D und einen Drehwinkel δ mit Drehsinn.

Punktzuordnung:

Man verbindet den Gegenstandspunkt P mit D und dreht die Strecke $[DP]$ in D um δ in die Lage $[DP']$. P' ist der Bildpunkt. Alle Gegenstandsfiguren bilden sich in kongruente Bildfiguren mit gleichem Umlaufssinn ab.

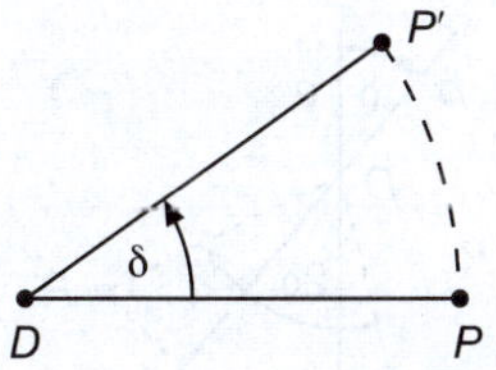

Fixelemente

Einziger Fixpunkt ist der Drehpunkt *D*. Alle zum Drehpunkt konzentrischen Kreise sind Fixkreise.

Bei der Halbdrehung (Punktspiegelung, $\delta = 180°$) werden alle Geraden durch *D* zu Fixgeraden. Die Volldrehung ($\delta = 360°$) bildet jeden Punkt auf sich ab. Alle Punkte sind dabei Fixpunkte.

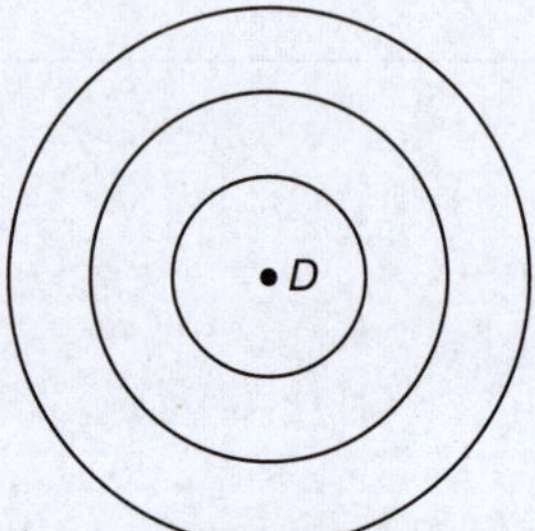

Fixpunkt
Fixkreise

Eine zweifache Spiegelung an den Achsen *a* und *b*, die sich in *D* unter einem Winkel δ schneiden, lässt sich durch die Drehung um *D* mit dem Drehwinkel 2δ ersetzen.

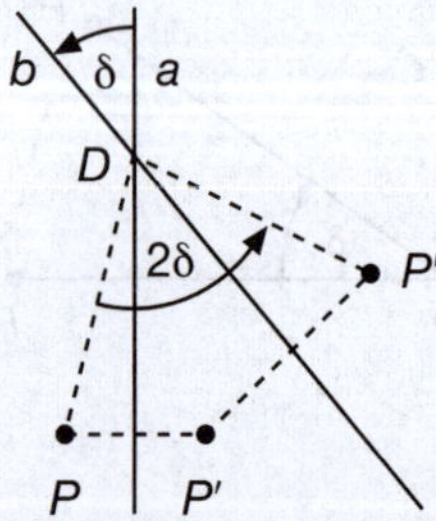

8.11 Kreis

Tangente

Eine Gerade, die mit einem Kreis nur einen Punkt gemeinsam hat, heißt Tangente. Der Berührradius steht auf der Tangente senkrecht.

Beispiele:

1. Man konstruiere in einem Punkt *B* der Kreislinie *k* an diese eine Tangente.

Es wird auf der Geraden *MB* in *B* das Lot errichtet. Die Lotgerade ist die gesuchte Tangente.

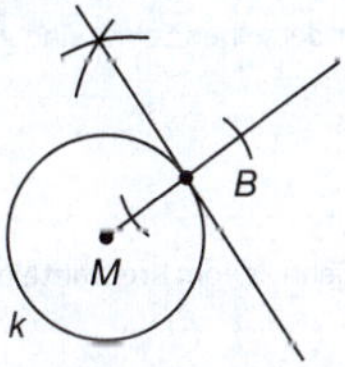

2. Man konstruiere von einem Punkt *P* aus, der außerhalb des Kreises liegt, an diesen eine Tangente.

Man zeichnet die Strecke [*MP*] und den Thaleskreis über [*MP*]. Die Schnittpunkte *B* und *B′* des Thaleskreises mit der Kreislinie *k* sind die gesuchten Tangentenberührpunkte.

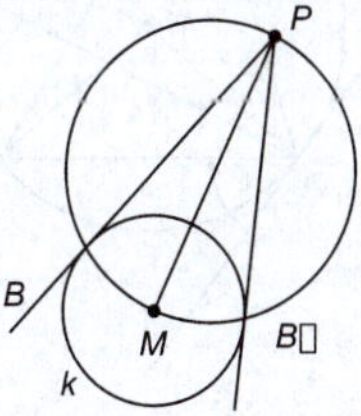

Umfangswinkel

Ein Winkel α, unter dem die Sehne s von einem Punkt des Kreisumfangs erscheint, heißt Umfangswinkel.

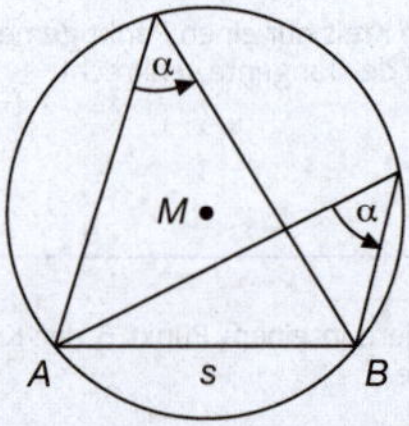

Umfangswinkel über derselben Sehne sind gleich groß.

Der Winkel μ unter dem die Sehne s vom Kreismittelpunkt aus erscheint, heißt Mittelpunktswinkel.

Der Winkel τ, den die Sehne s mit der Tangente t in einem ihrer Endpunkte einschließt, heißt Sehnen-Tangentenwinkel.

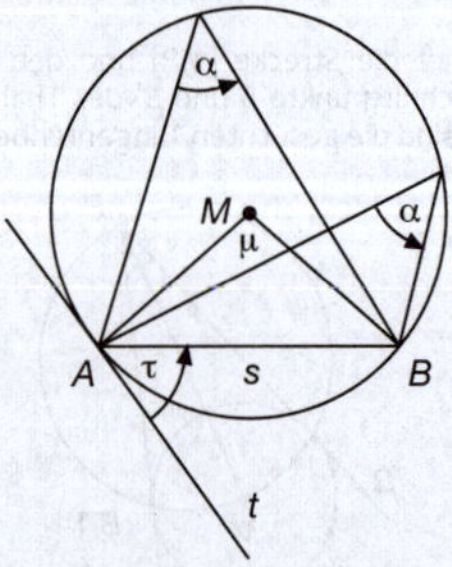

Der Mittelpunktswinkel im Kreis ist doppelt so groß wie der zum selben Bogen gehörende Sehnen-Tangentenwinkel: $2\tau = \mu$

Der Mittelpunktswinkel ist doppelt so groß wie ein Umfangswinkel über demselben Bogen (Fasskreisbogen): $2\alpha = \mu$

Jeder Umfangswinkel über einem Kreisbogen ergänzt den Umfangswinkel über dem Restbogen zu 180°.

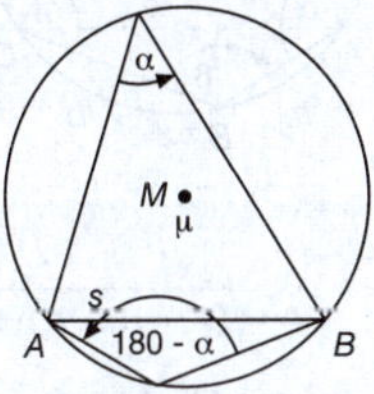

Beispiel:

Über einer Strecke der Länge c ist ein Kreis zu zeichnen, der den Winkel α fasst.

Gegeben:

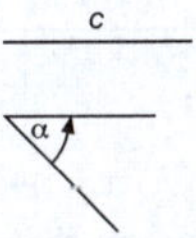

Konstruktion:

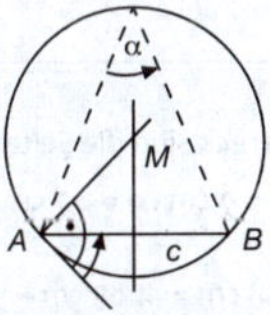

Konstruktionsplan:
A, B : Gegeben durch Seite c
M : 1. Ortslinie Lot auf dem freien Schenkel α in A
2. Ortslinie Mittelsenkrechte der Strecke [AB]

Der Kreis k (M; $\overline{AM}$) ist der gesuchte Fasskreis.

Sehnenviereck

Es ist ein Viereck, dessen Seiten *a*, *b*, *c*, *d* Kreissehnen sind.

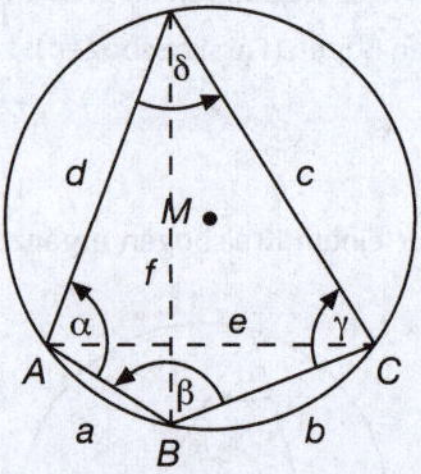

Flächeninhalt:	$A = \sqrt{(s-a)(s-b)(s-c)(s-d)}$
Halber Umfang:	$s = \frac{a+b+c+d}{2}$
Gegenwinkel:	$\alpha + \gamma = \beta + \delta = 180°$
Satz von Ptolemäus:	$a \cdot c + b \cdot d = e \cdot f$

Beispiel:

Von einem Sehnenviereck sind die Seiten gegeben:

$a = 8$ cm , $b = 4$ cm , $c = 9$ cm , $d = 8{,}7$ cm :

$s = \frac{1}{2} \cdot (8 + 4 + 9 + 8{,}7)$ cm $= 14{,}85$ cm $\approx 14{,}9$ cm

$A = \sqrt{(14{,}9 - 8)(14{,}9 - 4)(14{,}9 - 9)(14{,}9 - 8{,}7)}$ cm²

$\Rightarrow A = 52{,}45$ cm²

$e \cdot f = 8$ cm $\cdot$ 9 cm + 4 cm $\cdot$ 8,7 cm = 106,8 cm²

Tangentenviereck

Ein Viereck mit vier Kreistangenten als Seiten ist ein Tangentenviereck.

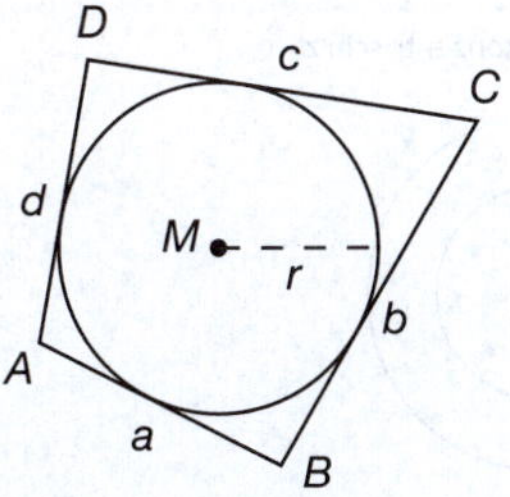

Summe der Gegenseiten:	$a + c = b + d$
Halber Umfang:	$s = \frac{a + b + c + d}{2}$
Flächeninhalt:	$A = r \cdot s$

Beispiel:

Von einem Tangentenviereck sind drei Seiten gegeben:
$b = 6{,}5$ cm, $c = 7$ cm, $d = 10{,}5$ cm,
der Kreisradius ist $r = 4$ cm.

$a = b + d - c \Rightarrow$
$a = 6{,}5\text{ cm} + 10{,}5\text{ cm} - 7\text{ cm} = 10\text{ cm}$

$s = \frac{1}{2} \cdot (10 + 6{,}5 + 7 + 10{,}5)\text{ cm} = 17\text{ cm}$

$A = 4{,}0\text{ cm} \cdot 17\text{ cm} = 68\text{ cm}^2$

Zwei Kreise

Zwei Kreise sind achsensymmetrisch in Bezug auf die Verbindungsgerade ihrer Mittelpunkte M_1 und M_2. Die Strecke $z = \overline{M_1M_2}$ ist die Zentrale. Je nach der Lage der beiden Kreise k_1 und k_2 zueinander, unterscheidet man folgende Fälle:

k_1 und k_2 sind konzentrisch: $z = 0$

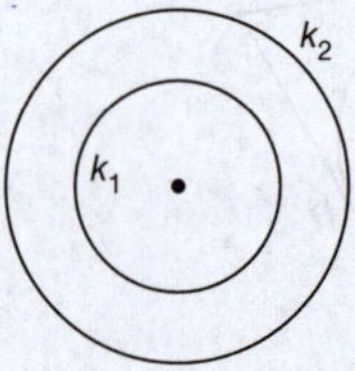

k_2 liegt innerhalb von k_1: $0 < z < r_1 - r_2$

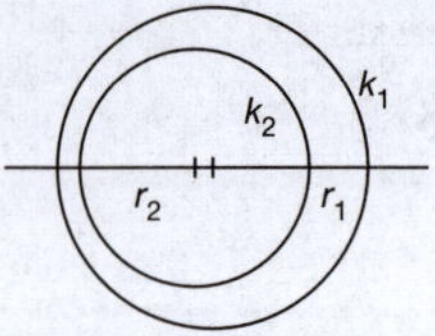

k_2 berührt k_1 von innen: $z = r_1 - r_2$

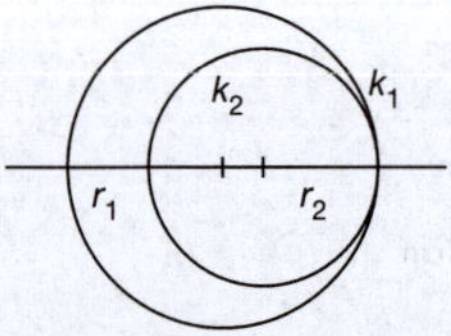

k_1 und k_2 schneiden sich: $r_1 - r_2 < z < r_1 + r_2$

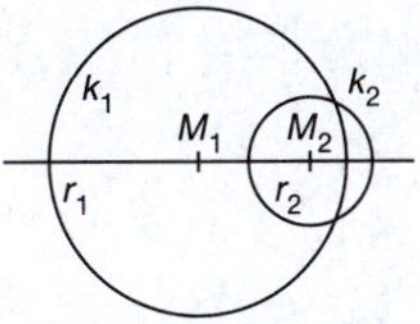

k_2 berührt k_1 von außen: $z = r_1 + r_2$

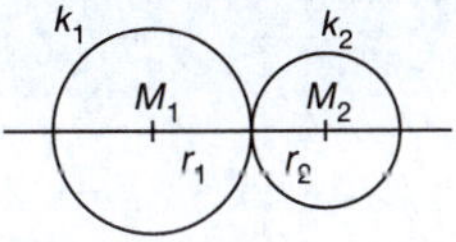

k_1 und k_2 liegen nebeneinander: $r_1 + r_2 < z$

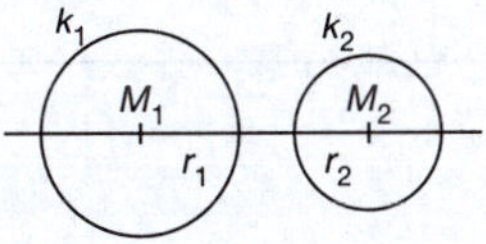

8.12 Kreismessung

Vollkreis

Radius r und Durchmesser $d = 2r$

Umfang:	$u = 2r\,\pi$
Flächeninhalt:	$A = r^2\,\pi$
Kreiszahl:	$\pi = 3{,}141592654\ldots \approx 3{,}14$

Beispiel:

Gegeben ist ein Kreis mit dem Radius $r = 15$ cm.

$u = 2 \cdot 15\text{ cm} \cdot 3{,}14 = 94{,}2\text{ cm}$
$A = (15\text{ cm})^2 \cdot 3{,}14 = 706{,}5\text{ cm}^2$

Kreiszahl als Grenzwert

Der Umfang eines Kreises ergibt sich als Grenzwert der Umfänge von einbeschriebenen Vielecken, wenn die Seitenzahl über alle Grenzen wächst, aber auch als Grenzwert von umbeschriebenen Vielecken, wenn deren Seitenzahl immer mehr anwächst.

Während die Umfänge der einbeschriebenen Vielecke mit wachsender Eckenzahl ständig zunehmen und die Umfänge der umbeschriebenen Vielecke mit wachsender Eckenzahl ständig abnehmen, müssen die Unterschiede der Umfänge beliebig klein werden, sodass ein gemeinsamer Grenzwert vorhanden sein muss, eben der Umfang des Kreises.

Hat der Kreisradius die Länge 0,5 LE (der Durchmesser ist dann 1 LE) und bezeichnet man die Umfänge der einbeschriebenen Vielecke mit u_n und die Umfänge der umbeschriebenen Vielecke mit U_n, dann ergeben Berechnungen folgende Werte:

n	u_n	U_n
6	3,0000	3,4641
12	3,1058	3,2154
24	3,1326	3,1597
48	3,1394	3,1461
96	3,1410	3,1427
192	3,1415	3,1419
...	...	...
3072	3,1415	3,14159

Aus der Tabelle lässt sich entnehmen, dass sich die Längen der Umfänge immer mehr der Kreiszahl π nähern.

Auch bei der Bestimmung des Flächeninhalts des Kreises kann man ähnlich verfahren. Man bestimmt die Folge der Flächeninhalte a_n der einbeschriebenen Vielecke und die Folge der Flächeninhalte A_n der umbeschriebenen Vielecke bei wachsender Eckenzahl und stellt fest, dass die Grenzwerte der beiden Folgen gleich sind und den Flächeninhalt des Kreises angeben.
Für die folgenden Tabellenwerte wählt man für den Kreisradius 1 LE, dann streben die beiden Folgen wieder gegen den Grenzwert π.

n	a_n	A_n
6	2,598076	3,464101
12	3,000000	3,215390
24	3,105826	3,159650
48	3,132625	3,146080
96	3,139350	3,142710
192	3,141030	3,141860
...	...	...
3072	3,14159	3,14159

Die Kreiszahl π (pi) ist eine irrationale Zahl, es gibt von alters her verschiedene rationale Näherungswerte.
Ptolemäus verwendete die Zahl $3\frac{17}{120}$, Albrecht Dürer die Zahl $3\frac{1}{8}$, der bekannteste Näherungsbruch stammt von Archimedes, er lautet $\frac{22}{7}$.
Für Berechnungen wird oft der endliche Dezimalbruch 3,14 verwendet.

Kreissektor

Er hat den Mittelpunktswinkel α und die Bogenlänge b, sein Flächeninhalt wird mit A_s bezeichnet.

$$A_s = r^2 \pi \cdot \frac{\alpha}{360°}$$

$$b = 2r\pi \cdot \frac{\alpha}{360°}$$

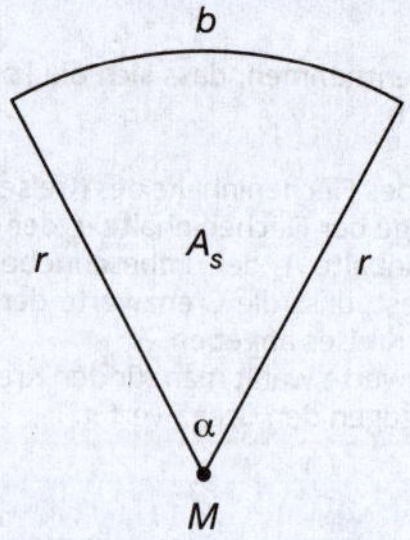

Beispiel:

Von einem Achtelkreis mit dem Radius 8 cm sind der Flächeninhalt, die Bogenlänge und der Umfang gesucht.

$$A_s = (8\text{ cm})^2 \cdot 3{,}14 \cdot \frac{45}{360} = 25{,}12\text{ cm}^2$$

$$b = 2 \cdot 8\text{ cm} \cdot 3{,}14 \cdot \frac{45}{360} = 6{,}28\text{ cm}$$

$$u_s = 6{,}28\text{ cm} + 2 \cdot 8\text{ cm} = 22{,}28\text{ cm}^2$$

Kreissegment

Es ist der Flächenabschnitt zwischen der Sehne und dem Bogen bei einem Kreissektor.

Der Flächeninhalt errechnet sich aus dem Inhalt des Sektors minus dem Flächeninhalt des Dreiecks *AMB*.

Höhe des Dreiecks AMB: $h = r \cdot \cos\frac{\alpha}{2}$

Sehne: $s = 2 \cdot r \cdot \sin\frac{\alpha}{2}$

$A_{\Delta} = \frac{1}{2} \cdot r^2 \cdot \sin\alpha$

$A_{Segm} = A_{Sekt} - A_{\Delta}$

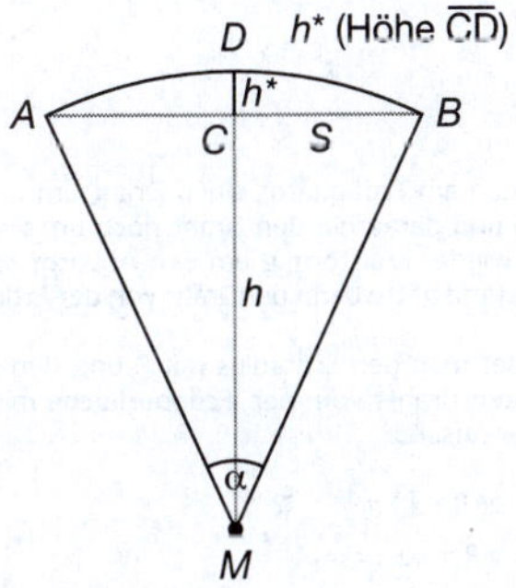

Beispiele:

1. Ein Kreissektor habe den Mittelpunktswinkel $\alpha = 71°$ und den Radius $r = 6{,}8$ cm.

Sektorfläche: $A_{Sekt} = (6{,}8\text{ cm})^2 \cdot 3{,}14 \cdot \frac{71°}{360°} = 28{,}64\text{ cm}^2$

Höhe des Mittendreiecks: $h = 6{,}8\text{ cm}^2 \cdot \cos\frac{71°}{2} = 5{,}54\text{ cm}$

Länge der Sehne: $s = 2 \cdot 6{,}8\text{ cm}^2 \cdot \sin\frac{71°}{2} = 7{,}90\text{ cm}$

Dreiecksfläche: $A_\Delta = \frac{1}{2} \cdot (6{,}8\text{ cm})^2 \cdot \sin 71° = 21{,}86\text{ cm}^2$

Flächeninhalt des Segments:
$A_{Segm} = 28{,}64\text{ cm}^2 - 21{,}86\text{ cm}^2 = 6{,}78\text{ cm}^2$

Wie viel Grad hat ein Bogen, dessen Länge gleich dem Radius ist?

$r = 2r\pi \cdot \frac{\alpha}{360°} \Leftrightarrow$

$1 = 2\pi \cdot \frac{\alpha}{360°} \Leftrightarrow \alpha = \frac{180°}{\pi} \Rightarrow$

$\alpha = 57{,}3°$

2. Würde man am Erdäquator einen Draht um die Erde straff spannen und daraufhin den Draht noch um 1 m verlängern und ihn wieder kreisförmig um den Äquator spannen, welchen Abstand hätte dann der Draht von der Erdoberfläche?

Bezeichnet man den Erdradius mit R und den Abstand des gespannten Drahts von der Erdoberfläche mit x, dann gilt folgender Ansatz:

$1 + 2R\pi = 2(R + x)\pi \Leftrightarrow$

$1 + 2R\pi = 2R\pi + 2x\pi \Leftrightarrow$

$1 = 2x\pi \Leftrightarrow$

$x = \frac{1}{2\pi} \Rightarrow x \approx 0{,}16$

Der gespannte Draht würde jetzt 16 cm von der Erdoberfläche um den Äquator laufen.

Kreisring

Bei der Berechnung des Flächeninhalts eines Kreisrings zieht man den Inhalt des kleineren Kreises vom Inhalt des größeren Kreises ab. Dabei müssen die Kreise nicht konzentrisch angeordnet sein.

$$A = R^2\pi - r^2\pi$$

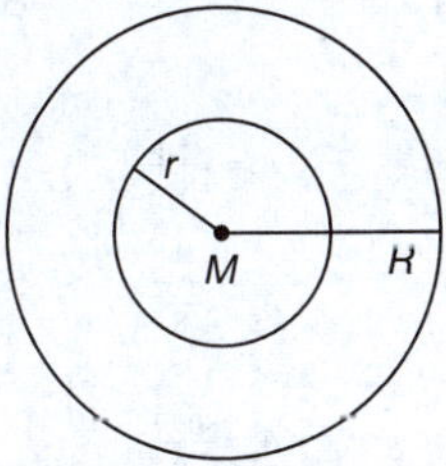

Beispiel:

Man berechne den Flächeninhalt des Kreisrings, der sich aus dem Kreis mit Radius 10 cm und dem Kreis mit Radius 5 cm zusammensetzt.

$A = (\,10\text{ cm}\,)^2\pi - (\,5\text{ cm}\,)^2\pi =$

$= (\,100 - 25\,)\,\pi\text{ cm}^2 = 236\text{ cm}^2$

Dieser Kreisring soll in einen flächengleichen Kreis verwandelt werden. Man berechne dessen Radius.

$236\text{ cm}^2 = r^2\pi \Rightarrow r = \sqrt{\dfrac{236\text{ cm}^2}{\pi}} \Rightarrow$

$r \approx 8{,}66\text{ cm}$

Monde des Hippokrates

Über den Seiten eines rechtwinkligen Dreiecks sind Halbkreise gezeichnet. Gesucht ist der gemeinsame Flächeninhalt der dabei entstehenden Monde.

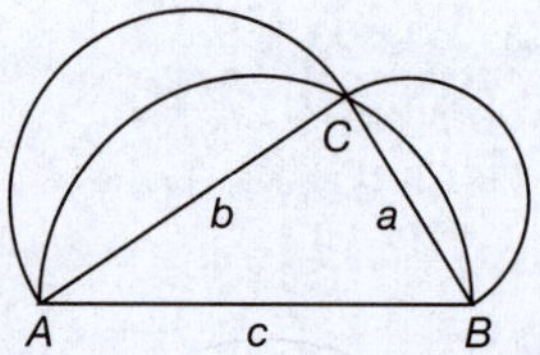

Halbkreis über c:	$A_c = \frac{c^2 \pi}{8}$
Halbkreis über a:	$A_a = \frac{a^2 \pi}{8}$
Halbkreis über b:	$A_b = \frac{b^2 \pi}{8}$
Dreieck:	$A_d = \frac{ab}{2}$
Gesamte Fläche:	$A = \frac{a^2 \pi}{8} + \frac{b^2 \pi}{8} + \frac{ab}{2}$
Fläche der beiden Monde:	$A_m = \frac{a^2 \pi}{8} + \frac{b^2 \pi}{8} + \frac{ab}{2} - \frac{c^2 \pi}{8} =$
	$= \frac{\pi}{8}(a^2 + b^2 - c^2) + \frac{ab}{2} =$
	$= \frac{\pi}{8}(c^2 - c^2) + \frac{ab}{2} = \frac{ab}{2}$

Der Flächeninhalt der beiden Monde zusammen ist so groß wie der des rechtwinkligen Dreiecks.

8.13 Streckenverhältnisse

Strahlensätze

Werden zwei sich schneidende Geraden *a* und *b* von zwei parallelen Geraden *c* und d geschnitten, so verhalten sich – vom Geradenschnittpunkt *Z* aus gesehen – die langen Strecken zu den kurzen Strecken wie die anliegend langen Strecken zu den anliegend kurzen Strecken.

1. Satz: $\overline{ZC} : \overline{ZA} = \overline{ZD} : \overline{ZB}$

2. Satz: $\overline{ZC} : \overline{ZA} = \overline{DC} : \overline{AB}$

$\overline{ZD} : \overline{ZB} = \overline{DC} : \overline{AB}$

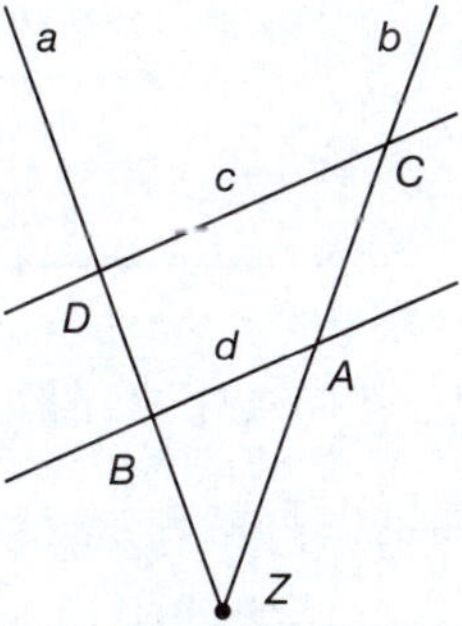

V-Figur

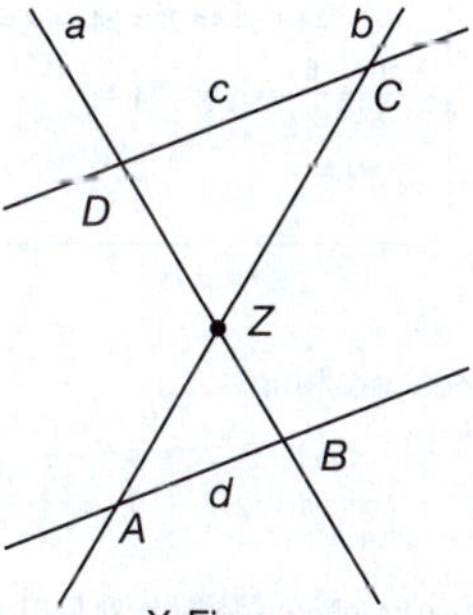

X-Figur

Die Umkehrung der Strahlensätze wird oft zur Prüfung herangezogen, ob zwei Geraden parallel zueinander liegen. Diese lautet:

Werden die Schenkel eines Winkels (zweier Scheitelwinkel) von zwei Geraden so geschnitten, dass das Verhältnis entsprechend liegender Abschnitte gleich ist, so sind die beiden Geraden parallel.

Beispiel:

Man berechne aus den Angaben der untenstehenden Zeichnung die gesuchten Strecken y und z.

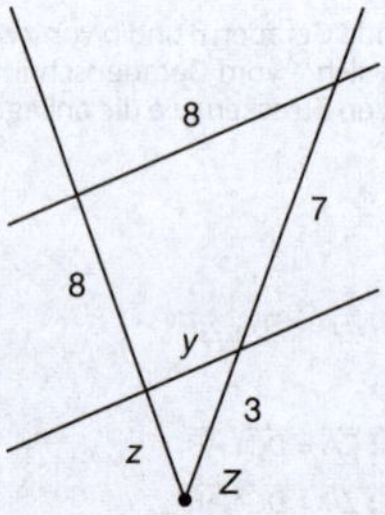

$\frac{10}{3} = \frac{8+z}{z} \Leftrightarrow$

$10z = 3(8+z) \Leftrightarrow$

$10z = 24 + 3z \Leftrightarrow 7z = 24 \Leftrightarrow z = 3{,}43$

$\frac{10}{3} = \frac{8}{y} \Leftrightarrow 10y = 24 \Leftrightarrow$

$y = 2{,}4$

Streckenteilung

Teilverhältnis:

P ist ein im Inneren der Strecke [*AB*] liegender Punkt und *P′* liegt auf ihrer Verlängerung. *P* bzw. *P′* teilen die Strecke [*AB*] innen bzw. außen.
Das Verhältnis $\overline{AP} : \overline{BP}$ bzw. $\overline{AP'} : \overline{BP'}$ heißt Teilverhältnis von [*AB*].
Für den inneren Teilpunkt *P* ist, da die Strecken [*AP*] und [*BP*] entgegengesetzt gerichtet sind, das Teilverhältnis eine negative Zahl.
Für den äußeren Teilpunkt P′ ist es, da die Strecken [*AP′*] und [*BP′*] gleichgerichtet sind, eine positive Zahl.

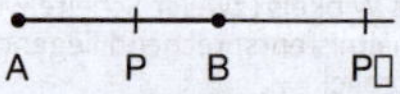

Harmonische Teilung:

Die Strecke [AB] ist durch P und P′ harmonisch geteilt, wenn sie innen und außen im selben Verhältnis geteilt ist.

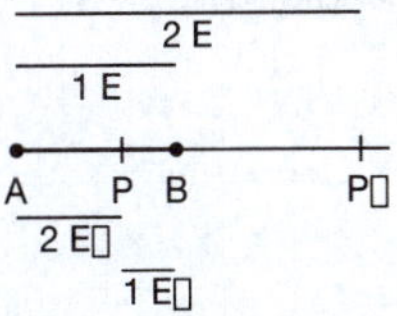

(E, E′ sind Längeneinheiten)

Beispiel:

Eine gegebene Strecke [AB] ist innen und außen im selben Verhältnis 5 : 3 zu teilen.

Konstruktion:

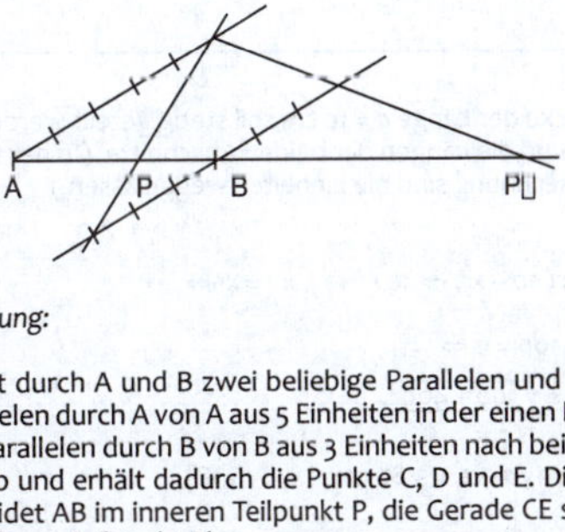

Beschreibung:

Man zieht durch A und B zwei beliebige Parallelen und trägt auf der Parallelen durch A von A aus 5 Einheiten in der einen Richtung, auf der Parallelen durch B von B aus 3 Einheiten nach beiden Richtungen ab und erhält dadurch die Punkte C, D und E. Die Gerade CD schneidet AB im inneren Teilpunkt P, die Gerade CE schneidet AB im äußeren Teilpunkt P′.

Rechnung:

$\overline{AB} = 12$ cm, Teilverhältnis $|k| = \frac{5}{3}$, $\overline{AP} = x$, $\overline{BP'} = y$

$\frac{x}{5} = \frac{12 - x}{3} \Leftrightarrow 3x = 60 - 5x \Leftrightarrow 8x = 60 \Leftrightarrow x = 7{,}5$

$\frac{12 + y}{5} = \frac{y}{3} \Leftrightarrow 36 + 3y = 5y \Leftrightarrow 2y = 36 \Leftrightarrow y = 18$

Stetige Teilung:

Wird eine Strecke $\overline{AB} = a$ durch einen Punkt P so geteilt, dass sich die Strecke zum größeren Abschnitt so verhält wie der größere Abschnitt zum kleineren, so liegt eine stetige Teilung vor (Goldener Schnitt).

$$a : x = a : (a - x)$$

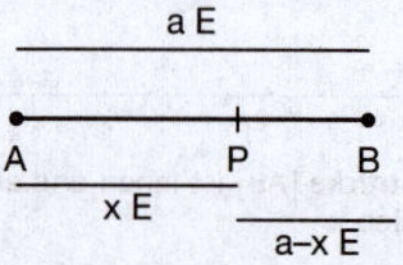

(E sind Längeneinheiten)

Beispiel:

Eine Strecke der Länge $a = 10$ cm soll stetig geteilt werden. Gesucht sind die Längen der beiden Abschnitte. (In der folgenden Rechnung sind die Einheiten weggelassen.)

$$10 : x = x : (10 - x) \Leftrightarrow 10 \cdot (10 - x) = x^2 \Leftrightarrow$$

$$x^2 + 10x - 100 = 0 \Rightarrow$$

$$x_{1/2} = \frac{-10 \pm \sqrt{100 + 400}}{2}$$

$$x_1 = 6{,}18 \text{ cm}, a - x_1 = 3{,}82 \text{ cm}; [x_2 = 16{,}18]$$

Ist eine Strecke bereits nach dem Goldenen Schnitt geteilt, so teilt der kleinere Abschnitt den größeren stets wiederum nach dem Goldenen Schnitt, daher auch der Name stetige Teilung.

Diese Teilung war bereits im 7. Jh. vor Christus in Griechenland bekannt. Bis in die heutige Zeit wird die stetige Teilung im Bauwesen, der Kunst und der Graphik verwendet.

8.14 Zentrische Streckung

Definition

Gegeben sind ein Punkt Z (Zentrum) und eine feste Zahl $k \neq 0$ (Streckungsfaktor). Jeder Punkt P hat seinen Bildpunkt P′ auf dem Streckungsstrahl so, dass $\overline{ZP'} : \overline{ZP} = k$. Für $k > 0$ liegen P′ und P auf derselben Seite von Z, für $k < 0$ liegt Z zwischen P′ und P.

Figuren, die durch eine Streckung abgebildet werden, sind zueinander ähnlich: Jede Gerade geht wieder in eine zu ihr parallele Gerade über. Winkel gehen in gleich große Winkel über. Der Umlaufsinn bleibt erhalten.

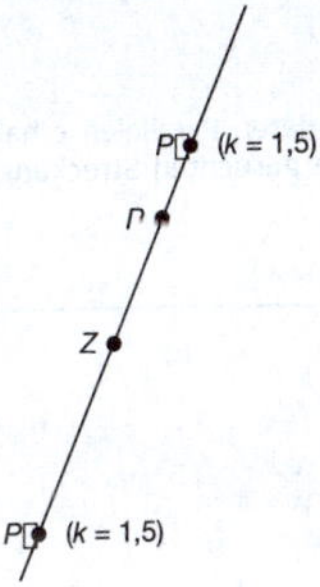

Streckungsfaktoren

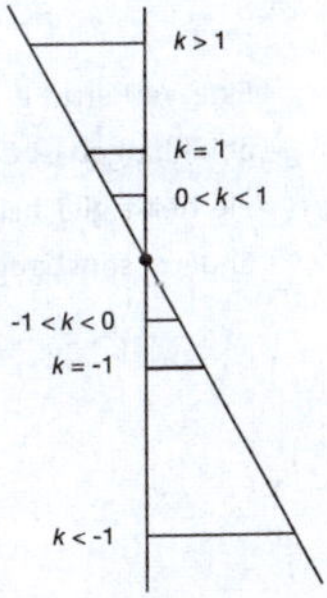

$k > 1$:	Vergrößerung
$k = 1$:	Identität
$0 < k < 1$:	Verkleinerung
$-1 < k < 0$:	Verkleinerung und Spiegelung auf die andere Seite
$k = -1$:	Punktspiegelung
$k < -1$:	Vergrößerung und Spiegelung auf die andere Seite

Beispiel:

Gegeben sind die Punkte Z und P.
Der Punkt P soll einer zentrischen Streckung unterworfen werden, und zwar im Maßstab $k = 3 : 2$ sowie im Maßstab $k = -2$.

Zuerst wird die Streckungsgerade ZP gezeichnet.

Daraufhin zeichnet man eine Hilfsgerade durch Z unter einem beliebigen Winkel. Auf der Hilfsgeraden trägt man auf der einen Seite 3 Längeneinheiten, auf der anderen Seite 4 Längeneinheiten ab.

Durch die eingezeichneten Parallelen erhält man eine Strahlensatzfigur, aus der die gesuchten Streckungsverhältnisse zu entnehmen sind.

8.15 Ähnlichkeit

Ähnlichkeitsabbildungen

Eine Verkettung von zentrischen Streckungen und Kongruenzabbildungen ist eine Ähnlichkeitsabbildung.
Sie heißt gleichsinnig, wenn die Figuren den Umlaufsinn nicht ändern, sonst gegensinnig.

Beispiel:

Diese Ähnlichkeitsabbildung besteht aus einer Streckung und einer anschließenden Achsenspiegelung.

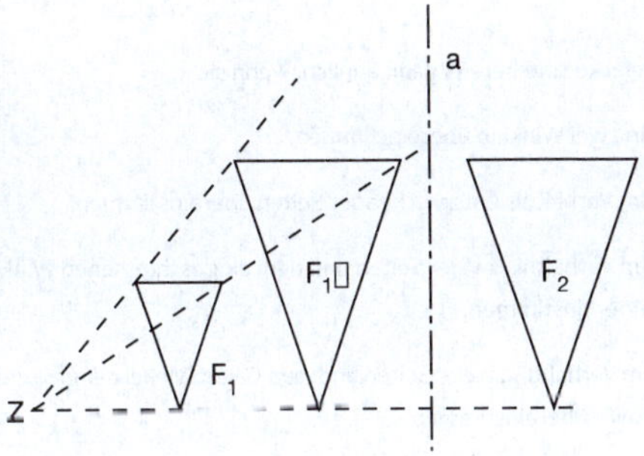

Sind zwei Figuren F_1 und F_2 einander ähnlich, so schreibt man $F_1 \sim F_2$, man sagt, sie haben dieselbe Form. In ähnlichen Figuren haben entsprechende Winkel die gleiche Größe und entsprechende Strecken das gleiche Längenverhältnis.

Sind F_1 und F_2 zwei Vielecke und sind die Seiten von F_1 k-mal so lang wie die Seiten von F_2, so ist der Flächeninhalt von F_1 k^2-mal so groß wie der von F_2.

Zwei Strecken sind stets ähnlich, denn sie können durch höchstens zwei Achsenspiegelungen (einer Drehung) und durch eine zentrische Streckung aufeinander abgebildet werden.

Zwei Kreise sind stets ähnlich, da sie durch eine zentrische Streckung aufeinander abgebildet werden können.

Ähnlichkeitssätze für Dreiecke

Sind zwei Dreiecke gegeben, von denen man vermutet, dass sie ähnlich zueinander sind, so könnte man versuchen, sie durch Streckungen und Achsenspiegelungen (oder Drehungen) so aufeinander abzubilden, dass sie identisch werden.

Es ist aber einfacher, einen der folgenden Ähnlichkeitssätze anzuwenden:

Dreiecke sind bereits dann ähnlich, wenn sie ...

... in zwei Winkeln übereinstimmen,

... im Verhältnis entsprechender Seiten übereinstimmen,

... im Verhältnis zweier Seiten und dem eingeschlossenen Winkel übereinstimmen,

... im Verhältnis zweier Seiten und dem Gegenwinkel der größeren Seite übereinstimmen.

Beispiel:

Die Dreiecke CAD und ABC sind einander ähnlich:

$\Delta\, CAD \sim \Delta\, ABC$

Sie stimmen in zwei Winkeln überein:

dem Winkel α und dem rechten Winkel bei *D* bzw. bei C.

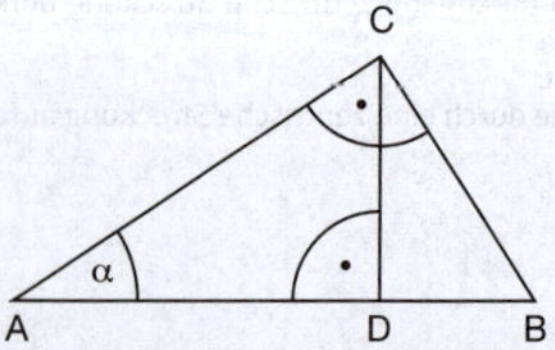

Ähnlichkeitsverfahren bei Konstruktionen

Ist unter den drei gegebenen Stücken zur Konstruktion eines Dreiecks ein Seitenverhältnis, so verfährt man folgendermaßen:
Es wird zunächst eine Hilfsfigur konstruiert, die der gesuchten Figur ähnlich ist. Anschließend wird eine Ähnlichkeitsabbildung durchgeführt. Vorteilhaft konstruiert man die Hilfsfigur so, dass entsprechende Seiten bereits parallel sind. Dann entfallen die Achsenspiegelungen und es ist nur eine zentrische Streckung notwendig.

Beispiele:

Es soll ein Dreieck aus dem Seitenverhältnis $a : b = 4 : 5$, dem Winkel γ und der Seitenhalbierenden s_c konstruiert werden.

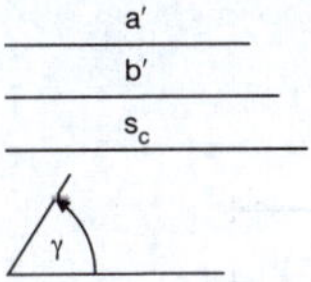

Es wird zunächst das Hilfsdreieck $A'B'C'$ konstruiert. Daraufhin wird eine Streckung mit dem Zentrum $C' = C$ durchgeführt.

Der Streckungsfaktor ist $\frac{s_c'}{s_c}$.

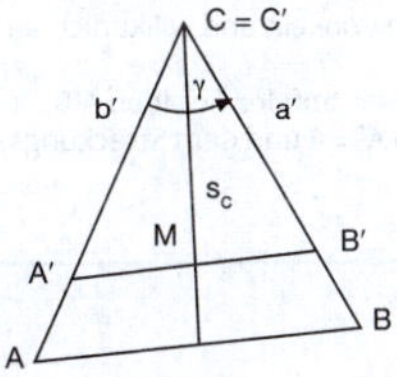

Konstruktionsplan:

B', C': Gegeben durch Strecke a'
A': 1. Ortslinie freier Schenkel γ
2. Kreis k (C'; b')
M': Mittelpunkt der Strecke [$A'B'$]
M: 1. Ortslinie Gerade $C'M'$
2. Kreis k (C' ; s_c)
Streckung mit dem Zentrum $C' = C$.

Es soll ein Dreieck aus dem Umfang u und den Winkeln α und β konstruiert werden.

Gegeben:

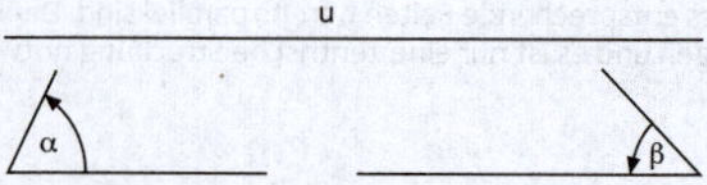

Konstruktion:

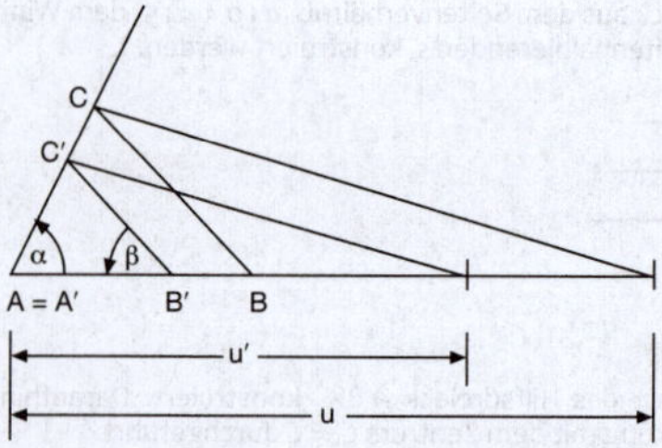

Konstruktionsplan:
Hilfsdreieck $A'B'C'$ mit den gegebenen Winkeln und willkürlich angenommenen Seitenlängen.
Konstruktion des Umfangs $u' = a' + b' + c'$ auf der Geraden $A'B'$.
Streckung der Figur mit dem Zentrum $A' = A$ und dem Streckungsfaktor $u' : u$.

Sehnensatz

Schneiden sich zwei Kreissehnen $[AB]$ und $[CD]$ im Punkt P, so ist das Produkt der Abschnitte auf der einen Sehne gleich dem Produkt der Abschnitte auf der anderen Sehne.

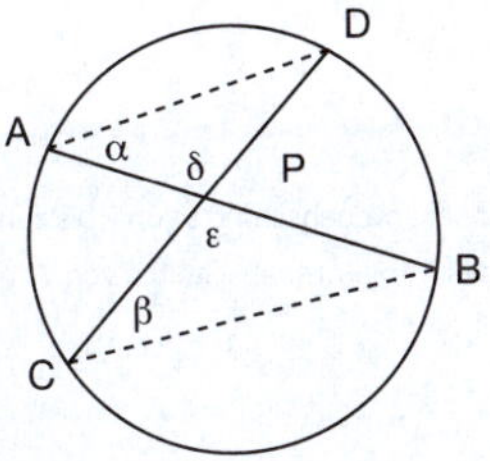

Zur Begründung überlegt man sich, dass die Dreiecke *APD* und *BPC* ähnlich sind, und zwar weil sie in zwei Winkeln übereinstimmen: $\delta = \varepsilon$ (Scheitelwinkel) und $\alpha = \beta$ (Umfangswinkel über dem Bogen *BD*).

Da entsprechende Seiten der ähnlichen Dreiecke im selben Verhältnis stehen, ergibt sich der genannte Sehnensatz.

Sekantensatz

Zieht man von einem Punkt *P* außerhalb des Kreises aus Sekanten, so sind die Produkte der Sekantenabschnitte von *P* bis zum Kreis bei allen Sekanten gleich.

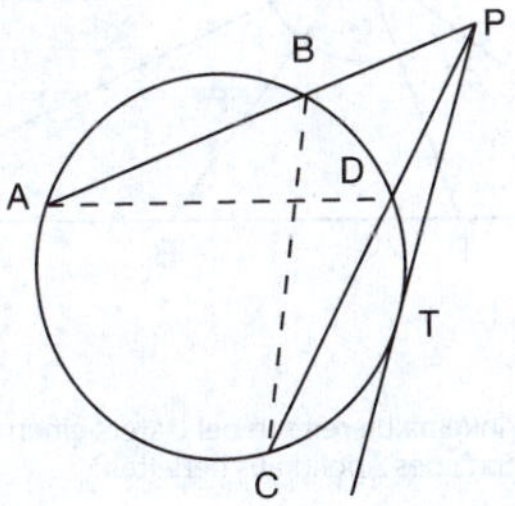

Die Begründung ergibt sich aus der Ähnlichkeit der Dreiecke *ADP* und *BCP*.

Tangentensatz

Das Produkt der Sekantenabschnitte von *P* bis zum Kreis ist gleich dem Quadrat des Tangentenabschnitts von *P* bis zum Berührpunkt *T*.

Der Tangentensatz ist ein Sonderfall des Sekantensatzes, nämlich dann, wenn die Sekante *CP* um P so gedreht wird, dass sie mit dem Kreis nur mehr einen Schnittpunkt hat, also den Berührpunkt *T*.

Die drei genannten Sätze verwendet man oft, wenn ein Rechteck in ein anderes flächengleiches Rechteck verwandelt werden soll oder wenn ein Rechteck in ein flächengleiches Quadrat verwandelt werden soll.

Kreis des Apollonius

In einem Dreieck teilt die Halbierende eines Innen- bzw. Außenwinkels die Gegenseite innen bzw. außen im Verhältnis der anliegenden Seiten:
$\overline{AP} : \overline{BP} = b : a$ und $\overline{A'P'} : \overline{B'P'} = b : a$

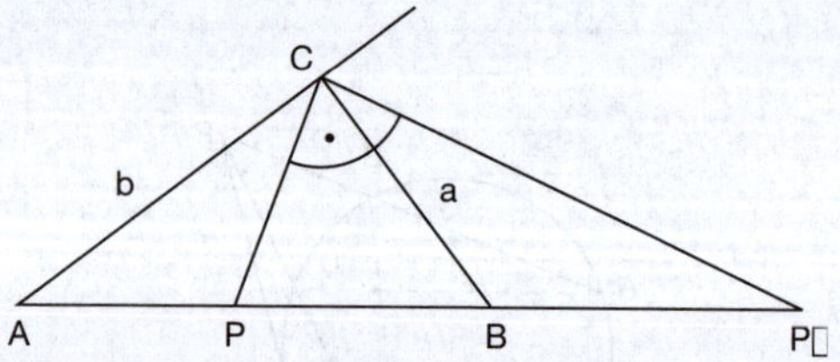

Nachdem die beiden Winkelhalbierenden bei C stets einen rechten Winkel bilden, lässt sich der folgende Satz des Apollonius herleiten:

Die Menge aller Punkte C, deren Abstände von zwei gegebenen Punkten A und B das gleiche Verhältnis $b : a$ haben, ist ein Kreis (Kreis des Apollonius). Er ist der Thaleskreis über der Verbindungsstrecke der Teilpunkte P und P', die $[AB]$ innen und außen im Verhältnis $b : a$ teilen.

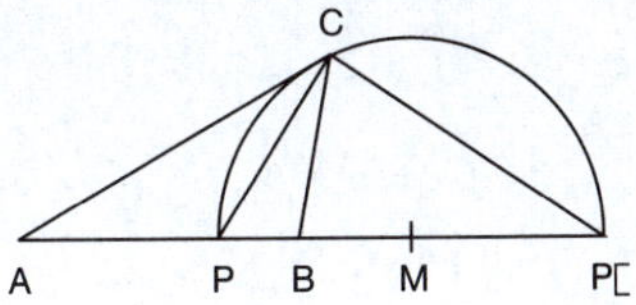

9. Trigonometrie

Das Wort Trigonometrie kommt aus der griechischen Sprache und bedeutet Winkelmessung am Dreieck. Sie ist ein Zweig der Mathematik, der sich mit der Berechnung von Dreiecken unter Benutzung der trigonometrischen Funktionen befasst. Goniometrie, ein Teilgebiet der Trigonometrie, befasst sich mit dem Lösen von trigonometrischen Gleichungen.

9.1 Winkelmessung

Messen ist Vergleichen! Eine Strecke misst man, indem man sie mit einer festgelegten Strecke, genannt Streckeneinheit, vergleicht. Um Winkel messen zu können, braucht man daher zuerst eine Winkeleinheit. Diese wird auf verschiedene Arten festgelegt.

Der rechte Winkel

Wenn sich zwei Geraden schneiden, entstehen vier Winkel. Sind alle vier untereinander gleich, so spricht man von rechten Winkeln. Der rechte Winkel kann als Winkeleinheit verwendet werden. Zwei rechte Winkel ergeben einen gestreckten Winkel, vier rechte Winkel einen Vollwinkel. Spitze Winkel sind Winkel, die kleiner als rechte Winkel sind. Man spricht von einem stumpfen Winkel, wenn es sich um einen Winkel handelt, der größer als ein rechter und kleiner als ein gestreckter Winkel ist. Alle Winkel, die größer als ein gestreckter sind, werden überstumpf genannt.

Das Gradmaß

Unter einem Grad (1°) versteht man den 90ten Teil eines rechten Winkels. Daher hat ein rechter Winkel 90°, ein gestreckter Winkel 180° und ein Vollwinkel 360°. Für genauere Winkelmessungen verwendet man folgende Untereinheiten des Grads: 1 Winkelminute ($1'$) ist der 60te Teil eines Grades, eine Winkelsekunde ($1''$) ist der 60te Teil einer Winkelminute. Es wird aber immer üblicher, das Grad im Dezimalsystem zu unterteilen.

Das Neugradmaß

Ein Neugrad (Gon, 1°) ist der 100te Teil eines rechten Winkels, eine Neugradminute (1^g) ist der 100te Teil eines Neugrades, eine Neugradsekunde (1^{gg}) ist der 100te Teil einer Neugradminute. Dann hat ein rechter Winkel das Neugradmaß 100^g; ein gestreckter Winkel hat 200^g. Die Winkeleinheiten haben den Vorteil einer dezimalen Unterteilung.

Das Bogenmaß

Ein Kreis mit dem Radius von einer Längeneinheit (z. B. 1 m, 1 dm, 1 cm) heißt Einheitskreis. Der zu einem Bogen mit der Länge einer Längeneinheit gehörende Mittelpunktswinkel im Einheitskreis wird 1 Radiant (1 rad) genannt. Die Maßzahl eines in Radianten gemessenen Winkels wird Bogenmaß genannt, es ist eine unbenannte Zahl.

1 rad = 1

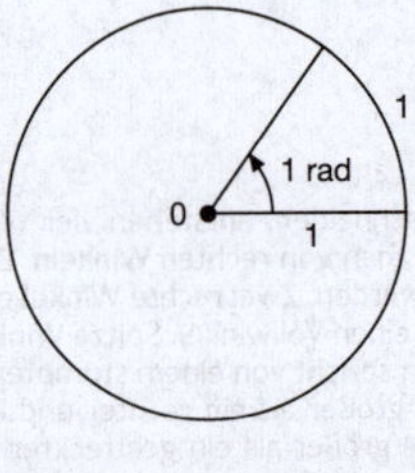

Das Bogenmaß eines vollen Winkels ist 2π, für einen gestreckten Winkel ergibt sich dann das Bogenmaß π, für einen rechten Winkel $\frac{\pi}{2}$ usw. Das Bogenmaß hat den Vorteil, dass es zugleich auch die Länge des dazugehörenden Einheitskreisbogens angibt.

Im Einheitskreis entspricht:

360°	dem Bogen	2π	≈ 6,2831
180°	dem Bogen	π	≈ 3,1416
90°	dem Bogen	$\frac{\pi}{2}$	≈ 1,5708
60°	dem Bogen	$\frac{\pi}{3}$	≈ 1,0472
45°	dem Bogen	$\frac{\pi}{4}$	≈ 0,7854
30°	dem Bogen	$\frac{\pi}{6}$	≈ 0,5236
1°	dem Bogen	$\frac{\pi}{180}$	≈ 0,0175

Orientierte Winkel

In einem Einheitskreis werden zwei aufeinander senkrechte Durchmesser AA' und BB' eingezeichnet. Die dabei entstehenden Felder I, II, III, IV heißen Quadranten. Ein sich drehender Radius (freier Schenkel) bildet mit dem festen Radius OA (fester Schenkel) verschiedene Winkel.

Erfolgt die Drehung im Gegenuhrzeigersinn, so sind die Winkel positiv orientiert. Bei Drehungen im Uhrzeigersinn werden negativ orientierte Winkel erzeugt, ihnen ordnet man negative Maßzahlen zu. Also kann jede reelle Zahl als Bogenmaß eines orientierten Winkels angesehen werden.

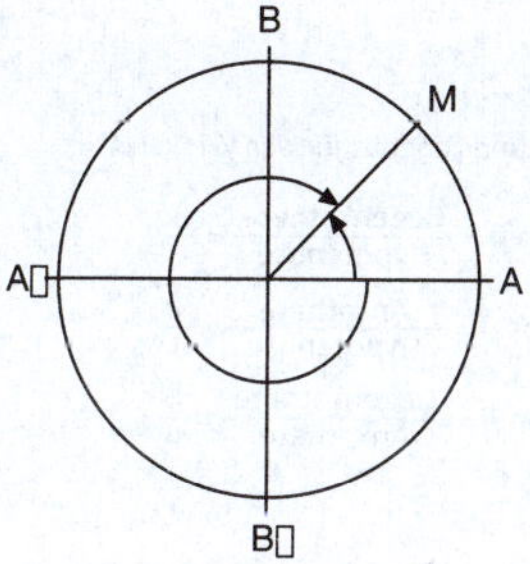

9.2 Winkelfunktionen am rechtwinkligen Dreieck

Die längste Seite im rechtwinkligen Dreieck heißt Hypotenuse. Sie liegt dem rechten Winkel gegenüber.

Die Katheten sind die Seiten, die den rechten Winkel bilden. Bezüglich eines spitzen Winkels unterscheidet man Ankathete und Gegenkathete.

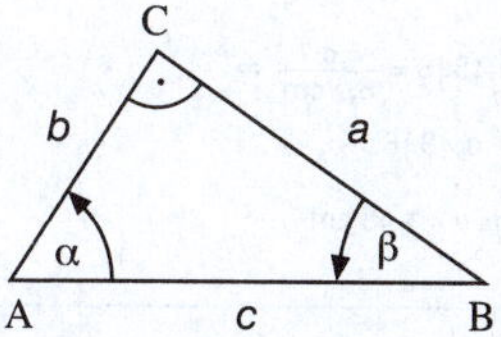

Sinus, Kosinus und Tangens für den Winkel α:

Sinus: $\sin\alpha = \frac{\text{Gegenkathete}}{\text{Hypotenuse}} = \frac{a}{c}$

Kosinus: $\cos\alpha = \frac{\text{Ankathete}}{\text{Hypotenuse}} = \frac{b}{c}$

Tangens: $\tan\alpha = \frac{\text{Gegenkathete}}{\text{Ankathete}} = \frac{a}{b}$

Sinus, Kosinus und Tangens für den Winkel β:

Sinus: $\sin\beta = \frac{\text{Gegenkathete}}{\text{Hypotenuse}} = \frac{b}{c}$

Kosinus: $\cos\beta = \frac{\text{Ankathete}}{\text{Hypotenuse}} = \frac{a}{c}$

Tangens: $\tan\beta = \frac{\text{Gegenkathete}}{\text{Ankathete}} = \frac{b}{a}$

Beispiele:

1. In einem rechtwinkligen Dreieck ist $\beta = 61°$ und die Hypotenuse c = 8,2 cm.

$\sin 61° = 0{,}8746$, $\cos 61° = 0{,}4848$, $\tan 61° = 1{,}8040$

$\sin 61° = 0{,}8746 = \frac{b}{8{,}2\text{ cm}} \Leftrightarrow$

$b = 0{,}8746 \cdot 8{,}2\text{ cm}$

$\cos 61° = 0{,}4848 = \frac{a}{8{,}2\text{ cm}} \Leftrightarrow$

$a = 8{,}2\text{ cm} \cdot 0{,}4848$

$b = 7{,}17\text{ cm}$, $a = 3{,}98\text{ cm}$

2. Ein Beobachter (1,5 m Augenhöhe), der 55 m vom Fuße eines Turms entfernt ist, sieht die Turmspitze unter dem Erhebungswinkel 69,23°. Wie hoch ist der Turm?

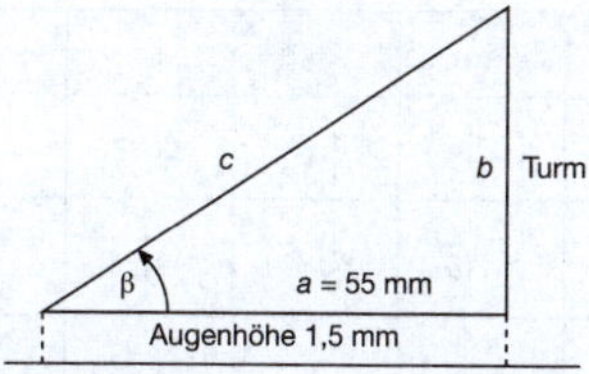

$\tan \beta = \frac{b}{a} \Leftrightarrow$

$b = a \cdot \tan \beta$

$b = 55\text{ m} \cdot \tan 69{,}23° = 55\text{ m} \cdot 2{,}6367 = 145\text{ m}$

Turmhöhe: $h = 145\text{ m} + 1{,}5\text{ m} = 146{,}5\text{ m}$

3. Einem regelmäßigen Zwölfeck mit der Seitenlänge von 4,3 cm wird ein Kreis umbeschrieben.
Gesucht ist der Radius dieses Kreises und der Flächeninhalt des Zwölfecks.

$\alpha = \frac{360°}{2 \cdot 12} = 15°$

$\sin \alpha = \frac{a}{c} \Leftrightarrow c = \frac{a}{\sin \alpha}$

$c = \frac{2{,}15\text{ cm}}{\sin 15°} = 8{,}3\text{ cm}$

$\cos \alpha = \frac{b}{c} \Leftrightarrow b = c \cos \alpha$

$b = 8{,}3\text{ cm} \cdot \cos 15° = 8\text{ cm}$

$A_\Delta = \frac{a \cdot b}{2}$

$A_\Delta = \frac{2{,}15\text{ cm} \cdot 8\text{ cm}}{2} = 8{,}6\text{ cm}^2$

$A_{12} = 24 \cdot 8{,}6\text{ cm}^2 = 206{,}4\text{ cm}^2$

Besondere Funktionswerte

Bei der Anwendung der Winkelfunktionen auf das gleichschenklig rechtwinklige Dreieck bzw. auf das gleichseitige Dreieck ergeben sich folgende allgemeingültigen Funktionswerte:

α	0	30	45	60	90
$\sin\alpha$	0	$\frac{1}{2}$	$\frac{1}{2}\sqrt{2}$	$\frac{1}{2}\sqrt{3}$	1
$\cos\alpha$	1	$\frac{1}{2}\sqrt{3}$	$\frac{1}{2}\sqrt{2}$	$\frac{1}{2}$	0
$\tan\alpha$	0	$\frac{1}{3}\sqrt{3}$	1	$\sqrt{3}$	n.d.

9.3 Zusammenhänge

Direkt aus dem rechtwinkligen Dreieck ergeben sich die Beziehungen:
$\sin\alpha = \cos(90° - \alpha)$
$\cos\alpha = \sin(90° - \alpha)$

Grundregeln:

$$\tan\alpha = \frac{\sin\alpha}{\cos\alpha}$$

$$\sin^2\alpha + \cos^2\alpha = 1$$

Abgeleitete Formeln:

$$\sin\alpha = \sqrt{1-\cos^2\alpha} = \frac{\tan\alpha}{\sqrt{1+\tan^2\alpha}}$$

$$\cos\alpha = \sqrt{1-\sin^2\alpha} = \frac{1}{\sqrt{1+\tan^2\alpha}}$$

$$\tan\alpha = \frac{\sin\alpha}{\sqrt{1-\sin^2\alpha}} = \frac{\sqrt{1-\cos^2\alpha}}{\cos\alpha}$$

Beispiel:

In einem rechtwinkligen Dreieck ist $\cos\alpha = \frac{3}{5}$, gesucht sind $\sin\alpha$ und $\tan\alpha$.

$\sin\alpha = \sqrt{1 - \cos^2\alpha}$

$\sin\alpha = \sqrt{1 - \frac{9}{25}} = \sqrt{\frac{16}{25}} = \frac{4}{5}$

$\tan\alpha = \frac{\sin\alpha}{\cos\alpha}$

$\tan\alpha = \frac{0{,}8}{0{,}6} = \frac{4}{3}$

Neben der Tangensfunktion gibt es noch die Kotangensfunktion, die heute jedoch kaum mehr gebraucht wird.

Es gilt: $\cot\alpha = \frac{1}{\tan\alpha}$

9.4 Beliebige Winkel

Gebraucht man die Winkelfunktionen nur am rechtwinkligen Dreieck, so können sie natürlicherweise nur für spitze Winkel gelten. Überträgt man sie jedoch auf den Einheitskreis, so ergibt sich, dass sie zusammen mit ihren Gesetzmäßigkeiten sinngemäß auch für beliebige Winkel gelten.

Der Einheitskreis (ein Kreis mit dem Radius von 1 Längeneinheit) hat seinen Mittelpunkt im Ursprung eines rechtwinkligen Koordinatensystems. Die Figur wird noch durch die senkrechte Tangente (Tangenslinie) ergänzt.

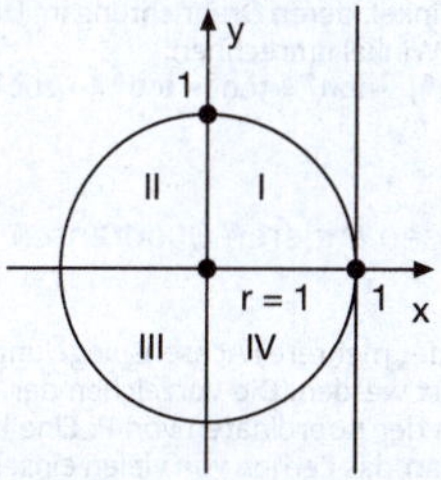

Winkelfunktionen im ersten Quadranten

Jeder Punkt P auf dem Einheitskreis kann durch den Winkel φ angegeben werden (Winkel zwischen der positiven x-Achse und der Strecke OP). Die x-Koordinate von P ist der Kosinus, und die y-Koordinate von P ist der Sinus des Winkels φ. Der Tangens wird durch die gezeichnete Strecke auf der Tangenslinie dargestellt.

$$\sin\varphi = \frac{y_p}{1} = y_p$$

$$\cos\varphi = \frac{x_p}{1} = x_p$$

$$\tan\varphi = \frac{y_p}{x_p}$$

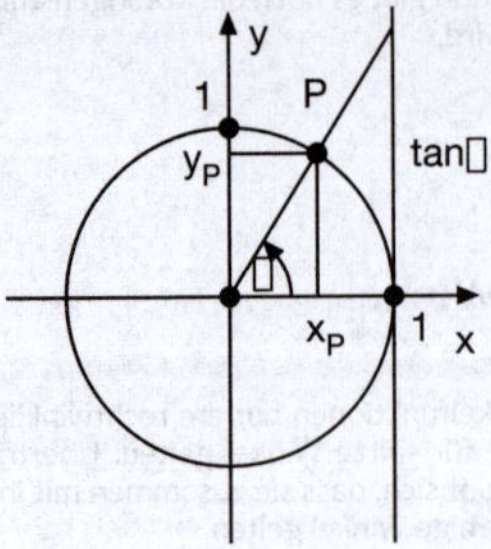

Negative Winkel:

In den Taschenrechnern sind im Allgemeinen auch negative Winkel vorgesehen. Darunter versteht man Winkel, deren Drehrichtung im Uhrzeigersinn erfolgt. Man kann sie leicht in positive Winkel umrechnen:
$-80° = 360° - 80° = +280°$, $-100° = 360° - 100° = +260°$

Winkelfunktionen in den anderen Quadranten

Sie können durch (eine oder mehrere) Achsenspiegelungen auf Winkel des ersten Quadranten zurückgeführt werden. Die Vorzeichen der Winkelfunktionen richten sich nach den Vorzeichen der Koordinaten von P. Eine konsequente Anwendung dieser Spiegelungen erspart das Lernen von vielen einzelnen Regeln.

Beispiele:

1. $\varphi = 115°$: *P* liegt im II. Quadranten.

Der gespiegelte Punkt *P'* hat den Winkel $\varphi' = 65°$,

$\sin 115° = \sin 65° = +0{,}9063$

$\cos 115° = -\cos 65° = -0{,}4226$

$\tan 115° = -\tan 65° = -2{,}1445$

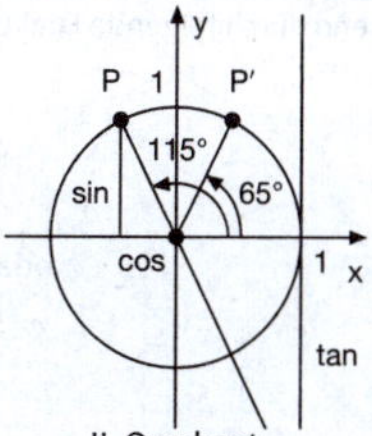

II. Quadrant

2. $\varphi = 220°$: *P* liegt im III. Quadranten.

Der durch Punktspiegelung (oder durch zweimalige Achsenspiegelung) hervorgegangene Punkt *P'* hat den Winkel $\varphi' = 40°$

$\sin 220° = -\sin 40° = -0{,}6428$

$\cos 220° = -\cos 40° = -0{,}7660$

$\tan 220° = \tan 40° = 0{,}8391$

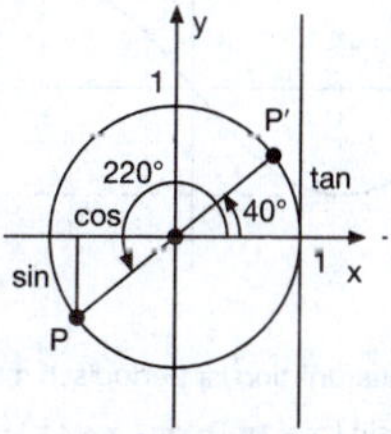

III. Quadrant

3. $\varphi = 330°$: *P* liegt im IV. Quadranten.

P' ist durch Spiegelung von *P* hervorgegangen und hat den Winkel $\varphi' = 30°$

$\sin 330° = -\sin 30° = -0{,}5000$

$\tan 330° = -0{,}5774$

$\cos 330° = 0{,}8660$

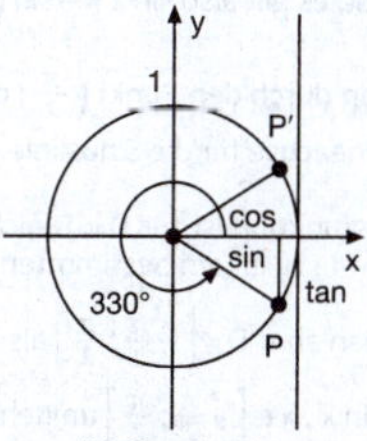

IV. Quadrant

Funktionen

Sinusfunktion:

Die Abhängigkeit der Sinuswerte vom Bogenmaß x des Winkels lässt sich zusammenfassend durch folgende Funktion ausdrücken:

$f: x \rightarrow \sin x,\ x \in R$

oder kürzer

$y = \sin x$

Der Graph der Sinusfunktion heißt Sinuslinie und hat folgendes Aussehen:

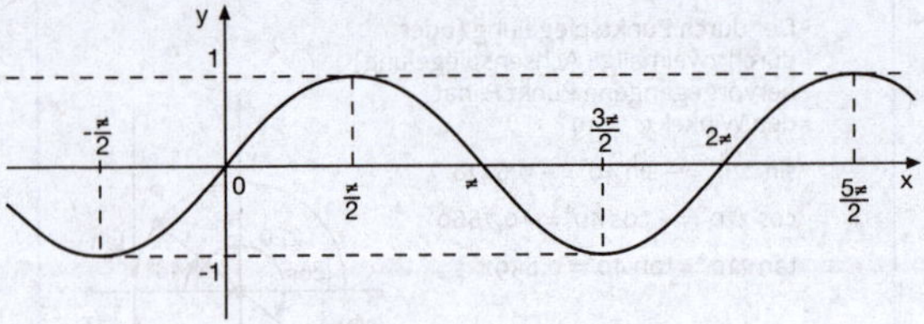

Die Sinusfunktion ist periodisch mit der Periode 2π, es gilt also:

$\sin x = \sin(x + 2\pi) = \sin(x + 4\pi) = \dots$, kurz $\sin x = \sin(x + k \cdot 2\pi)$ mit $k \in Z$.

Am Graph lässt sich erkennen, dass die Sinusfunktion punktsymmetrisch zum Ursprung ist, es gilt also $\sin x = -\sin(-x)$

Zieht man durch den Punkt $\left(\frac{\pi}{2}; 0\right)$ eine Senkrechte zur x-Achse, so ist diese eine Symmetrieachse für die Sinuslinie. Es gilt: $\sin\left(\frac{\pi}{2} - x\right) = \sin\left(\frac{\pi}{2} + x\right)$ für jedes $x \in R$.

Die Sinusfunktion ist für D = R nicht umkehrbar, weil nicht jedes y aus der Wertemenge $[-1; 1]$ einem bestimmten $x \in R$ eindeutig entspricht.

Wählt man aber $D = \left[-\frac{\pi}{2}; \frac{\pi}{2}\right]$ als Teilmenge von R, so ist die Funktion

$f: x \rightarrow \sin x,\ x \in \left[-\frac{\pi}{2}; \frac{\pi}{2}\right]$ umkehrbar.

Für die Umkehrfunktion schreibt man $f^*: x \rightarrow \arcsin x,\ x \in [-1; 1]$.

Kosinusfunktion:

Die Abhängigkeit der Kosinuswerte vom Bogenmaß x des Winkels lässt sich zusammenfassend durch folgende Funktion ausdrücken:

$f: x \rightarrow \cos x,\ x \in R$

oder kürzer

$y = \cos x$

Der Graph der Kosinusfunktion heißt Kosinuslinie und hat folgendes Aussehen:

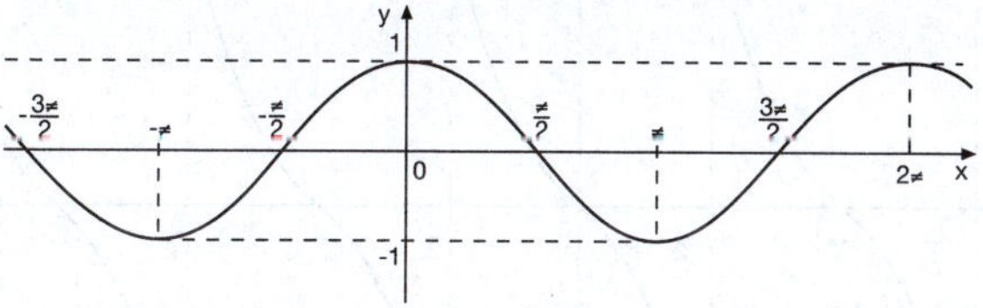

Die Kosinusfunktion ist periodisch mit der Periode 2π, es gilt also:
$\cos x = \cos(x + 2\pi) = \cos(x + 4\pi) = \ldots$, kurz $\cos x = \cos(x + k \cdot 2\pi)$ mit $k \in Z$.

Am Graph lässt sich erkennen, dass die Kosinusfunktion achsensymmetrisch zur y-Achse ist, es gilt also $\cos x = \cos(-x)$.

Die Kosinusfunktion ist für $D = R$ nicht umkehrbar, weil nicht jedes y aus der Wertemenge $[-1; 1]$ einem bestimmten $x \in R$ eindeutig entspricht.

Wählt man aber $D = [0; \pi]$ als Teilmenge von R, so ist die Funktion $f: x \rightarrow \cos x$, $x \in [0; \pi]$ umkehrbar.

Für die Umkehrfunktion schreibt man $f^*: x \rightarrow \arccos x,\ x \in [-1; 1]$.

Tangensfunktion:

Die Abhängigkeit der Tangenswerte vom Bogenmaß x des Winkels lässt sich zusammenfassend durch folgende Funktion ausdrücken:

$f: x \rightarrow \tan x,\ x \in D$

oder kürzer

$y = \tan x$

Der Graph der Tangensfunktion heißt Tangenslinie und hat folgendes Aussehen:

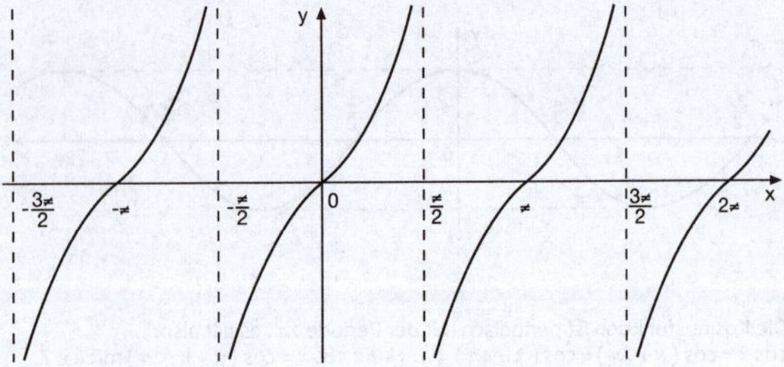

Am Graph erkennt man, dass die x-Werte $x = \pm\frac{\pi}{2}, \pm\frac{3\pi}{2}, \pm\frac{5\pi}{2}, \ldots$ oder kürzer $x = \frac{(2k+1)\pi}{2}, k \in Z$ aus dem Definitionsbereich ausgeschlossen sind.

Daher gilt: $D = R \setminus \left\{ x \text{ mit } x = \frac{(2k+1)\pi}{2}, k \in Z \right\}$

Die Tangensfunktion ist periodisch mit der Periode π, es gilt also:

$\tan x = \tan(x + \pi) = \tan(x + 2\pi) = \ldots$, kurz $\tan x = \tan(x + k\pi)$ mit $k \in Z$ für alle definierten x-Werte.

Am Graph lässt sich erkennen, dass die Tangensfunktion punktsymmetrisch zum Ursprung ist, es gilt also $\tan x = -\tan(-x)$.

Die Tangensfunktion ist für $D = R$ nicht umkehrbar, weil nicht jedes $y \in R$ einem bestimmten $x \in D$ eindeutig entspricht.

Wählt man aber die Einschränkung $D_1 = \left[-\frac{\pi}{2}; \frac{\pi}{2} \right]$, so ist die Funktion $f: x \rightarrow \tan x$, $x \in D_1$ umkehrbar. Für die Umkehrfunktion schreibt man $f^*: x \rightarrow \arctan x, x \in R$.

9.5 Additionstheoreme

Darunter versteht man Formeln, mit denen man die Winkelfunktionen von Summen oder Differenzen von Winkeln in Funktionen einfacher Winkel umformen kann. Sie werden beim Auflösen von trigonometrischen Gleichungen gebraucht.

Grundformeln

Summe:

$$\sin(\alpha+\beta) = \sin\alpha \cdot \cos\beta + \cos\alpha \cdot \sin\beta$$

$$\cos(\alpha+\beta) = \cos\alpha \cdot \cos\beta - \sin\alpha \cdot \sin\beta$$

$$\tan(\alpha+\beta) = \frac{\tan\alpha + \tan\beta}{1 - \tan\alpha \cdot \tan\beta}$$

Differenz:

$$\sin(\alpha-\beta) = \sin\alpha \cdot \cos\beta - \cos\alpha \cdot \sin\beta$$

$$\cos(\alpha-\beta) = \cos\alpha \cdot \cos\beta + \sin\alpha \cdot \sin\beta$$

$$\tan(\alpha-\beta) = \frac{\tan\alpha - \tan\beta}{1 + \tan\alpha \cdot \tan\beta}$$

Beispiele:

1. $\cos\frac{5\pi}{6} = \cos\left(\pi - \frac{\pi}{6}\right) =$

$= \cos\pi \cdot \cos\frac{\pi}{6} + \sin\pi \cdot \sin\frac{\pi}{6} =$

$= (-1)\frac{\sqrt{3}}{2} + 0 \cdot \frac{1}{2} = -\frac{\sqrt{3}}{2}$

2. $\tan 15° = \tan(45° - 30°) =$

$$= \frac{\tan 45° - \tan 30°}{1 + \tan 45° \cdot \tan 30°} =$$

$$= \frac{1 - \frac{1}{\sqrt{3}}}{1 + \frac{1}{\sqrt{3}}} = \frac{\sqrt{3} - 1}{\sqrt{3} + 1} = 2 - \sqrt{3}$$

Sonderfälle:

Funktionen des doppelten Winkels:

$\sin 2\alpha = 2 \cdot \sin \alpha \cdot \cos \alpha,$

$\cos 2\alpha = \cos^2 \alpha - \sin^2 \alpha,$

$$\tan 2\alpha = \frac{2 \cdot \tan \alpha}{1 - \tan \alpha}$$

Funktionen des halben Winkels:

$$\sin^2 \frac{\alpha}{2} = \frac{1}{2} \cdot (1 - \cos \alpha)$$

$$\cos^2 \frac{\alpha}{2} = \frac{1}{2} \cdot (1 + \cos \alpha)$$

$$\tan^2 \frac{\alpha}{2} = \frac{1 - \cos \alpha}{1 + \cos \alpha}$$

Beispiele:

1. $\tan 120° = \tan(2 \cdot 60°) =$

$$= \frac{2 \cdot \tan 60°}{1 - \tan^2 60°} = \frac{2\sqrt{3}}{1 - 3} = -\sqrt{3}$$

2. $2 \cdot \sin^2 22{,}5^\circ = 2 \cdot \sin^2 \frac{45^\circ}{2} =$

$= 1 - \cos 45^\circ = 1 - \frac{\sqrt{2}}{2} = \frac{2 - \sqrt{3}}{2} \Rightarrow$

$= \sin 22{,}5^\circ = \frac{\sqrt{2 - \sqrt{2}}}{2}$

3. $2 \cdot \cos \frac{\pi}{12} = 1 + \cos \frac{\pi}{6} =$

$= 1 + \frac{\sqrt{3}}{2} = \frac{2 + \sqrt{3}}{2} \Rightarrow$

$\cos \frac{\pi}{12} = \sqrt{\frac{2 + \sqrt{3}}{4}}$

Aus den Grundformeln lassen sich weitere Formeln herleiten, die für Umformungen von trigonometrischen Gleichungen verwendet werden.

Summe in Produkt

$$\sin \alpha + \sin \beta = 2 \cdot \sin \frac{\alpha + \beta}{2} \cdot \cos \frac{\alpha - \beta}{2}$$

$$\cos \alpha + \cos \beta = 2 \cdot \cos \frac{\alpha + \beta}{2} \cdot \cos \frac{\alpha - \beta}{2}$$

$$\sin \alpha - \sin \beta = 2 \cdot \sin \frac{\alpha - \beta}{2} \cdot \cos \frac{\alpha + \beta}{2}$$

$$\cos \alpha - \cos \beta = -2 \cdot \sin \frac{\alpha + \beta}{2} \cdot \sin \frac{\alpha - \beta}{2}$$

Beispiele:

1. $\sin 3x + \sin x = 2 \cdot \sin \frac{3x + x}{2} \cdot \cos \frac{3x - x}{2} =$

$= 2 \cdot \sin 2x \cdot \cos x$

2. $\cos 75° - \cos 15° = -2 \cdot \sin \frac{75° + 15°}{2} \cdot \sin \frac{75° - 15°}{2} =$

$-2 \cdot \sin 45° \cdot \sin 30° = -2 \cdot \frac{\sqrt{2}}{2} \cdot \frac{1}{2} = -\frac{\sqrt{2}}{2}$

Produkt in Summe

$$2 \cdot \sin\alpha \cos\beta = \sin(\alpha - \beta) + \sin(\alpha + \beta)$$

$$2 \cdot \sin\alpha \sin\beta = \cos(\alpha - \beta) - \cos(\alpha + \beta)$$

$$2 \cdot \cos\alpha \cos\beta = \cos(\alpha - \beta) + \cos(\alpha + \beta)$$

Beispiele:

1. $\sin(\cos^2 x) \cdot \cos(\sin^2 x) =$

$= \frac{1}{2} \cdot (\sin(\cos^2 x - \sin^2 x) + \sin(\cos^2 x + \sin^2 x)) =$

$= \frac{1}{2} \cdot [\sin(\cos 2x) + \sin 1)]$

2. $2 \cdot \cos(x + \frac{\pi}{4}) \cdot \cos(x - \frac{\pi}{4}) =$

$= \frac{1}{2}(\cos \frac{\pi}{2} + \cos 2x) =$

$= \frac{1}{2} \cos 2x$

9.6 Winkelfunktionen am allgemeinen Dreieck

Sinussatz

Das Verhältnis der Sinuswerte von zwei Winkeln ist gleich dem Verhältnis der gegenüberliegenden Seiten.

$$\frac{a}{\sin\alpha} = \frac{b}{\sin\beta} = \frac{c}{\sin\gamma}$$

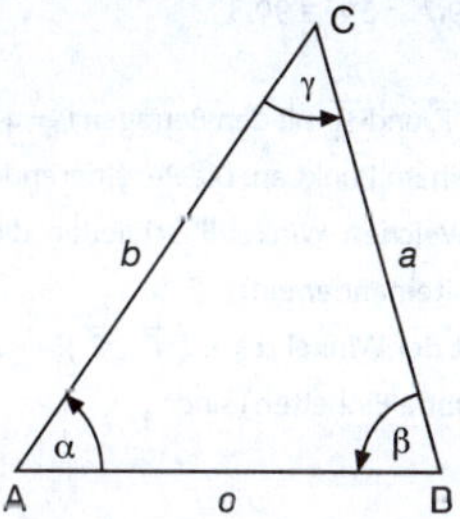

Kosinussatz

Er wird auch der auf allgemeine Dreiecke erweiterte Satz des Pythagoras genannt.

$$a^2 = b^2 + c^2 - 2bc \cdot \cos\alpha$$

$$b^2 = a^2 + c^2 - 2ac \cdot \cos\beta$$

$$c^2 = a^2 + b^2 - 2ab \cdot \cos\gamma$$

Beispiele:

1. Von einem Dreieck sind gegeben:

$b = 7{,}2\text{ cm},\ c = 9{,}4\text{ cm},\ \alpha = 39{,}7°$

$a^2 = b^2 + c^2 - 2bc \cdot \cos\alpha \Rightarrow a = \sqrt{b^2 + c^2 - 2bc \cdot \cos\alpha}$

$a = \sqrt{51{,}8 + 88{,}4 - 2 \cdot 7{,}2 \cdot 9{,}4 \cdot \cos 39{,}7}\text{ cm} = 6\text{ cm}$

$\frac{a}{\sin\alpha} = \frac{b}{\sin\beta} \Rightarrow \sin\beta = \frac{b\sin\alpha}{a}$

$\sin\beta = \frac{7{,}2\text{ cm}\sin 39{,}7°}{6\text{ cm}} = 0{,}767 \Rightarrow$

$\beta_1 = 50°$

$\gamma = 180° - 39{,}7° - 50° = 90{,}3°$

2. Zwei Kräfte $\vec{F_1}$ und $\vec{F_2}$ mit den Beträgen $F_1 = 43$ N und $F_2 = 64$ N greifen an einem Punkt an. Die Resultierende hat den Betrag F = 73 N. Welchen Winkel φ schließen die beiden Kräfte $\vec{F_1}$ und $\vec{F_2}$ miteinander ein?

Wie groß ist der Winkel $\alpha = \sphericalangle(\vec{F_1}, \vec{F})$?

Gegeben (ohne Einheiten) sind:

$\overline{AB} = c = 43$

$\overline{BC} = a = 64$

$\overline{AC} = b = 73$

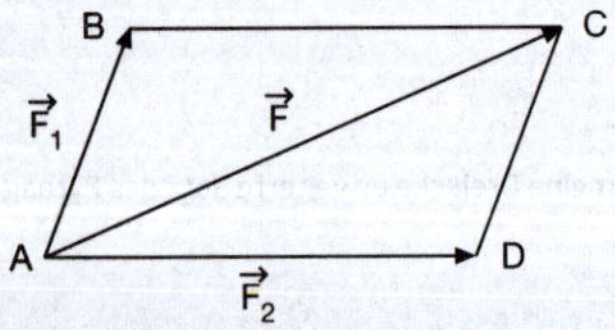

Kosinussatz:

$b^2 = a^2 + c^2 - 2ac \cdot \cos\beta \Leftrightarrow \cos\beta = \frac{a^2 + c^2 - b^2}{2ac}$

$\cos\beta = \frac{64^2 + 43^2 - 73^2}{2 \cdot 43 \cdot 64} = \frac{616}{5504} \Rightarrow \beta = 83°34'$

$\varphi = 180° - 83°34' = 96°26'$

Sinussatz:

$$\frac{\sin\alpha}{\sin\beta} = \frac{a}{b} \Leftrightarrow \sin\alpha = \frac{a\cdot\sin\beta}{b}$$

$$\sin\alpha = \frac{64\cdot\sin 83°34'}{73} = 0{,}8712 \Rightarrow \alpha_1 = 60{,}6° = 60°36'$$

3. Von einem Dreieck sind gegeben:
$b = 7{,}23$, $c = 9{,}38$, $\alpha = 39°43'$

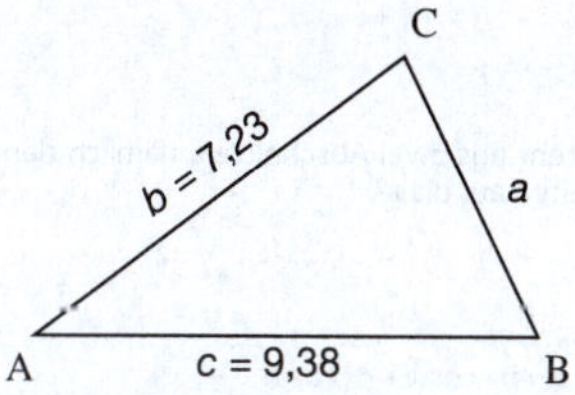

Gesucht sind: a, β, γ

Kosinussatz:

$$a^2 = b^2 + c^2 - 2bc\cdot\cos\alpha \Rightarrow a = \sqrt{b^2 + c^2 - 2bc\cdot\cos\alpha}$$

$$a = \sqrt{52{,}27 + 87{,}98 - 2\cdot 9{,}38\cdot 7{,}23\cdot\cos 39°43'}$$

$$a = \sqrt{35{,}93} \approx 6$$

Sinussatz:

$$\frac{\sin\beta}{\sin\alpha} = \frac{b}{a} \Leftrightarrow \sin\beta = \frac{b\cdot\sin\alpha}{a}$$

$$\sin\beta = \frac{7{,}23\cdot\sin 39°43'}{6} = 0{,}76999 \Rightarrow$$

$$\beta_1 = 50{,}35° = 50°21'$$

$$\gamma = 180° - 39°43' - 50°21' = 89°56'$$

Flächensatz

Die Fläche eines Dreiecks ist das halbe Produkt aus zwei Seiten und dem Sinus des von ihnen eingeschlossenen Winkels.

$$A = \frac{1}{2} ab \sin\gamma = \frac{1}{2} ac \sin\beta = \frac{1}{2} bc \sin\alpha$$

Projektionssatz

Eine Seite des Dreiecks besteht aus zwei Abschnitten, nämlich den senkrechten Projektionen der anderen Seiten auf diese.

$$a = b \cdot \cos\gamma + c \cdot \cos\beta$$
$$b = c \cdot \cos\alpha + a \cdot \cos\gamma$$
$$c = a \cdot \cos\beta + b \cdot \cos\alpha$$

9.7 Trigonometrische Gleichungen

Eine Gleichung, bei der die Unbekannte als unabhängige Variable trigonometrischer Funktionen vorkommt, heißt trigonometrische Gleichung. Jede lösbare trigonometrische Gleichung lässt sich auf eine der folgenden Grundformen zurückführen.

Grundformen

$$\sin x = a,\ a \in [-1;1]$$

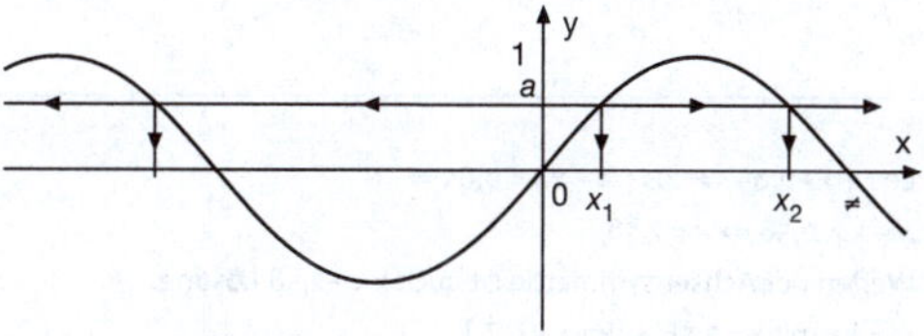

Die Orientierungsskizze zeigt den Graphen der Sinusfunktion und die Parallele zur x-Achse im Abstand *a*. Die Lösung der Gleichung ergibt sich, indem man die Schnittpunkte des Graphen mit der Parallelen auf die x-Achse projiziert.

Beispiele:

$\sin x = 0{,}64 \Rightarrow x_1 = 0{,}69$ (Winkel im Bogenmaß)

$L_1 = \{ x \text{ mit } x = 0{,}69 + 2k\pi \wedge k \in Z \}$

Auch $x_2 = \pi - x_1$ ist Lösung der Gleichung, also gibt es noch die Lösungsmenge $L_2 = \{ x \text{ mit } x = (\pi - 0{,}69) + 2k\pi \wedge k \in Z \}$

$\sin x = 0 \Rightarrow L = \{ x \text{ mit } x = k\pi \wedge k \in Z \}$

$\sin x = 1 \Rightarrow L = \{ x \text{ mit } x = \frac{\pi}{2} + k\pi \wedge k \in Z \}$

$\sin x = -1 \Rightarrow L = \{ x \text{ mit } x = -\frac{\pi}{2} + k\pi \wedge k \in Z \}$

$\cos x = a,\ a \in [-1;1]$

Auch hier erhält man die Lösungen, indem man die Schnittpunkte des Graphen mit der Parallelen auf die x-Achse projiziert.

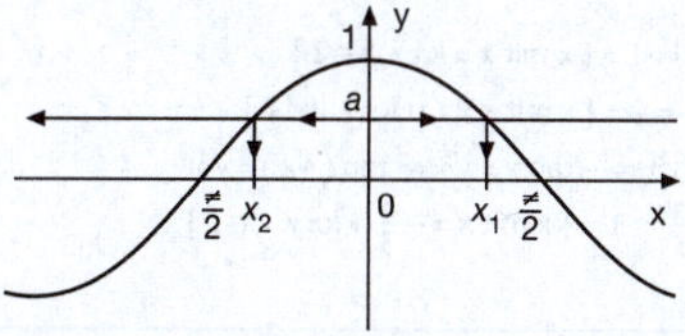

Beispiele:

$\cos x = -0{,}85 \Leftrightarrow \cos(\pi - x) = 0{,}85 \Rightarrow$

$\pi - x = 0{,}56 \Leftrightarrow x = 2{,}58$

Wegen der Achsensymmetrie ist auch x = −2,58 Lösung.

$L_1 = \{ x \text{ mit } x = 2{,}58 + 2k\pi \wedge k \in Z \}$

$L_2 = \{ x \text{ mit } x = -2{,}58 + 2k\pi \wedge k \in Z \}$

$\cos x = 0 \quad \Rightarrow L = \{ x \text{ mit } x = \frac{\pi}{2} + k\pi \wedge k \in Z \}$

$\cos x = 1 \quad \Rightarrow L = \{ x \text{ mit } x = 2k\pi \wedge k \in Z \}$

$\cos x = -1 \quad \Rightarrow L = \{ x \text{ mit } x = (2k - 1)\pi \wedge k \in Z \}$

$\tan x = a,\ a \in R$

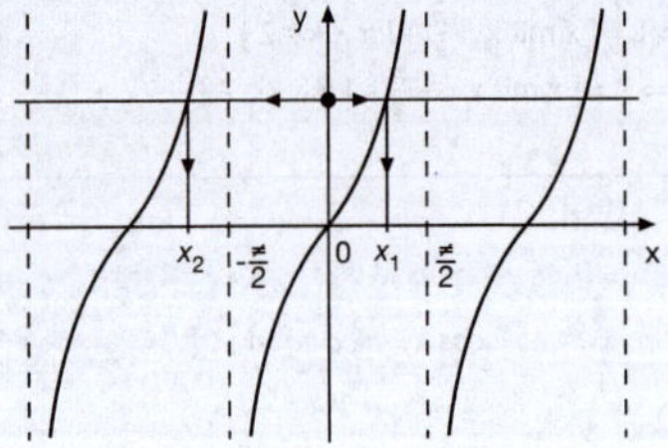

Beispiele:

$\tan x = 0 \Rightarrow L = \{ x \text{ mit } x = k\pi \wedge k \in Z \}$

$\tan x = 2 \Rightarrow L = \{ x \text{ mit } x = 1{,}11\, k\pi \wedge k \in Z \}$

$\tan x = -\sqrt{3} \Leftrightarrow -\tan x = \sqrt{3} \Leftrightarrow \tan(-x) = \sqrt{3}$

$\Rightarrow x = -\frac{\pi}{3} \Rightarrow L = \{ x \text{ mit } x = -\frac{\pi}{3} + k\pi \wedge k \in Z \}$

Gleichungen mit Äquivalenzumformungen

Lässt sich die Lösungsmenge einer trigonometrischen Gleichung nicht sofort angeben, so ersetzt man die Gleichung durch eine Reihe von äquivalenten Gleichungen, bis man zu einer der genannten Grundformen gelangt.

Beispiele:

1. $\left(\sin x - \frac{1}{2}\right) \cdot (\tan^2 x + \tan x - 2) = 0 \Leftrightarrow$

$\sin x - \frac{1}{2} = 0 \vee \tan^2 x + \tan x - 2 = 0$

$\sin x - \frac{1}{2} = 0 \vee (\tan x)_{1/2} = -\frac{1}{2} \pm \sqrt{\frac{1}{4} + 2} \Leftrightarrow$

$\sin x = \frac{1}{2} \vee (\tan x)_1 = 1 \vee (\tan x)_2 = -2$

$L_1 = \{ x \text{ mit } x = (-1)^k \cdot \frac{\pi}{6} + k\pi \wedge k \in Z \}$

$L_2 = \{ x \text{ mit } x = \frac{\pi}{4} + k\pi \wedge k \in Z \}$

$L_3 = \{ x \text{ mit } x = -1{,}11 + k\pi \wedge k \in Z \}$

2. $3\cos^3 x + 4\sin^2 x + \cos x - 4 = 0 \Leftrightarrow$

$3\cos^3 x + 4(1 - \cos^2 x) + \cos x - 4 = 0 \Leftrightarrow$

$3\cos^3 x - 4\cos^2 x + \cos x = 0 \Leftrightarrow$

$\cos x \cdot (3\cos^2 x - 4\cos x + 1) = 0 \Leftrightarrow$

$(\cos x)_1 = 0 \vee 3\cos^2 x - 4\cos x + 1 = 0 \Leftrightarrow$

$(\cos x)_1 = 0 \vee (\cos x)_{2/3} = \frac{4 \pm \sqrt{16 - 4 \cdot 3 \cdot 1}}{2 \cdot 3} \Leftrightarrow$

$(\cos x)_1 = 0 \vee (\cos x)_2 = 1 \vee (\cos x)_3 = \frac{1}{3} \Leftrightarrow$

$(\cos x)_1 = 0 \Rightarrow L_1 = \{ x \text{ mit } x = \frac{\pi}{2} + k\pi \wedge k \in Z \}$

$(\cos x)_2 = 1 \Rightarrow L_2 = \{ x \text{ mit } x = 2k\pi \wedge k \in Z \}$

$(\cos x)_3 = \frac{1}{3} \Rightarrow L_3 = \{ x \text{ mit } x = 1{,}23 + 2k\pi \wedge k \in Z \}$

$L_4 = \{ x \text{ mit } x = 5{,}05 + 2k\pi \wedge k \in Z \}$

3. $\tan x + \frac{1}{\tan x} - 3 = 0 \Leftrightarrow$

$\tan^2 x - 3 \cdot \tan x + 1 = 0 \wedge \tan x \neq 0 \Leftrightarrow$

$(\tan x)_{1/2} = \frac{3}{2} \pm \sqrt{\frac{9}{4} - 1} \Leftrightarrow (\tan x)_{1/2} = \frac{3 \pm \sqrt{5}}{2}$

$(\tan x)_1 = 2{,}618 \vee (\tan x)_2 = 0{,}382$

$L_1 = \{ x \text{ mit } x = 1{,}21 + k\pi \wedge k \in Z \}$

$L_2 = \{ x \text{ mit } x = 0{,}365 + k\pi \wedge k \in Z \}$

10.
Stereometrie

10.1 Allgemeine Regeln

Die Stereometrie ist eine Teildisziplin der euklidischen Geometrie und hat die Messung von räumlichen Körpern zur Aufgabe. Bei bestimmten Teilen der Stereometrie ist eine Beschränkung auf eine Ebene möglich. Daher bestehen enge Verbindungen zur Planimetrie.

Bezeichnungen:

l:	Länge,
b:	Breite
h:	Höhe
A_G:	Grundfläche
A_D:	Deckfläche
A_M:	Mantelfläche
A_O:	Oberfläche
V:	Volumen

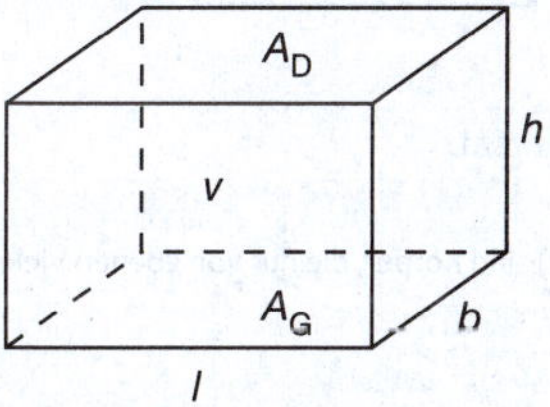

Satz von Cavalieri

Körper mit gleicher Grundfläche und Höhe haben gleiches Volumen, wenn jeder Parallelschnitt zur Grundfläche inhaltsgleiche Schnittflächen ergibt.

Simpson'sche Regel

Für alle Körper mit $A_G \parallel A_D$ lässt sich das Volumen so berechnen:

$$V = \frac{h}{6} \cdot (A_G + A_D + 4 \cdot A_M)$$

A_M ist der mittlere Querschnitt des Körpers.

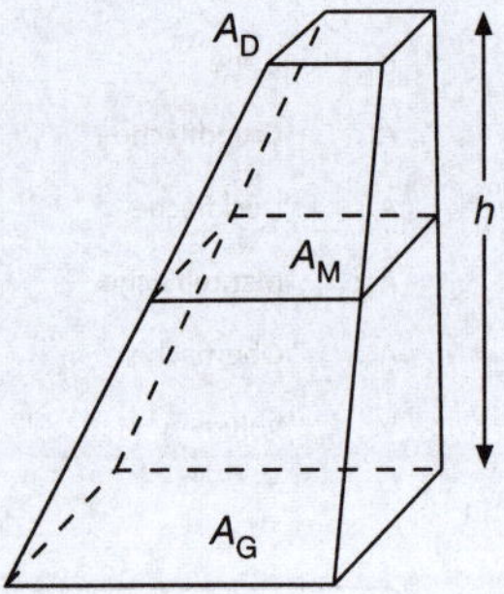

Euler'scher Polyedersatz

Polyeder (Vielflächner) sind Körper, die nur von ebenen Vielecken begrenzt sind.

$$e + f - k = 2$$

Dabei bedeuten: *e*: Anzahl der Ecken
f: Anzahl der Flächen
k: Anzahl der Kanten

Guldin'sche Regeln

Das Volumen eines Drehkörpers ist das Produkt aus der Querschnittsfläche *A* und dem Weg des Schwerpunktes S dieser Fläche um die Drehachse.

Volumen eines Drehkörpers:

$$V = A \cdot 2r_S \cdot \pi$$

r_S = Abstand des Schwerpunktes von der Drehachse.

Die Mantelfläche eines Drehkörpers ist das Produkt aus der Mantellinie s und dem Weg des Schwerpunktes dieser Mantellinie um die Drehachse.

Mantelfläche eines Drehkörpers:

$$A_M = s \cdot 2r_S \cdot \pi$$

Die Oberfläche eines Drehkörpers errechnet sich als das Produkt aus dem Umfang *u* der rotierenden Querschnittsfläche und dem Weg des Schwerpunktes dieser Umfangslinie um die Drehachse.

Oberfläche eines Drehkörpers:

$$A_O = u \cdot 2r_S \cdot \pi$$

Das statische Moment des Drehkörpers ist das Produkt aus der Querschnittsfläche *A* und dem Abstand des Schwerpunktes von der Drehachse.

Statisches Moment des Drehkörpers:

$$M_x = r_S \cdot A$$

10.2 Würfel, Quader, Prisma

Würfel

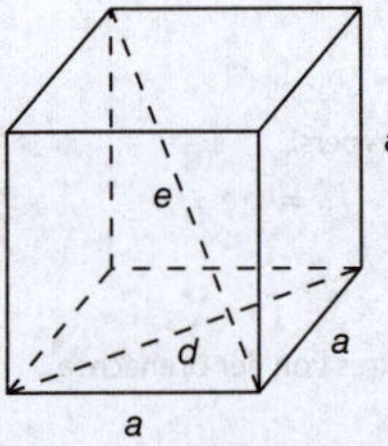

$$V = a \cdot a \cdot a = a^3$$

$$A_O = 6 \cdot a^2$$

$$d = a \cdot \sqrt{2}$$

$$e = a \cdot \sqrt{3}$$

Quader

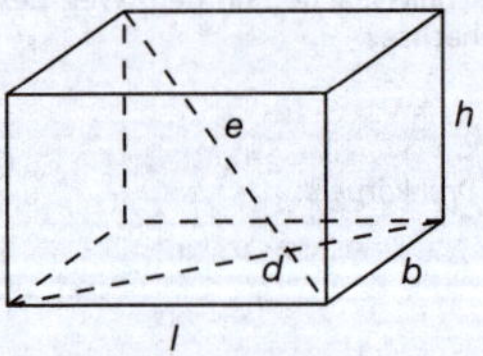

$$V = l \cdot b \cdot h$$

$$A_O = 2 \cdot (lb + lh + bh)$$

$$d = \sqrt{l^2 + b^2}$$

$$e = \sqrt{l^2 + b^2 + h^2}$$

Beispiele:

1. Gegeben ist ein Quader durch $l = 8$ cm, $b = 2$ cm, $h = 12$ cm.

   Grundfläche: $A_G = 8\text{ cm} \cdot 2\text{ cm} = 16\text{ cm}^2$

   Volumen: $V = 8\text{ cm} \cdot 2\text{ cm} \cdot 12\text{ cm} = 192\text{ cm}^3$

   Oberfläche: $A_O = 2 \cdot (8 \cdot 2\text{ cm}^2 + 8 \cdot 12\text{ cm}^2 + 2 \cdot 12\text{ cm}^2) = 272\text{ cm}^2$

   Grundflächendiagonale: $d = \sqrt{(8\text{ cm})^2 + (2\text{ cm})^2} = 8{,}25\text{ cm}$

   Raumdiagonale: $e = \sqrt{(8\text{ cm})^2 + (2\text{ cm})^2 + (12\text{ cm})^2} = 14{,}6\text{ cm}$

2. Ein Würfel aus Marmor (2,8 g je cm³) hat die Kantenlänge 30 cm.
   Man berechne Volumen und Masse des Würfels.

   $V = (30\text{ cm})^3 = 27000\text{ cm}^3$

   $m = 2{,}8\,\frac{\text{g}}{\text{cm}^3} \cdot 27000\text{ cm}^3 = 75600\text{ g} = 75{,}6\text{ kg}$

Prisma (gerade und schief)

Entsteht durch Parallelverschiebung eines konvexen Polygons im Raum.

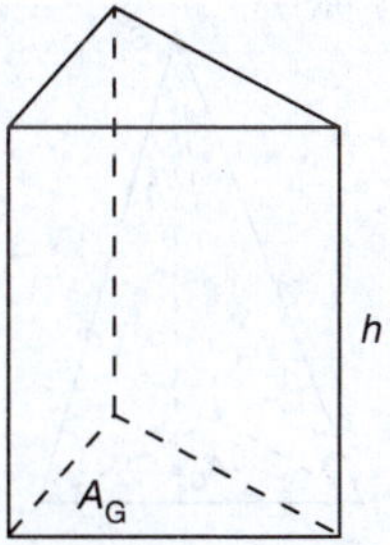

$$V = A_G \cdot h$$
$$A_O = A_M + 2A_G$$

Die Mantelfläche ist die Summe aller Seitenflächen.

Beispiel:

Ein Prisma hat als Grundfläche ein rechtwinkliges Dreieck mit den Katheten $a = 9$ cm und $b = 12$ cm. Die Höhe des Prismas beträgt 20 cm. Gesucht sind Volumen und Mantelfläche des Prismas.

$$c = \sqrt{(9\text{ cm})^2 + (12\text{ cm})^2} = \sqrt{225\text{ cm}^2} = 15\text{ cm}$$

Volumen:

$$V = \frac{a \cdot b}{2} \cdot h \Rightarrow V = \frac{9\text{ cm} \cdot 12\text{ cm}}{2} \cdot 20\text{ cm} = 1080\text{ cm}^3$$

Mantelfläche:

Sie setzt sich aus drei Rechtecksflächen zusammen.

$$M = 9 \cdot 20\text{cm}^2 + 12 \cdot 20\text{ cm}^2 + 15 \cdot 20\text{ cm}^2 = 720\text{ cm}^2$$

10.3 Pyramide

Pyramide (gerade und schief)

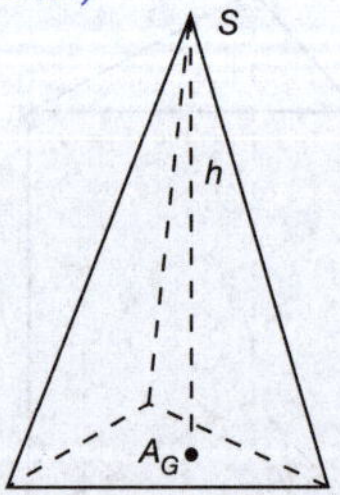

$$V = \frac{1}{3} \cdot A_G \cdot h$$

$$A_O = A_M + A_G$$

Die Mantelfläche ist die Summe aller Seitenflächen.

Beispiel:

Eine Pyramide hat als Grundfläche ein gleichseitiges Dreieck mit der Seitenlänge $a = 5$ cm und die Höhe 12 cm.

Man berechne das Volumen der Pyramide.

Grundfläche:

$$A_G = \frac{a^2}{4} \cdot \sqrt{3} \Rightarrow$$

$$A_G = \frac{(5\text{ cm})^2}{4} \cdot \sqrt{3} = 10{,}8\text{ cm}^2$$

Volumen:

$$V = \frac{1}{3} \cdot 10{,}8\text{ cm}^2 \cdot 12 = 43{,}3\text{ cm}^3$$

Pyramidenstumpf

Er ist eine parallel zur Grundfläche abgeschnittene Pyramide. A_G ist der Inhalt der Grundfläche, A_D ist der Inhalt der Deckfläche, A_M ist der Inhalt der Mantelfläche, und *h* ist die Höhe des Pyramidenstumpfs.

$$V = \frac{1}{3} \cdot h \cdot (A_G + \sqrt{A_G A_D} + A_G)$$

$$A_O = A_G + A_D + A_M$$

Beispiel:

Ein Pyramidenstumpf, dessen quadratische Grundfläche die Kantenlänge 8 cm und dessen quadratische Deckfläche die Kantenlänge 5 cm hat, ist 4 cm hoch. Man berechne das Volumen.

Inhalt der Grundfläche: $A_G = 8\text{ cm} \cdot 8\text{ cm} = 64\text{ cm}^2$

Inhalt der Deckfläche: $A_D = 5\text{ cm} \cdot 5\text{ cm} = 25\text{ cm}^2$

$$V = \frac{4\text{ cm}}{3} \cdot \left(64\text{ cm}^2 + \sqrt{64\text{ cm}^2 \cdot 25\text{ cm}^2} + 25\text{ cm}^2\right) =$$

$$\frac{4\text{ cm}}{3} \cdot \left(64\text{ cm}^2 + 8\text{ cm} \cdot 5\text{ cm} + 25\text{ cm}^2\right) = 172\text{ cm}^3$$

Tetraeder

Er ist ein von vier gleichseitigen Dreiecken begrenzter Körper (Kantenlänge a) und hat eine Umkugel mit dem Radius r und eine Inkugel mit dem Radius ρ.

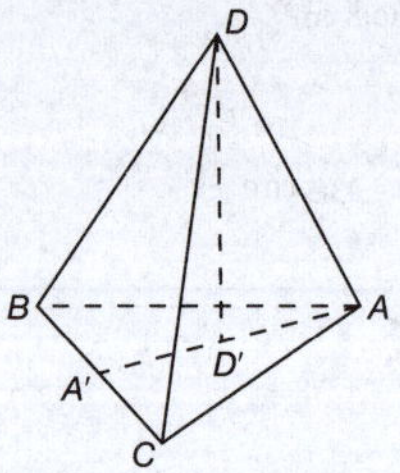

Volumen:	$V = \frac{a^3}{12} \cdot \sqrt{2}$
Oberfläche:	$A_O = a^2 \cdot \sqrt{3}$
Höhe:	$h = \frac{a}{3} \cdot \sqrt{6}$
Umkugelradius:	$r = \frac{a}{4} \cdot \sqrt{6}$
Inkugelradius:	$\rho = \frac{a}{12} \cdot \sqrt{6}$

Beispiel:

Herleitung der Formel für Volumen und Oberfläche:

Die vier Seitenflächen sind gleichseitige Dreiecke. Die Höhe einer Seitenfläche ist h', die Höhe des Tetraeders werde mit h bezeichnet.

Für das Dreieck ABC, das die Grundfläche bildet, gilt:

$$h' = \sqrt{a^2 - \left(\frac{a}{2}\right)^2} = \frac{a\sqrt{3}}{2} \Rightarrow$$

$$A_{ABC} = \frac{a^2\sqrt{3}}{4}$$

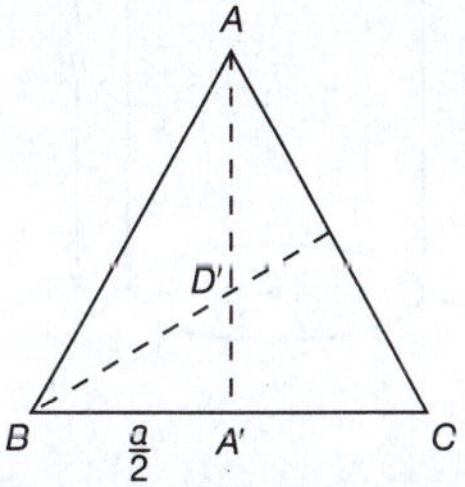

Aus der Ähnlichkeit der Dreiecke ABA' und $BD'A'$ folgt, dass gilt:

$$\frac{\frac{a}{2}}{\overline{A'D'}} = \frac{\frac{a\sqrt{3}}{2}}{\frac{a}{2}} \Leftrightarrow \frac{\frac{a}{2}}{\overline{A'D'}} = \sqrt{3} \Leftrightarrow \overline{A'D'} = \frac{a}{2\sqrt{3}} \Rightarrow$$

$$\overline{AD'} = \frac{a\sqrt{3}}{3} - \frac{a}{2\sqrt{3}} = \frac{a}{\sqrt{3}}$$

Im Dreieck DAD' wird h berechnet:

$$h = \sqrt{a^2 - \left(\frac{a}{\sqrt{3}}\right)^2} = a\sqrt{\frac{2}{3}} = \frac{a}{3}\sqrt{6}$$

Oberfläche: $A_O = 4 \cdot A_{ABC} = 4 \cdot \frac{a^2}{4}\sqrt{3} = a^2\sqrt{3}$

Volumen: $V = \frac{A_{ABC} \cdot h}{3} = \frac{1}{3} \cdot \frac{a^2\sqrt{3}}{4} \cdot a\sqrt{\frac{2}{3}} = \frac{a^3\sqrt{2}}{12}$

10. Stereometrie

10.4 Zylinder, Kegel

Gerader Kreiszylinder

Ein gerader Kreiszylinder entsteht durch ein Rechteck, das um eine Seite rotiert.

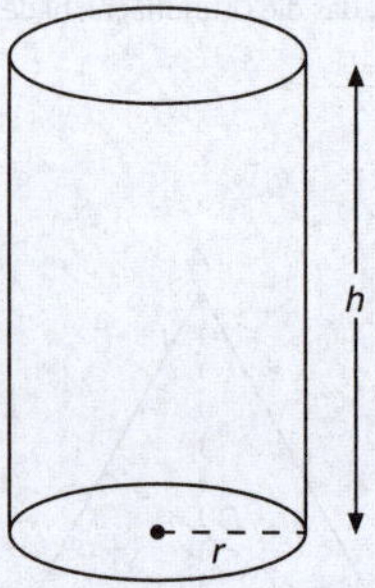

$$V = r^2 \cdot \pi \cdot h = \frac{d^2}{4} \cdot \pi \cdot h$$

$$A_M = 2r \cdot \pi \cdot h$$

$$A_O = 2r \cdot \pi \cdot (r + h)$$

Beispiel:

Von einem geraden Kreiszylinder sind der Radius 4 dm und die Höhe 15 dm gegeben.
Gesucht sind Volumen sowie die Inhalte von Grundfläche und Mantelfläche.

Volumen: $V = (4\ \text{dm})^2 \cdot 3{,}14 \cdot 15\ \text{dm} = 753{,}6\ \text{dm}^3$

Grundfläche: $A_G = (4\ \text{dm})^2 \cdot 3{,}14 = 50{,}2\ \text{dm}^2$

Mantelfläche: $A_M = 8\ \text{dm} \cdot 3{,}14 \cdot 15\ \text{dm} \cong 377\ \text{dm}^2$

Gerader Kreiskegel

Ein gerader Kreiskegel entsteht durch Drehung eines Dreiecks um eine seiner Seiten. Die Mantellinie wird mit s bezeichnet.

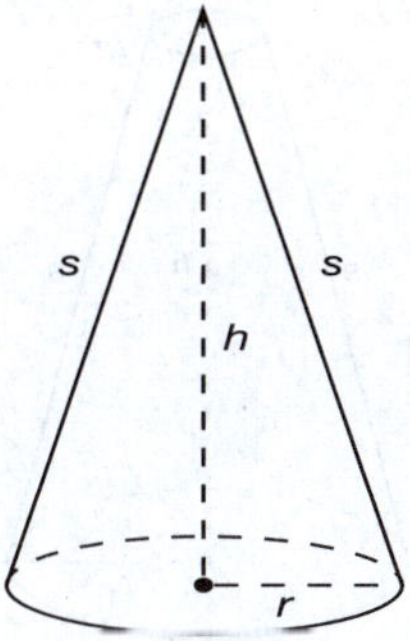

$$V = \frac{1}{3} \cdot r^2 \cdot \pi \cdot h$$

$$A_M = r \cdot \pi \cdot s$$

$$A_O = r \cdot \pi \cdot (r + s)$$

Beispiel:

Bei einem geraden Kreiskegel ist der Durchmesser gleich der Höhe (9 cm). Gesucht sind Volumen und der Inhalt der Mantelfläche.

Volumen: $V = \frac{1}{3} \cdot 3{,}14 \cdot (4{,}5\ \text{cm})^2 \cdot 9\ \text{cm} = 191\ \text{cm}^3$

Mantellinie: $s^2 = r^2 + h^2 \Rightarrow s = \sqrt{r^2 + h^2}$

$s = \sqrt{(4{,}5\ \text{cm})^2 \cdot (9\ \text{cm})^2} = 10{,}1\ \text{cm}$

Mantelfläche: $A_M = 4{,}5\ \text{cm} \cdot 3{,}14 \cdot 10{,}1\ \text{cm} = 143\ \text{cm}^2$

Gerader Kegelstumpf

Er ist ein parallel zur Grundfläche abgeschnittener Kegel.

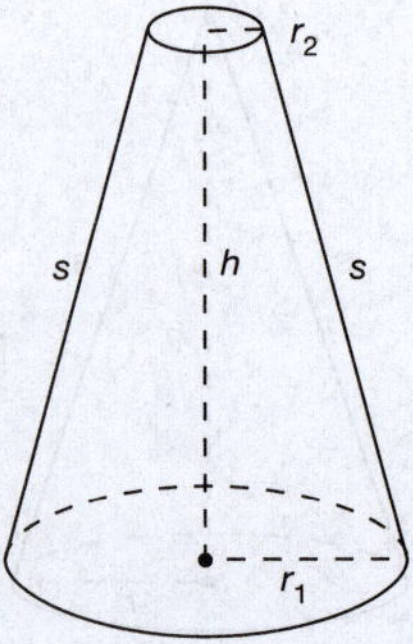

$$V = \frac{1}{3}\pi \cdot h \cdot (r_1^2 + r_1 r_2 + r_2^2)$$

$$A_M = \pi \cdot s \cdot (r_1 + r_2)$$

$$A_O = \pi \cdot r_1^2 + \pi \cdot r_2^2 + A_M$$

10.5 Kugel

Vollkugel

Die Kugel entsteht durch Drehung eines Halbkreises um seinen Durchmesser.

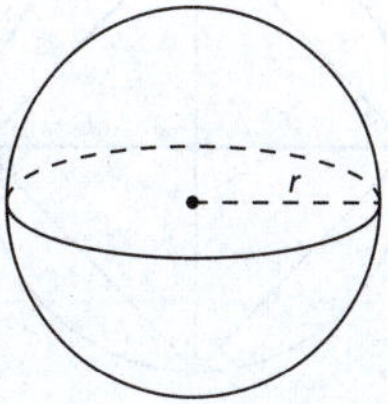

$$V = \frac{4}{3}\pi \cdot r^3$$
$$A_O = 4\pi \cdot r^2$$

Beispiele:

1. Gegeben ist eine Kugel mit dem Radius $r = 6{,}5$ cm.

$V = \frac{4}{3} \cdot 3{,}14 \cdot (6{,}5\ \text{cm})^3 = 1149{,}8\ \text{cm}^3 = 1{,}15\ \text{dm}^3$

$A_O = 4 \cdot 3{,}14 \cdot (6{,}5\ \text{cm})^2 = 530{,}7\ \text{cm}^2$

2. Eine Kugel hat die Oberfläche $20\ \text{cm}^2$.
Gesucht ist das Volumen.
Zuerst wird der Kugelradius berechnet:

$A_O = 4\pi \cdot r^2 \Rightarrow r^2 = \frac{A_O}{4\pi} \Rightarrow r = \frac{1}{2}\sqrt{\frac{A_O}{\pi}}$

$r = \frac{1}{2}\sqrt{\frac{20\ \text{cm}^2}{\pi}} = 1{,}26\ \text{cm}$

Kugelvolumen: $V = \frac{4}{3} \cdot 3{,}14 \cdot (1{,}26\ \text{cm})^3 = 8{,}37\ \text{cm}^3$

3. Einem Kreis mit dem Radius r ist ein Quadrat einbeschrieben. Dreht man die Figur um eine Diagonale des Quadrats, so entstehen eine Kugel und ein Doppelkegel. Gesucht ist das Verhältnis der Oberflächen der beiden Körper.

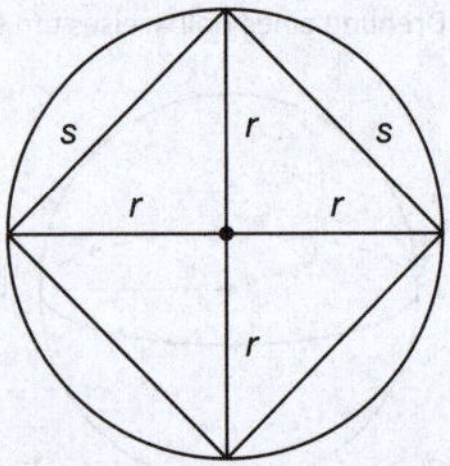

Kugeloberfläche: $A_K = 4r^2\pi$

Mantellinie des Kegels: $s = r\sqrt{2}$

Oberfläche des Doppelkegels: $A_D = 2 \cdot r\pi s = 2 \cdot r\pi r\sqrt{2} = 2 \cdot r^2\pi\sqrt{2}$

Verhältnis: $\frac{A_K}{A_D} = \frac{4 \cdot r^2\pi}{2 \cdot r^2\pi\sqrt{2}} = \sqrt{2} : 1$

Großkreis, Kleinkreis

Wird eine Kugel von einer Ebene geschnitten, so entsteht ein Kreis. Geht die Schnittebene E durch den Kugelmittelpunkt M, so ergibt sich ein Großkreis, dessen Radius gleich dem Kugelradius r ist. Geht die Schnittebene E' nicht durch M, so entsteht ein Kleinkreis mit dem Radius $\rho < r$.

Die Endpunkte eines Kugeldurchmessers heißen Gegenpunkte P, P'. Durch zwei Gegenpunkte gibt es unendlich viele Großkreise. Durch zwei Kugelpunkte A und B, die nicht Gegenpunkte sind, lässt sich nur ein einziger Großkreis legen. Der kürzeste Weg zwischen zwei Kugelpunkten A und B liegt auf dem Großkreis durch A und B, er wird auch sphärischer Abstand zwischen A und B genannt. Er wird durch den zugehörigen Mittelpunktswinkel AMB angegeben.

10.6 Kugelteile

Kugelsektor (Kugelausschnitt)

Der Abstand vom Schnittkreis (Kleinkreis) zum Kugelkappenmittelpunkt ist *h*, der Schnittkreisradius ist ρ.

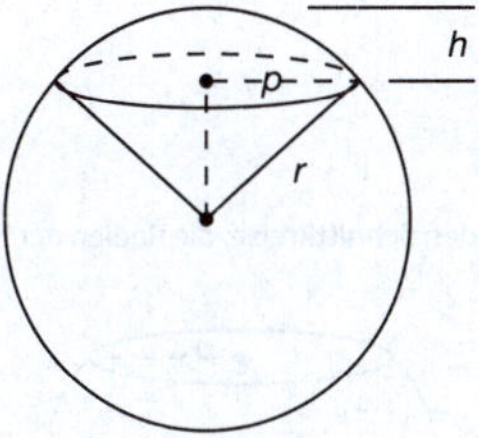

$$V = \frac{2}{3}\pi \cdot r^2 \cdot h$$

$$A_O = \pi \cdot r\,(2h + \rho)$$

Kugelsegment (Kugelabschnitt)

h ist die Höhe des Segments, und ρ ist der Schnittkreisradius.

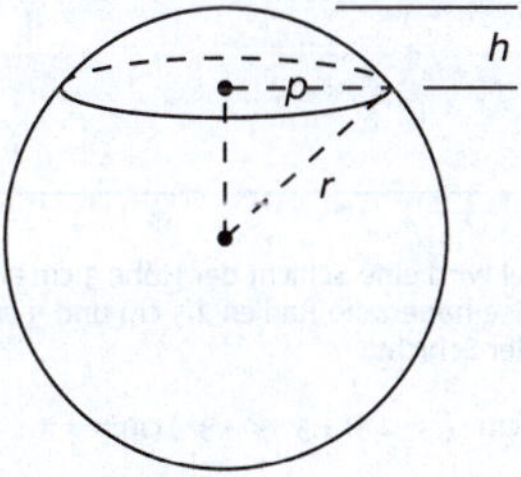

$$V = \frac{1}{6}\pi \cdot h \cdot (3\rho^2 + h^2)$$

$$\text{oder: } V = \frac{1}{3}\pi \cdot h^2 \cdot (3r - h)$$

$$A_M = 2\pi \cdot r \cdot h$$

Kugelschicht

h ist der Abstand der beiden Schnittkreise, die Radien der beiden Schnittkreise sind ρ_1 und ρ_2.

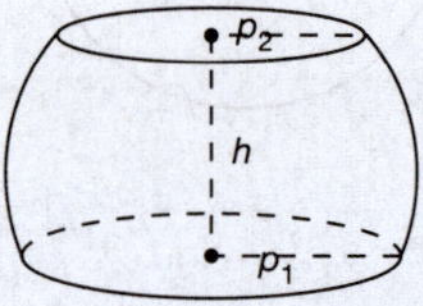

$$V = \frac{1}{6}\pi \cdot h \cdot (3\rho_1^2 + 3\rho_2^2 + h^2)$$

$$A_M = 2\pi \cdot r \cdot h$$

$$A_O = \pi \cdot (2r \cdot h + \rho_1^2 + \rho_2^2)$$

Beispiel:

Aus einer Kugel wird eine Schicht der Höhe 3 cm ausgeschnitten. Die Schnittkreise haben die Radien 2,5 cm und 5 cm. Gesucht ist das Volumen der Schicht.

$$V = \frac{1}{6} \cdot 3{,}14 \cdot 3\text{ cm} \cdot (3 \cdot 2{,}5^2 + 3 \cdot 5^2 + 3^2)\text{ cm}^2 =$$

$$1{,}57\text{ cm} \cdot (18{,}75 + 75 + 9)\text{ cm}^2 = 161{,}3\text{ cm}^3$$

Kugelkeil

Zwei Großkreise schneiden sich in zwei Gegenpunkten. Sie zerlegen die Kugelfläche in vier Kugelzweiecke, die paarweise deckungsgleich sind.

Jedes Zweieck besitzt zwei Ecken, zwei gleiche Seiten (das sind die begrenzenden Halbkreise) und zwei gleiche Winkel.

Unter dem Winkel eines Zweiecks versteht man den Winkel der beiden Großkreistangenten in einer Ecke oder, was dasselbe ist, den Keilwinkel der beiden Großkreisebenen. Die Großkreisebenen bilden mit dem Zweieck einen Kugelkeil. Der Keilwinkel ist φ, sein Bogenmaß ist x.

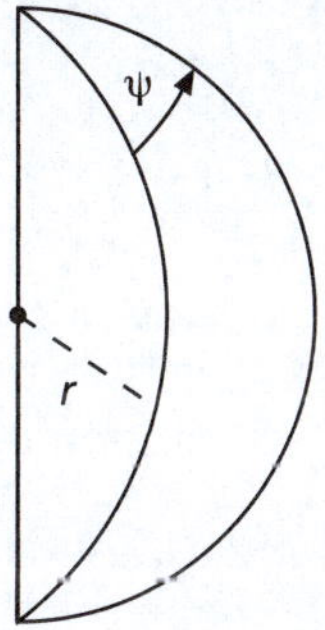

$$V = \frac{4}{3}\pi \cdot r^3 \cdot \frac{\varphi}{360°}$$

$$V = \frac{2}{3} r^3 \cdot x$$

$$A = 4\pi \cdot r^2 \cdot \frac{\varphi}{360°}$$

Das Bogenmaß eines Winkels wird aus dem Gradmaß durch folgende Formel errechnet:

$$x = \frac{2\pi}{360} \cdot \varphi \approx 0{,}017\varphi$$

11. Vektorrechnung

11.1 Verschiebung

Eine Verschiebung kann durch eine Zweifachspiegelung an parallelen Achsen ersetzt werden. Dabei wird jeder Punkt der Figur um dieselbe Strecke mit derselben Richtung verschoben. Eine Strecke mit einer Richtung wird allgemein als Pfeil bezeichnet (und auch als Pfeil dargestellt).

Da es unendlich viele Punktzuordnungen gibt, gibt es auch eine Schar von unendlich vielen entsprechenden Verschiebungspfeilen. Sie sind alle parallel und gleich lang.

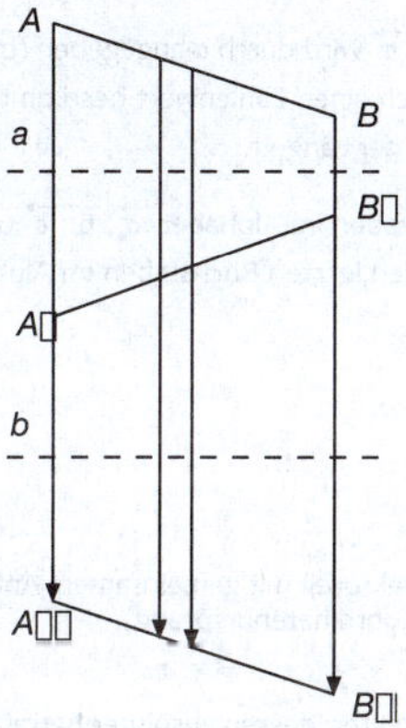

11.2 Vektoren

Definition

Ein Repräsentant der Schar von den Verschiebungspfeilen heißt Vektor.

$$\vec{a} = \overrightarrow{AB} \text{ mit der Länge } |\vec{a}| = a$$

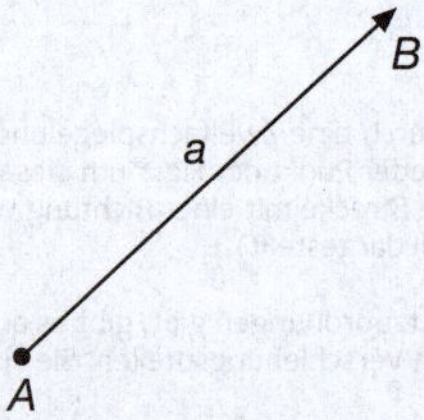

Die Länge eines Vektors $\vec{a}$ wird durch a angegeben (bildhaft: Länge des Pfeils). Diese Größe, die nur durch einen Zahlenwert bestimmt ist, heißt Skalar. Der Einheitsvektor ist ein Vektor der Länge 1.

Neben den ersten Buchstaben im Alphabet $\vec{a}$, $\vec{b}$, $\vec{c}$ usw. werden die Vektoren üblicherweise auch mit den letzten Buchstaben im Alphabet, also mit $\vec{u}$, $\vec{v}$, $\vec{w}$, $\vec{x}$ bezeichnet.

Arten von Vektoren

Ortsvektoren:	Vektoren mit gemeinsamem Anfangspunkt (meist im Koordinatenursprung).
Nullvektor:	Vektor, dessen absoluter Betrag 0 ist (als Punkt dargestellt).
Kollineare Vektoren:	Vektoren, die zu derselben Geraden parallel sind. (Sie brauchen nicht notwendigerweise denselben Betrag zu haben.)
Komplanare Vektoren:	Vektoren, die in der gleichen Ebene liegen. (Sie brauchen nicht notwendigerweise denselben Betrag zu haben.)
Gegenvektoren:	Vektoren mit demselben Betrag, aber entgegengesetzter Richtung.

11.3 Linearer Vektorraum

Rechnen mit Vektoren

Vektoraddition:

Zwei Vektoren $\vec{a}$ und $\vec{b}$ werden addiert, indem der Fuß des Pfeils von $\vec{b}$ an die Spitze von $\vec{a}$ angesetzt wird. Der Summenpfeil $\vec{c}$ weist vom Fuß von $\vec{a}$ zur Spitze von $\vec{b}$.

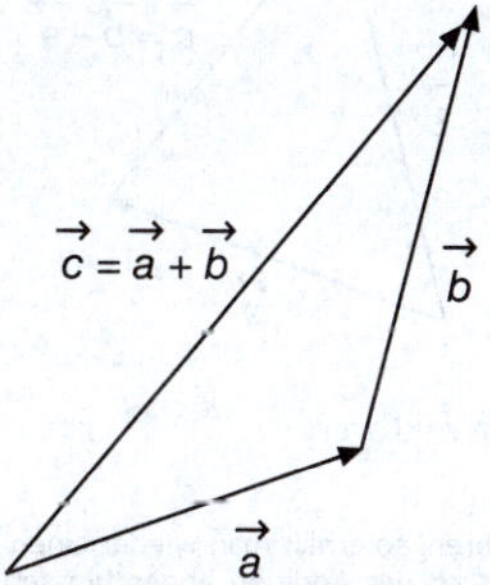

Für die Vektoraddition gelten folgende Regeln:

$$\vec{a} + \vec{b} = \vec{b} + \vec{a}$$

$$(\vec{a} + \vec{b}) + \vec{c} = \vec{a} + (\vec{b} + \vec{c})$$

$$(\vec{a} + \vec{o}) = (\vec{o} + \vec{a}) = \vec{a}$$

$$\vec{a} + (-\vec{a}) = (-\vec{a}) + \vec{a} = \vec{o}$$

Vektorsubtraktion:

Die Differenz $\vec{b} - \vec{a}$ der Vektoren $\vec{a}$ und $\vec{b}$ erhält man, indem z. B. zu $\vec{b}$ der Gegenvektor von $\vec{a}$ addiert wird: $\vec{b} - \vec{a} = \vec{b} + (\vec{a})$.

Die Vektorsubtraktion ist die Umkehrung der Vektoraddition.

Die Differenz $\vec{c} = \vec{b} - \vec{a}$ wird gebildet, indem die Fußpunkte der Pfeile $\vec{b}$ und $\vec{a}$ aneinandergelegt werden. Der Differenzpfeil $\vec{c}$ weist von der Spitze von $\vec{a}$ zur Spitze von $\vec{b}$.

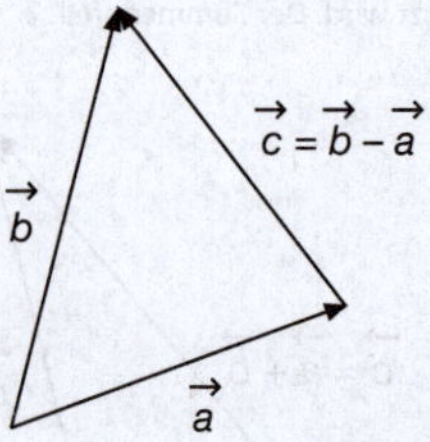

Additive Gruppe der Vektoren

Addiert man zwei Vektoren, so erhält man wieder einen Vektor, d. h., die Menge der Vektoren ist bezüglich der Addition abgeschlossen. Die Vektoraddition ist eine Operation in der Menge V der Vektoren. Bei den oben stehenden Regeln handelt es sich um das Kommutativgesetz, das Assoziativgesetz, das Gesetz von der Existenz eines Nullelements und das Gesetz von der Existenz eines inversen Elements. Zusammenfassend lässt sich also feststellen, dass die Struktur (V, +) eine Abel'sche Gruppe ist.

S-Multiplikation

Die Multiplikation eines Vektors $\vec{a}$ mit einer reellen Zahl *n* ergibt den kollinearen Vektor $\vec{b}$, geschrieben: $\vec{b} = n \cdot \vec{a}$.

$$|\vec{b}| = |n \cdot \vec{a}| = |n| \cdot |\vec{a}|$$

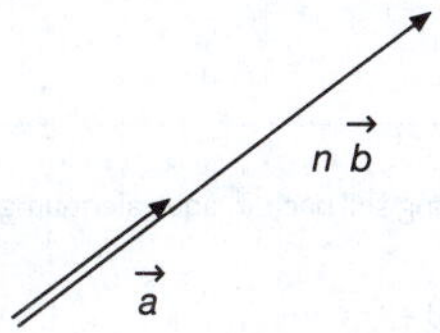

$n \cdot \vec{a}$ ist gleich orientiert mit $\vec{a}$, wenn $n > 0$ ist, entgegengesetzt orientiert, wenn $n < 0$ ist und der Nullvektor, wenn $n = 0$ ist.
Durch S-Multiplikation einer Zahl $n \in R$ mit dem Nullvektor $\vec{o}$ erhält man wiederum den Nullvektor: $n \cdot \vec{o} = \vec{o}$.

Linearer Vektorraum

Bezeichnet man mit R die Menge der reellen Zahlen und mit V die Menge der Vektoren, so lassen sich folgende grundlegende Eigenschaften der S-Multiplikation festlegen:

$$m, n \in R \wedge \vec{a} \in V \quad \Rightarrow \quad m \cdot (n \cdot \vec{a}) = (m \cdot n) \cdot \vec{a}$$

$$m, n \in R \wedge \vec{a} \in V \quad \Rightarrow \quad (m + n) \cdot \vec{a} = m \cdot \vec{a} + n \cdot \vec{a}$$

$$n \in R \wedge \vec{a}, \vec{b} \in V \quad \Rightarrow \quad n \cdot (\vec{a} + \vec{b}) = n \cdot \vec{a} + n \cdot \vec{b}$$

$$\vec{a} \in V \quad \Rightarrow \quad 1 \cdot \vec{a} = \vec{a}$$

Der Körper der reellen Zahlen (R , + , ·) und die additive Abel'sche Gruppe der Vektoren (V , +) sind zwei algebraische Strukturen, aus denen durch die S-Multiplikation mit den vier oben angeführten Eigenschaften eine neue Struktur entsteht, die man einen linearen Vektorraum nennt.

Da die Operationen Addition, Subtraktion und S-Multiplikation sowie die Gleich-Relation für Vektoren erklärt sind und für die genannten Operationen im Wesentlichen die gleichen Rechenregeln gelten wie in der Zahlenalgebra, lassen sich Vektorgleichungen aufstellen und diese auch äquivalent umformen.

Beispiel:

Die Vektorgleichung soll nach $\vec{a}$ äquivalent umgestellt werden:

$$2 \cdot \vec{a} - (3 \cdot \vec{b} - \vec{a}) = 3 \cdot \vec{c} \Leftrightarrow$$

$$2 \cdot \vec{a} - 3 \cdot \vec{b} + \vec{a} = 3 \cdot \vec{c} \Leftrightarrow$$

$$3 \cdot \vec{a} - 3 \cdot \vec{b} = 3 \cdot \vec{c} \Leftrightarrow$$

$$\vec{a} - \vec{b} = \vec{c} \Leftrightarrow \vec{a} = \vec{b} + \vec{c}$$

11.4 Lineare Abhängigkeit

Lineare Abhängigkeit auf der Geraden

Sind $\vec{v_1}$ und $\vec{v_2}$ zwei kollineare Vektoren, von denen mindestens einer nicht der Nullvektor ist, so existiert eine reelle Zahl $k_1 \in R$, sodass gilt:

$$\vec{v_2} = k_1 \cdot \vec{v_1}$$

Man sagt: $\vec{v_2}$ ist eine Linearkombination von $\vec{v_1}$ oder: $\vec{v_1}$ und $\vec{v_2}$ sind linear abhängig.

Zwei nicht kollineare Vektoren sind auch nicht linear abhängig, man sagt dann, sie seien linear unabhängig.

Beispiele:

1. Ein beliebiger Vektor $\vec{v}$ und der Nullvektor $\vec{o}$ sind linear abhängig, denn es gilt:
   $\vec{o} = 0 \cdot \vec{v}$.

2. Ein beliebiger Vektor $\vec{v}$ und sein Gegenvektor $-\vec{v}$ sind linear abhängig, denn es gilt:
   $-\vec{v} = (-1) \cdot \vec{v}$.

3. Zwei gleiche Vektoren $\vec{v}$ und $\vec{v}$ sind linear abhängig, denn es gilt:
   $\vec{v} = 1 \cdot \vec{v}$.

Alle Vektoren, deren Repräsentanten zu einer Geraden g parallel sind, bilden eine Äquivalenzklasse von kollinearen Vektoren.
Ist $\vec{v}$ einer dieser Vektoren und nicht der Nullvektor, so lässt sich jeder Vektor dieser Klasse als Linearkombination von $\vec{v}$ ausdrücken.
$\vec{v}$ wird Basisvektor der von g bestimmten Äquivalenzklasse genannt (eindimensionaler Vektorraum).

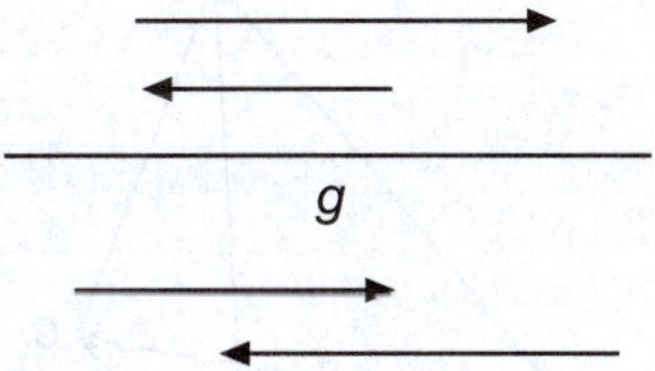

Lineare Abhängigkeit in der Ebene

Sind $\overrightarrow{v_1}$ und $\overrightarrow{v_2}$ zwei beliebige nicht kollineare Vektoren aus einer Klasse von komplanaren Vektoren, dann gibt es für jeden weiteren Vektor $\overrightarrow{v_3}$ aus dieser Klasse zwei Zahlen $k_1, k_2 \in R$ mit

$$\overrightarrow{v_3} = k_1 \cdot \overrightarrow{v_1} + k_2 \cdot \overrightarrow{v_2}$$

$\overrightarrow{v_3}$ ist eine Linearkombination von $\overrightarrow{v_1}$ und $\overrightarrow{v_2}$, die Vektoren $\overrightarrow{v_1}, \overrightarrow{v_2}, \overrightarrow{v_3}$ sind linear abhängig.

Beispiel:

In einem Polyeder *ABCO* sind beispielsweise die Vektoren $\overrightarrow{OA}$, $\overrightarrow{OB}$ und $\overrightarrow{OC}$ nicht komplanar, also sind sie linear unabhängig.
Die Vektoren $\overrightarrow{AB}$, $\overrightarrow{BC}$ und $\overrightarrow{CA}$ sind komplanar, also linear abhängig.
Es gilt z. B.: $\overrightarrow{CA} = (-1) \cdot \overrightarrow{AB} + (-1) \cdot \overrightarrow{BC}$

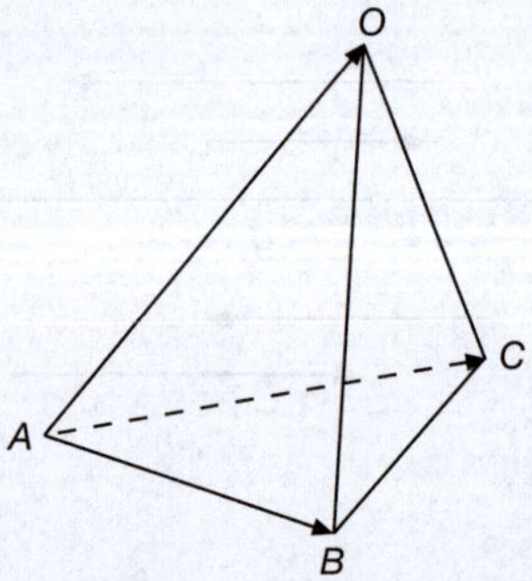

11. Vektorrechnung

Eine Ebene E bestimmt in der Menge der Vektoren eine Äquivalenzklasse von komplanaren Vektoren. Sind $\vec{v_1}$ und $\vec{v_2}$ beliebige nicht kollineare, d. h. linear unabhängige Vektoren dieser Klasse, so lässt sich jeder Vektor dieser Klasse als Linearkombination von $\vec{v_1}$ und $\vec{v_2}$ ausdrücken. $\vec{v_1}$ und $\vec{v_2}$ nennt man Basisvektoren dieser Klasse, sie bilden eine Basis der Ebene E.

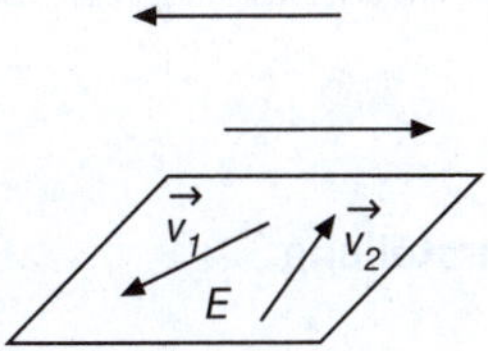

Lineare Abhängigkeit im Raum

Sind $\vec{v_1}$, $\vec{v_2}$ und $\vec{v_3}$ drei nicht komplanare, also linear unabhängige Vektoren, so lässt sich jeder weitere Vektor als Linearkombination dieser Vektoren darstellen. Es existieren für jeden Vektor $\vec{v_4}$ drei Zahlen $k_1, k_2, k_3 \in R$, sodass gilt:

$$\vec{v_4} = k_1 \cdot \vec{v_1} + k_2 \cdot \vec{v_2} + k_3 \cdot \vec{v_3}$$

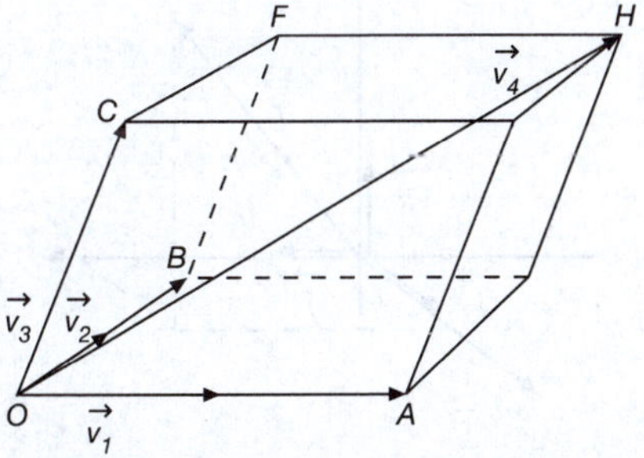

Vier Vektoren im dreidimensionalen Raum sind also stets linear abhängig.

Im *n*-dimensionalen Raum sind *n*+1 Vektoren ebenfalls immer linear abhängig.

Die drei Vektoren $\vec{v}_1$, $\vec{v}_2$ und $\vec{v}_3$ werden Basisvektoren genannt, sie bilden die Basis des Raums.

Da drei linear unabhängige Vektoren aus V ausreichen, um jeden Vektor aus V als Linearkombination dieser drei darzustellen, sagt man, V sei ein dreidimensionaler Vektorraum.

11.5 Spaltendarstellung

Koordinatensystem im Raum

Ein kartesisches Koordinatensystem im Raum wird durch drei paarweise aufeinander senkrecht stehende Achsen mit demselben Ursprung O erzeugt.

Die Einheitsvektoren $\vec{i}$, $\vec{j}$, $\vec{k}$ der Achsen bilden ein Rechtssystem.

Die Vektoren $\vec{i}$, $\vec{j}$ und $\vec{k}$ sind nicht komplanar, also linear unabhängig und bilden somit eine Basis des Raumes. Jeder Vektor des Raumes lässt sich dann als Linearkombination dieser drei Basisvektoren darstellen.

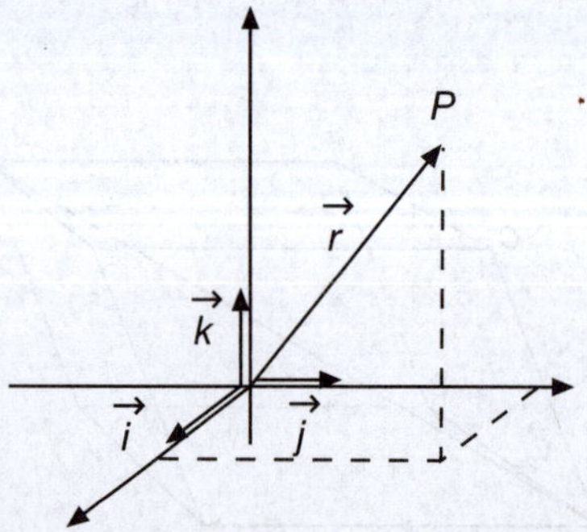

Komponentendarstellung von Ortsvektoren

Die Projektionen eines Vektors auf die drei Koordinatenachsen ergeben die vektoriellen Komponenten des Vektors:

$$\vec{a} = \vec{a_x} + \vec{a_y} + \vec{a_z}$$

Skalare Komponenten von $\vec{a}$:

$$|\vec{a_x}| = a_x, |\vec{a_y}| = a_y, |\vec{a_z}| = a_z$$

Zeilen- und Spaltenschreibweise des Vektors $\vec{a}$:

$$\vec{a} = (a_x, a_y, a_z)$$

$$\vec{a} = \begin{pmatrix} a_x \\ a_y \\ a_z \end{pmatrix}$$

Schreibweise der Einheitsvektoren:

$$\vec{i} = \begin{pmatrix} 1 \\ 0 \\ 0 \end{pmatrix}, \vec{j} = \begin{pmatrix} 0 \\ 1 \\ 0 \end{pmatrix}, \vec{k} = \begin{pmatrix} 0 \\ 0 \\ 1 \end{pmatrix}$$

Addition und Subtraktion

Vektoren werden addiert oder subtrahiert, indem man die entsprechenden Zeilenelemente miteinander addiert oder subtrahiert.

$$\vec{v_1} = \begin{pmatrix} x_1 \\ y_1 \\ z_1 \end{pmatrix}, \vec{v_2} = \begin{pmatrix} x_2 \\ y_2 \\ z_2 \end{pmatrix} \Rightarrow \vec{v_1} \pm \vec{v_2} = \begin{pmatrix} x_1 \pm x_2 \\ y_1 \pm y_2 \\ z_1 \pm z_2 \end{pmatrix}$$

Beispiel:

$$\vec{v_1} = \begin{pmatrix} 4 \\ 8 \\ -2 \end{pmatrix}, \vec{v_2} = \begin{pmatrix} 3 \\ -1 \\ -4 \end{pmatrix} \Rightarrow$$

$$\vec{v_1} + \vec{v_2} = \begin{pmatrix} 7 \\ 7 \\ -6 \end{pmatrix}$$

$$\vec{v_1} - \vec{v_2} = \begin{pmatrix} 1 \\ 9 \\ 2 \end{pmatrix}$$

S-Multiplikation

Ein Vektor wird mit einem Skalar multipliziert, indem jede Komponente des Vektors mit dem Skalar multipliziert wird.

$$k \in R, \vec{v} = \begin{pmatrix} x \\ y \\ z \end{pmatrix} \Rightarrow k \cdot \vec{v} = \begin{pmatrix} k \cdot x \\ k \cdot y \\ k \cdot z \end{pmatrix}$$

Beispiel:

$$\vec{v} = \begin{pmatrix} 8 \\ 1 \\ -3 \end{pmatrix}, k = 5 \Rightarrow$$

$$k \cdot \vec{v} = \begin{pmatrix} 40 \\ 5 \\ -15 \end{pmatrix}$$

Skalares Produkt

Unter dem skalaren Produkt zweier Vektoren versteht man eine Zahl, die gleich dem Produkt der Vektorbeträge und dem Kosinus des von ihnen eingeschlossenen Winkels ist.

$$\vec{v_1} \cdot \vec{v_2} = \left|\vec{v_1}\right| \cdot \left|\vec{v_2}\right| \cdot \cos\varphi$$

$\left|\vec{v_2}\right| \cdot \cos\varphi$ ist die Projektion des Vektors $\vec{v_2}$ auf den Vektor $\vec{v_1}$.

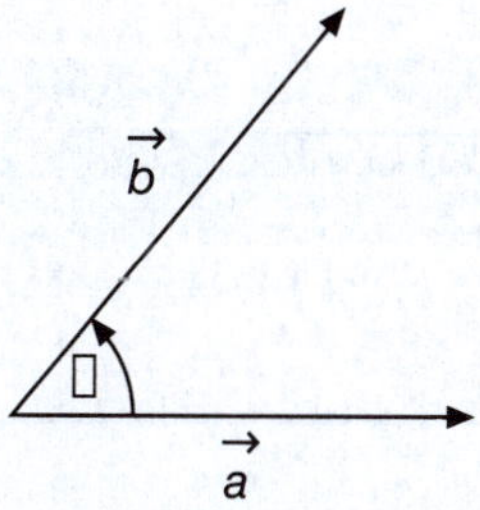

Zwei Vektoren in Spaltendarstellung werden skalar miteinander multipliziert, indem die Komponenten der gleichen Zeilen miteinander multipliziert und die Produkte addiert werden.

$$\vec{v_1} \cdot \vec{v_2} = \begin{pmatrix} x_1 \\ y_1 \\ z_1 \end{pmatrix} \cdot \begin{pmatrix} x_2 \\ y_2 \\ z_2 \end{pmatrix} = x_1 x_2 + y_1 y_2 + z_1 z_2$$

Beispiel:

$$\vec{v_1} = \begin{pmatrix} 4 \\ 0 \\ 1 \end{pmatrix}, \vec{v_2} = \begin{pmatrix} 3 \\ 6 \\ 1 \end{pmatrix} \Rightarrow$$

$$\vec{v_1} \cdot \vec{v_2} = 4 \cdot 3 + 0 \cdot 6 + 1 \cdot 1 = 13$$

Absoluter Betrag eines Vektors

Man berechnet ihn durch das Skalarprodukt des Vektors mit sich selbst.

$$|\vec{a}| = \sqrt{\vec{a} \cdot \vec{a}} = \sqrt{a_x^2 + a_y^2 + a_z^2}$$

Beispiel:

$$\vec{a} = \begin{pmatrix} 6 \\ -4 \\ -2 \end{pmatrix} \Rightarrow |\vec{a}| = \sqrt{6^2 + (-4)^2 + (-2)^2} = \sqrt{56}$$

Gleichheit von Vektoren

Zwei Vektoren in Spaltendarstellung sind genau dann gleich, wenn ihre entsprechenden Komponenten gleich sind.

$$\vec{v_1} = \vec{v_2} \Leftrightarrow x_1 = x_2 \wedge y_1 = y_2 \wedge z_1 = z_2$$

Beispiele:

1. Die Vektoren $\vec{v_1} = \begin{pmatrix} \sqrt{4} \\ 0 \\ 9 \end{pmatrix}$ und $\vec{v_2} = \begin{pmatrix} 2 \\ 0 \\ 3^2 \end{pmatrix}$ sind gleich,

denn $\sqrt{4} = 2$, $0 = 0$ und $9 = 3^2$

2. Gegeben sind die Vektoren $\vec{v_1} = \begin{pmatrix} a \\ 2a \\ b-1 \end{pmatrix}$ und $\vec{v_2} = \begin{pmatrix} b+1 \\ 6 \\ 1 \end{pmatrix}$.

Die Konstanten *a* und *b* sind so zu bestimmen, dass $\vec{v_1} = \vec{v_2}$ ist.

$a = b + 1 \wedge 2a = 6 \wedge b - 1 = 1 \Leftrightarrow a = 3 \wedge b = 2$

Kollinearität

Zwei Vektoren in Spaltendarstellung sind genau dann kollinear (ihre Richtungen sind parallel), wenn ihre entsprechenden Koordinaten verhältnisgleich sind.

Gegeben sind $\vec{v_1} = \begin{pmatrix} x_1 \\ y_1 \\ z_1 \end{pmatrix}$, $\vec{v_2} = \begin{pmatrix} x_2 \\ y_2 \\ z_2 \end{pmatrix}$. Dann muss gelten:

$$\vec{v_2} = k \cdot \vec{v_1} \Leftrightarrow x_2 = k \cdot x_1 \wedge y_2 = k \cdot y_1 \wedge z_2 = k \cdot z_1$$

Beispiel:

$\vec{v_1} = \begin{pmatrix} 1 \\ -3 \\ 10 \end{pmatrix}$ und $\vec{v_2} = \begin{pmatrix} -2 \\ 6 \\ -20 \end{pmatrix}$ sind kollinear, weil $k = -2$ ist:

$-2 = (-2) \cdot 1 \wedge 6 = (-2) \cdot (-3) \wedge -20 = (-2) \cdot 10$

Komplanarität

Drei Vektoren $\vec{v_1} = \begin{pmatrix} x_1 \\ y_1 \\ z_1 \end{pmatrix}$, $\vec{v_2} = \begin{pmatrix} x_2 \\ y_2 \\ z_2 \end{pmatrix}$ und $\vec{v_3} = \begin{pmatrix} x_3 \\ y_3 \\ z_3 \end{pmatrix}$ sind genau dann komplanar (zwischen ihnen gilt also die Vektorgleichung $\vec{v_3} = k_1 \cdot \vec{v_1} + k_2 \cdot \vec{v_2}$), wenn die Determinante $\begin{vmatrix} x_1 & x_2 & x_3 \\ y_1 & y_2 & y_3 \\ z_1 & z_2 & z_3 \end{vmatrix} = 0$ ist.

Zur Berechnung der Determinante siehe Seite 116 ff.

Beispiele:

1. Die Vektoren $\vec{v_1} = \begin{pmatrix} 5 \\ 0 \\ -12 \end{pmatrix}$, $\vec{v_2} = \begin{pmatrix} -1 \\ 3 \\ 0 \end{pmatrix}$, $\vec{v_3} = \begin{pmatrix} -4 \\ -3 \\ 12 \end{pmatrix}$ sind komplanar, denn $\begin{vmatrix} 5 & -1 & -4 \\ 0 & 3 & -3 \\ -12 & 0 & 12 \end{vmatrix} = 0$.

2. Man zeige, dass $\vec{v_1} = \begin{pmatrix} 1 \\ 1 \\ 1 \end{pmatrix}$, $\vec{v_2} = \begin{pmatrix} 2 \\ 4 \\ 8 \end{pmatrix}$, $\vec{v_3} = \begin{pmatrix} 3 \\ 9 \\ 27 \end{pmatrix}$, linear unabhängig sind und drücke $\vec{v_4} = \begin{pmatrix} 4 \\ 16 \\ 64 \end{pmatrix}$ als Linearkombination der drei Vektoren aus.

$\begin{vmatrix} 1 & 2 & 3 \\ 1 & 4 & 9 \\ 1 & 8 & 27 \end{vmatrix} = 12 \neq 0$, also sind $\vec{v_1}$, $\vec{v_2}$, $\vec{v_3}$ linear unabhängig.

11. Vektorrechnung

Es existieren drei Zahlen $a, b, c \in R$, sodass die Linearkombination $a \cdot \vec{v_1} + b \cdot \vec{v_2} + c \cdot \vec{v_3} = \vec{v_4}$ gilt.

$$a \cdot \begin{pmatrix} 1 \\ 1 \\ 1 \end{pmatrix} + b \cdot \begin{pmatrix} 2 \\ 4 \\ 8 \end{pmatrix} + c \cdot \begin{pmatrix} 3 \\ 9 \\ 27 \end{pmatrix} = \begin{pmatrix} 4 \\ 16 \\ 64 \end{pmatrix}$$

$$\begin{cases} a + 2b + 3c = 4 \\ a + 4b + 9c = 16 \\ a + 8b + 27c = 64 \end{cases} \Leftrightarrow \begin{cases} a = 4 \\ b = -6 \\ c = 4 \end{cases}$$

$$4 \cdot \vec{v_1} - 6 \cdot \vec{v_2} + 4 \cdot \vec{v_3} = \vec{v_4}$$

Orthogonale Vektoren

Zwei Vektoren $\vec{u}$ und $\vec{v}$ sind orthogonal, wenn ein Repräsentant von $\vec{u}$ senkrecht auf einem Repräsentanten von $\vec{v}$ steht. Dafür schreibt man $\vec{u} \perp \vec{v}$.

Da zwei senkrecht stehende Vektoren einen Winkel von 90 Grad bilden und $\cos 90° = 0$ ist, ist ihr Skalarprodukt gleich 0.

$$\vec{u} \perp \vec{v} = \vec{u} \cdot \vec{v} = 0$$

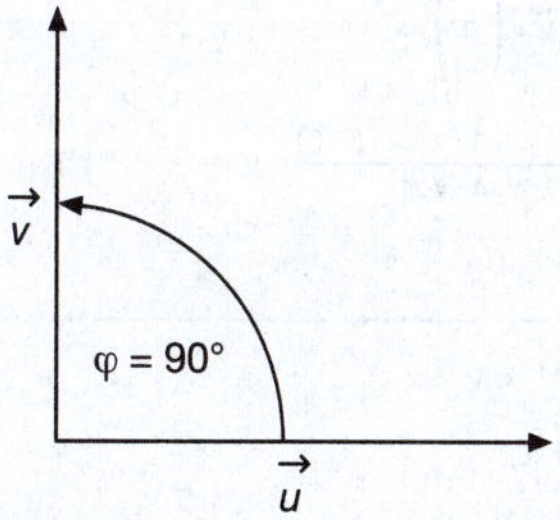

Beispiel:

$$\vec{u} = \begin{pmatrix} -1 \\ 2 \\ \sqrt{7} \end{pmatrix}, \vec{v} = \begin{pmatrix} 4 \\ 2 \\ 0 \end{pmatrix} \Rightarrow$$

$$\vec{u} \cdot \vec{v} = (-1) \cdot 4 + 2 \cdot 2 + \sqrt{7} \cdot 0 = 0 \Rightarrow$$

$$\vec{u} \perp \vec{v}$$

Winkel zwischen Vektoren

Aus $\vec{u} \cdot \vec{v} = |u| \cdot |v| \cdot \cos\varphi$ folgt:

$$\cos\varphi = \frac{u_1 v_1 + u_2 v_2 + u_3 v_3}{\sqrt{u_1^2 + u_2^2 + u_3^3} \cdot \sqrt{v_1^2 + v_2^2 + v_3^3}}$$

Beispiel:

$$\vec{u} = \begin{pmatrix} -1 \\ 3 \\ 2 \end{pmatrix}, \vec{v} = \begin{pmatrix} 4 \\ 2 \\ -1 \end{pmatrix} \Rightarrow$$

$$\cos\varphi = \frac{(-1) \cdot 4 + 3 \cdot 2 + 2 \cdot (-1)}{\sqrt{14} \cdot \sqrt{21}} = 0 \Rightarrow$$

$$\varphi = 90^\circ$$

11.6 Geometrische Anwendungen

Streckenteilung

Ein Punkt T der Geraden g teilt die Strecke $[P_1P_2]$ im Verhältnis $k:1\ (k \neq -1)$, wenn $\overrightarrow{P_1T} = k \cdot \overrightarrow{PT_2}$ ist.

Innere Teilung:

T liegt zwischen P_1 und P_2. Die Vektoren $\overrightarrow{P_1T}$ und $\overrightarrow{PT_2}$ sind gleich orientiert, daher gilt $k > 0$. Nähert sich T dem Punkt P_2, so wächst die positive Zahl k unbeschränkt.

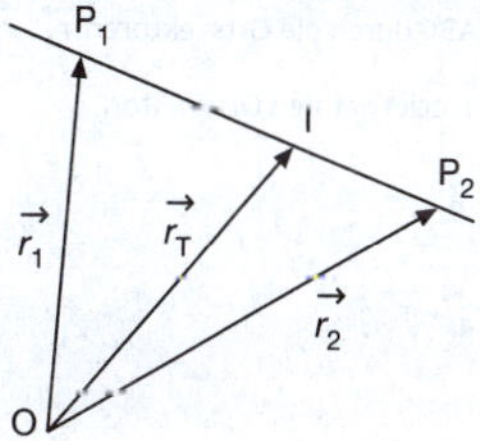

Äußere Teilung:

T liegt außerhalb der Strecke $[P_1P_2]$. Die Vektoren $\overrightarrow{P_1T}$ und $\overrightarrow{PT_2}$ haben entgegengesetzte Orientierung, daher gilt $k < 0$. Nähert sich T dem Punkt P_2, so nimmt die negative Zahl k unbeschränkt ab.

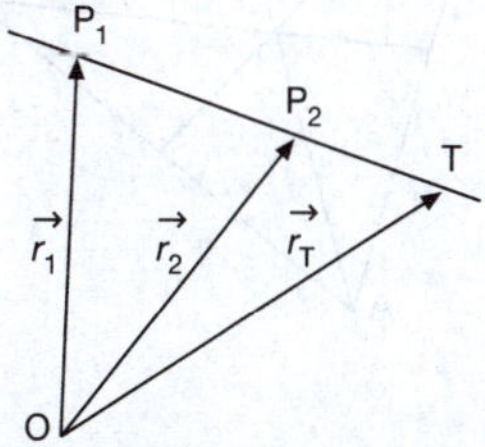

Fällt T mit P_1 zusammen, so ist $k = 0$ wegen $\overrightarrow{P_1P_1} = k \cdot \overrightarrow{P_1P_2}$. Hat P_1 den Ortsvektor $\overrightarrow{r_1}$ und P_2 den Ortsvektor $\overrightarrow{r_2}$, so gilt für den Ortsvektor von T

$$r_t = \frac{1}{1+k} \cdot \left(\overrightarrow{r_1} + k \cdot \overrightarrow{r_2} \right)$$

Ist T der Halbierungspunkt der Strecke, so gilt $k = 1$.

Schwerpunkt des Dreiecks

Gegeben ist ein Dreieck ABC durch die Ortsvektoren $\overrightarrow{r_A}$, $\overrightarrow{r_B}$, $\overrightarrow{r_C}$.

Der Schwerpunkt des Dreiecks hat den Ortsvektor:

$$\overrightarrow{r_S} = \frac{1}{3} \cdot \left(\overrightarrow{r_A} + \overrightarrow{r_B} + \overrightarrow{r_C} \right)$$

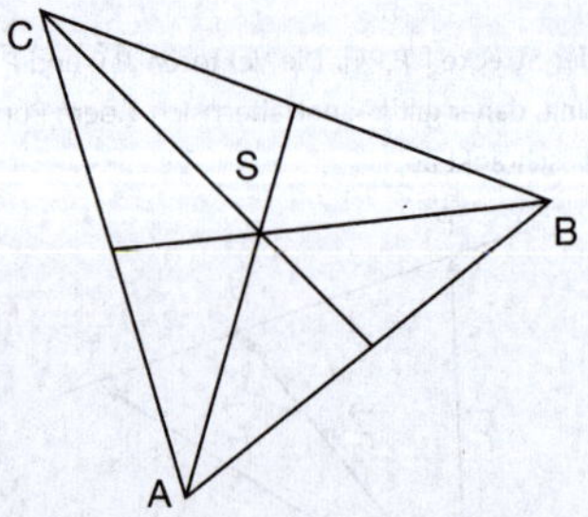

Schwerpunkt des Tetraeders

Gegeben ist ein Vierflach ABCD durch die Ortsvektoren $\vec{r}_A$, $\vec{r}_B$, $\vec{r}_C$ und $\vec{r}_D$.

Der Schwerpunkt des Vierflachs hat den Ortsvektor:

$$\vec{r}_S = \frac{1}{4} \cdot \left(\vec{r}_A + \vec{r}_B + \vec{r}_C + \vec{r}_D \right)$$

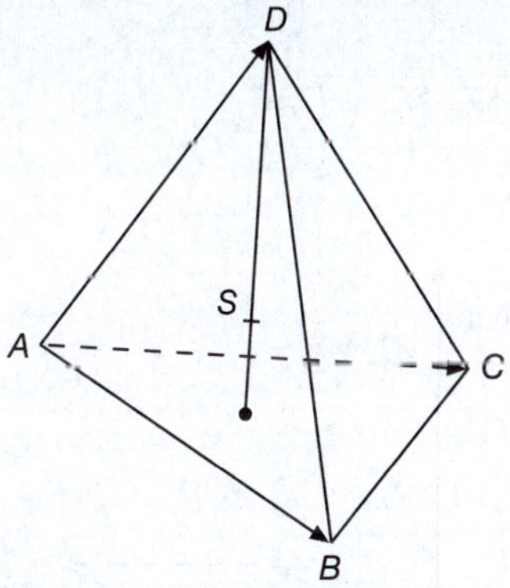

11.7 Vektorprodukt

Definition

Unter dem Vektorprodukt von zwei nicht kollinearen Vektoren $\overrightarrow{v_1}$ und $\overrightarrow{v_2}$ versteht man einen Vektor $\overrightarrow{v_1} \times \overrightarrow{v_2}$, der folgendermaßen festgelegt ist:

$\overrightarrow{v_1} \times \overrightarrow{v_2}$ ist orthogonal zu $\overrightarrow{v_1}$ und $\overrightarrow{v_2}$.

$\overrightarrow{v_1}$, $\overrightarrow{v_2}$ und $\overrightarrow{v_1} \times \overrightarrow{v_2}$ bilden in dieser Reihenfolge ein Rechtssystem.

$$\left|\overrightarrow{v_1} \times \overrightarrow{v_2}\right| = \left|\overrightarrow{v_1}\right| \cdot \left|\overrightarrow{v_2}\right| \cdot \sin\left(\overrightarrow{v_1}, \overrightarrow{v_2}\right)$$

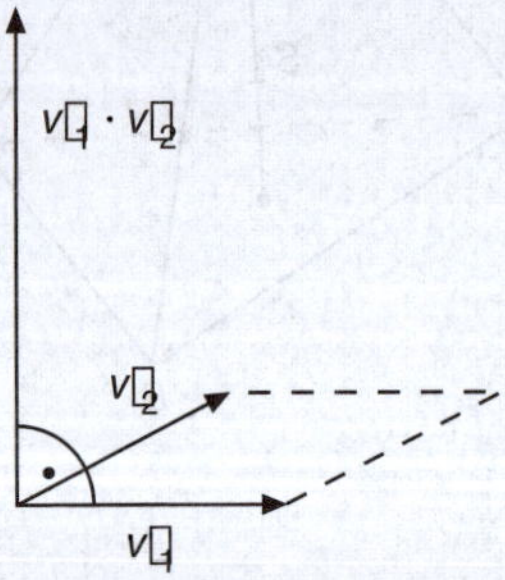

Ist einer der beiden Vektoren der Nullvektor oder sind $\overrightarrow{v_1}$ und $\overrightarrow{v_2}$ kollinear, so ist das Vektorprodukt der Nullvektor.

Der Betrag von $\overrightarrow{v_1} \times \overrightarrow{v_2}$ ist gleich dem Zahlenwert der Parallelogrammfläche, die von $\overrightarrow{v_1}$ und $\overrightarrow{v_2}$ aufgespannt wird.

Die wichtigsten Eigenschaften des Vektorprodukts sind:

$\vec{v_1} \times \vec{v_2} = -\left(\vec{v_2} \times \vec{v_1}\right)$ Antikommutativität

$\vec{v_1} \times \left(\vec{v_2} + \vec{v_3}\right) = \left(\vec{v_1} \times \vec{v_2}\right) + \left(\vec{v_1} \times \vec{v_3}\right)$ Distributivität

$k \cdot \left(\vec{v_1} \times \vec{v_2}\right) = \left(k \cdot \vec{v_1}\right) \times \vec{v_2} = \vec{v_1} \times \left(k \cdot \vec{v_2}\right)$ Assoziativität

Spaltendarstellung

Sind die Vektoren in Spaltendarstellung gegeben, so schreibt man sie zunächst als Linearkombination ihrer Einheitsvektoren und bildet dann das Produkt der beiden Linearkombinationen unter Berücksichtigung der Eigenschaften des Vektorprodukts:

$$\vec{v_1} \times \vec{v_2} = \left(x_1 \vec{i} + y_1 \vec{j} + z_1 \vec{k}\right) \times \left(x_2 \vec{i} + y_2 \vec{j} + z_2 \vec{k}\right)$$

Dabei entsteht ein Ausdruck, der sich übersichtlich durch eine Determinante darstellen lässt.

$$\vec{v_1} = \begin{pmatrix} x_1 \\ y_1 \\ z_1 \end{pmatrix}, \vec{v_2} = \begin{pmatrix} x_2 \\ y_2 \\ z_2 \end{pmatrix} \Rightarrow \vec{v_1} \times \vec{v_2} = \begin{vmatrix} \vec{i} & x_1 & x_2 \\ \vec{j} & y_1 & y_2 \\ \vec{k} & z_1 & z_2 \end{vmatrix}$$

Man beachte, dass es sich hier um eine formale Schreibweise handelt, es geht hier nur um die Auflösung der Determinante, denn Determinanten sind reelle Zahlen, aber keine Vektoren.

Beispiel:

1. $\vec{v_1} = \begin{pmatrix} -1 \\ 0 \\ 2 \end{pmatrix}, \vec{v_2} = \begin{pmatrix} 3 \\ 1 \\ 1 \end{pmatrix} \Rightarrow \vec{v_1} \times \vec{v_2} = \begin{vmatrix} \vec{i} & -1 & 3 \\ \vec{j} & 0 & 1 \\ \vec{k} & 2 & 1 \end{vmatrix} =$

$-2 \cdot \vec{i} + 7 \cdot \vec{j} - 1 \cdot \vec{k} = \begin{pmatrix} -2 \\ 7 \\ -1 \end{pmatrix}$

2. $\vec{i} \times \vec{j} = \begin{pmatrix} 1 \\ 0 \\ 0 \end{pmatrix} \times \begin{pmatrix} 0 \\ 1 \\ 0 \end{pmatrix} = \vec{k}$

3. $\vec{o} \times \vec{v} = \vec{o}$

Dreiecksfläche

Aus einem gegebenen Dreieck *ABC* bildet man durch Punktspiegelung ein Parallelogramm *ABCD*. Den Flächeninhalt des Parallelogramms berechnet man über das Vektorprodukt, der Flächeninhalt des Dreiecks ist die Hälfte davon.

$$A_{ABC} = \frac{1}{2} \cdot \left| \overrightarrow{AB} \times \overrightarrow{AC} \right|$$

$$A_{ABC} = \frac{1}{2} \cdot \left| \overrightarrow{AB} \times \overrightarrow{AC} \right| =$$

$$\frac{1}{2} \cdot \left| \overrightarrow{AB} \right| \cdot \left| \overrightarrow{AB} \right| \cdot \sin \alpha$$

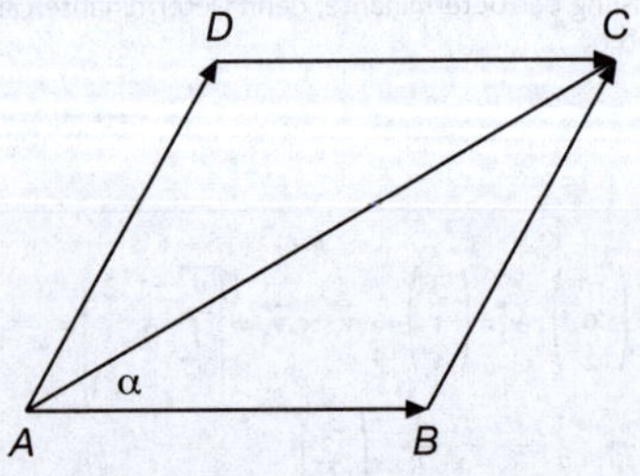

Beispiel:

Gegeben sind die Eckpunkte eines Dreiecks durch ihre Ortsvektoren:

$$A: \vec{r}_A = \begin{pmatrix} 2 \\ -3 \\ 0 \end{pmatrix}$$

$$B: \vec{r}_B = \begin{pmatrix} 1 \\ 1 \\ 5 \end{pmatrix}$$

$$C: \vec{r}_C = \begin{pmatrix} 3 \\ -2 \\ 1 \end{pmatrix}$$

Zunächst werden diejenigen Vektoren berechnet, welche die Seiten des Dreiecks angeben:

$$\vec{AB} = \vec{r}_B - \vec{r}_A = \begin{pmatrix} 1 \\ 1 \\ 5 \end{pmatrix} - \begin{pmatrix} 2 \\ -3 \\ 0 \end{pmatrix} = \begin{pmatrix} -1 \\ 4 \\ 5 \end{pmatrix}$$

$$\vec{AC} = \vec{r}_C - \vec{r}_A = \begin{pmatrix} 3 \\ -2 \\ 1 \end{pmatrix} - \begin{pmatrix} 2 \\ -3 \\ 0 \end{pmatrix} = \begin{pmatrix} 1 \\ 1 \\ 1 \end{pmatrix}$$

$$\vec{AB} \times \vec{AC} = \begin{vmatrix} \vec{i} & -1 & 1 \\ \vec{j} & 4 & 1 \\ \vec{k} & 5 & 1 \end{vmatrix} =$$

$$= -\vec{i} + 6\vec{j} - 5\vec{k} = \begin{pmatrix} -1 \\ 6 \\ -5 \end{pmatrix}$$

$$|\vec{AB} \times \vec{AC}| = \sqrt{(-1)^2 + 6^2 + (-5)^2} = \sqrt{62}$$

Der Zahlenwert des Flächeninhalts des Dreiecks ABC ist:

$$A_{ABC} = \frac{1}{2} \cdot \sqrt{62} \approx 3{,}9$$

11.8 Spatprodukt

Definition

Das gemischte Produkt $(\vec{v}_1 \times \vec{v}_2) \cdot \vec{v}_3$ von den drei Vektoren $\vec{v}_1$, $\vec{v}_2$ und $\vec{v}_3$ nennt man ihr Spatprodukt. Das Spatprodukt ist eine reelle Zahl.

Die wichtigsten Eigenschaften des Spatprodukts sind:

$(\vec{v}_1 \times \vec{v}_2) \cdot \vec{v}_3 = \vec{v}_1 \cdot (\vec{v}_2 \times \vec{v}_3)$ Operationen sind vertauschbar

$(\vec{v}_1 \times \vec{v}_2) \cdot \vec{v}_3 = (\vec{v}_2 \times \vec{v}_3) \cdot \vec{v}_1 = (\vec{v}_3 \times \vec{v}_1) \cdot \vec{v}_2$ Vektoren sind zyklisch vertauschbar

Sind die Vektoren in der Spaltenform gegeben, so lässt sich das Spatprodukt mithilfe einer Determinante ausrechnen:

$$\vec{v}_1 = \begin{pmatrix} x_1 \\ y_1 \\ z_1 \end{pmatrix}, \vec{v}_2 = \begin{pmatrix} x_2 \\ y_2 \\ z_2 \end{pmatrix}, \vec{v}_3 = \begin{pmatrix} x_3 \\ y_3 \\ z_3 \end{pmatrix} \Rightarrow$$

$$(\vec{v}_1 \times \vec{v}_2) \cdot \vec{v}_3 = \begin{vmatrix} x_1 & x_2 & x_3 \\ y_1 & y_2 & y_3 \\ z_1 & z_2 & z_3 \end{vmatrix}$$

Beispiel:

$$\vec{v}_1 = \begin{pmatrix} -1 \\ 0 \\ 2 \end{pmatrix}, \vec{v}_2 = \begin{pmatrix} 1 \\ 4 \\ 1 \end{pmatrix}, \vec{v}_3 = \begin{pmatrix} 0 \\ 1 \\ 1 \end{pmatrix} \Rightarrow$$

$$(\vec{v}_1 \times \vec{v}_2) \cdot \vec{v}_3 = \begin{vmatrix} -1 & 1 & 0 \\ 0 & 4 & 1 \\ 2 & 1 & 1 \end{vmatrix} = -1 \text{ (Regel von Sarrus)}$$

Spatvolumen

Sind $\overrightarrow{v_1}$, $\overrightarrow{v_2}$ und $\overrightarrow{v_3}$ drei nicht komplanare Vektoren, so spannen sie im Raum einen Spat (er wird auch Parallelepiped genannt).

Das Volumen des Spats berechnet man nach folgender Formel:

$$V = \left(\overrightarrow{v_1} \times \overrightarrow{v_2}\right) \cdot \overrightarrow{v_3}$$

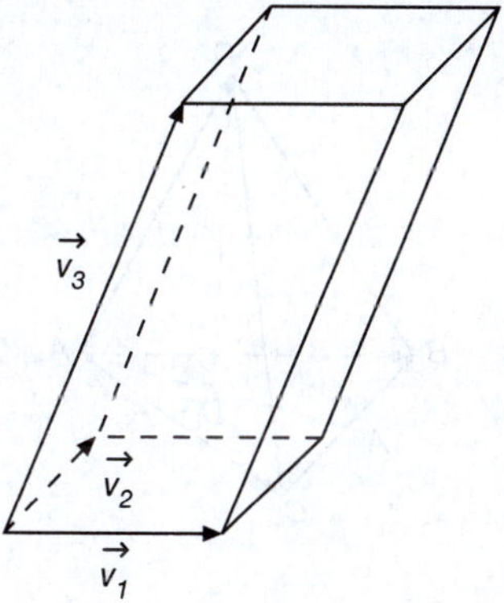

Volumen eines Tetraeders

Das Vierflach ABCD lässt sich zu einem Spat mit sechsfachem Volumen vervollständigen. Da die Vektoren $\overrightarrow{AB}$, $\overrightarrow{AC}$ und $\overrightarrow{AD}$ in dieser Reihenfolge ein Rechtssystem bilden, ist das Volumen des Spates gleich $\left(\overrightarrow{AB} \times \overrightarrow{AC}\right) \cdot \overrightarrow{AD}$ und somit ist das Volumen des Vierflachs:

$$V_{ABCD} = \frac{1}{6} \cdot \left(\overrightarrow{AB} \times \overrightarrow{AC}\right) \cdot \overrightarrow{AD}$$

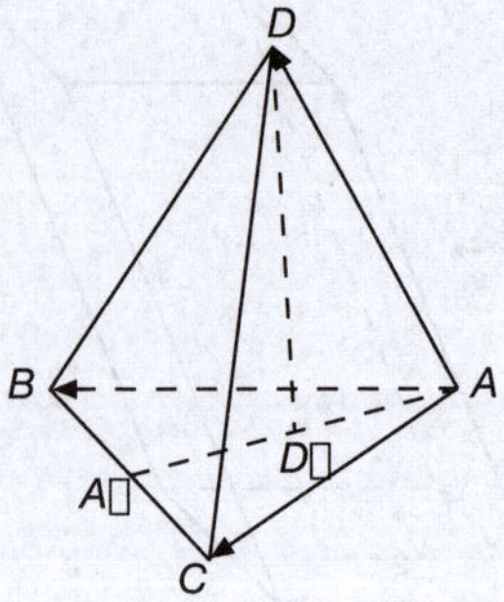

Beispiel:

$$\vec{r}_A = \begin{pmatrix} 2 \\ 1 \\ 1 \end{pmatrix}, \vec{r}_B = \begin{pmatrix} -1 \\ 3 \\ 2 \end{pmatrix}, \vec{r}_C = \begin{pmatrix} 2 \\ 4 \\ -1 \end{pmatrix}, \vec{r}_D = \begin{pmatrix} 0 \\ 1 \\ 2 \end{pmatrix}$$

Diese Ortsvektoren bestimmen ein Vierflach *ABCD*.
Gesucht ist sein Volumen.

$$\overrightarrow{AB} = \overrightarrow{r_B} - \overrightarrow{r_A} = \begin{pmatrix} -3 \\ 2 \\ 1 \end{pmatrix}$$

$$\overrightarrow{AC} = \overrightarrow{r_C} - \overrightarrow{r_A} = \begin{pmatrix} 0 \\ 3 \\ -2 \end{pmatrix}$$

$$\overrightarrow{AD} = \overrightarrow{r_D} - \overrightarrow{r_A} = \begin{pmatrix} -2 \\ 0 \\ 1 \end{pmatrix}$$

$$V_{ABCD} = \frac{1}{6} \cdot \begin{vmatrix} -3 & 0 & -2 \\ 2 & 3 & 0 \\ 1 & -2 & 1 \end{vmatrix} = \frac{5}{6}$$

12. Analytische Geometrie

12.1 Geradengleichungen in der Ebene

Punkt-Steigungsform

Sie ist bestimmt durch eine Steigung m und einen y-Achsenabschnitt t ($m = \tan\alpha$). Siehe auch lineare Funktionen in Kapitel 4.5 auf Seite 177 ff.

$$g: y = mx + t$$

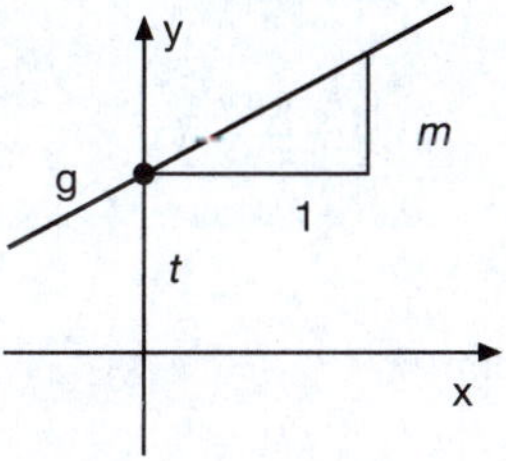

Ursprungsgerade: $g: y = mx$
x- Achse: $g: y = 0$
y- Achse: $g: x = 0$

Punkt-Richtungsform

Sie ist bestimmt durch einen festen gegebenen Punkt $P_1\,(x_1\,;\,y_1)$ und durch die Steigung m.

$$g: y - y_1 = m \cdot (x - x_1)$$

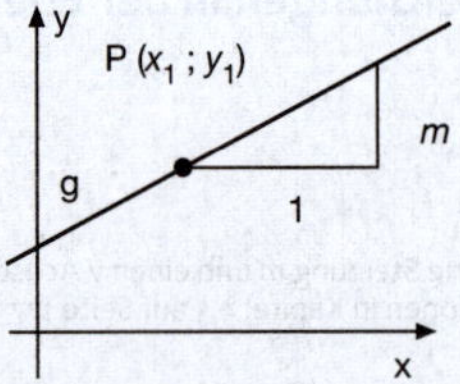

Zwei-Punkte-Form

Diese Form der Geradengleichung ist bestimmt durch zwei gegebene Punkte: $P_1(x_1;y_1)$, $P_2(x_2;y_2)$.

$$g: y - y_1 = \frac{y_2 - y_1}{x_2 - x_1} \cdot (x - x_1)$$

Achsenabschnittsform

Sie ist gegeben durch die Schnittpunkte der Geraden mit den Koordinatenachsen: $S(s;0)$ und $T(0;t)$

$$g: \frac{x}{s} + \frac{y}{t} = 1$$

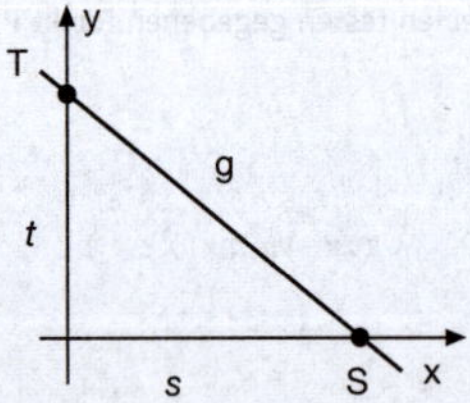

Beispiel:

Gegeben ist eine Gerade durch die zwei Punkte:
$P_1(-4;-2), P_2(3;5)$.

Zwei-Punkteform: $g: \frac{y-(-2)}{x-(-4)} = \frac{5-(-2)}{3-(-4)} \Leftrightarrow$

$\frac{y+2}{x+4} = \frac{7}{7}$

Steigung: $m = \frac{y_2 - y_1}{x_2 - x_1} \Rightarrow m = \frac{5-(-2)}{3-(-4)} = 1$

Punkt-Richtungsform: $g: y-(-2) = 1 \cdot (x-(-4)) \Leftrightarrow$

$y+2 = x+4$

Lage zweier Geraden

Schnittwinkel:

Darunter versteht man den spitzen Winkel am Schnittpunkt der zwei sich schneidenden Geraden.

$$\tan \varphi = \left| \frac{m_2 - m_1}{1 + m_1 \cdot m_2} \right|$$

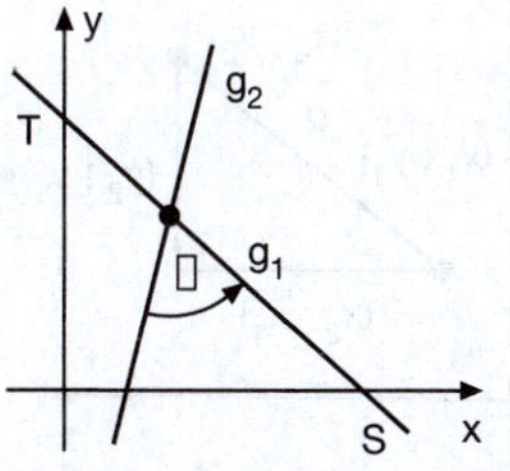

Zwei Geraden sind parallel zueinander, wenn sie die gleiche Steigung haben:
$m_1 = m_2$.

Zwei Geraden stehen senkrecht aufeinander, wenn für ihre Steigungen gilt:
$m_1 \cdot m_2 = 1$

Beispiel:

Gegeben sind zwei Geraden durch ihre Gleichungen:
$g_1 : y = 3x - 4$ und $g_2 : y = -2x + 3$.

Die Steigungen der Geraden sind: $m_1 = 3$, $m_2 = -2$

Schnittwinkel: $\tan \varphi = \left| \frac{-2-3}{1+3\cdot(-2)} \right| = \left| \frac{-5}{-5} \right| = 1$

$\varphi = \arctan 1 = 45°$

Abstand zweier Punkte in der Ebene

Man errechnet ihn nach dem Satz von Pythagoras im dargestellten rechtwinkligen Dreieck:

$$d = \sqrt{(x_2 - x_1)^2 + (y_2 - y_1)^2}$$

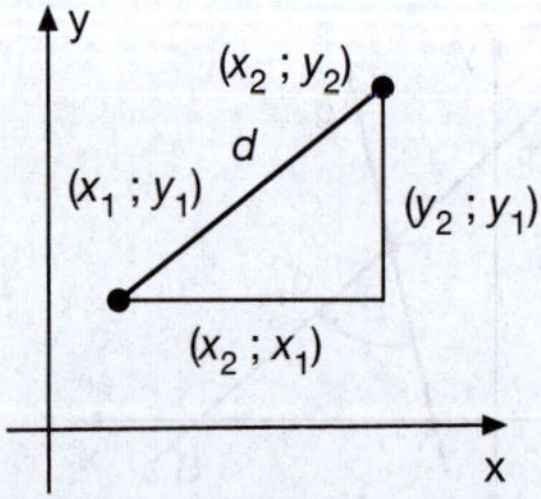

Beispiel:

$A(4;5), B(8;2) \Rightarrow$

$d = \sqrt{(8-4)^2 + (2-5)^2} = 5$

Teilpunkt T einer Strecke

$\overline{AT} : \overline{BT} = k$ ist das Teilverhältnis der Strecke. Für die Koordinaten des Teilpunkts T gelten folgende Formeln:

$$x_T = \frac{x_1 + k\,x_2}{1+k}$$

$$y_T = \frac{y_1 + k\,y_2}{1+k}$$

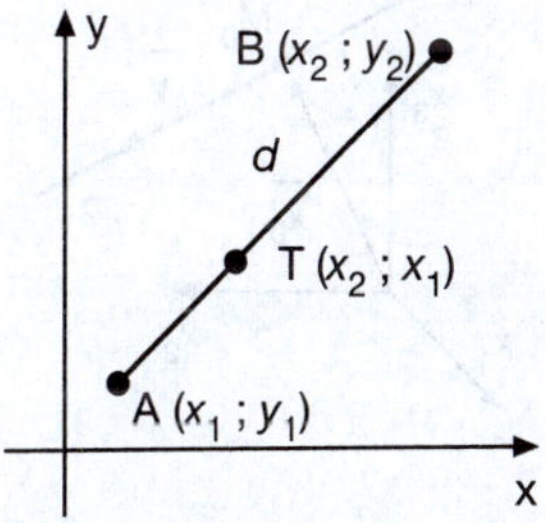

12.2 Geradengleichungen im Raum

Für die Beschreibung von Geraden und Ebenen im Raum ist es von Vorteil, Spaltenvektoren einzusetzen. Durch sie wird der Darstellungsaufwand erheblich reduziert. In neuerer Zeit ist es üblich, für die Koordinatenachsen anstelle *x*, *y* und *z* die Symbole x_1, x_2 und x_3 zu schreiben.

Punkt-Richtungsform

Ein fester Punkt M_0 mit dem Ortsvektor $\overrightarrow{x_0}$ und ein Richtungsvektor $\overrightarrow{v}$ bestimmen eine Gerade eindeutig. Bezeichnet man den Ortsvektor eines variablen Punktes mit $\overrightarrow{x}$ und einen reellen Parameter mit λ, so kann man folgende Beziehung aufstellen:

$$g: \overrightarrow{x} = \overrightarrow{x_0} + \lambda \cdot \overrightarrow{v}$$

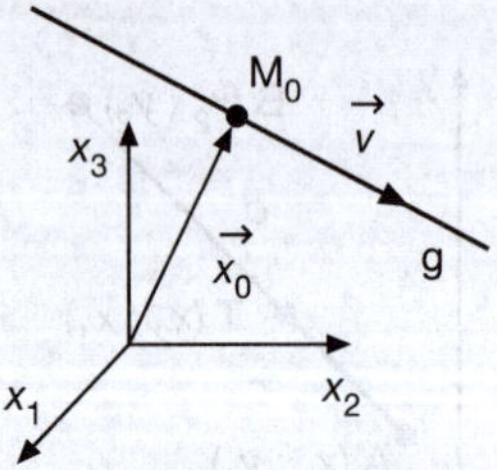

Beispiel:

Zum Punkt M_0 führt der Ortsvektor $\vec{x_0} = \begin{pmatrix} 4 \\ 3 \\ 1 \end{pmatrix}$ und ein Richtungsvektor der Geraden ist $\vec{v} = \begin{pmatrix} 1 \\ -1 \\ 0 \end{pmatrix}$. Daraus lässt sich folgende Geradengleichung bilden: $g: \vec{x} = \begin{pmatrix} 4 \\ 3 \\ 1 \end{pmatrix} + \lambda \cdot \begin{pmatrix} 1 \\ -1 \\ 0 \end{pmatrix}$.

Zwei-Punkte-Form

Zwei Punkte M_1 und M_2 mit den Ortsvektoren $\vec{x_1}$ und $\vec{x_2}$ bestimmen eine Gerade im Raum eindeutig:

$$g: \vec{x} = \vec{x_1} + \lambda \cdot (\vec{x_2} - \vec{x_1})$$

$\vec{x_2} - \vec{x_1}$ ist der Richtungsvektor.

Einer Geraden können mehrere Gleichungen dieser Form zugeordnet werden, doch einer Gleichung entspricht genau eine Gerade.

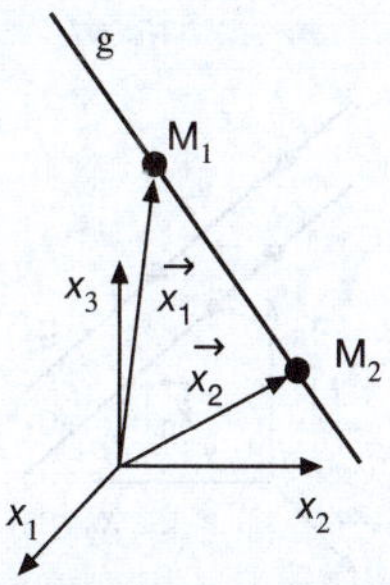

Beispiel:

Gegeben sind zwei Punkte $M_1 = (-5\,;2\,;0)$, $M_2(1\,;0\,;4)$.

Aus den Koordinaten ergeben sich die Ortsvektoren:

$\vec{x}_1 = \begin{pmatrix} -5 \\ 2 \\ 0 \end{pmatrix}$ und $\vec{x}_2 = \begin{pmatrix} 1 \\ 0 \\ 4 \end{pmatrix}$.

Damit wird die Geradengleichung aufgestellt:

$$g: \vec{x} = \begin{pmatrix} -5 \\ 2 \\ 0 \end{pmatrix} + \lambda \cdot \left[\begin{pmatrix} 1 \\ 0 \\ 4 \end{pmatrix} - \begin{pmatrix} -5 \\ 2 \\ 0 \end{pmatrix}\right]$$

$$g: \vec{x} = \begin{pmatrix} -5 \\ 2 \\ 0 \end{pmatrix} + \lambda \cdot \begin{pmatrix} 6 \\ -2 \\ 4 \end{pmatrix}$$

Parallele Geraden

Zwei Geraden im Raum sind genau dann parallel, wenn ihre Richtungsvektoren kollinear sind.

$$g_1 \,||\, g_2 \Leftrightarrow \vec{v}_2 = k \cdot \vec{v}_1$$

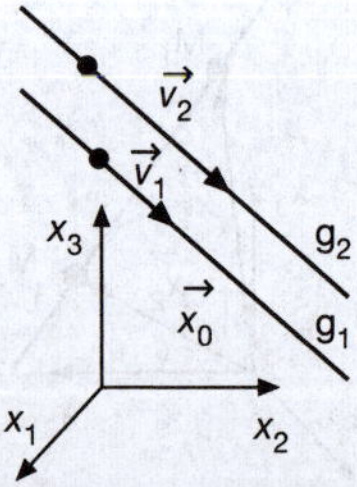

Beispiel:

Gegeben sind zwei Geraden durch ihre Gleichungen:

$$g_1: \vec{x} = \begin{pmatrix} 3 \\ 1 \\ 10 \end{pmatrix} + \lambda \cdot \begin{pmatrix} 3 \\ 0 \\ -3 \end{pmatrix}$$

$$g_2: \vec{x} = \begin{pmatrix} -4 \\ 3 \\ 8 \end{pmatrix} + \mu \cdot \begin{pmatrix} -9 \\ 0 \\ 9 \end{pmatrix}$$

Die Geraden sind parallel, weil die beiden Richtungsvektoren kollinear sind:

$$\begin{pmatrix} -9 \\ 0 \\ 9 \end{pmatrix} = (-3) \cdot \begin{pmatrix} 3 \\ 0 \\ -3 \end{pmatrix} \text{ ist wahr.}$$

Senkrechte Geraden

Zwei Geraden im Raum sind genau dann senkrecht, wenn ihre Richtungsvektoren orthogonal sind, d. h., wenn sich zwischen ihnen ein rechter Winkel bilden lässt.

$g_1: \vec{x} = \vec{x_1} + \lambda \vec{v_1}, g_2: \vec{x} = \vec{x_2} + \mu \vec{v_2}$

$$g_1 \perp g_2 \Leftrightarrow \vec{v_1} \cdot \vec{v_2} = 0$$

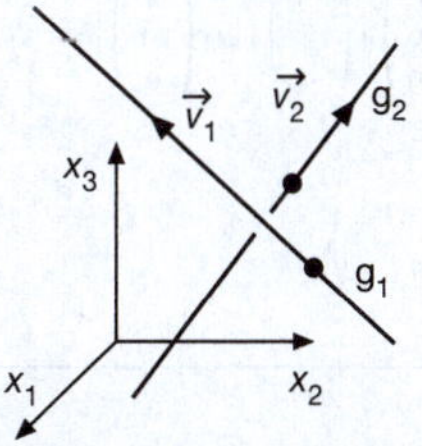

Das skalare Produkt der Richtungsvektoren ist 0, weil zwischen ihnen die Beziehung gilt: $\overrightarrow{v_1} \cdot \overrightarrow{v_2} = |\overrightarrow{v_1}| \cdot |\overrightarrow{v_2}| \cdot \cos 90° = 0$.

Senkrechte Geraden in der Ebene schneiden sich immer, im Raum können sie sich schneiden, sie können aber auch windschief sein.

Beispiel:

$g_1: \overrightarrow{x} = \begin{pmatrix} 5 \\ \sqrt{3} \end{pmatrix} + \lambda \cdot \begin{pmatrix} 3 \\ -1 \end{pmatrix}$, $g_1: \overrightarrow{x} = \begin{pmatrix} 0 \\ 7 \end{pmatrix} + \mu \cdot \begin{pmatrix} 1 \\ 3 \end{pmatrix}$

$\begin{pmatrix} 3 \\ -1 \end{pmatrix} \cdot \begin{pmatrix} 1 \\ 3 \end{pmatrix} = 3 \cdot 1 + (-1) \cdot 3 = 0$, also stehen die Geraden senkrecht aufeinander. Da sie in einer Ebene liegen, schneiden sie sich auch.

Schnitt von zwei Geraden

Um herauszufinden, ob sich nichtparallele Geraden im Raum auch schneiden, setzt man die rechten Seiten der Geradengleichungen gleich.

Beispiele:

1. $g_1: \overrightarrow{x} = \begin{pmatrix} 2 \\ 1 \\ 5 \end{pmatrix} + \lambda \cdot \begin{pmatrix} 1 \\ 3 \\ -9 \end{pmatrix}$, $g_2: \overrightarrow{x} = \begin{pmatrix} -1 \\ 6 \\ -4 \end{pmatrix} + \mu \cdot \begin{pmatrix} 2 \\ -1 \\ 0 \end{pmatrix}$

$$\begin{pmatrix} 2 \\ 1 \\ 5 \end{pmatrix} + \lambda \cdot \begin{pmatrix} 1 \\ 3 \\ -9 \end{pmatrix} = \begin{pmatrix} -1 \\ 6 \\ -4 \end{pmatrix} + \mu \cdot \begin{pmatrix} 2 \\ -1 \\ 0 \end{pmatrix} \Leftrightarrow$$

$$\begin{cases} 2 + \lambda = -1 + 2\mu \\ 1 + 3\lambda = 6 - \mu \\ 5 - 9\lambda = -4 \end{cases}$$

Aus zwei von den Gleichungen (hier: aus den beiden letzten) berechnet man λ und μ:

$$\begin{cases} 1+3\lambda = 6-\mu \\ 5-9\lambda = -4 \end{cases} \Leftrightarrow$$

$$\begin{cases} 1+3\lambda = 6-\mu \\ 9\lambda = 9 \end{cases} \Leftrightarrow \begin{cases} \mu = 2 \\ \lambda = 1 \end{cases}$$

Dies in die restliche Gleichung (hier: in die erste) eingesetzt, ergibt die wahre Aussage: 2 + 1 = −1 + 4. Also ist das Gleichungssystem eindeutig lösbar und es gibt einen Schnittpunkt.

Man erhält seine Koordinaten, wenn man λ in g_1 bzw. μ in g_2 einsetzt.

$$\overrightarrow{x_S} = \begin{pmatrix} 2 \\ 1 \\ 5 \end{pmatrix} + 1 \cdot \begin{pmatrix} 1 \\ 3 \\ -9 \end{pmatrix} \Rightarrow \overrightarrow{x_S} = \begin{pmatrix} 3 \\ 4 \\ -4 \end{pmatrix}$$

2. $g_1: \overrightarrow{x} = \begin{pmatrix} 1 \\ 0 \\ 0 \end{pmatrix} + \lambda \cdot \begin{pmatrix} 0 \\ 1 \\ 2 \end{pmatrix},$

$g_2: \overrightarrow{x} = \begin{pmatrix} 2 \\ 1 \\ 3 \end{pmatrix} + \mu \cdot \begin{pmatrix} 1 \\ 1 \\ 1 \end{pmatrix}$

$$\begin{pmatrix} 1 \\ 0 \\ 0 \end{pmatrix} + \lambda \cdot \begin{pmatrix} 0 \\ 1 \\ 2 \end{pmatrix} = \begin{pmatrix} 2 \\ 1 \\ 3 \end{pmatrix} + \mu \cdot \begin{pmatrix} 1 \\ 1 \\ 1 \end{pmatrix} \Leftrightarrow$$

$$\begin{cases} 1 = 2+\mu \\ \lambda = 1+\mu \\ 2\lambda = 3+\mu \end{cases}$$

$\mu = -1 \wedge \lambda = 0 \wedge 0 = 2$ ist eine falsche Aussage, also sind die Geraden windschief.

Vektor- und Koordinatengleichungen

Eine Gerade im Raum wird durch eine Vektorgleichung oder durch zwei Koordinatengleichungen festgelegt.

Beispiel:

Zu den in der Zeichnung dargestellten fünf Geraden sind jeweils die Vektorgleichung und die beiden Koordinatengleichungen angegeben.

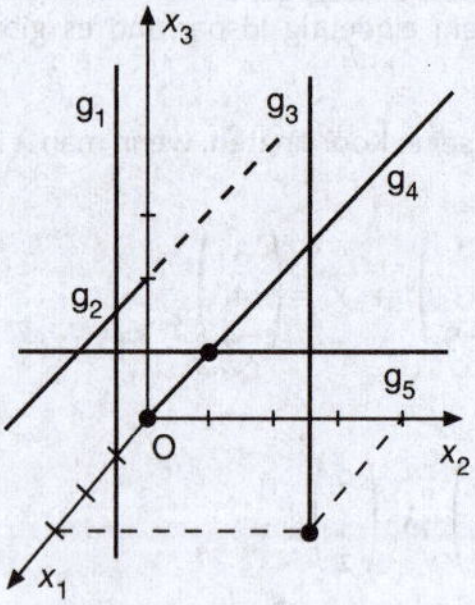

$$g_1: \vec{x} = \begin{pmatrix} 1 \\ 0 \\ 0 \end{pmatrix} + \lambda \cdot \begin{pmatrix} 0 \\ 0 \\ 1 \end{pmatrix} \Leftrightarrow g_1: x_1 = 1 \wedge x_2 = 0$$

$$g_2: \vec{x} = \begin{pmatrix} 0 \\ 0 \\ 2 \end{pmatrix} + \lambda \cdot \begin{pmatrix} 1 \\ 0 \\ 0 \end{pmatrix} \Leftrightarrow g_2: x_2 = 1 \wedge x_3 = 2$$

$$g_3: \vec{x} = \begin{pmatrix} 3 \\ 4 \\ 0 \end{pmatrix} + \lambda \cdot \begin{pmatrix} 0 \\ 0 \\ 1 \end{pmatrix} \Leftrightarrow g_3: x_1 = 3 \wedge x_2 = 4$$

$$g_4: \vec{x} = \begin{pmatrix} 0 \\ 0 \\ 0 \end{pmatrix} + \lambda \cdot \begin{pmatrix} 0 \\ 1 \\ 1 \end{pmatrix} \Leftrightarrow g_4: x_1 = 0 \wedge x_2 = x_3$$

$$g_5: \vec{x} = \begin{pmatrix} 0 \\ 0 \\ 1 \end{pmatrix} + \lambda \cdot \begin{pmatrix} 0 \\ 1 \\ 0 \end{pmatrix} \Leftrightarrow g_5: x_1 = 0 \wedge x_3 = 1$$

12.3 Ebenengleichungen

Punkt-Richtungsform

Ein fest bestimmter Punkt M_0 mit dem Ortsvektor $\vec{x}_0$ und zwei nicht kollineare Richtungsvektoren $\vec{v}_1$ und $\vec{v}_2$ bestimmen eine Ebene E eindeutig:

$$E: \vec{x} = \vec{x}_0 + \lambda \vec{v}_1 + \mu \vec{v}_2$$

Durchlaufen die unabhängigen Parameter λ und μ die Menge der reellen Zahlen, so beschreibt M mit dem Ortsvektor $\vec{x}$ die Ebene E.

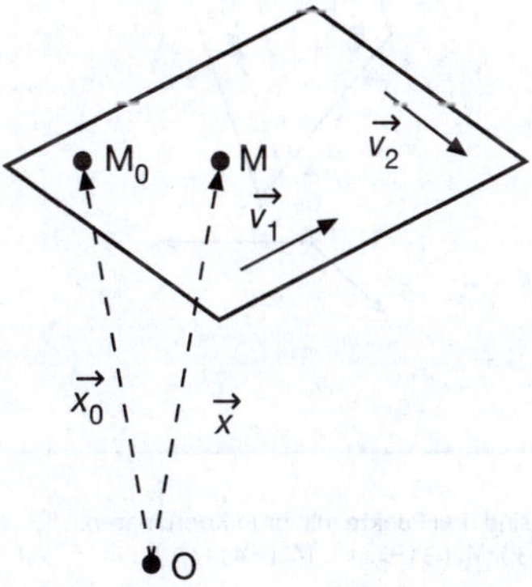

Drei-Punkte-Form

Drei Punkte M_1, M_2, M_3 mit ihren Ortsvektoren $\vec{x}_1$, $\vec{x}_2$, $\vec{x}_3$, die nicht auf ein und derselben Geraden liegen, bestimmen eine Ebene E eindeutig.

$$E: \vec{x} = \vec{x}_1 + \lambda \cdot (\vec{x}_2 - \vec{x}_1) + \mu \cdot (\vec{x}_3 - \vec{x}_1)$$

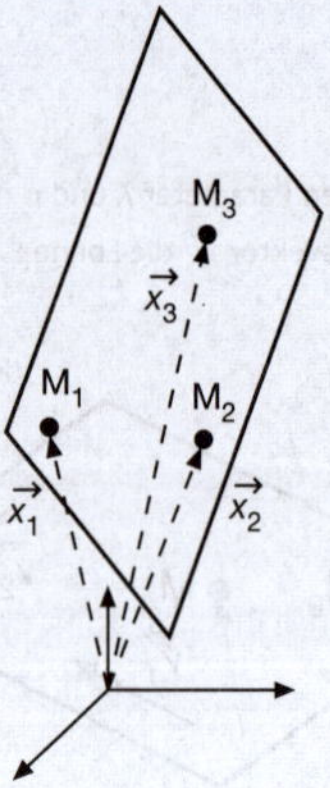

12. Analytische Geometrie

Beispiel:

Gegeben sind drei Punkte mit ihren Koordinaten:
$M_1(1;2;3)$, $M_2(3;-2;1)$, $M_3(-4;1;0)$

$$\vec{x}_2 - \vec{x}_1 = \begin{pmatrix} 3 \\ -2 \\ 1 \end{pmatrix} - \begin{pmatrix} 1 \\ 2 \\ 3 \end{pmatrix} = \begin{pmatrix} 2 \\ -4 \\ -2 \end{pmatrix}$$

$$\overrightarrow{x_3} - \overrightarrow{x_1} = \begin{pmatrix} -5 \\ -1 \\ -3 \end{pmatrix}$$

$$E: \overrightarrow{x} = \begin{pmatrix} 1 \\ 2 \\ 3 \end{pmatrix} + \lambda \begin{pmatrix} 2 \\ -4 \\ -2 \end{pmatrix} + \mu \begin{pmatrix} -5 \\ -1 \\ -3 \end{pmatrix}$$

Normalenform

Die Ebene E ist durch einen gegebenen Punkt M_0 mit dem Ortsvektor $\overrightarrow{x_0}$ und durch einen Normalenvektor $\overrightarrow{n}$ eindeutig festgelegt.

$$E: (\overrightarrow{x} - \overrightarrow{x_0}) \cdot \overrightarrow{n} = 0$$

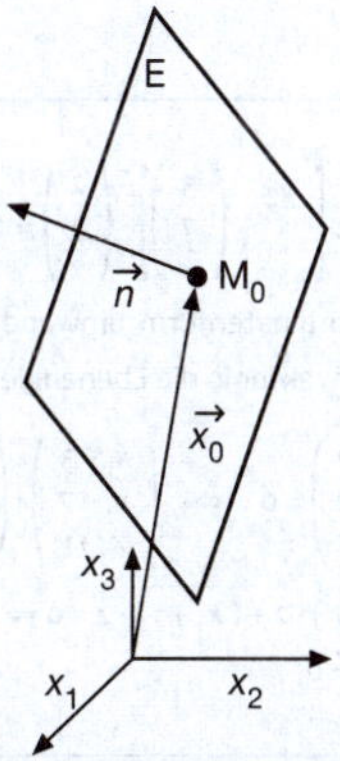

Beispiel:

Gegeben sind der Punkt $M_0(3;7;-1)$

und der Normalenvektor $\vec{n} = \begin{pmatrix} 2 \\ 2 \\ 2 \end{pmatrix}$.

Die Normalenform der Ebene ist dann:

$$E: \left[\vec{x} - \begin{pmatrix} 3 \\ 7 \\ -1 \end{pmatrix}\right] \cdot \begin{pmatrix} 2 \\ 2 \\ 2 \end{pmatrix} = 0$$

Koordinatenform der Ebene

A, B, C, D sind reelle Zahlen:

$$Ax_1 + Bx_2 + Cx_3 + D = 0 \quad oder \quad Ax + By + Cz + D = 0$$

Beispiel:

Die Normalenform $E: \left[\vec{x} - \begin{pmatrix} 3 \\ 7 \\ -1 \end{pmatrix}\right] \cdot \begin{pmatrix} 2 \\ 2 \\ 2 \end{pmatrix} = 0$ (siehe oben) lässt sich leicht in die Koordinatenform umwandeln. Dazu wird der Ortsvektor als Spaltenvektor in die Ebenengleichung eingesetzt.

$$E: \left[\begin{pmatrix} x_1 \\ x_2 \\ x_3 \end{pmatrix} - \begin{pmatrix} 3 \\ 7 \\ -1 \end{pmatrix}\right] \cdot \begin{pmatrix} 2 \\ 2 \\ 2 \end{pmatrix} = 0 \quad \Leftrightarrow \quad \begin{pmatrix} x_1 - 3 \\ x_2 - 7 \\ x_3 + 1 \end{pmatrix} \cdot \begin{pmatrix} 2 \\ 2 \\ 2 \end{pmatrix} = 0$$

$$E: (x_1 - 3) \cdot 2 + (x_2 - 7) \cdot 2 + (x_3 + 1) \cdot 2 = 0 \Leftrightarrow$$

$$E: 2x_1 + 2x_2 + 2x_3 - 18 = 0$$

Normaleneinheitsvektor

Diesen Vektor erhält man, wenn man die Komponenten des Normalenvektors durch den Betrag des Normalenvektors dividiert.

Normaleneinheitsvektor: $\vec{n}_0 = \dfrac{\vec{n}}{|\vec{n}|}$

Auch aus anderen Vektoren kann man auf diese Weise ihre entsprechenden Einheitsvektoren erzeugen.

Beispiel:

$$\vec{n} = \begin{pmatrix} 3 \\ -4 \\ 5 \end{pmatrix} \Rightarrow |\vec{n}| = \sqrt{3^2 + (-4)^2 + 5^2} = \sqrt{50} = 5\sqrt{2}$$

Normaleneinheitsvektor: $\vec{n}_0 = \dfrac{1}{5\sqrt{2}} \cdot \begin{pmatrix} 3 \\ -4 \\ 5 \end{pmatrix} = \dfrac{\sqrt{2}}{10} \cdot \begin{pmatrix} 3 \\ -4 \\ 5 \end{pmatrix}$

Hesse'sche Normalenform (HNF)

Eine Ebene E ist eindeutig festgelegt, wenn man ihren Abstand d zum Ursprung und ihren Normaleneinheitsvektor mit der Orientierung vom Ursprung zur Ebene kennt.

Hesse'sche Normalenform: $E: \vec{x} \cdot \vec{n}_0 = d$

Aus der Normalenform lässt sich die Hesse'sche Normalenform dadurch gewinnen, dass man beide Seiten der Gleichung durch $|\vec{n}|$ dividiert.

12.4 Lagebeziehungen

Abstand Punkt – Ebene

Der Abstand eines Punktes P mit dem Ortsvektor $\overrightarrow{r_p}$ von der Ebene E werde mit e bezeichnet. Dann gilt:

Abstand Punkt – Ebene: $e = |\,\overrightarrow{r_p} \cdot \overrightarrow{n_0} - d\,|$

Diese Formel ist unabhängig von der Lage des Ursprungs zur Ebene.

Beispiel:

Gegeben sind die Ebene $E: -x_1 + 4x_2 + \sqrt{8}\,x_3 = 10$ und der nicht auf der Ebene liegende Punkt P (5 ; −2 ; 0).

Aus der Ebenengleichung liest man den Normalenvektor ab und berechnet seinen Betrag:

$$\vec{n} = \begin{pmatrix} -1 \\ 4 \\ \sqrt{8} \end{pmatrix} \Rightarrow |\vec{n}| = \sqrt{(-1)^2 + 4^2 + 8} = 5$$

Hesse'sche Normalenform: $E: -\frac{1}{5}x_1 + \frac{4}{5}x_2 + \frac{\sqrt{8}}{5}x_3 = 2$

Der Abstand der Ebene zum Ursprung ist 2, und der Abstand P zu E ergibt sich aus:

$$e = \left| \frac{1}{5}\begin{pmatrix} 5 \\ -2 \\ 0 \end{pmatrix} \cdot \begin{pmatrix} -1 \\ 4 \\ \sqrt{8} \end{pmatrix} - 2 \right| = |-4{,}6| = 4{,}6$$

Gerade verläuft parallel zur Ebene

Eine Gerade $g: \vec{x} = \vec{x_0} + \lambda \cdot \vec{v_1}$ ist genau dann parallel zu einer durch eine Vektorgleichung gegebenen Ebene $E: \vec{x} = \vec{r_0} + \mu \cdot \vec{v_2} + \nu \cdot \vec{v_3}$, wenn $\vec{v_1}$, $\vec{v_2}$ und $\vec{v_3}$ komplanar sind.

Ist die Ebene in der Normalenform $E: (\vec{x} - \vec{x_0}) \cdot \vec{n} = 0$ gegeben, dann ist g zur Ebene parallel, wenn der Richtungsvektor der Geraden orthogonal zum Normalenvektor der Ebene ist.

Beispiel:

$$g: \vec{x} = \begin{pmatrix} 1 \\ 3 \\ -5 \end{pmatrix} + \lambda \cdot \begin{pmatrix} 2 \\ 0 \\ 1 \end{pmatrix}, \quad E: x_1 + 5x_2 - 2x_3 = 0$$

$$\vec{v_1} = \begin{pmatrix} 2 \\ 0 \\ 1 \end{pmatrix}, \quad \vec{n} = \begin{pmatrix} 1 \\ 5 \\ -2 \end{pmatrix}$$

$$\vec{v_1} \cdot \vec{n} = 2 \cdot 1 + 0 \cdot 5 + 1 \cdot (-2) = 0,$$

also ist g parallel zu E.

Gerade liegt in der Ebene

Eine Gerade $g: \vec{x} = \vec{x_0} + \lambda \cdot \vec{v_1}$ liegt genau dann in einer Ebene (z. B. gegeben durch die Normalenform) $E: (\vec{x} - \vec{x_0}) \cdot \vec{n} = 0$, wenn g parallel E ist und mindestens ein Punkt von g (z. B. $\vec{x_0}$) in E liegt.

Gerade schneidet die Ebene

Wenn eine Gerade nicht parallel zu einer Ebene ist, muss sie diese in einem Punkt schneiden. Um diesen zu berechnen, setzt man die Komponenten der Geradengleichung in die Normalenform der Ebene ein.

Beispiel:

$$g: \vec{x} = \begin{pmatrix} 2 \\ -2 \\ 0 \end{pmatrix} + \lambda \cdot \begin{pmatrix} 1 \\ 0 \\ 1 \end{pmatrix}, \; E: x_1 - 2x_2 + 5x_3 = 0$$

$$g = \begin{cases} x_1 = 2 + \lambda \\ x_2 = -2 \\ x_3 = \lambda \end{cases} \qquad \text{in } E: x_1 - 2x_2 + 5x_3 = 0 \Rightarrow$$

$$2 + \lambda - 2 \cdot (-2) + 5\lambda = 0 \Leftrightarrow \lambda = -1$$

$\lambda = -1$ wird in die Geradengleichung eingesetzt, damit errechnet man die Koordinaten des Schnittpunkts.

Lotgerade zur Ebene

Eine Gerade $g: \vec{x} = \vec{x_0} + \lambda \cdot \vec{v_1}$ ist genau dann Lotgerade zu einer Ebene (z. B. gegeben durch die Normalenform) $E: (\vec{x} - \vec{x_0}) \cdot \vec{n} = 0$, wenn der Richtungsvektor $\vec{v_1}$ kollinear mit dem Normalenvektor $\vec{n}$ der Ebene E ist.

Parallele und orthogonale Ebenen

Zwei Ebenen sind genau dann parallel, wenn ihre Normalenvektoren kollinear sind.

Zwei Ebenen sind genau dann orthogonal (senkrecht zueinander), wenn ihre Normalenvektoren orthogonal sind, d. h., wenn ihr Skalarprodukt 0 ist.

Schnittgerade von zwei Ebenen

Es ist von Vorteil, wenn man eine Ebene in der Parameterform und die andere Ebene in der Normalenform angibt. Diese beiden Formen lassen sich am besten gleichsetzen.

Beispiel:

$$E_1: \vec{x} = \begin{pmatrix} 1 \\ 0 \\ 8 \end{pmatrix} + \lambda \cdot \begin{pmatrix} 1 \\ -1 \\ 0 \end{pmatrix} + \mu \cdot \begin{pmatrix} 0 \\ -1 \\ 0 \end{pmatrix} \Rightarrow$$

$$E_1: \begin{pmatrix} x_1 \\ x_2 \\ x_3 \end{pmatrix} = \begin{pmatrix} 1 \\ 0 \\ 8 \end{pmatrix} + \lambda \cdot \begin{pmatrix} 1 \\ -1 \\ 0 \end{pmatrix} + \mu \cdot \begin{pmatrix} 0 \\ -1 \\ 0 \end{pmatrix}$$

$$E_2: x_1 - x_2 + x_3 = 10$$

$$E_1 = \begin{cases} x_1 = 1 + \lambda \\ x_2 = -\lambda - \mu \\ x_3 = 8 \end{cases} \qquad \text{in } E_2: x_1 - x_2 + x_3 = 10$$

$$1 + \lambda + \lambda + \mu + 8 = 10 \Leftrightarrow \mu = 1 - 2\lambda$$

Dies wird in die Vektorgleichung der Ebene eingesetzt:

$$\vec{x} = \begin{pmatrix} 1 \\ 0 \\ 8 \end{pmatrix} + \lambda \cdot \begin{pmatrix} 1 \\ -1 \\ 0 \end{pmatrix} + (1 - 2\lambda) \cdot \begin{pmatrix} 0 \\ -1 \\ 0 \end{pmatrix} \Leftrightarrow$$

$$\vec{x} = \begin{pmatrix} 1 \\ -1 \\ 8 \end{pmatrix} + \lambda \cdot \begin{pmatrix} 1 \\ 1 \\ 0 \end{pmatrix} \text{(Gleichung der Schnittgeraden)}$$

Schnittwinkel zweier Ebenen

Die Normalenvektoren $\vec{n_1}$ und $\vec{n_2}$ von zwei Ebenen bilden zwei Paare von Scheitelwinkeln. Unter dem Schnittwinkel α der Ebenen versteht man den kleineren von diesen Scheitelwinkeln. Sein Kosinuswert ist stets positiv.

Schnittwinkel von zwei Ebenen: $\cos\alpha = \left| \dfrac{\vec{n_1} \cdot \vec{n_2}}{|\vec{n_1}| \cdot |\vec{n_2}|} \right|$

Beispiel:

$E_1: -x_1 + 3x_2 + 2x_3 = 4$
$E_2: 2x_1 - x_2 - x_3 = 2$

$$\vec{n_1} = \begin{pmatrix} -1 \\ 3 \\ 2 \end{pmatrix} \Rightarrow |\vec{n_1}| = \sqrt{1+9+4} = \sqrt{14}$$

$$\vec{n_2} = \begin{pmatrix} 2 \\ -1 \\ -1 \end{pmatrix} \Rightarrow |\vec{n_2}| = \sqrt{4+1+1} = \sqrt{6}$$

$$\cos\alpha = \left| \frac{(-1)\cdot 2 + 3\cdot(-1) + 2\cdot(-1)}{\sqrt{14}\cdot\sqrt{6}} \right| =$$

$$= \frac{7}{\sqrt{84}} = 0{,}764$$

$$\alpha = 40{,}2°$$

Winkel zwischen Gerade und Ebene

Hat die Gerade den Richtungsvektor $\vec{v}$ und die Ebene den Normalenvektor $\vec{n}$, dann gilt für den Schnittwinkel zwischen Gerade und Ebene:

Schnittwinkel Gerade – Ebene:

$$\sin\alpha = \left| \frac{\vec{v}\cdot\vec{n}}{|\vec{v}|\cdot|\vec{n}|} \right|$$

Beispiel:

$$g: \vec{x} = \begin{pmatrix} 1 \\ 1 \\ 1 \end{pmatrix} + \lambda \cdot \begin{pmatrix} 1 \\ 3 \\ 5 \end{pmatrix}$$

$$E: 2x_1 + 3x_2 - x_3 = 6$$

$$\vec{v} = \begin{pmatrix} 1 \\ 3 \\ 5 \end{pmatrix} \Rightarrow |\vec{v}| = \sqrt{1+9+25} = \sqrt{35}$$

$$\vec{n} = \begin{pmatrix} 2 \\ 3 \\ -1 \end{pmatrix} \Rightarrow |\vec{n}| = \sqrt{4+9+1} = \sqrt{14}$$

$$\sin\alpha = \left| \frac{1 \cdot 2 + 3 \cdot 3 + 5 \cdot (-1)}{\sqrt{35} \cdot \sqrt{14}} \right| = \frac{6}{\sqrt{490}} = 0{,}271$$

$$\alpha = 15{,}7°$$

Abstand von zwei parallelen Ebenen

Liegt der Ursprung nicht zwischen den Ebenen, so kann man die Hesse'schen Normalenformen der beiden Ebenen mit demselben Normaleneinheitsvektor aufschreiben: $E_1: \vec{x} \cdot \vec{n_0} = d_1$, $E_2: \vec{x} \cdot \vec{n_0} = d_2$.

Für den Abstand der Ebenen ergibt sich dann: $e = |d_1 - d_2|$.

Beispiel:

$$E_1: x_1 + x_2 - x_3 = 3 \quad \Rightarrow \quad E_1: \frac{x_1 + x_2 - x_3}{\sqrt{3}} = \sqrt{3}$$

$$E_2: 2x_1 + 2x_2 - 2x_3 = 1 \Rightarrow \quad E_2: \frac{x_1 + x_2 - x_3}{\sqrt{3}} = \frac{1}{2\sqrt{3}}$$

$$e = \left| \sqrt{3} - \frac{1}{2\sqrt{3}} \right| = \sqrt{3} - \frac{1}{6}\sqrt{3} \approx 1{,}4$$

Liegt der Ursprung zwischen den Ebenen, so haben ihre Normaleneinheitsvektoren verschiedene Orientierungen und man schreibt die Hesse'schen Normalenformen der beiden Ebenen: $E_1: \vec{x} \cdot \vec{n_0} = d_1$, $E_2: \vec{x} \cdot (-\vec{n_0}) = d_2$
In diesem Fall ist der Abstand der Ebenen $e = d_1 + d_2$.

Beispiel:

$$E_1: 2x_1 + x_2 - 2x_3 = 6 \quad \Rightarrow \quad E_1: \frac{2x_1 + x_2 - 2x_3}{3} = 2$$

$$E_2: x_1 + 0{,}5\,x_2 - x_3 = -9 \quad \Rightarrow \quad E_2: -\frac{2x_1 + x_2 - 2x_3}{3} = 6$$

$e = 2 + 6 = 8$

Spurpunkt, Spurgerade

Der Schnittpunkt einer Geraden mit einer Koordinatenebene wird Spurpunkt dieser Geraden in der betreffenden Ebene genannt.

Der Schnittpunkt einer Ebene mit einer Koordinatenachse ist der Spurpunkt dieser Ebene auf der Achse.

Die Schnittgerade einer Ebene mit einer Koordinatenebene wird Spurgerade der Ebene in der Koordinatenebene genannt.

12.5 Kugel

Die Kugel ist der geometrische Ort aller Punkte im Raum, die von einem festen Punkt (dem Mittelpunkt) den gleichen Abstand r haben. Ist der Mittelpunkt im Ursprung des Koordinatensystems, gilt für die Vektorgleichung und für die Koordinatengleichung:

Kugelgleichungen: $\vec{x}^2 - r^2 = 0 \Leftrightarrow x_1^2 + x_2^2 + x_3^2 - r^2 = 0$

Hat der Kugelmittelpunkt die Koordinaten M (m_1 ; m_2 ; m_3), so folgen aus der Überlegung, dass $|\vec{x} - \vec{m}|$ gleich dem Radius ist, die beiden Verschiebungsformen $(\vec{x} - \vec{m})^2 - r^2 = 0$ für Vektoren und $(x_1 - m_1)^2 + (x_2 - m_2)^2 + (x_3 - m_3)^2 - r^2 = 0$ für Koordinaten.

Mittelpunkt im Ursprung

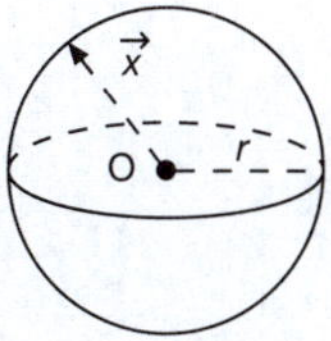

Mittelpunkt in M

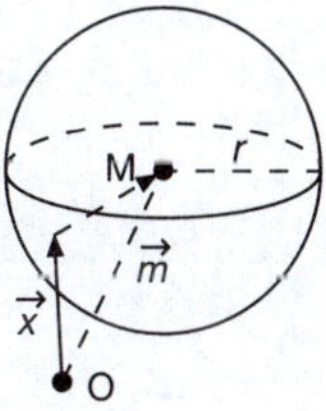

Beispiel:

Eine Kugel hat den Mittelpunkt M (4 ; 2 ; 1) und den Radius r = 5.

Vektorgleichung: $\left[\begin{pmatrix} x_1 \\ x_2 \\ x_3 \end{pmatrix} - \begin{pmatrix} 4 \\ 2 \\ 1 \end{pmatrix}\right]^2 - 25 = 0$

Koordinatengleichung: $(x_1 - 4)^2 + (x_2 - 2)^2 + (x_3 - 1)^2 - 25 = 0$

Sind eine Kugel durch $(\vec{x} - \vec{m})^2 - r^2 = 0$ und ein Punkt $\vec{x_T}$ auf dieser Kugel gegeben, so lässt sich die Tangentialebene durch den Punkt $\vec{x_T}$ durch folgende Gleichung beschreiben:

$$(\vec{x_T} - \vec{m})^2 \cdot (\vec{x} - \vec{m})^2 = r^2$$

13.
Kegelschnitte in der Ebene

13.1 Kreis

Der Mittelpunkt des Kreises liegt im Ursprung

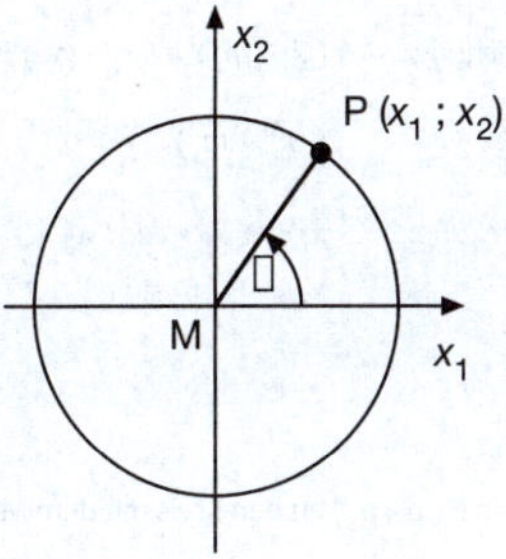

Koordinatengleichung:	$x_1^2 + x_2^2 - r^2 = 0$
Vektorgleichung:	$\vec{x}^2 - r^2 = 0$
Parameterdarstellung:	$x_1 = r \cdot \cos\varphi \wedge$ $x_2 = r \cdot \sin\varphi$

Die Gleichung der Tangente in P (p_1 ; p_2) und die Gleichung der Polaren zum Pol P sind identisch:

Koordinatengleichung:	$p_1 x_1 + p_2 x_2 - r^2 = 0$
Vektorgleichung:	$\vec{p} \cdot \vec{x} - r^2 = 0$

Der Mittelpunkt des Kreises liegt nicht im Ursprung

Die Koordinaten des Mittelpunkts sind $M(m_1; m_2)$

Koordinatengleichung: $(x_1 - m_1)^2 + (x_2 - m_2)^2 - r^2 = 0$

Vektorgleichung: $(\vec{x} - \vec{m})^2 - r^2 = 0$

Parameterdarstellung: $x_1 = m_1 + r \cdot \cos t \wedge$
$x_2 = m_2 + r \cdot \sin t$

Gleichung der Tangente in $P(p_1; p_2)$ an den Kreis mit dem Mittelpunkt $M(m_1; m_2)$:

Koordinatengleichung:
$(p_1 - m_1) \cdot (x_1 - m_1) + (p_2 - m_2) \cdot (x_2 - m_2) - r^2 = 0$

Vektorgleichung:
$(\vec{p} - \vec{m}) \cdot (\vec{x} - \vec{m}) - r^2 = 0$

Beispiel:

Gegeben ist ein Kreis mit dem Mittelpunkt $M(3; 1)$, dem Radius $r = 2$ und dem Tangentenberührpunkt $P(3; 3)$.

Kreisgleichung:
$(x_1 - 3)^2 + (x_2 - 1)^2 - 4 = 0$

Tangentengleichung:
$(3 - 3) \cdot (x_1 - 3) + (3 - 1) \cdot (x_2 - 1) - 4 = 0$
$(3 - 1) \cdot (x_2 - 1) - 4 = 0 \Leftrightarrow 2x_2 - 2 - 4 = 0 \Leftrightarrow x_2 = 3$,
das ist die Gleichung einer Geraden parallel zur x_1- Achse.

13.2 Ellipse

Die Ellipse ist der geometrische Ort aller Punkte, für welche die Summe der Entfernungen von zwei festen Punkten (den Brennpunkten) konstant und gleich der großen Achse der Ellipse ist. Der Mittelpunkt der Ellipse liege im Ursprung des Koordinatensystems.

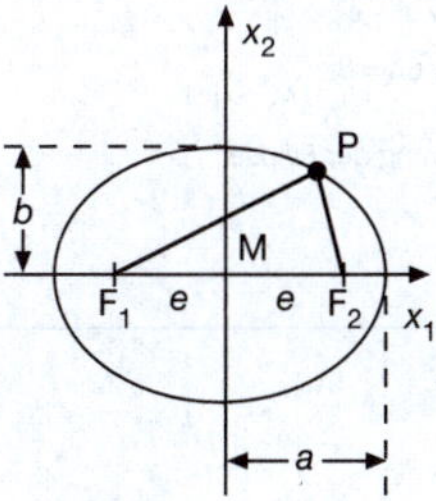

a: große Halbachse, *b*: kleine Halbachse,
M: Mittelpunkt, *F*1, *F*2: Brennpunkte
e: lineare Exzentrizität
ε: numerische Exzentrizität

$a > b$: $e^2 = a^2 - b^2$, $\varepsilon = \frac{e}{a}$

$a < b$: $e^2 = b^2 - a^2$, $\varepsilon = \frac{e}{b}$

Koordinatengleichung der Ellipse:

$$\frac{x_1^2}{a^2} + \frac{x_2^2}{b^2} - 1 = 0$$

Ist der Mittelpunkt einer Ellipse in $M(m_1; m_2)$ und verlaufen die Achsen der Ellipse parallel zu den Koordinatenachsen, so gilt für die Koordinatengleichung der Ellipse die Formel: $\frac{(x_1 - m_1)^2}{a^2} + \frac{(x_2 - m_2)^2}{b^2} - 1 = 0$.

Die Ellipse kann als affines Bild eines Kreises aufgefasst werden. Durch eine Transformation kann man die Kreisgleichung in die Ellipsengleichung überführen.

Beispiel:

Gesucht ist die Gleichung der Ellipse, deren Mittelpunkt im Ursprung liegt, mit der großen Halbachse $a = 17$ und der linearen Exzentrizität $e = 15$.

$e^2 = a^2 - b^2 \Rightarrow b = \sqrt{a^2 - e^2}$

$b = \sqrt{289 - 225} = \sqrt{64} = 8$

Koordinatengleichung der Ellipse:

$$\frac{x_1^2}{289} + \frac{x_2^2}{64} = 1$$

13.3 Hyperbel

Die Hyperbel ist der geometrische Ort aller Punkte, für welche die Differenz der Entfernungen von zwei festen Punkten (den Brennpunkten) konstant und gleich der reellen Achse der Hyperbel ist. Der Mittelpunkt der Hyperbel befindet sich im Ursprung des Koordinatensystems.

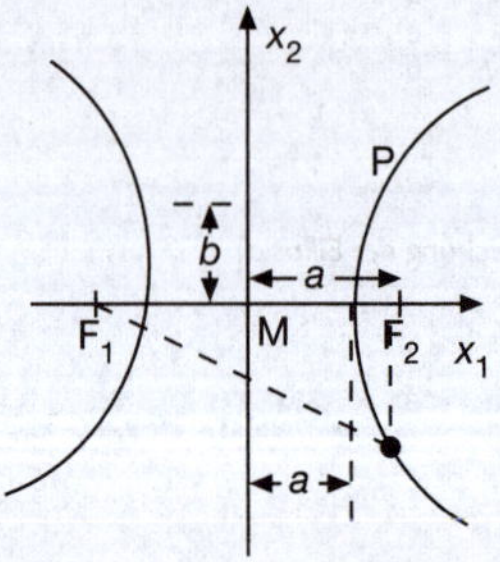

a: reelle Halbachse
b: imaginäre Halbachse
M: Mittelpunkt
*F*1, *F*2: Brennpunkte
e: lineare Exzentrizität
ε: numerische Exzentrizität

a auf x_1-Achse: $e^2 = a^2 + b^2$, $\varepsilon = \frac{e}{a}$

a auf x_2-Achse: $e^2 = a^2 + b^2$, $\varepsilon = \frac{e}{b}$

Koordinatengleichung der Hyperbel:

$$\frac{x_1^2}{a^2} - \frac{x_2^2}{b^2} - 1 = 0$$

Die Hyperbel hat zwei Asymptoten mit den Gleichungen: $x_2 = \pm \frac{b}{a} \cdot x_1$.
Ist der Mittelpunkt einer Hyperbel in $M(m_1; m_2)$ und verlaufen die Achsen der Hyperbel parallel zu den Koordinatenachsen, so gilt für die Koordinatengleichung der Hyperbel die Formel: $\frac{(x_1 - m_1)^2}{a^2} - \frac{(x_2 - m_2)^2}{b^2} - 1 = 0$.

Beispiel:

Gesucht ist die Koordinatengleichung einer Hyperbel mit dem Mittelpunkt $M(-3; 4)$, mit $a = 6$ und mit $\varepsilon = \frac{\sqrt{5}}{2}$.

Die Strecken a und b liegen auf den Koordinatenachsen.

$$\varepsilon = \frac{e}{a} \Rightarrow e = a \cdot \varepsilon \Rightarrow e = \frac{6\sqrt{5}}{2} = 3\sqrt{5}$$

$$b^2 = e^2 - a^2 \Rightarrow b^2 = 45 - 36 = 9$$

Gleichung der Hyperbel:

$$\frac{(x_1 + 3)^2}{36} - \frac{(x_2 - 4)^2}{9} = 1$$

13.4 Parabel

Sie ist der geometrische Ort aller Punkte, die von einem festen Punkt (dem Brennpunkt) und von einer festen Geraden (der Leitlinie) gleich weit entfernt sind.

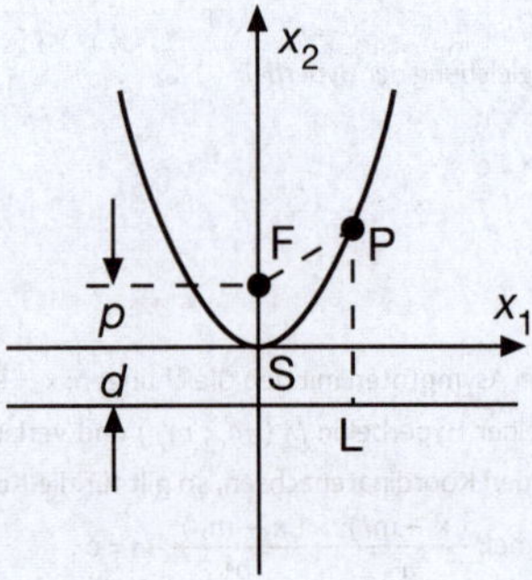

F: Brennpunkt, *S*: Scheitelpunkt

L: Lotfußpunkt auf der Leitlinie

p: Parameter, $|p| = 2 \cdot \overline{SF}$

d: Leitlinienabstand vom Scheitel, $d = \frac{1}{2} \cdot |p|$

Scheitelgleichungen von Parabeln mit dem Scheitel im Ursprung:

Öffnung nach rechts:	$x_2^2 - 2\,px_1 = 0$
Öffnung nach links:	$x_2^2 + 2\,px_1 = 0$
Öffnung nach oben:	$x_1^2 - 2\,px_2 = 0$
Öffnung nach unten:	$x_1^2 + 2\,px_2 = 0$

Scheitelgleichung für den Fall, dass der Scheitel $S\,(s_1\,;\,s_2)$ nicht im Ursprung liegt und die Parabel nach rechts geöffnet ist:

$$(x_2 - s_2)^2 = 2\,p \cdot (x_1 - s_1)$$

Gleichung der Tangente durch $P(p_1; p_2)$ an eine nach rechts geöffnete Parabel mit dem Scheitel $S(s_1; s_2)$:

$$(x_2 - s_2) \cdot (p_2 - s_2) = p \cdot (x_1 + p_1 - 2s_1)$$

Beispiel:

Gesucht sind die Gleichungen der Parabel und ihrer Leitlinie mit dem Scheitel im Ursprung und dem Brennpunkt $F\left(\frac{5}{4}; 0\right)$.

$\frac{5}{4} = \frac{p}{2} \Rightarrow p = \frac{5}{2}$

Scheitelgleichung der Parabel:

$x_2^2 = 5x_1$

Gleichung der Leitlinie:

$x_1 = -\frac{5}{4}$

13.5 Allgemeine Kegelschnittgleichung

Die Gleichungen aller Kegelschnitte lassen sich mit einer gemeinsamen Koordinatengleichung und einer gemeinsamen Scheitelgleichung aufschreiben.

A, *B*, *C*, *D*, *E*, *F* sind reelle Zahlen, wobei *A* und *B* stets beide positiv oder beide negativ sein sollen:

Kreis: $A x_1^2 + B x_2^2 + C x_1 + D x_2 + F = 0$ mit $A = B$

Ellipse: $A x_1^2 + B x_2^2 + C x_1 + D x_2 + E x_1 x_2 + F = 0$

Hyperbel: $A x_1^2 - B x_2^2 + C x_1 + D x_2 + E x_1 x_2 + F = 0$

A, *B*, *C*, *D*, *F* sind reelle Zahlen:

Parabel: $A x_1^2 + C x_1 + D x_2 + F = 0$ (nach oben/unten geöffnet)

$B x_2^2 + C x_1 + D x_2 + F = 0$ (nach rechts/links geöffnet)

Beispiele:

1. $36x_1^2 - 64x_2^2 - 36x_1 - 384x_2 - 711 = 0$

Hyperbel wegen $A = 36$, $B = 64$

2. $9x_1^2 + 9x_2^2 - 18x_1 - 20 = 0$
Kreis wegen $A = B = 9$

3. Gegeben sind $A = 1$, $B = 0$, $C = 4$, $D = -1$, $F = 4$.

Wegen $B = 0$ handelt es sich um eine Parabel, eingesetzt ergibt sich:

$x_1^2 + 4x_1 - x_2 + 4 = 0$

14. Abbildungen

Ein Punkt $X(x_1; x_2)$ mit dem Ortsvektor $\vec{x}$ wird durch eine Abbildung *A* auf den Punkt $X'(x_1'; x_2')$ mit dem Ortsvektor $\vec{x}'$ abgebildet.

14.1 Affine Abbildungen

Allgemein

Eine Abbildung *A* heißt affine Abbildung, wenn sie folgenden Bedingungen genügt: A ist bijektiv, geradentreu und hat invariante Teilverhältnisse.

Eine Affinität ist eindeutig festgelegt, wenn einem beliebigen Dreieck *PQR* ein beliebiges Dreieck *P'Q'R'* zugeordnet wird.

Analytisch beschreibt man diese Abbildungen entweder als lineares Gleichungssystem oder zusammengefasst durch Vektoren und Matrizen.

$$\begin{cases} x_1' = a_{11}x_1 + a_{12}x_2 + t_1 \\ x_2' = a_{21}x_1 + a_{22}x_2 + t_2 \end{cases} \quad \text{wobei } D = \begin{vmatrix} a_{11} & a_{12} \\ a_{21} & a_{22} \end{vmatrix} \neq 0 \text{ ist,}$$

$$\vec{x}' = \mathbf{M}\vec{x} + \vec{t}, \quad \mathbf{M} = \begin{pmatrix} a_{11} & a_{12} \\ a_{21} & a_{22} \end{pmatrix}$$

Zentrische Streckung

Sie hat mehr als zwei Fixgeraden durch einen Punkt. Befindet sich das Streckungszentrum Z im Ursprung, dann gilt:

$$\begin{cases} x_1' = \lambda x_1 \\ x_2' = \lambda x_2 \end{cases} \qquad \mathbf{M} = \begin{pmatrix} \lambda & 0 \\ 0 & \lambda \end{pmatrix}$$

$\lambda \neq 0$ ist der Streckungsfaktor.

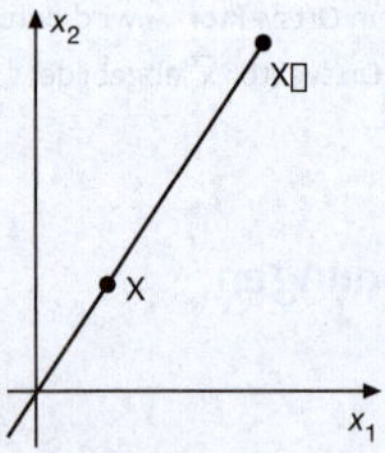

Zentrische Streckung mit Z (Ortsvektor $\vec{z} \neq \vec{o}$):

$$\begin{cases} x_1' = \lambda x_1 + (1-\lambda) z_1 \\ x_2' = \lambda x_2 + (1-\lambda) z_2 \end{cases}$$

Affine Drehstreckung

Es gibt keine Fixgerade, jedoch einen Fixpunkt. Befindet sich dieser im Ursprung, dann gilt:

$$\begin{cases} x_1' = ax_1 - bx_2 \\ x_2' = bx_1 + ax_2 \end{cases} \qquad \mathbf{M} = \begin{pmatrix} a & -b \\ b & a \end{pmatrix}$$

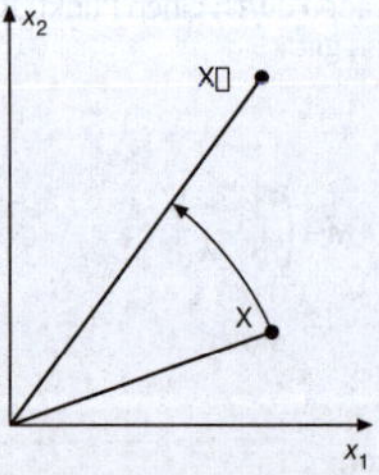

Dehnung (Stauchung)

Sie erfolge senkrecht zur x_1-Achse mit dem Dehnungsfaktor s:

$$\begin{cases} x_1' = x_1 \\ x_2' = s\,x_2 \end{cases} \qquad \mathbf{M} = \begin{pmatrix} 1 & 0 \\ 0 & s \end{pmatrix}$$

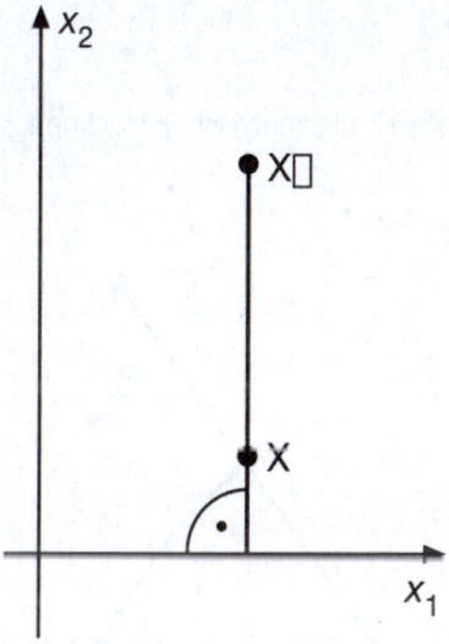

14.2 Ähnlichkeitsabbildungen

Allgemein

Eine Abbildung *A* heißt Ähnlichkeitsabbildung, wenn sie folgenden Bedingungen genügt:

A ist eine affine Abbildung, das Verhältnis von Bildstrecke zu Originalstrecke ist eine Konstante $k > 0$ (genannt Ähnlichkeitsverhältnis).

Eine Ähnlichkeitsabbildung ist winkeltreu und ist eindeutig festgelegt, wenn einem beliebigen Dreieck *PQR* ein ähnliches Dreieck *P'Q'R'* zugeordnet wird.

Drehstreckung

Der Originalpunkt wird zuerst um einen bestimmten Winkel gedreht und dann gestreckt. Es gibt genau einen Fixpunkt.

$$\begin{cases} x_1' = k\cos\varphi \cdot x_1 - k\sin\varphi \cdot x_2 - t_1 \\ x_2' = k\sin\varphi \cdot x_1 + k\cos\varphi \cdot x_2 - t_2 \end{cases}$$

$$\mathbf{M} = \begin{pmatrix} k\cos\varphi & -k\sin\varphi \\ k\sin\varphi & k\cos\varphi \end{pmatrix}$$

Für $\varphi = 0$ oder $\varphi = \pi$ ergibt sich die zentrische Streckung.

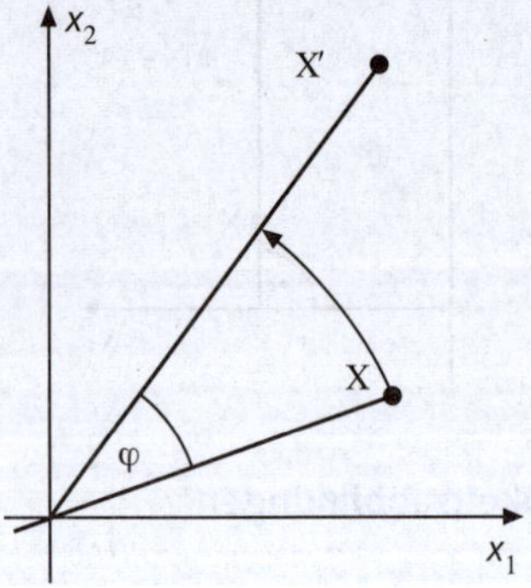

Klappstreckung

Der Originalpunkt wird zuerst gespiegelt und dann gestreckt. Es gibt genau zwei zueinander senkrechte Fixgeraden, ihr Schnittpunkt ist ein Fixpunkt.

$$\begin{cases} x_1' = k\cos\varphi \cdot x_1 + k\sin\varphi \cdot x_2 + t_1 \\ x_2' = k\sin\varphi \cdot x_1 - k\cos\varphi \cdot x_2 + t_2 \end{cases} \qquad \mathbf{M} = \begin{pmatrix} k\cos\varphi & k\sin\varphi \\ k\sin\varphi & -k\cos\varphi \end{pmatrix}$$

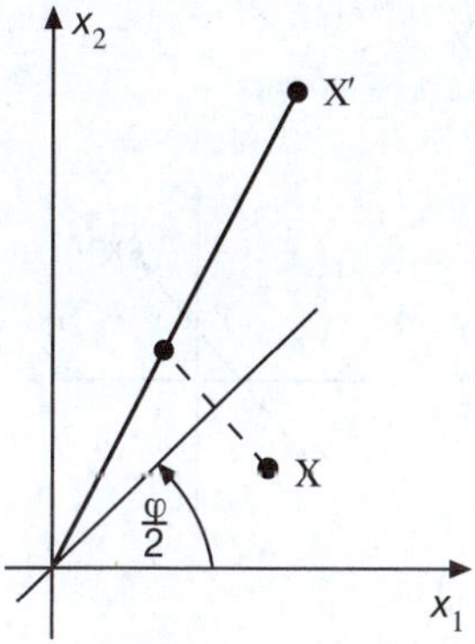

Werden die Streckungen vom Nullpunkt aus durchgeführt, so sind die Konstanten t_1 und t_2 gleich Null.

14.3 Kongruenzabbildungen

Allgemein

Eine Abbildung *A* heißt Kongruenzabbildung, wenn sie folgenden Bedingungen genügt: *A* ist eine affine Abbildung und ist längentreu. Damit ist sie dann auch winkel- und flächentreu. Eine Kongruenzabbildung ist eindeutig festgelegt, wenn einem beliebigen Dreieck *PQR* ein kongruentes Dreieck *P'Q'R'* zugeordnet wird.

Translation

Der Punkt X wird um den Vektor $\vec{t}$ verschoben.

$$\begin{cases} x_1' = x_1 + t_1 \\ x_2' = x_1 + t_2 \end{cases} \qquad \mathbf{M} = \begin{pmatrix} 1 & 0 \\ 0 & 1 \end{pmatrix}$$

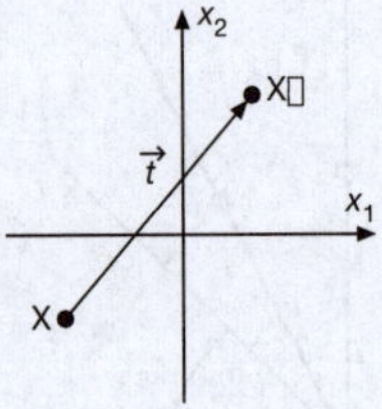

Drehung

Sie erfolge um den Ursprung und mit dem Drehwinkel $\varphi = 0$.

$$\begin{cases} x_1' = \cos\varphi \cdot x_1 - \sin\varphi \cdot x_2 \\ x_2' = \sin\varphi \cdot x_1 + \cos\varphi \cdot x_2 \end{cases} \qquad \mathbf{M} = \begin{pmatrix} \cos\varphi & -\sin\varphi \\ \sin\varphi & \cos\varphi \end{pmatrix}$$

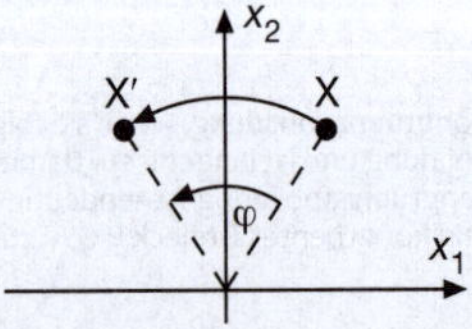

Achsenspiegelung

Die Spiegelachse verlaufe durch den Ursprung und habe den Neigungswinkel $\frac{\varphi}{2}$ bzw. die Steigung $\tan\frac{\varphi}{2}$.

$$\begin{cases} x_1' = \cos\varphi \cdot x_1 + \sin\varphi \cdot x_2 \\ x_2' = \sin\varphi \cdot x_1 - \cos\varphi \cdot x_2 \end{cases}$$

$$\mathbf{M} = \begin{pmatrix} \cos\varphi & \sin\varphi \\ \sin\varphi & -\cos\varphi \end{pmatrix}$$

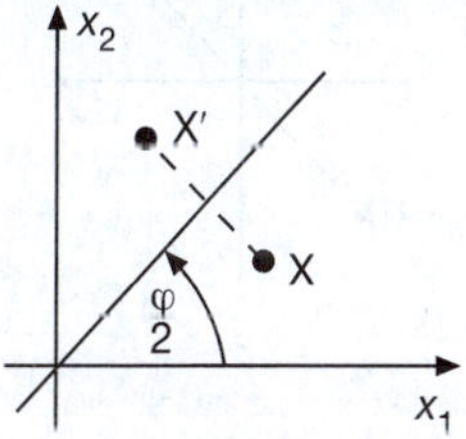

Beispiel:

Der Punkt $P(1;-1)$ soll gespiegelt werden, wobei die Spiegelachse den Neigungswinkel 30 Grad hat.

$$x_1' = \cos 60° \cdot 1 + \sin 60° \cdot (-1) = \frac{1}{2} - \frac{1}{2}\sqrt{3}$$

$$x_2' = \sin 60° \cdot 1 - \cos 60° \cdot (-1) = \frac{1}{2} + \frac{1}{2}\sqrt{3}$$

Spiegelpunkt $P'\left(\frac{1}{2} - \frac{1}{2}\sqrt{3}\;;\;\frac{1}{2} + \frac{1}{2}\sqrt{3}\right)$

Punktspiegelung

Das Zentrum befindet sich im Ursprung.

$$\begin{cases} x_1' = -x_1 \\ x_2' = -x_2 \end{cases} \qquad M = \begin{pmatrix} -1 & 0 \\ 0 & -1 \end{pmatrix}$$

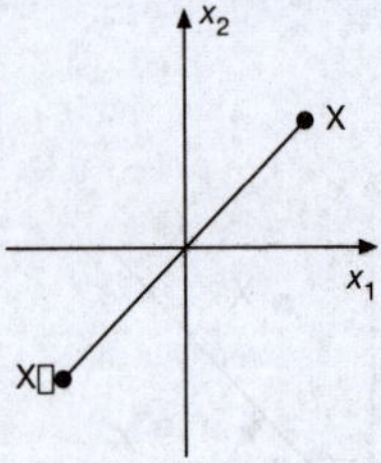

15. Differenzialrechnung

15.1 Differenziation

Differenzenquotient

Gegeben sind die in einem offenen Intervall I definierte Funktion $f : x \rightarrow f(x)$ und eine Stelle $x_0 \in I$. Man bezeichnet die kleinen Differenzen mit: $\Delta f = f(x) - f(x_0)$ und $\Delta x = x - x_0$.

Der für die Variable $x \neq x_0$ definierte Quotient $\frac{\Delta f}{\Delta x} = \frac{f(x) - f(x_0)}{x - x_0}$

wird Differenzenquotient genannt, geometrisch stellt er den Steigungsfaktor der Sekante zur Kurve durch M_0 und M dar.

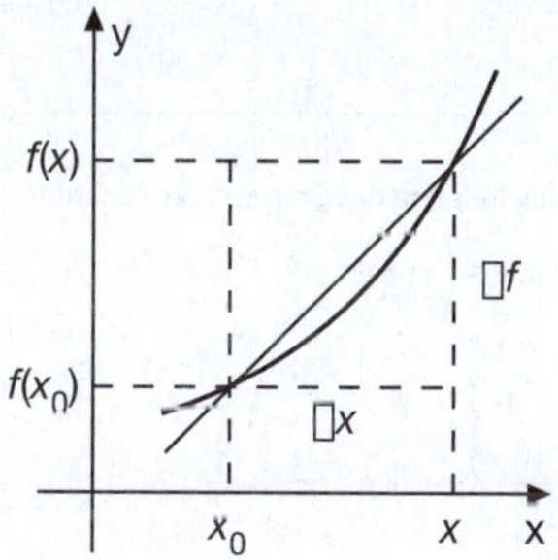

Differenzialquotient

Der Differenzialquotient gibt die Steigung des Graphen an einer einzigen Stelle x_0 an. Die Steigung des Graphen an einem Punkt ist gleich der Steigung der Tangenten an diesem Punkt.

$$f'(x_0) = \lim_{x \to x_0} \frac{f(x) - f(x_0)}{x - x_0} = \frac{dy}{dx}$$

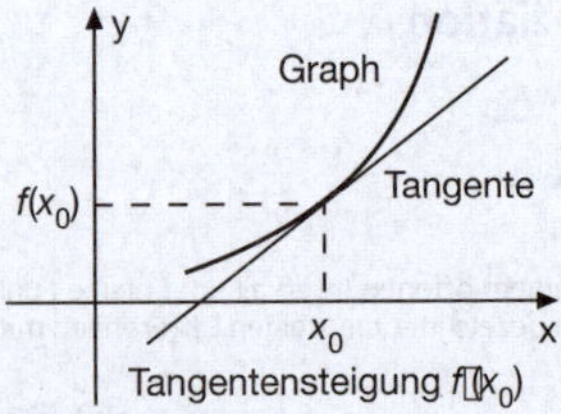

Dieser Grenzprozess enthält die Aussage, dass der rechtsseitige gleich dem linksseitigen Grenzwert sein muss. dy und dx heißen Differenziale.

Beispiel:

Gesucht ist die Steigung des Graphen der Funktion

$f(x) = \frac{4}{x}$ im Punkt $P\left(3; \frac{4}{3}\right)$:

$$f'(3) = \lim_{x \to 3} \frac{\frac{4}{x} - \frac{4}{3}}{x-3} = \lim_{x \to 3} \frac{\frac{12-4x}{3x}}{x-3}$$

$$= \lim_{x \to 3} \frac{4(3-x)}{3x(x-3)} = \lim_{x \to 3} \frac{-4}{3x} = -\frac{4}{9}$$

15.2 Ableitungen

Ableitungsfunktion

Die Ableitungsfunktion $f'(x)$ der Funktion $f(x)$ gibt an jeder Stelle x_0 die Steigung des Graphen an.

Jede in einem Intervall I stetige und differenzierbare Funktion f hat eine dazugehörende Ableitungsfunktion f'. Die Definitionsbereiche von f und f' sind nicht immer gleich.

Die Ableitungsfunktion von $f'(x)$ ist $f''(x)$, die von $f''(x)$ ist $f'''(x)$ usw.

Ableitungsregeln

Potenzregel:

$f(x) = x^n \Rightarrow f'(x) = n \cdot x^{n-1}; n \in \mathbb{Q}$

Beispiele:

1. $f(x) = x^6 \Rightarrow f'(x) = 6 \cdot x^5$

2. $f(x) = x^1 = x \Rightarrow f'(x) = 1 \cdot x^{1-1} = 1 \cdot x^0 = 1$

3. $f(x) = \sqrt{x} = x^{\frac{1}{2}} \Rightarrow$

$f'(x) = \frac{1}{2} \cdot x^{\frac{1}{2}-1} =$

$= \frac{1}{2} \cdot x^{-\frac{1}{2}} = \frac{1}{2\sqrt{x}}$

Summenregel:

$f(x) = u(x) + v(x) \Rightarrow f'(x) = u'(x) + v'(x)$

Beispiel:

$f(x) = x^3 + x^7 \Rightarrow f'(x) = 3x^2 + 7x^6$

Konstantenregel:

$$f(x) = c \cdot u(x) \Rightarrow f'(x) = c \cdot u'(x)$$

Beispiel:

$$f(x) = 10\,x^5 + 5\,x \Rightarrow f'(x) = 50\,x^4 + 5 \cdot 1$$

Multiplikationsregel:

$$f(x) = u(x) \cdot v(x) \Rightarrow f'(x) = u'(x) \cdot v(x) + u(x) \cdot v'(x)$$

Beispiel:

$$f(x) = 4\,x^5 \cdot (\,x^7 - x^2\,)$$
$$u(x) = 4\,x^5 \qquad \Rightarrow u'(x) = 20\,x^4$$
$$v(x) = x^7 - x^2 \qquad \Rightarrow v'(x) = 7\,x^6 - 2\,x$$
$$f'(x) = 20\,x^4 \cdot (\,x^7 - x^2\,) + 4\,x^5 \cdot (\,7\,x^6 - 2\,x\,)$$

Quotientenregel:

$$f(x) = \frac{u(x)}{v(x)} \Rightarrow f'(x) = \frac{u'(x) \cdot v(x) - u(x) \cdot v'(x)}{(v(x))^2}$$

Beispiel:

$$f(x)=\frac{3x^5}{10x-1}$$

$$u(x)=3x^5 \quad \Rightarrow \quad u'(x)=15x^4$$

$$v(x)=10x-1 \quad \Rightarrow \quad v'(x)=10$$

$$f'(x)=\frac{15x^4(10x-1)-3x^5\cdot 10}{(10x-1)^2}=$$

$$=\frac{120x^5-15x^4}{(10x-1)^2}$$

Kettenregel:

$$f(x)=u(v(x)) \Rightarrow f'(x)=u'(v(x))\cdot v'(x)$$

Um eine verkettete Funktion abzuleiten, bildet man zuerst die Ableitung der äußeren Funktion unter Beibehaltung der inneren Funktion und multipliziert die Ableitung der inneren Funktion dazu.

Beispiel:

$$f(x)=10\sqrt{x^4-3x^3}=10\cdot(x^4-3x^3)^{\frac{1}{2}} \Rightarrow$$

$$f'(x)=10\cdot\frac{1}{2}\cdot(x^4-3x^3)^{-\frac{1}{2}}\cdot(4x^3-9x^2)=$$

$$\frac{5\cdot(4x^3-9x^2)}{\sqrt{x^4-3x^3}}$$

Wichtige Ableitungsfunktionen:

$$f(x) = c \quad \Rightarrow \quad f'(x) = 0$$

$$f(x) = x \quad \Rightarrow \quad f'(x) = 1$$

$$f(x) = m\,x \quad \Rightarrow \quad f'(x) = m$$

$$f(x) = x^2 \quad \Rightarrow \quad f'(x) = 2\,x$$

$$f(x) = \frac{1}{x} \quad \Rightarrow \quad f'(x) = -\frac{1}{x^2}$$

$$f(x) = \sqrt{x} \quad \Rightarrow \quad f'(x) = \frac{1}{2\sqrt{x}}$$

$$f(x) = \sin x \quad \Rightarrow \quad f'(x) = \cos x$$

$$f(x) = \cos x \quad \Rightarrow \quad f'(x) = -\sin x$$

$$f(x) = \tan x \quad \Rightarrow \quad f'(x) = \frac{1}{(\cos x)^2}$$

$$f(x) = e^x \quad \Rightarrow \quad f'(x) = e^x$$

$$f(x) = a^x \quad \Rightarrow \quad f'(x) = a^x \cdot \ln a$$

Ableitung einer Parameterfunktion:

Ein Parameter ist beim Ableiten wie eine Konstante zu behandeln.

Beispiel:

$$f_t(x) = (t^2 - 2) \cdot x^4 + 2\,t^3 \Rightarrow$$
$$f_t'(x) = 4 \cdot (t^2 - 2) \cdot x^3 + 0$$

Regel von l'Hospital:

Gegeben sind ein offenes Intervall I, ein Punkt $x_0 \in I$ und zwei reelle Funktionen, die folgende Bedingungen erfüllen: $f(x_0) = g(x_0) = 0$, f und g sind in I differenzierbar, $\lim\limits_{x \to x_0} \frac{f'(x)}{g'(x)}$ existiert.

Dann gilt:

$$\lim_{x \to x_0} \frac{f(x)}{g(x)} = \lim_{x \to x_0} \frac{f'(x)}{g'(x)}$$

Immer dann, wenn die üblichen Ableitungsregeln auf unbestimmte Terme führen, wird man versuchen, die Regel von l'Hospital anzuwenden.

Beispiel:

$$\lim_{x \to 0} \frac{\sin x - \cos x}{x \cdot \sin x}$$

Zähler und Nenner ableiten, dabei zweimal die Produktregel anwenden:

$$\lim_{x \to 0} \frac{x \cdot \sin x}{\sin x + x \cdot \cos x}$$

Zähler und Nenner nochmals ableiten:

$$\lim_{x \to 0} \frac{\sin x + x \cdot \cos x}{2 \cos x - x \cdot \sin x} = \frac{0}{2} = 0$$

15.3 Kurvendiskussion

Monotonie, Extremstellen

$f'(x) > 0$ in einem Intervall bedeutet: $f(x)$ ist dort monoton zunehmend.

$f'(x) < 0$ in einem Intervall bedeutet: $f(x)$ ist dort monoton abnehmend.

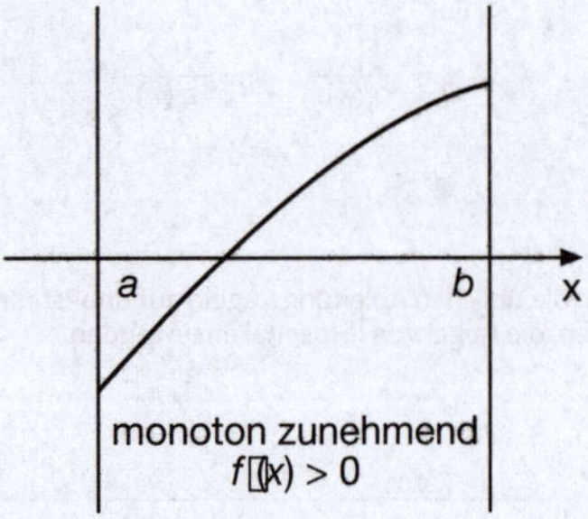

Jede in einem Intervall I differenzierbare und monotone Funktion besitzt eine Umkehrfunktion.

$f'(x_0) = 0$ bedeutet:

f hat bei x_0 eine relative Extremstelle.

An einer relativen Extremstelle hat der Graph eine Tangente mit der Steigung 0 (waagrechte Tangente).

Beispiel:

$f(x) = \frac{2}{3}x^3 - 2x^2 - 16x + 1$

$f'(x) = 2(x^2 - 2x - 8)$

Die Extremstellen erhält man durch $f'(x) = 0$:

$x^2 - 2x - 8 = 0 \Leftrightarrow x_1 = -2 \vee x_2 = 4$

$x < -2$	$f'(x) > 0$	f monoton zunehmend
$-2 < x < 4$	$f'(x) < 0$	f monoton abnehmend
$x > 4$	$f'(x) > 0$	f monoton zunehmend

Diese Aussagen erhält man durch probeweises Einsetzen von x-Werten in f.

$f'(x_0) = 0 \wedge f''(x_0) < 0 \Rightarrow f(x_0)$ ist ein lokales Maximum, der Graph hat dort einen Hochpunkt (HOP).

$f'(x_0) = 0 \wedge f''(x_0) > 0 \Rightarrow f(x_0)$ ist ein lokales Minimum, der Graph hat dort einen Tiefpunkt (TIP).

Beispiel:

$f'(x) = 2(x^2 - 2x - 8) = 0$ (Fortsetzung von oben)

$x^2 - 2x - 8 = 0 \Leftrightarrow x_1 = -2 \vee x_2 = 4$

$f_t''(x) = 2(2x - 2)$

$f_t''(-2) = -12 < 0 \quad \Rightarrow$ HOP

$f_t''(4) = 12 > 0 \quad \Rightarrow$ TIP

Krümmung, Wendepunkte

$f''(x_0) > 0$ in einem bestimmten Intervall bedeutet: Der Graph von f ist dort linksgekrümmt.
$f''(x_0) < 0$ in einem bestimmten Intervall bedeutet: Der Graph von f ist dort rechtsgekrümmt.
Der Graph von f hat bei x_w eine Wendestelle, wenn links und rechts von x_w unterschiedliches Krümmungsverhalten vorliegt.

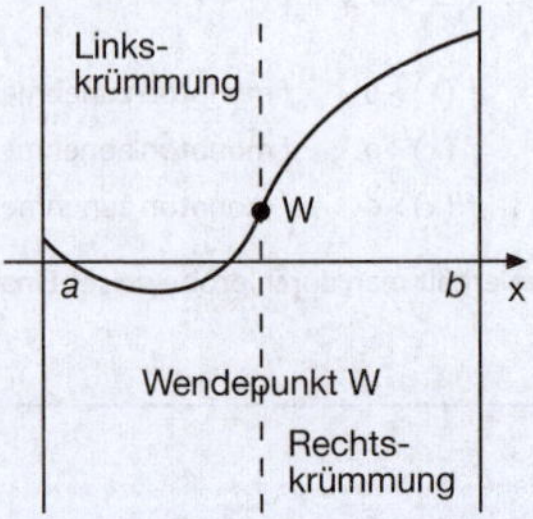

$f''(x_W) = 0 \wedge f'''(x_W) \neq 0 \Rightarrow$ Der Graph von f hat bei $W(x_w; f(x_W))$ einen Wendepunkt (WEP).

$f'(x_T) = 0 \wedge f''(x_T) = 0 \wedge f'''(x_T) \neq 0 \Rightarrow$ bei x_T hat die Funktion eine Terrassenstelle.

Der Graph hat dort einen Terrassenpunkt (TEP).
Der Terrassenpunkt liegt auf der x-Achse, wenn zusätzlich noch $f'(x_T) = 0$ ist.
Eine Terrassenstelle ist eine Extremstelle und eine Wendestelle.

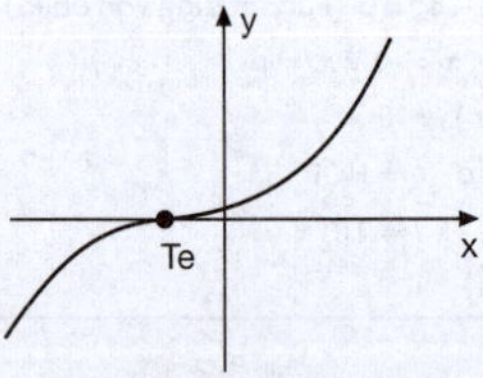

Beispiel:

$f(x) = x^3 - 3x^2$

$f'(x) = 3x^2 - 6x$

$f''(x) = 6x - 6$

$f''(x) = 0 \Rightarrow 6x - 6 = 0 \Leftrightarrow x = 1$

$f'''(x) = 6 \Rightarrow f'''(1) = 6 \neq 0$

$f(1) = 1^3 - 3 \cdot 1^2 = -2$

WEP (1 ; −2) ist ein Wendepunkt.

$f'(1) = 3 \cdot 1^2 - 6 \cdot 1 = -3$

Es handelt sich um einen Wendepunkt.

Es liegt kein Terassenpunkt vor.

Kurvendiskussion

Grundsätzlich kann von jeder Funktion über eine genügend ausführliche Wertetabelle der Graph Punkt für Punkt gezeichnet werden. Mithilfe der Differenzialrechnung ist es aber möglich, den Graph über gewisse charakteristische Eigenschaften schneller zu skizzieren. Dabei geht man nach einem bestimmten Plan vor:

1. Aufsuchen von eventuell vorhandenen Symmetrien.
2. Bestimmung der Achsenschnittpunkte.
3. Verhalten der Funktion an Lücken oder nicht definierten Stellen.
4. Bestimmen von eventuell vorhandenen Asymptoten.
5. Berechnung der ersten und zweiten Ableitung einschließlich ihrer Nullstellen.
6. Bestimmung des Monotonie- und Krümmungsverhaltens.
7. Bestimmung von Art und Lage der Extrema.
8. Bestimmung der Wendepunkte.

In der Regel kann der Graph nach Kenntnis dieser Eigenschaften genügend genau gezeichnet werden. Ist das nicht der Fall, dann müssen noch einige „Stützpunkte“ berechnet werden.

Beispiel:

Gegeben ist die Funktion $f(x) = \frac{x^2+1}{x}$, $x \in R \setminus \{ 0 \}$

Symmetrie:

Der Graph ist punktsymmetrisch zum Ursprung, weil *f* eine ungerade Funktion ist:

$f(x) = x + \frac{1}{x}$, $f(-x) = -x - \frac{1}{x}$

Nullstellen:

Die Funktion hat keine Nullstellen, weil $\frac{x^2+1}{x} \neq 0$ für alle $x \in R \setminus \{ 0 \}$ ist.

Pole:

Der Nenner des Bruches $\frac{x^2+1}{x}$ hat die Nullstelle $x = 0$, die nicht auch eine Nullstelle des Zählers ist, also ist $x = 0$ ein Pol von *f*.

Lücken:

Die Funktion hat keine Lücken.

Verhalten an den Polen:

$\lim\limits_{\substack{x \to 0 \\ x < 0}} f(x) = -\infty$; $\lim\limits_{\substack{x \to 0 \\ x > 0}} f(x) = +\infty$

Verhalten an den Randstellen:

$\lim\limits_{x \to -\infty} f(x) = -\infty$; $\lim\limits_{x \to +\infty} f(x) = +\infty$

Vertikale Asymptoten:

$g_1 : x = 0$ (y-Achse)

Schiefe Asymptoten:

$g_2 : y = x$ (1. Winkelhalbierende) ist eine schiefe Asymptote, weil gilt:

$\lim\limits_{x \to \pm\infty} (x + \frac{1}{x} - x) = 0$

Ableitungen und ihre Nullstellen:

$f'(x) = 1 - \frac{1}{x^2} = \frac{x^2-1}{x^2} = \frac{(x+1)\cdot(x-1)}{x^2}$

$f'(x) = 0 \Rightarrow x^2 - 1 = 0 \Leftrightarrow x = -1 \vee x = 1$

$f''(x) = \frac{2}{x^3}$, f'' hat keine Nullstellen.

Monotonieverhalten:

$x < -1$	f monoton steigend
$-1 < x < 1$	f monoton fallend
$x > 1$	f monoton steigend

Graph:

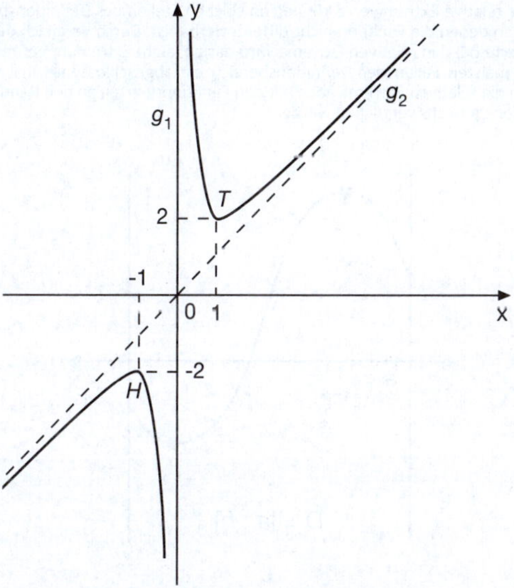

Aus dem Monotonieverhalten folgt, dass bei $x = -1$ ein Hochpunkt und bei $x = 1$ ein Tiefpunkt vorliegt.

Lage der Extrema:
$f(-1) = -2$, $f(1) = 2$, also $H(-1; -2)$, $T(1; 2)$

15.4 Extremwertaufgaben

Definitionen

Zahlreiche Probleme aus den Anwendungsgebieten der Mathematik führen zu Funktionen, deren absolute Extremwerte zu bestimmen sind. Derartige Funktionen heißen Zielfunktionen.

Mithilfe der Differenzialrechnung lassen sich relative Extremwerte an den Stellen des Definitionsbereichs bestimmen, an denen die Funktion mindestens zweimal differenzierbar ist.

Weitere relative Extremwerte können an solchen Stellen des Definitionsbereichs liegen, an denen die Funktion nicht differenzierbar ist. Durch Vergleich der Funktionswerte bei den relativen Extrema wird das absolute Extremum gefunden. Da in den meisten Fällen der Definitionsbereich ein abgeschlossenes Intervall ist, müssen die relativen Extrema auch mit den Funktionswerten an den Rändern des Definitionsbereichs verglichen werden.

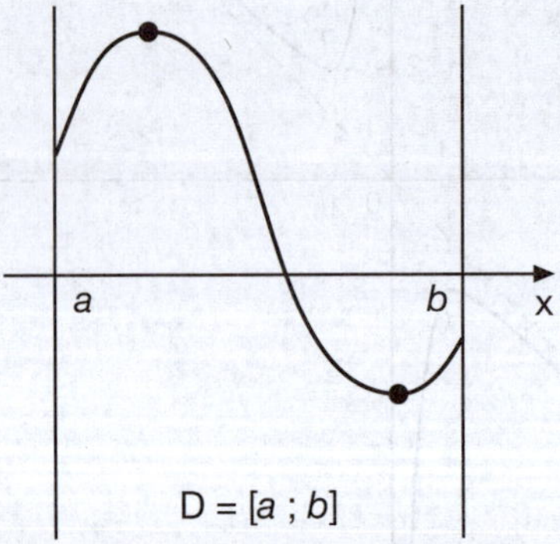

Beispiel:

> Von allen Blechdosen (gerade Kreiszylinder) mit dem gegebenen Volumen V ist diejenige zu bestimmen, welche die kleinste Gesamtoberfläche hat.

Aufstellen der Zielfunktion:

Sind x der Radius und y die Höhe des geraden Kreiszylinders, so berechnet man Oberfläche und Volumen nach folgenden Formeln (s. Kapitel 10.4, Seite 398):

$O = 2\pi x^2 + 2\pi x y,\ V = \pi x^2 y.$

Eliminiert man y aus der zweiten Gleichung und setzt es in die erste Gleichung ein, so erhält man als Zielfunktion die Oberfläche O in Abhängigkeit vom Radius x.

$$y = \frac{V}{\pi x^2} \text{ in } O = 2\pi x^2 + 2\pi x y \Rightarrow O = 2\left(\pi x^2 + \frac{V}{x}\right)$$

Definitionsbereich der Zielfunktion:

$x \in R^+$

Ableitungen der Zielfunktion:

$$O'(x) = 2\left(2\pi x - \frac{V}{x^2}\right) \text{ und } O''(x) = 4\left(\pi + \frac{V}{x^3}\right)$$

Berechnen der relativen Extrema:

$$O'(x) = 0 \Rightarrow 2\pi x - \frac{V}{x^2} = 0 \Leftrightarrow x = \sqrt[3]{\frac{V}{2\pi}}$$

Es gibt nur ein Extremum im Inneren des Definitionsbereichs.

Art des Extremums:

$$O''\left(\sqrt[3]{\frac{V}{2\pi}}\right) > = 0 \Rightarrow \text{Linkskrümmung, also Minimum.}$$

An den Rändern des Definitionsbereichs gibt es keine weiteren Extrema, da ein endliches Volumen gegeben ist.

Für den Radius $x = \sqrt[3]{\frac{V}{2\pi}}$ ist also die Oberfläche minimal, sie nimmt den Wert $O\left(\sqrt[3]{\frac{V}{2\pi}}\right) = 3\sqrt[3]{2\pi V^2}$ an.

15.5 Mittelwertsatz

Satz von Fermat

Gegeben ist eine auf dem offenen Intervall I differenzierbare Funktion f. Besitzt f an der Stelle $x_0 \in I$ ein relatives Extremum (Maximum oder Minimum), so ist $f'(x_0) = 0$.

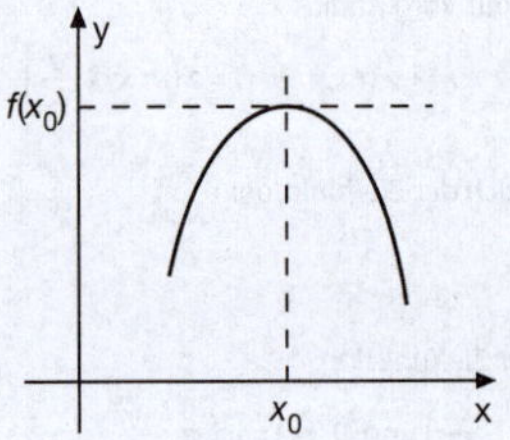

Satz von Rolle

Gegeben ist $f: x \rightarrow f(x), x \in [\, a\, ;\, b\,]$ mit $a < b$ und f ist in $[\, a\, ;\, b\,]$ stetig, im offenen Intervall $]\, a\, ;\, b\, [$ differenzierbar und es gelte $f(a) = f(b)$.

Dann gibt es mindestens einen Zwischenwert ξ im Intervall mit $f'(\xi) = 0$.

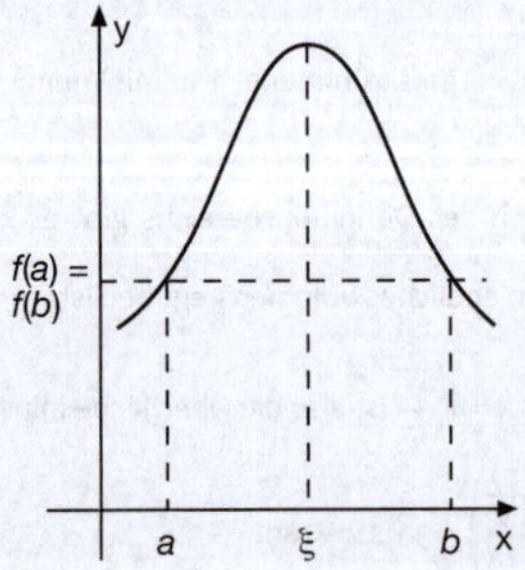

Sind die Bedingungen des Satzes von Rolle erfüllt, so gibt es mindestens eine Stelle im Inneren des Intervalls, an der die Tangente zur Kurve parallel zur x-Achse ist.

Satz von Lagrange (Mittelwertsatz)

Gegeben ist $f: x \to f(x)$, $x \in [\,a\,;\,b\,]$ mit $a < b$ und f ist in $[\,a\,;\,b\,]$ stetig, im offenen Intervall $]\,a\,;\,b\,[$ differenzierbar.

Dann gibt es mindestens einen Zwischenwert $\xi \in \,]\,a\,;\,b\,[$ mit $f'(\xi) = \dfrac{f(a) - f(b)}{b - a}$

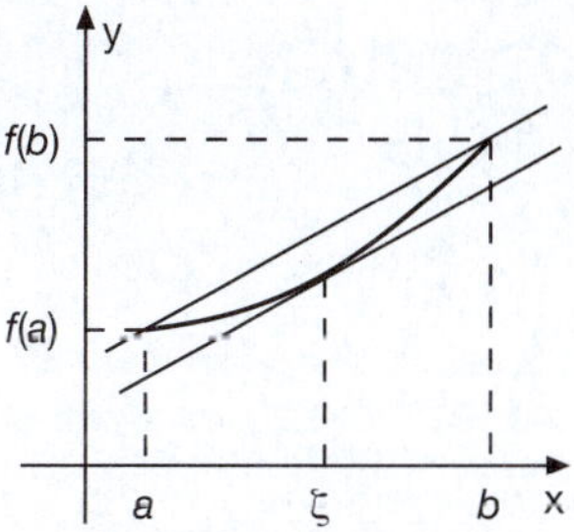

Sind die Bedingungen des Satzes von Lagrange erfüllt, so existiert im Inneren des Intervalls mindestens eine Stelle, an der die Tangente zur Kurve denselben Steigungsfaktor hat wie die Sekante durch $A\big(a\,;\,f(a)\big)$ und $B\big(b\,;\,f(b)\big)$, also parallel dazu ist.

16. Integralrechnung

16.1 Stammfunktionen

Gegeben ist $f(x)$ mit $x \in [\, a\,;\, b\,]$. Jede Funktion $F(x)$, für die in $[\, a\,;\, b\,]$ gilt: $F'(x) = f(x)$, heißt Stammfunktion. Man stellt eine Stammfunktion symbolisch mit dem Integralzeichen $F(x) = \int f(x)\, dx$ dar.
Stammfunktionen werden auch unbestimmte Integrale genannt, $f(x)$ heißt Integrand und c Integrationskonstante.

Das Bilden der Stammfunktion ist die umgekehrte Operation zum Ableiten der Funktion. Zur Bezeichnung von Stammfunktionen verwendet man große Buchstaben, wie F, G, U, V. Ist F eine Stammfunktion von f, so sind auch $F_c = F + c$ Stammfunktionen von f.

Beispiel:

Die Funktionen $F_c = \frac{1}{8} x^4 + c$ sind Stammfunktionen von
$f(x) = \frac{1}{2} x^3$

Regeln

$f(x) = x^n \quad \Rightarrow F(x) = \frac{1}{n+1} \cdot x^{n+1} + c$

$f(x) = u(x) + v(x) \quad \Rightarrow F(x) = U(x) + V(x)$

$f(x) = c \cdot u(x) \quad \Rightarrow F(x) = c \cdot U(x)$

Beispiel:

$f(x) = 6x^4 - \frac{1}{2} x^3 + 5 \Rightarrow$
$F_c(x) = \frac{6}{5} x^5 - \frac{1}{8} x^4 + 5x + c$

16. Integralrechnung

Grundintegrale

Es lassen sich wichtige Stammfunktionen (Grundintegrale) herleiten, bei anderen Integrationen muss der Integrand zunächst umgeformt werden, um zu einem Grundintegral zu gelangen.
Bei vielen Funktionen findet man die Stammfunktion nur sehr schwer oder auch gar nicht.

$f(x) = \frac{1}{x},\ x > 0$ $\qquad F_c(x) = \ln x + c$

$f(x) = \frac{1}{x^2},\ x \neq 0$ $\qquad F_c(x) = -\frac{1}{x} + c$

$f(x) = \frac{1}{\sqrt{x}},\ x > 0$ $\qquad F_c(x) = 2\sqrt{x} + c$

$f(x) = e^x$ $\qquad F_c(x) = e^x + c$

$f(x) = a^x,\ x > 0,\ x \neq 1$ $\qquad F_c(x) = a^x \cdot \frac{1}{\ln a} + c$

$f(x) = \frac{1}{1 + x^2}$ $\qquad F_c(x) = \arctan x + c$

$f(x) = \frac{1}{\sqrt{1 - x^2}},\ |x| \leq 1$ $\qquad F_c(x) = \arcsin x + c$

$f(x) = \frac{1}{\sqrt{x^2 + 1}}$ $\qquad F_c(x) = \ln(x + \sqrt{x^2 + 1}) + c$

$f(x) = \frac{1}{\sqrt{x^2 - 1}},\ |x| > 1$ $\qquad F_c(x) = |\ln(x + \sqrt{x^2 - 1})| + c$

$f(x) = \sin x$ $\qquad F_c(x) = -\cos x + c$

$f(x) = \cos x$ $\qquad F_c(x) = \sin x + c$

$f(x) = \frac{1}{\sin^2 x}$ $\qquad F_c(x) = -\cot x + c$

$f(x) = \frac{1}{\cos^2 x}$ $\qquad F_c(x) = \tan x + c$

16.2 Bestimmte Integrale

Definition

Ist f eine integrierbare Funktion und F eine ihrer Stammfunktionen im geschlossenen Intervall $[a;b]$, so schreibt man die Differenz der Werte der Stammfunktion als bestimmtes Integral: $\int_a^b f(x)\,dx = F(b) - F(a)$.
a und b heißen Grenzen. Diese sog. Formel von Leibniz-Newton lässt sich streng beweisen.
Für den praktischen Umgang mit dieser Formel führt man noch das Symbol $[F(x)]_a^b = F(b) - F(a)$ ein.

Formel von Leibniz-Newton:

$$\int_a^b f(x)\,dx = [F(x)]_a^b = F(b) - F(a).$$

Bestimmte Integrale sind also Zahlen, im Gegensatz zu unbestimmten Integralen, die Funktionen sind.

Beispiel:

$$\int_1^2 x^4\,dx = \left[\frac{x^5}{5}\right]_1^2 =$$

$$= \frac{2^5}{5} - \frac{1^5}{5} = 6{,}2$$

Eigenschaften

$$\int_a^a f(x)\,dx = 0$$

$$\int_a^b f(x)\,dx = \int_b^a f(x)\,dx$$

$$\int_a^b [\,f(x) + g\,]\,dx = \int_a^b f(x)\,dx + \int_a^b g(x)\,dx$$

$$\int_a^b k \cdot f(x)\,dx = k \cdot \int_b^a f(x)\,dx$$

$$f(x) \le g(x) \text{ für alle } x \in [\,a\,;b\,] \Rightarrow \int_a^b f(x)\,dx \le \int_a^b g(x)\,dx$$

$$\left| \int_a^b f(x)\,dx \right| \le \int_a^b |f(x)|\,dx$$

16. Integralrechnung

16.3 Integrationsmethoden

Viele integrierbare Funktionen müssen zunächst noch umgeformt werden, bevor man eine Stammfunktion finden kann.

Aufspalten des Integranden

Beispiel:

$$\int_{-1}^{1} \frac{x^3 + x + 2}{x^2 + 1}\,dx = \int_{-1}^{1} \frac{x\,(\,x^2 + 1\,) + 2}{x^2 + 1}\,dx =$$

$$= \int_{-1}^{1} \left(x + \frac{2}{x^2 + 1} \right) dx = \left[\frac{1}{2} x^2 + 2 \arctan x \right]_{-1}^{1} =$$

$$= \left(\frac{1}{2} \cdot 1^2 + 2 \arctan 1 \right) - \left(\frac{1}{2} \cdot (-1)^2 + 2 \arctan(-1) \right) =$$

$$= \left(\frac{1}{2} + \frac{\pi}{2} \right) - \left(\frac{1}{2} - \frac{\pi}{2} \right) = \pi$$

Substitution

Beispiele:

1. $\int_0^3 x \cdot \sqrt{1+x}\,dx$

Es wird eine andere Variable t eingeführt:

$\sqrt{1+x} = t \Leftrightarrow 1 + x = t^2 \Leftrightarrow x = t^2 - 1,\ dx = 2t\,dt$

Obere Grenze: $x = 3 \Rightarrow t = 2$

Untere Grenze: $x = 0 \Rightarrow t = 1$

$$\int_1^2 \left(t^2 - 1\right) \cdot t \cdot 2t \cdot dt = \left[2\left(\frac{1}{5}t^5 - \frac{1}{3}t^3\right)\right]_1^2 = \frac{116}{15}$$

2. $\int_0^a \sqrt{a^2 - x^2}\,dx,\ a > 0$

Substitution: $x = a \sin t \Rightarrow dx = a \cos t\,dt$

Obere Grenze: $x = a \Rightarrow t = \frac{\pi}{2}$

Untere Grenze: $x = 0 \Rightarrow t = 0$

$$\int_0^{\frac{\pi}{2}} \sqrt{a^2 - a^2 \cdot \sin^2 t} \cdot a \cos t\,dt =$$

$$= \int_0^{\frac{\pi}{2}} a \cdot \sqrt{1 - \sin^2 t} \cdot a \cos t\,dt = a^2 \cdot \int_0^{\frac{\pi}{2}} \cos^2 t\,dt =$$

$$= \frac{a^2}{2} \cdot \int_0^{\frac{\pi}{2}} (1 + \cos 2t)\,dt$$

Umformung: $2\cos^2 t = 1 + \cos 2t$

$$\left[\frac{a^2}{2}\left(t + \frac{1}{2}\sin 2t\right)\right]_0^{\frac{\pi}{2}} =$$

$$= \frac{a^2}{2}\left(\frac{\pi}{2} + \frac{1}{2}\sin 2 \cdot \frac{\pi}{2}\right) - \frac{a^2}{2}\left(0 + \frac{1}{2}\sin 0\right) = \frac{a^2\pi}{4}$$

Partielle Integration

Aus der Produktregel der Ableitungen entsteht die folgende Integralregel:

$$\int_a^b u(x) \cdot v'(x)\, dx =$$
$$= [\, u(x) \cdot v(x)\,]_a^b - \int_a^b v(x) \cdot u'(x)\, dx$$

Die Regel ist dann von Nutzen, wenn sich keine Stammfunktion von $u(x) \cdot v'(x)$, dafür aber eine Stammfunktion von $v(x) \cdot u'(x)$ angeben lässt.

Beispiel:

$$\int_0^{\frac{\pi}{2}} x^2 \cdot \sin x\, dx = \qquad \text{(1. partielle Integration)}$$

Teilfunktionen: $u = x^2$, $u' = 2x$ und $v' = \sin x$, $v = -\cos x$

$$= [\, -x^2 \cos x\,]_0^{\frac{\pi}{2}} + 2 \cdot \int_0^{\frac{\pi}{2}} x \cdot \cos x\, dx = \qquad \text{(2. part. Integration)}$$

Teilfunktionen: $u = x$, $u' = 1$ und $v' = \cos x$, $v = \sin x$

$$= [\, -x^2 \cos x\,]_0^{\frac{\pi}{2}} + 2 \cdot \left([\, x \sin x\,]_0^{\frac{\pi}{2}} - \int_0^{\frac{\pi}{2}} \sin x\, dx \right) =$$

$$= [\, -x^2 \cos x\,]_0^{\frac{\pi}{2}} + 2 \cdot \left([\, x \sin x\,]_0^{\frac{\pi}{2}} + [\, \cos x\,]_0^{\frac{\pi}{2}} \right) =$$

$$= -\frac{\pi^2}{4} \cdot 0 - 0 + 2 \cdot \left(\frac{\pi}{2} \cdot 1 - 0 + 0 - 1 \right) = \pi - 2 = 1{,}14$$

Uneigentliche Integrale

Hat das Integral $\int_a^b f(x)\,dx$ für $b \to +\infty$ einen Grenzwert, dann nennt man diesen Grenzwert das uneigentliche Integral $\int_a^b f(x)\,dx$.

Beispiel:

$$\int_3^{+\infty} \frac{1}{x^4}\,dx = \lim_{b \to +\infty} \int_3^b x^{-4}\,dx = \lim_{b \to +\infty} \left[-\frac{1}{3x^3}\right]_3^b =$$
$$= \lim_{b \to +\infty} \left(-\frac{1}{3b^3} + \frac{1}{81}\right) = \frac{1}{81}$$

Ist der Integrand $f(x)$ an einer Grenze u nicht definiert, hat aber dort einen Grenzwert, dann nennt man diesen Grenzwert das uneigentliche Integral $\int_u^b f(x)\,dx$.

Beispiel:

$$\int_0^1 \left(2\,x^3 + \frac{1}{\sqrt{x}}\right) dx = \lim_{u \to 0} \int_u^1 \left(2\,x^3 + \frac{1}{\sqrt{x}}\right) dx =$$
$$= \lim_{u \to 0} \left[\frac{1}{2}x^4 + 2\sqrt{x}\right]_u^1 =$$
$$= \lim_{u \to 0} \left(\frac{1}{2} + 2\sqrt{1} - \frac{u^4}{2} - 2\sqrt{u}\right)$$
$$= \frac{1}{2} + 2 = 2{,}5$$

16.4 Flächenberechnungen

Gegeben ist eine im Intervall [a ; b] stetige Funktion f mit $f(x) \geq 0$ für alle $x \in [a ; b]$.

Der Graph von f, die x-Achse und zwei zur y-Achse parallele Geraden $x = a$ und $x = b$ schließen ein Flächenstück ein, dessen Maßzahl A sein soll.

$$A = \int_a^b f(x)\,dx = [\,F(x)\,]_a^b = F(b) - F(a)$$

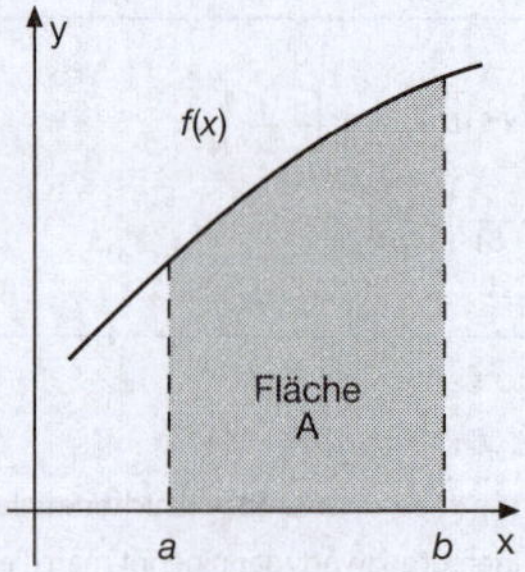

a: untere Grenze, b: obere Grenze, $F(x)$: Stammfunktion von $f(x)$

Ist f in [a ; b] stetig, jedoch die Bedingung $f(x) \geq 0$ nicht für alle $x \in [a ; b]$ erfüllt, so gilt für die Maßzahl der betreffenden Fläche (die sich auch aus mehreren Flächen zusammensetzen kann): $A = \int_a^b |\,f(x)\,dx\,|$

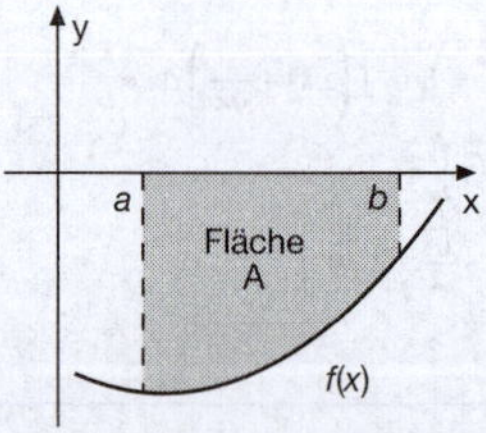

Beispiel:

$$A = \int_1^2 \left(\frac{1}{2}x - \frac{1}{10}x^4\right) dx =$$

$$= \left[\frac{1}{2} \cdot \frac{x^2}{2} - \frac{1}{10} \cdot \frac{x^5}{5}\right]_1^2 = \left[\frac{1}{4} \cdot x^2 - \frac{1}{50} \cdot x^5\right]_1^2 =$$

$$= \frac{1}{4} \cdot 2^2 - \frac{1}{50} \cdot 2^5 - \left(\frac{1}{4} \cdot 1^2 - \frac{1}{50} \cdot 1^5\right) = 0{,}13$$

Liegt die Fläche ganz unterhalb der x-Achse, dann berechnet man ihre Maßzahl mit der Formel: $A = \left| \int_a^b f(x)\, dx \right| = |F(b) - F(a)|$

Liegt die endliche Fläche zwischen den Graphen von zwei Funktionen f und g, so lässt sich ihre Maßzahl mit folgender Formel berechnen:

Flächeninhalt zwischen zwei Graphen:

$$A = \int_a^b (\, f(x) - g(x)\,)\, dx$$

a und b sind die Abszissen der Schnittpunkte der Graphen. Die Formel gilt unabhängig von der Lage der Graphen im Koordinatensystem.

Numerische Integration

Liegt die Funktion nur in Form von tabellierten Werten vor (das ist bei vielen praktischen Anwendungen der Fall), dann lässt sich die Maßzahl einer bestimmten Fläche nur näherungsweise durch die sog. numerische Integration berechnen.

Von den zahlreichen Methoden der numerischen Integration ist die sog. Trapezregel die wichtigste.

Gegeben sind $n + 1$ Punkte des Graphen durch ihre Koordinaten. P_0 mit $x_0 = a$ bilde die untere Grenze, und P_n mit $x_n = b$ bilde die obere Grenze des bestimmten Integrals. Die Abszissen der Punkte sollen äquidistant sein, d.h., ihre Abstände Δx sollen konstant sein.

Ersetzt man das Bogenstück des Graphen zwischen je zwei benachbarten Punkten durch die Sehne, so kann man das gesuchte Flächenstück angenähert aus n Trapezen zusammensetzen.

Ein Näherungswert des Integrals ergibt sich durch Addition der Maßzahlen der einzelnen Trapezflächen.

$$\int_a^b f(x)\,dx = \frac{\Delta x}{2} \cdot (y_0 + 2y_1 + 2y_2 + \ldots + 2y_{n-1} + y_n)$$

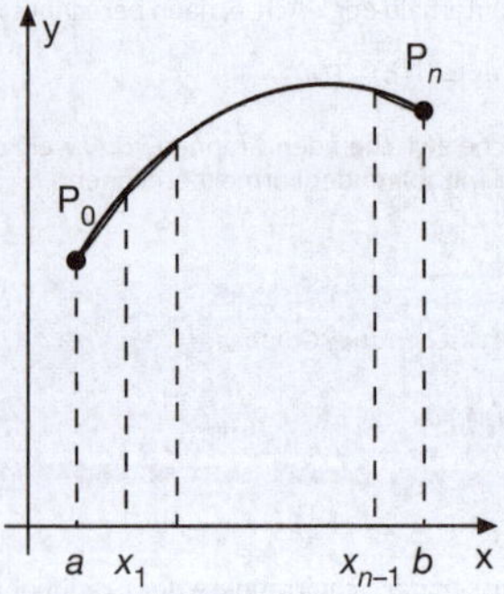

Integralfunktion

Die Funktion $I: t \to \int_a^t f(x)\,dx$, $t \in [\,a\,;b\,]$ nennt man die Integralfunktion von f auf dem Intervall $[\,a\,;b\,]$. Darunter stellt man sich ein bestimmtes Integral mit fester unterer Grenze und variabler oberer Grenze vor.

Eigenschaften:

Ist die Funktion f im Intervall $[\,a\,;b\,]$ stetig, so ist ihre Integralfunktion I differenzierbar in $[\,a\,;b\,]$ (an den Randstellen liegt einseitige Differenzierbarkeit vor), es gilt $I'(t) = f(t)$.

Ist f integrierbar in $[\,a\,;b\,]$ und $f(x) \geq 0$ für alle $x \in [\,a\,;b\,]$, so ist die Integralfunktion monoton wachsend in $[\,a\,;b\,]$.

16.5 Anwendungen in der Physik

Arbeitsintegral in der Mechanik

Wirkt eine Kraft längs eines Weges auf einen Massenpunkt ein, so verrichtet sie Arbeit. Sind der Weg geradlinig mit der Länge $\Delta s = s_2 - s_1$ und die Kraft konstant mit dem Betrag F und stimmt die Kraftrichtung mit der Bewegungsrichtung überein, so berechnet man die Arbeit nach:

$W = F \cdot (s_2 - s_1)$.

Handelt es sich bei derselben Problemstellung um eine Kraft, deren Betrag nicht mehr konstant ist, so lässt sich die Arbeit nicht mehr durch die oben genannte Formel berechnen.

Bezeichnet man das Weg-Intervall mit $[\,a\,;\,b\,]$ und den Kraftbetrag mit $F(s)$ und ist $F(s)$ eine integrierbare Funktion, dann gilt:

Arbeitsintegral der Kraft:

$$W = \int_a^b F(s)\,ds$$

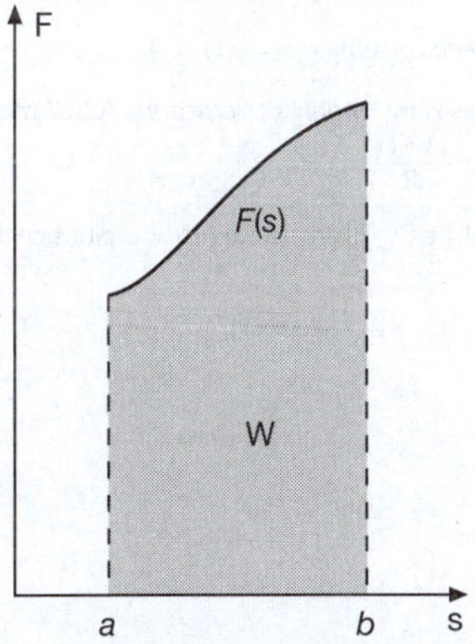

Beispiel:

Zur Dehnung einer Feder ist eine Kraft $F(s)$ erforderlich, die der Entfernung des nicht befestigten Federanfangs von der Ruhelage proportional ist.

Zu bestimmen ist die erforderliche Arbeit, um die Feder um eine Länge $\Delta s = b - a$ auszudehnen.

$F(s) = D \cdot s,\ D = \text{const}$

$$W = \int_a^b F(s)\, ds =$$
$$= \int_a^b (D \cdot s)\, ds =$$
$$= D \cdot \int_a^b s\, ds =$$
$$= \frac{D}{2} \cdot (b^2 - a^2)$$

Arbeit des elektrischen Stroms

In einem Stromkreis sei $i(t)$ die Stromstärke und $u(t)$ die Spannung zum Zeitpunkt t.

Dann ist die momentane Leistung $P(t) = u(t) \cdot i(t)$.

Bezeichnet man die bis zum Zeitpunkt t verrichtete Arbeit mit $W(t)$, so ist $P(t) = W'(t)$ oder $P(t) = \frac{dW(t)}{dt}$.

Für die im Zeitintervall $[\,t_1\,;\,t_2\,]$ verrichtete Arbeit ergibt sich dann umgekehrt $W = \int_{t_1}^{t_2} u(t) \cdot i(t)\, dt$.

16.6 Körperberechnungen

Länge eines Kurvenbogens

Gegeben ist eine Funktion $f : x \rightarrow f(x)$, mit dem Definitionsbereich $[\, a\, ;\, b\,]$, deren Ableitung f' in $[\, a\, ;\, b\,]$ stetig ist. Der Graph von f ist dann ein glatter Kurvenbogen mit der Länge:

$$L = \int_a^b \sqrt{1 + [\, f'(x)]^2}\, dx$$

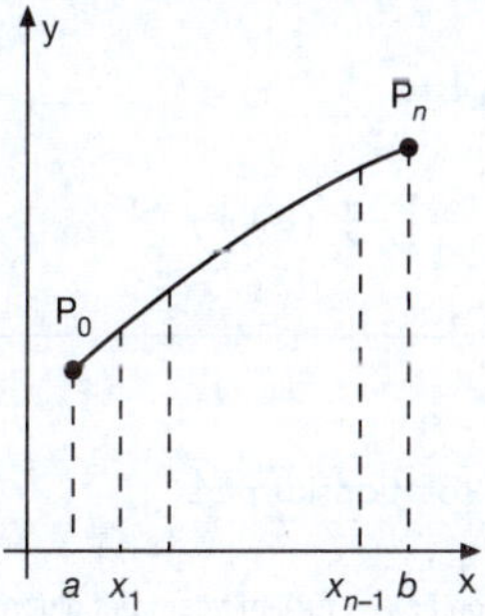

Beispiel:

$f(x) = \frac{1}{2}x^2,\ x \in [\, 0\, ;\, 1\,]$

Der Graph von f ist ein Stück einer Parabel

$f'(x) = x \Rightarrow L = \int_0^1 \sqrt{1 + x^2}\, dx.$

Volumen eines Rotationskörpers

Gegeben ist eine stetige Funktion $f: x \to f(x)$, mit dem Definitionsbereich $[\, a\,;\, b\,]$. Das Flächenstück zwischen dem Graphen und der x-Achse rotiere um die x-Achse.

Das Volumen des so entstehenden Rotationskörpers berechnet man nach der Formel:

$$V = \pi \int_a^b [\, f(x)]^2 dx$$

Beispiel:

$$f: x \to \sqrt{x}\,,\ x \in [\, a\,;\, b\,]$$

$$V = \pi \int_a^b x\, dx = \pi \cdot \left[\frac{x^2}{2} \right]_a^b = \frac{\pi}{2} \cdot (\, b^2 - a^2\,)$$

Mantelfläche eines Rotationskörpers

Gegeben ist eine Funktion $f: x \to f(x)$, mit dem Definitionsbereich $[\, a\,;\, b\,]$, deren Ableitung f' in $[\, a\,;\, b\,]$ stetig ist.

Der Graph von f ist dann ein glatter Kurvenbogen. Dreht man ihn um die x-Achse, so entsteht eine Rotationsfläche, deren Maßzahl durch folgende Formel berechnet wird:

Maßzahl der Rotationsfläche:

$$M = 2\pi \left| \int_a^b f(x) \cdot \sqrt{1 + [\, f'(x)]^2} \right| dx$$

Beispiel:

$f: x \rightarrow \frac{1}{3}x^3, x \in [\,0\,;1\,]$

Das Stück einer Wendeparabel rotiert um die x-Achse.

$f'(x) = x^2 \Rightarrow \sqrt{1 + [\,f'(x)]^2} = \sqrt{1 + x^4}$

$M = \frac{2}{3}\pi \int_0^1 x^3 \cdot \sqrt{1 + x^4}\, dx.$

Es wird die Substitution $x = \varphi(t) = \sqrt[4]{t^2 - 1}, t \in [\,1\,; \sqrt{2}\,]$ durchgeführt:

$$\frac{dx}{dt} = \varphi'(t) = \frac{d\varphi}{dt} = \frac{t}{2\sqrt[4]{(t^2 - 1)^3}}$$

$$M = \frac{2\pi}{3} \int_1^{\sqrt{2}} \sqrt[4]{(t^2 - 1)^3} \cdot t \cdot \frac{t}{2\sqrt[4]{(t^2 - 1)^3}}\, dt = 0{,}638$$

Schwerpunkt eines Rotationskörpers

Gegeben ist eine stetige Funktion $f: x \rightarrow f(x)$ mit dem Definitionsbereich $[\,a\,;b\,]$. Das Flächenstück zwischen dem Graphen und der x-Achse rotiere um die x-Achse.

Die Koordinaten des Schwerpunkts $S\,(x_s\,; y_s)$ des so entstehenden Rotationskörpers und den Schwerpunkt $S\,(x_o\,; y_o)$ des Bogenstücks berechnet man nach den Formeln:

$$x_S \cdot \int_a^b f(x)\, dx = \int_a^b x \cdot f(x)\, dx \qquad y_S \cdot \int_a^b f(x)\, dx = \frac{1}{2} \cdot \int_a^b [\,f(x)]^2\, dx$$

$$s \cdot x_o = \int_a^b x \sqrt{1 + [\,f'(x)]^2}\, dx \qquad s \cdot y_o = \int_a^b f(x) \sqrt{1 + [\,f'(x)]^2}\, dx$$

$$\text{mit } s = \int_a^b \sqrt{1 + [\,f'(x)]^2}\, dx$$

Guldin'sche Regeln

Das Volumen *V* eines Rotationskörpers ist gleich dem Produkt aus der Maßzahl *A* des sich drehenden Flächenstücks und dem Weg seines Schwerpunkts. Mit der *x*-Achse als Drehachse gilt: $V = A \cdot 2y_s \cdot \pi$

Die Größe *M* der Mantelfläche eines Rotationskörpers ist gleich dem Produkt aus der Länge des sich drehenden Bogenstücks und dem Weg seines Schwerpunkts. Mit der *x*-Achse als Drehachse gilt: $M = s \cdot 2y_0 \cdot \pi$

17. Stochastik

17.1 Datenaufnahme

Grundgesamtheit

Die beschreibende (oder deskriptive Statistik) befasst sich mit der Aufnahme und Charakterisierung von Messwerten aus bestimmten Grundgesamtheiten.

Eine Grundgesamtheit (auch Population, statistische Masse oder Merkmalsträger genannt) ist eine Menge von Objekten, die unter einem vom Untersuchungsziel her gesehenen Gesichtspunkt (Merkmal) gleichartig sind.

Der Umfang N einer Grundgesamtheit ist gleich der Zahl ihrer Objekte. Jedem Objekt werden ein Unterscheidungskennzeichen (ε_k) und ein bestimmter Messwert (α_k), $k = 1, 2, 3, \ldots, N$ zugeordnet.

Beispiele:

1. Alle Personen eines Bezirks, die an der Wahl teilnehmen, bilden eine Grundgesamtheit.

(ε_k) sind die Namen der Personen,
(α_k) sind die Kandidaten, die sie gewählt haben.

2. Von den Objekten einer Grundgesamtheit kann man auch mehrere Merkmale $(\alpha, \beta, \gamma, \delta, \ldots)$ aufnehmen: Die bei der letzten Volkszählung erfassten Personen bilden eine Grundgesamtheit.

(ε_k) sind die Namen (bzw. Kennzahlen) der Personen,
(α_k) ist das Geschlecht der jeweiligen Person,
(β_k) ist der Familienstand,
(γ_k) ist das Alter
usw.

3. Alle Kondensmilchdosen, die von einem Betrieb in einem Tag abgefüllt werden, bilden eine Grundgesamtheit.

(ε_k) sind die Nummern der Dosen in der Reihenfolge der Produktion,
(α_k) sind die Massen der Dosen in Gramm.

Merkmale

Den Beispielen kann man entnehmen, dass es zwei verschiedene Typen von Merkmalen gibt: Qualitative Merkmale beziehen sich auf Eigenschaften wie gut, schlecht, Familienstand, männlich, weiblich usw. Quantitative Merkmale lassen sich auf einer metrisierten Skala auftragen (Alter, Gewicht usw.).

Aufnahme der Daten

Die Erfassung der Messwerte (α_k) eines Merkmals aus einer Teilmenge der Grundgesamtheit nennt man eine statistische Erhebung. Die Messwerte werden zunächst in der Reihenfolge, in der sie anfallen, in einer sog. Urliste zusammengestellt.

17.2 Häufigkeitsverteilungen

Bei den Messwerten der Urliste kommt es auf die Reihenfolge nicht an. Um das Datenmaterial überschaubarer zu machen, wird man es nach bestimmten Rangprinzipien umordnen oder teilweise zusammenfassen.

Qualitative Merkmale

Die Messwerte fasst man zu Kategorien zusammen, die Anzahl der Messwerte in einer bestimmten Kategorie heißt absolute Häufigkeit. Dadurch entsteht die sog. Häufigkeitsverteilung:

Kategorie	Merkmals-realisationen	abs. Häufig-keit	rel. Häufig-keit
1	x_1	f_1	h_1
2	x_2	f_2	h_2
...	...	...	...
m	x_m	f_m	h_m

m = Anzahl der Kategorien,
f = absolute Häufigkeiten der jeweiligen Merkmalsrealisation ($f_1 + f_2 + \ldots + f_m = N$),
h_i = relative Häufigkeiten der jeweiligen Merkmalsrealisation,
$1 \leq i \leq m$.

$$\left(h_i = \frac{f_i}{N}, \text{ mit } h_1 + h_2 + \ldots + h_m = \frac{f_1}{N} + \frac{f_2}{N} + \ldots + \frac{f_m}{N} = 1 \right)$$

Beispiel:

80 Schüler einer Schule werden befragt, ob sie mit einem öffentlichen Verkehrsmittel in die Schule kommen (Fahrschüler) oder nicht. Die Ergebnisse stellt man in einer Häufigkeitsverteilung zusammen:

Kategorie	Merkmals-realisationen	abs. Häufig-keit	rel. Häufig-keit
1	Fahrschüler	26	0,325
2	Nichtfahrschüler	54	0,675

Quantitative Merkmale

Bei quantitativen Merkmalen fasst man gleiche Messwerte zu einer Merkmalsrealisation zusammen. Die dadurch entstehende Häufigkeitsverteilung hat einen ähnlichen Aufbau wie bei den qualitativen Merkmalen.

Beispiel:

32 Versuchspersonen unterziehen sich einem schriftlichen Test. In einer Urliste werden die Arbeitszeiten in Minuten für den Test zusammengestellt: 1, 5, 4, 4, 2, 3, 1, 6, 3, 5, 4, 3, 3, 4, 4, 2, 3, 2, 6, 4, 3, 4, 3, 6, 2, 4, 3, 4, 3, 3, 3, 2

Zeit (min)	absolute Häufigkeit	relative Häufigkeit
1	2	0,0625
2	5	0,156
3	11	0,344
4	9	0,281
5	2	0,0625
6	3	0,094
Summe	32	1,0000

Die Häufigkeitsverteilung bei quantitativen Merkmalen wird unübersichtlich, wenn sehr viele Merkmalsrealisationen vorliegen. In diesem Fall wird man benachbarte Realisationen zu Klassen zusammenfassen und erhält eine sog. Verteilung mit gruppierten Daten.

Für die Bezeichnung der Klassen wählt man die Klassenmitten. Die Klassenbreite *b* ergibt sich als Differenz von zwei aufeinanderfolgenden Klassenmitten. Sie kann willkürlich festgesetzt werden und braucht nicht konstant zu sein.
Sehr oft müssen Häufigkeitsverteilungen mit zwei Merkmalen aufgestellt werden, sie heißen dann zweidimensional.

Sind $x_1, x_2, x_3, \ldots, x_m$ die m Realisationen des 1. Merkmals und $y_1, y_2, y_3, \ldots, y_n$ die n Realisationen des 2. Merkmals, dann stellen sich die absoluten Häufigkeiten als eine rechteckige Matrix (f_{ik}), $i = 1, 2, \ldots m$, $k = 1, 2, \ldots n$ dar.

f_{31} ist beispielweise die absolute Häufigkeit der Objekte, die sowohl das Merkmal x_3 als auch das Merkmal y_1 enthalten.

Beispiel:

280 Arbeitnehmer werden nach ihrem Bruttoverdienst befragt. Die Ergebnisse werden in einer Häufigkeitsverteilung zusammengefasst.

Klassen in Euro	Klassen-mitten	absolute Häufigkeit	relative Häufigkeit
unter 1600	1500	12	0,043
1600 bis unter 1800	1700	18	0,064
1800 bis unter 2000	1900	26	0,093
2000 bis unter 2200	2100	35	0,125
2200 bis unter 2400	2300	40	0,143
2400 bis unter 2600	2500	59	0,211
2600 bis unter 3000	2800	45	0,161
3000 bis unter 3400	3200	32	0,114
über 3400	3600	13	0,046

Die Klassenzahl ist $m = 9$.

Der Umfang der Erhebung ist $N = 280$.

Die Klassen 1 und 9 sind sog. offene Klassen, die Breite der Klassen 2 bis 6 beträgt 200 Euro, die Breite der Klassen 7 und 8 beträgt 400 Euro.

Diagramme für qualitative Merkmale

Stab- und Kreisdiagramme:

Beim Stabdiagramm gibt die Länge der Stäbe die Häufigkeiten an, während Dicke und Fläche der Stäbe ebenso wenig Bedeutung haben wie ihre Lage in der Zeichnung.

Beim Kreisdiagramm werden die Häufigkeiten durch Flächen von Sektoren oder durch Mittelpunktswinkel dargestellt.

Wegen der besseren Übersicht und Vergleichbarkeit wird man versuchen, die Häufigkeitsverteilung qualitativer Merkmale in einem Koordinatensystem darzustellen. Dazu müssen die Merkmalskategorien skaliert (nummeriert oder nach einem bestimmten Code verschlüsselt) werden.

Beispiel:

Verkehrszählung in der Straße A am Rande der Stadt B an einem bestimmten Tag in der Zeit von 16.00 Uhr bis 16.30 Uhr

Stabdiagramm

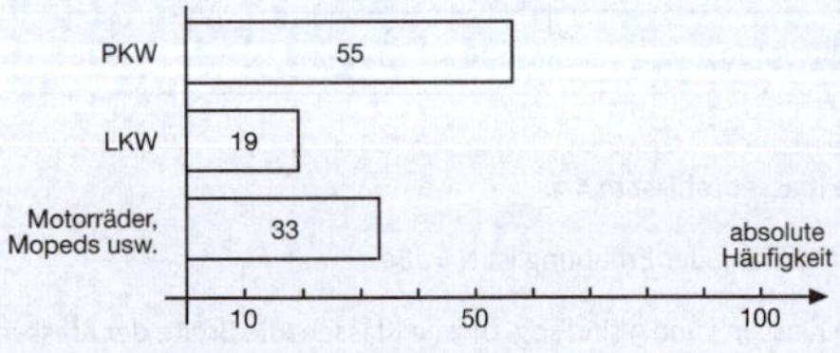

Kreisdiagramm

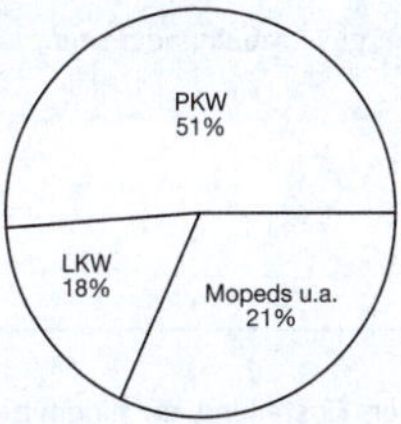

Nominalskalierung:

Die Zuordnung von Zahlen zu Kategorien ohne Berücksichtigung einer bestimmten Rangfolge nennt man Nominalskalierung.

Beispiel:

Die Bevölkerungszahlen der verschiedenen Erdteile sollen im Koordinatensystem dargestellt werden. Dazu müssen die Erdteile nummeriert werden (ohne auf die Rangfolge Wert zu legen).

Merkmalskategorie	Schlüsselnummer
Asien	1
Amerika	2
Australien	3
Europa	4
Afrika	5
Antarktis	6

Rangskalierung:

Bei der Rangskalierung werden Kategorien nur im Hinblick darauf verglichen, ob sie größer, kleiner oder gleich zueinander sind.

Beispiel:

Eine Personengruppe wird nach ihrer Einstellung zu einem bestimmten Themenkomplex befragt.

Es sind die Merkmalskategorien „sehr positiv", „positiv", „unentschieden", „negativ" und „sehr negativ" berücksichtigt.

Eine Möglichkeit der Quantifizierung wäre etwa:

Merkmalskategorie	Schlüsselnummer
sehr positiv	+2
positiv	+1
unentschieden	0
negativ	−1
sehr negativ	−2

Diagramme für quantitative Merkmale

Da quantitative Merkmale bereits metrisch skaliert sind, können ihre Häufigkeitsverteilungen direkt in ein *x*-*f*-Diagramm als Punktfolge eingetragen werden.

In der Statistik ist jedoch noch eine weitere Art der Darstellung üblich, das Histogramm:

Die Häufigkeit jeder Merkmalsrealisierung wird durch die Fläche eines Rechtecks abgebildet, das über der Realisierung zu errichten ist.

Beispiel:

Darstellung der gruppierten Daten durch ein Histogramm. Bei doppelter Klassenbreite entspricht die Länge des Rechtecks der halben Häufigkeitszahl. Man beachte auch die Darstellung der offenen Klassen an den Rändern.

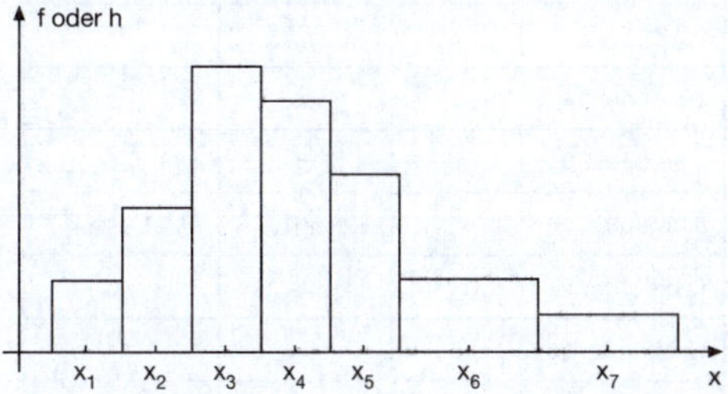

Summenverteilung

Durch fortlaufendes Aufsummieren der absoluten (relativen) Häufigkeiten erhält man die absolute (relative) Summenverteilung.

Mithilfe der Summenhäufigkeiten kann man feststellen, wie viele der Messwerte größer oder kleiner als eine bestimmte Realisation sind.

Trägt man die Summenhäufigkeiten über den oberen Klassenrändern in einem Koordinatensystem auf und verbindet sie geradlinig, so erhält man die sog. Summenkurve.

Beispiel:

In einem Eignungstest ergab sich bei 70 Personen folgende Häufigkeitsverteilung der von ihnen gemachten Fehler:

Fehlerklasse	Klassenmitte	abs. Häufigkeit	abs. Summenhäufigkeit
	x_k	f_k	F_k
0 bis unter 4	2	2	2
4 bis unter 8	6	4	6
8 bis unter 12	10	19	25
12 bis unter 16	14	16	41
16 bis unter 20	18	14	55
20 bis unter 24	22	9	64
24 bis unter 28	26	4	68
28 bis 30	29	2	70

Beispielweise erhält man $F_4 = 2 + 4 + 19 + 16 = 41$.

Summenkurve:

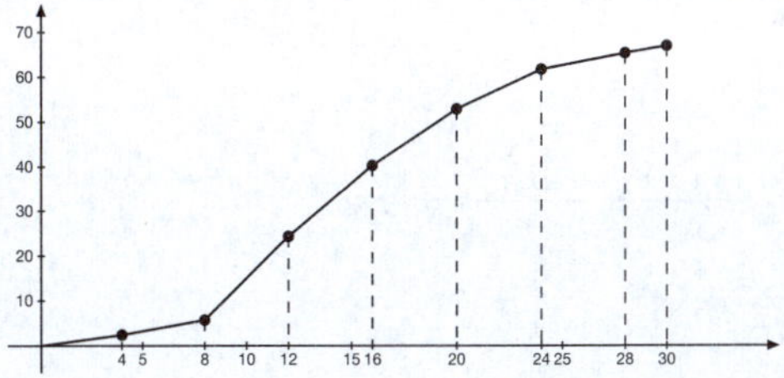

17.3 Mittelwerte

Da eine Häufigkeitstabelle immer noch eine große Informationsmenge enthält, soll das Datenmaterial weiter verdichtet werden, möglichst bis auf wenige charakteristische Kennzahlen (Parameter). Eine dieser Kennzahlen ist der Mittelwert der Verteilung.

Einfaches arithmetisches Mittel

Bei nicht klassierten Messwerten bildet man ihren Summenwert und dividiert diesen Summenwert durch die Anzahl der Messwerte. Bezeichnet man die Messwerte mit $x_1, x_2, x_3, \ldots, x_N$, so lässt sich für das arithmetische Mittel $\overline{x}$ folgende Formel angeben:

Einfaches arithmetisches Mittel:

$$\overline{x} = \frac{x_1 + x_2 + \ldots + x_N}{N} = \frac{1}{N} \sum_{k=1}^{N} x_k$$

Gewogenes arithmetisches Mittel

Wenn bereits eine Häufigkeitsverteilung vorliegt, multipliziert man die Merkmalsrealisationen mit den zugehörenden Häufigkeiten und addiert daraufhin diese Produkte. Der sich ergebende Summenwert wird durch die Zahl der Messwerte dividiert.

$$\overline{x} = \frac{x_1 f_1 + x_2 f_2 + \ldots + x_N f_N}{N} = \frac{1}{N} \sum_{k=1}^{m} x_k f_k$$

$$\sum_{k=1}^{m} f_k = N$$

Dieselbe Formel wird auch bei der Berechnung des Mittelwerts einer klassierten Häufigkeitsverteilung verwendet, nur dass die x_k die Klassenmitten bedeuten.

Beispiel:

Eine Häufigkeitsverteilung wird zur Arbeitstabelle für die Berechnung des Mittelwerts erweitert.

x_k	f_k	$x_k f_k$
1	2	2
2	5	10
3	12	36
4	9	36
5	3	15
6	1	6
	32	105 $\overline{x} = \frac{105}{32} = 3{,}28$

Zentralwert (Median)

Hat das Merkmal mindestens eine Rangskala, dann werden die Messwerte der Größe nach geordnet. Der mittlere Wert ist der Zentralwert.

Ist die Anzahl N der Messwerte ungerade, dann ist die Stellung des mittleren Werts bei $\frac{N+1}{2}$. Ist N gerade, dann gibt es zwei mittlere Werte, und zwar an den Stellen $\frac{N}{2}$ und $\frac{N}{2}+1$. Der Zentralwert ist dann das arithmetische Mittel dieser Werte.

Beispiel:

Ein Arbeitsvorgang wird von 8 Versuchspersonen durchgeführt. Sie haben unterschiedlich lange Zeiten (min) dafür gebraucht, die in einer Rangskala geordnet wurden: 15, 18, 19, 20, 21, 22, 23, 49.

Da die Anzahl der Messwerte gerade ist, sind die beiden mittleren Werte an den Plätzen der Rangskala:
$\frac{8}{2} = 4\,(20)$ und $\frac{8}{2} + 1 = 5\,(21)$.

Der Zentralwert ist Z = 20,5.
Für das arithmetische Mittel gilt $\overline{x} = 23{,}4$.

Das Merkmal „Arbeitszeit" ist metrisch skaliert, und doch charakterisiert $\overline{x}$ die Verteilung der Messwerte weniger gut als der Zentralwert Z. Der Grund liegt beim Einfluss des extrem großen Messwerts 49 auf die Berechnung der Größe $\overline{x}$.

Modalwert

Der Modalwert ist der „häufigste Wert" in einer Häufigkeitsverteilung bzw. in einer Messreihe.

17.4 Streuungsmaße

Außer dem Mittelwert ist mindestens noch ein zweiter Parameter erforderlich, um eine Verteilung ausreichend zu beschreiben. Haben nämlich zwei Verteilungen denselben Mittelwert, so können sie sich immer noch durch ihre „Breiten“ unterscheiden.

Spannweite

Ein einfaches, aber sehr ungenaues Maß für die Streuung ist die Differenz zwischen dem größten und dem kleinsten Wert der Reihe, man nennt sie Spannweite *d*.

Mittlere lineare Abweichung

Ist ein (beliebiger) Mittelwert *M* der Verteilung bekannt, so liegt es nahe, die Differenzen (Abweichungen) aller Realisationen zu diesem Mittelwert zu berechnen und daraufhin das arithmetische Mittel der Beträge dieser Differenzen zu bilden. Die sich ergebende Zahl δ heißt mittlere lineare Abweichung bezogen auf *M*.

Für $M = \overline{x}$ oder $M = Z$ gelten die Formeln:

$$\delta_{\overline{x}} = \frac{1}{N} \sum_{k=1}^{N} |x_k - \overline{x}|$$

oder

$$\delta_Z = \frac{1}{N} \sum_{k=1}^{N} |x_k - Z|$$

Mittlere quadratische Abweichung (Streuung)

Dieser Parameter kennzeichnet die „Breite“ einer Verteilung recht gut, er wird deshalb häufig verwendet. Bei seiner Berechnung bildet man die Quadrate der Abweichungen vom arithmetischen Mittel der Verteilung und daraufhin deren arithmetisches Mittel.

Das Quadrieren der Abweichungen hat zwei Vorteile: erstens werden dadurch alle Abweichungen positiv, zweitens gehen die größeren Abweichungen stärker in die Rechnung ein.

Für die mittlere quadratische Abweichung s^2 gilt folgende Formel:

$$s^2 = \frac{(x_1 - \overline{x})^2 \cdot f_1 + \ldots + (x_N - \overline{x})^2 \cdot f_N}{N} =$$

$$= \frac{1}{N} \sum_{k=1}^{m} (x_k - \overline{x})^2 \cdot f_k$$

Durch das Quadrieren wird die Dimension des Merkmals verändert. Hatten die Messwerte beispielsweise die Einheit 1 cm, so wäre die Einheit der Streuung gemäß den Berechnungen 1 cm^2. Um wieder auf die Einheit 1 cm zu kommen, wird oft die Wurzel $\sqrt{s^2} = s$ als Breitenmaß der Verteilung verwendet.

Beispiel:

Aus einer Lieferung von bestimmten Dragees wurden 50 Stück zufällig entnommen und ihre Massen (in g) festgestellt. Um die Streuung zu berechnen, wird die Tabelle der ursprünglich aufgenommenen Häufigkeitsverteilung zur Arbeitstabelle erweitert.

Arithmetisches Mittel:

$$\overline{x} = \frac{1}{N} \sum_{k=1}^{m} x_k f_k =$$

$$= \frac{1}{50} \cdot 55{,}1\,g = 1{,}1\,g$$

$$s^2 = \frac{1}{N} \sum_{k=1}^{m} (x_k - \overline{x})^2 \cdot f_k =$$

$$= \frac{0{,}41\,g^2}{50} = 0{,}0082\,g^2$$

Streuung: $s = 0{,}091$ g

17. Stochastik

Masse	Anzahl	Arbeitstabelle		
x_k	f_k	$(x_k - \bar{x})$	$(x_k - \bar{x})^2$	$(x_k - \bar{x})^2 \cdot f_k$
0,9	3	− 0,2	0,04	0,12
1,0	9	− 0,1	0,01	0,09
1,1	24	0	0	0
1,2	12	0,1	0,01	0,12
1,3	2	0,2	0,04	0,08
Summen	50			0,41

17.5 Zufallsexperiment

Definition

Ein Zufallsexperiment ist ein beliebig oft wiederholbarer Vorgang, der nach einer bestimmten Vorschrift ausgeführt wird und dessen Ergebnis nicht vorher eindeutig bestimmt werden kann.

Es gibt Zufallsexperimente mit endlich vielen Ausgängen (Werfen von Münzen, Würfeln, Ziehen von Gegenständen aus einer Urne) und solche mit unendlich vielen Ausgängen (Schießen auf eine Scheibe, radioaktiver Zerfall). Bei der Durchführung eines Zufallsexperiments kann jeweils nur ein möglicher Ausgang auftreten.

Die Menge aller möglichen Ausgänge heißt Ergebnismenge oder Ausgangsmenge (auch Ergebnisraum). Man bezeichnet sie mit dem Symbol Ω. Besteht die Ausgangsmenge aus endlich vielen Elementen, so wird sie allgemein so dargestellt:
$\Omega = \{ \omega_1, \omega_2, \ldots, \omega_m \}$

Beispiele:

1. Es wird eine Münze geworfen.

   Die Ergebnismenge dieses Zufallsexperiments ist
   $\Omega = \{ Z, W \}$, wobei Z = Zahl und W = Wappen bedeuten.

2. Das Werfen eines sechsseitigen, idealen Würfels (sog. Laplace-Würfel) hat sechs Ausgänge, nämlich die sechs Augenzahlen.

   $\Omega = \{ 1, 2, 3, 4, 5, 6 \}$

3. In einer Urne befinden sich eine rote, eine gelbe und eine blaue Kugel.

   Das einmalige Ziehen einer Kugel hat drei Ausgänge:
   $\Omega = \{ \text{rot}, \text{gelb}, \text{blau} \}$

Zusammengesetzte Zufallsexperimente

Das Hintereinanderausführen zweier Zufallsexperimente mit den Ergebnismengen Ω_1 und Ω_2 ist wieder ein Zufallsexperiment mit der gesamten Ergebnismenge $\Omega = \Omega_1 \times \Omega_2$.

Für die Mächtigkeit (Zahl der Elemente) von Ω gilt:

$|\Omega| = |\Omega_1 \times \Omega_2| = |\Omega_1| \cdot |\Omega_2|$

Werden *n* gleiche oder verschiedene Zufallsexperimente mit den Ergebnismengen $\Omega_1, \Omega_2, \ldots, \Omega_n$ nacheinander ausgeführt, so entsteht dabei ein weiteres Zufallsexperiment mit der zusammengesetzten Ergebnismenge $\Omega = \Omega_1 \times \Omega_2 \times \ldots \times \Omega_n$.

$|\Omega| = |\Omega_1| \cdot |\Omega_2| \cdot \ldots \cdot |\Omega_n|$

Beispiel:

Das Zufallsexperiment „Werfen einer Münze und eines Würfels" besteht aus zwei Teilexperimenten:

1. Teilexperiment:
„Werfen einer Münze", $\Omega_1 = \{ Z, W \}$ und

2. Teilexperiment:
„Werfen eines Würfels" mit der Ergebnismenge
$\Omega_2 = \{ 1, 2, 3, 4, 5, 6 \}$

Die Ergebnismenge des zusammengesetzten Zufallsexperiments ist also:
$\Omega = \Omega_1 \times \Omega_2 = \{ Z1, \dots, Z6, W1, \dots, W6 \}$

Baumdiagramm

Anstelle der Bildung von Paarmengen lassen sich die Elemente der Ergebnismenge auch grafisch in einem Baumdiagramm ablesen.

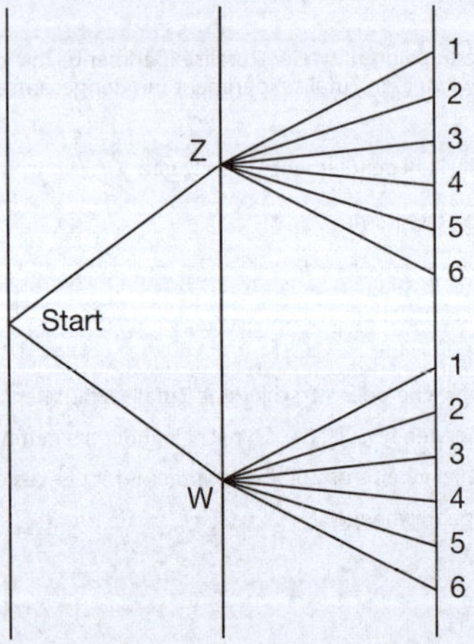

Ein Baumdiagramm ist aufgebaut aus:

Streifen:
Jedes Teilexperiment wird durch einen (senkrecht stehenden) Streifen dargestellt.

Zweige:
Jede Strecke in einem Streifen heißt Zweig. Damit werden die Ausgänge von Teilexperimenten dargestellt.

Äste:
Jede Aneinanderreihung von mindestens zwei Zweigen ist ein Ast.

Pfade:
Jeder von Start beginnende nicht verzweigte Ast heißt Pfad. Ein Pfad kann einem Ergebnis des Gesamtexperiments gleichgesetzt werden, also einem Element der Ergebnismenge.

Beispiel:

> Eine Münze und ein Würfel werden geworfen.
>
> Das Experiment besteht aus zwei Teilexperimenten.
>
> (vgl. Zeichnung auf Seite 541)

Bis zu $n = 5$ Experimenten lässt sich noch mit relativ kleinem Aufwand ein Baumdiagramm zeichnen. Baumdiagramme sind wertvolle anschauliche Hilfsmittel zur Analyse von Zufallsexperimenten und Berechnung von Wahrscheinlichkeiten.

Urnenmodelle

In einer Urne befinden sich n mit verschiedenen Merkmalen gekennzeichnete Kugeln. Entnimmt man der Urne nacheinander zwei Kugeln, so kann das auf zwei Arten erfolgen:

Mit Zurücklegen:
Der Urne wird die erste Kugel entnommen, ihr Merkmal notiert und die Kugel wieder zurückgelegt. Daraufhin wird die zweite Kugel entnommen. Die beiden Teilexperimente sind unabhängig.
Das Gesamtexperiment hat n^2 Ergebnisse: $|\Omega| = |\Omega_1| \cdot |\Omega_2| = n \cdot n = n^2$

Ohne Zurücklegen:
Der Urne wird die erste Kugel entnommen und diese nicht wieder in die Urne zurückgegeben. Dann wird die zweite Kugel entnommen. Die Teilexperimente sind voneinander abhängig.
Das Gesamtexperiment hat $n(n-1)$ Ergebnisse: $|\Omega| = |\Omega_1| \cdot |\Omega_2| = n \cdot (n-1)$

Das Ziehen mit und ohne Zurücklegen lässt sich auch auf mehr als zwei Züge verallgemeinern.

17.6 Ereignisse

Definition

Vor der Durchführung eines Zufallsexperiments lassen sich verschiedene „Erwartungen" an den Ausgang aufstellen. Diese „Erwartungen" gibt man entweder in Form von Mengen (Teilmengen von Ω) oder verbal durch Aussagen an. Es handelt sich um Ereignisse.

Ist Ω die Ergebnismenge eines Zufallsexperiments, so heißt jede Teilmenge von Ω ein Ereignis dieses Zufallsexperiments.

Diejenigen Teilmengen von Ω, die nur aus einem Element bestehen, heißen Elementarereignisse.

Beispiel:

Das Zufallsexperiment besteht aus dem Werfen eines Würfels.

Ergebnismenge (sicheres Ereignis): $\Omega = \{1, 2, 3, 4, 5, 6\}$
Ein Elementarereignis: z. B. $\{3\}$

Beliebiges Ereignis:
als Menge $E = \{2, 4, 6\}$,
als Aussage in Wortform E: „Das Ergebnis ist eine gerade Zahl."

Durchschnitt von Ereignissen

Sind E_1 und E_2 zwei Ereignisse eines Zufallsexperiments, so ist auch $E_1 \cap E_2$ ein Ereignis dieses Experiments, das man den Durchschnitt von E_1 und E_2 nennt. $E_1 \cap E_2$ bedeutet, dass sowohl E_1 als auch E_2 eintritt.

Vereinigung von Ereignissen

Sind E_1 und E_2 zwei Ereignisse eines Zufallsexperiments, so ist auch $E_1 \cup E_2$ ein Ereignis dieses Experiments, das man die Vereinigung von $E_1 \cup E_2$ nennt.
$E_1 \cup E_2$ bedeutet, dass entweder E_1 oder E_2 eintritt oder beide Ereignisse eintreten.

Unvereinbare Ereignisse:

Sind E_1 und E_2 zwei Ereignisse eines Zufallsexperiments und gilt $E_1 \cap E_2 = \emptyset$, so nennt man E_1 und E_2 unvereinbare Ereignisse.

Beispiel:

Werfen eines Würfels: $E_1 = \{1, 2\}$, $E_2 = \{4, 5, 6\}$

$E_1 \cap E_2 = \emptyset$, also sind E_1 und E_2 unvereinbar.

Komplementäre Ereignisse

Zwei Ereignisse E und $\overline{E}$ einer Ergebnismenge Ω sind komplementär bezüglich Ω, wenn $E \cup \overline{E} = \Omega$ und $E \cap \overline{E} = \emptyset$ ist. Wenn $E = \emptyset$, dann ist $\overline{E} = \Omega$.

Regeln von de Morgan

Sind E_1 und E_2 Ereignisse einer Ergebnismenge Ω, so gilt zwischen diesen Ereignissen folgende Beziehung:

$\overline{E_1 \cup E_2} = \overline{E}_1 \cap \overline{E}_2$ und $\overline{E_1 \cap E_2} = \overline{E}_1 \cup \overline{E}_2$.

17.7 Häufigkeit

Von einem bestimmten Zufallsexperiment werden n Ausführungen gemacht. Tritt dabei ein bestimmtes Ereignis E dieses Experiments f_E-mal ein, so nennt man f_E die absolute Häufigkeit des Ereignisses.

Das Verhältnis $h_E = \frac{f_E}{n}$ wird relative Häufigkeit des Ereignisses genannt.

Beispiel:

Ein Würfel wird 50-mal geworfen.

Das Ereignis E_1 : „Augenzahl 6" soll dabei siebenmal eintreten, also gilt $f_1 = 7$, die relative Häufigkeit ist $h_1 = \frac{7}{50} = 0{,}14$.

Das Ereignis E_2 : „Augenzahl mindestens 4" soll 26-mal eintreten. E_2 hat dann die absolute Häufigkeit $f_2 = 26$ und die relative Häufigkeit $h_2 = \frac{26}{50} = 0{,}52$.

17.8 Wahrscheinlichkeit

Definition

Die Wahrscheinlichkeit P(E) eines Ereignisses E ist die in Zahlen ausgedrückte „Chance", dass das Ereignis eintreten wird.

Diese Zahlen liegen im abgeschlossenen Intervall: $0 \leq P(E) \leq 1$

Für das sichere Ereignis gilt: $P(\Omega) = 1$, für das unmögliche Ereignis gilt: $P(\emptyset) = 0$.

Je mehr sich die Zahl P an 1 annähert, desto sicherer wird das Eintreten des Ereignisses erfolgen.

Je mehr sich die Zahl P an 0 annähert, desto unmöglicher wird das Eintreten des Ereignisses.

Sind E und $\overline{E}$ Komplementärereignisse, so gilt: $P(E) + P(\overline{E}) = 1$

Laplace-Regel

Besteht eine Ergebnismenge aus: $|\Omega| = n$ gleich wahrscheinlichen Elementarereignissen (in diesem Fall liegt ein sog. Laplace-Experiment vor) und setzt sich ein Ereignis $E \subset \Omega$ aus $|E| = m$ dieser Elementarereignisse zusammen, so ergibt sich die Wahrscheinlichkeit von E durch:

Laplace-Regel:

$$P(E) = \frac{|E|}{|\Omega|} = \frac{m}{n}$$

Beispiel:

Werfen eines Würfels: $\Omega = \{1, 2, 3, 4, 5, 6\}$

$E = \{1, 6\} \Rightarrow |E| = 2$

$P(E) = \frac{2}{6} = \frac{1}{2} \approx 0{,}3333$

Regel von Mises

Sind die Elementarereignisse eines Zufallsexperiments nicht gleich wahrscheinlich, so lässt sich die Wahrscheinlichkeit eines Ereignisses durch eine vorher durchgeführte Versuchsreihe ermitteln („Aus Erfahrung weiß man"). Die Ergebnisse der Versuchsreihe stellt man in einer Häufigkeitsverteilung dar und berechnet die relative Häufigkeit h_E des Ereignisses.

Es gilt $h_E \to P(E)$, und zwar für eine immer größer werdende Zahl *n* der Durchführungen des Experiments immer genauer (Regel von Mises).

Additionssätze

Sind E_1 und E_2 zwei unvereinbare Ereignisse einer Ergebnismenge, so gilt:
$P(E_1 \cup E_2) = P(E_1) + P(E_2)$

Sind $E_1, E_2, E_3, \ldots, E_n$ paarweise unvereinbare Ereignisse einer Ergebnismenge, so gilt:
$P(E_1 \cup E_2 \cup \ldots \cup E_n) = P(E_1) + P(E_2) + \ldots + P(E_n)$

Sind E_1 und E_2 nicht unbedingt unvereinbare Ereignisse einer Ergebnismenge, so gilt:
$P(E_1 \cup E_2) = P(E_1) + P(E_2) - P(E_1 \cap E_2)$ oder
$P(E_1 \cup E_2) = P(E_1 \setminus E_2) + P(E_2 \setminus E_1) + P(E_1 \cap E_2)$

Beispiel:

Das Zufallsexperiment ist die Auswahl einer natürlichen Zahl zwischen (einschließlich) 5 und 15.

Gesucht ist die Wahrscheinlichkeit dafür, dass die gewählte Zahl ungerade ist (E_1) oder durch 3 teilbar ist (E_2).

$E_1 = \{5, 7, 9, 11, 13, 15\} \Rightarrow P(E_1) = \frac{6}{11} = 0{,}5454$

$E_2 = \{6, 9, 12, 15\} \Rightarrow P(E_2) = \frac{4}{11} = 0{,}3636$

$E_1 \cap E_2 = \{9, 15\} \Rightarrow P(E_1 \cup E_2) = \frac{2}{11} = 0{,}1818$

$P(E_1 \cup E_2) = \frac{6}{11} + \frac{4}{11} - \frac{2}{11} = \frac{8}{11} = 0{,}7272$

Bedingte Wahrscheinlichkeiten

Gegeben ist ein Zufallsexperiment, das durch die Verkettung zweier Teilexperimente entstanden ist (stochastischer Prozess).

Zum ersten Teilexperiment gehören die Ereignisse E_1 und $\overline{E}_1$, zum zweiten Teilexperiment die Ereignisse E_2 und $\overline{E}_2$.

Die Wahrscheinlichkeiten der Zweige im zweiten Streifen hängen von der „Vorgeschichte“ im ersten Streifen ab. Man nennt sie daher bedingte Wahrscheinlichkeiten.

$a = P_{E_1}(E_2)$ = Wahrscheinlichkeit für E_2, nachdem bekannt ist, dass E_1 schon eingetreten ist.
$b = P_{E_1}(\overline{E}_2)$ = Wahrscheinlichkeit für $\overline{E}_2$, nachdem bekannt ist, dass E_1 schon eingetreten ist.
Für die anderen beiden Zweige gelten analog: $c = P_{\overline{E}_1}(E_2)$ und $d = P_{\overline{E}_1}(\overline{E}_2)$.

Falls die beiden Ereignisse E_1 und E_2 voneinander unabhängig sind, fällt die Berücksichtigung der Bedingung weg.
Es gilt z. B. $a = P_{E_1}(E_2) = P(E_2)$.

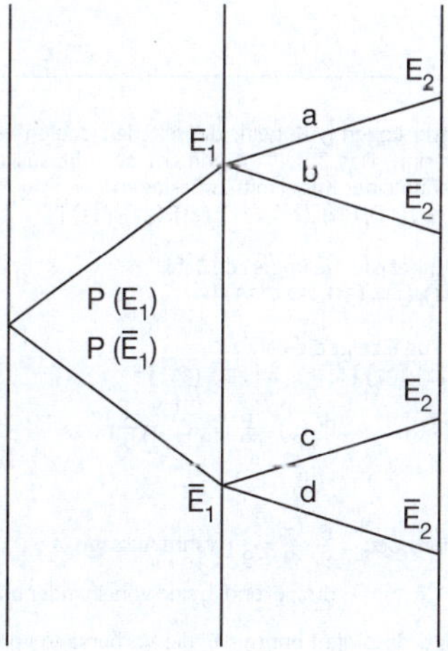

Multiplikationssatz

E_1 und E_2 sind stochastisch abhängig:
$P(E_1 \cap E_2) = P(E_1) \cdot P_{E_1}(E_2)$

E_1 und E_2 sind stochastisch unabhängig ($P_{E_1}(E_2) = P(E_2)$):
$P(E_1 \cap E_2) = P(E_1) \cdot P(E_2)$

Der Multiplikationssatz lässt sich auch auf mehr als zwei Ereignisse pro Teilexperiment und auf mehr als zwei Teilexperimente erweitern.

Die Umkehrung des Multiplikationssatzes wird verwendet, um die Unabhängigkeit von zwei Ereignissen nachzuweisen:
Gegeben ist ein Zufallsexperiment mit der Ergebnismenge Ω. Zwei Ereignisse $E_1, E_2 \subset \Omega$ sind stochastisch unabhängig, wenn $P(E_1 \cap E_2) = P(E_1) \cdot P(E_2)$ gilt.

Beispiel:

In einer Urne liegen 3 Kugeln, die mit den Zahlen von 1 bis 3 beschriftet sind. Das Zufallsexperiment besteht aus dem zweimaligen Ziehen einer Kugel mit Zurücklegen.
$\Omega = \{(11), (12), (13), (21), (22), (23), (31), (32), (33)\}$

E_1: „Die 1. Kugel ist eine ungerade Zahl."
$\{(11), (12), (13), (31), (32), (33)\}$

E_2: „Die 2. Kugel zeigt die Zahl 2."
$\{(12), (22), (32)\}$ $E_1 \cap E_2 = \{(12), (32)\}$

Abzählregel: $P(E_1) = \frac{6}{9}$, $P(E_2) = \frac{3}{9}$,
$P(E_1 \cap E_2) = \frac{2}{9}$,

Multiplikationssatz: $\frac{6}{9} \cdot \frac{3}{9} = \frac{2}{9}$ (wahre Aussage),
d. h., E_1 und E_2 sind voneinander unabhängig.

Daraus folgt, dass die Kenntnis E_1 die Vorhersage von E_2 weder begünstigt noch behindert, dass also die beiden Ereignisse unabhängig sind.

Satz von Bayes

Bilden E und $\overline{E}$ eine Zerlegung von Ω, so gilt für die bedingte Wahrscheinlichkeit $P_B(E)$:

$$P_B(E) = \frac{P_E(B) \cdot P(E)}{P_E(B) \cdot P(E) + P_{\overline{E}}(B) \cdot P(\overline{E})}$$

17.9 Kombinatorik

Zählprinzip

Besteht ein Vorgang aus *n* Schritten, wobei sich der erste Schritt auf k_1 verschiedene Arten, … , der *n*-te Schritt auf k_n verschiedene Arten ausführen lässt, so lässt sich der Vorgang auf $k_1 \cdot k_2 \cdot \ldots \cdot k_n$ verschiedene Arten ausführen.

Beispiel:

Gesucht ist die Zahl der dreistelligen Zahlen, bei denen jede Ziffer nur einmal vorkommen darf.

1. *Stelle:* 9 Arten (die 0 kann hier nicht vorkommen)

2. *Stelle:* 9 Arten (von 10 Ziffern wurde bereits eine verwendet)

3. *Stelle:* 8 Arten, insgesamt also $9 \cdot 9 \cdot 8 = 648$

Folge der Länge k

Stellt man n Elemente einer Menge (n-Menge) in einer bestimmten Reihenfolge zusammen und lässt man dabei auch Wiederholungen zu, so entsteht eine Folge der Länge k (k-Tupel).

Beispiel:

(a, b, b, m, n, x, x, z)
ist eine Folge der Länge 8 aus der Menge der Buchstaben unseres Alphabets.

Permutationen

Gegeben ist eine n-Menge. Die n-Tupel mit Wiederholungen, die sich aus den Elementen der n-Menge bilden lassen, nennt man n-Permutationen mit Wiederholungen. Ihre Anzahl $P'(n)$ berechnet man aus der Formel:

$$P'(n) = \underbrace{n \cdot n \cdot \ldots \cdot n}_{n\text{-mal}} = n^n$$

Beispiel:

In einer Urne befinden sich drei Kugeln, die mit 1, 2, 3 gekennzeichnet sind.

Es werden drei Kugeln mit Zurücklegen entnommen.

Es gibt $|\Omega| = P'(3) = 3^3 = 27$ mögliche Züge.

Gegeben ist eine *n*-Menge. Die *n*-Tupel ohne Wiederholungen, die sich aus den Elementen der *n*-Menge bilden lassen, nennt man *n*-Permutationen ohne Wiederholungen.
Ihre Anzahl $P(n)$ berechnet sich aus:
$P(n) = n(n-1)(n-2)\ldots\cdot 2\cdot 1 = n!$

Fakultät

Das Produkt von *n* natürlichen Zahlen $n(n-1)(n-2)\ldots\cdot 2\cdot 1$ nennt man *n*-Fakultät und kürzt es mit $n!$ ab.
Es gelten $1! = 1$ und auch $0! = 1$ sowie die Rekursion $n! = n(n-1)!$

Beispiele:

1. $10! = 10\cdot 9\cdot 8\cdot 7\cdot 6\cdot 5\cdot 4\cdot 3\cdot 2\cdot 1 = 3628800$

2. In einer Urne befinden sich 8 Kugeln, die von 1 bis 8 nummeriert sind. Die Kugeln werden nacheinander ohne Zurücklegen entnommen.

Die Ergebnismenge hat die Mächtigkeit
$|\Omega| = P(8) = 8! = 40320.$

Variationen

Gegeben ist eine *n*-Menge. Die *k*-Tupel ($k \leq n$) mit Wiederholungen, die sich mit den Elementen der Menge bilden lassen, nennt man *n*-*k*-Variationen mit Wiederholungen.
Ihre Anzahl $V'(n, k)$ berechnet sich aus:
$V'(n, k) = \underbrace{n\cdot n\cdot\ldots\cdot n}_{k\text{-mal}} = n^k$

Beispiel:

Aus einer Urne, in der sich sieben nummerierte Kugeln befinden, werden drei Kugeln mit Zurücklegen entnommen.

Die Ergebnismenge hat die Mächtigkeit
$|\Omega| = V'(7,3) = 7^3 = 343.$

Gegeben ist eine *n*-Menge. Die *k*-Tupel ($k \leq n$) ohne Wiederholungen, die sich mit den Elementen der Menge bilden lassen, nennt man *n*-*k*-Variationen ohne Wiederholungen.

Ihre Anzahl $V(n,k)$ berechnet sich aus:

$$V(n,k) = n(n-1)(n-2)\dots(n-k+1) = \frac{n!}{(n-k)!}$$

Ist $k = n$, so gilt $V(n,n) = \frac{n!}{0!} = n! = P(n)$

Beispiel:

In einer Urne sind sieben nummerierte Kugeln. Es werden drei Kugeln ohne Zurücklegen entnommen.

Die Ergebnismenge hat die Mächtigkeit
$|\Omega| = V(7,3) = \frac{7!}{(7-3)!} = \frac{7!}{4!} = 210$

Kombinationen

Eine *k*-Teilmenge ist eine Folge der Länge *k*, bei der Wiederholungen nicht zugelassen sind und auch die Reihenfolge der Elemente keine Rolle spielt.

Gegeben ist eine *n*-Menge. Die *k*-Teilmengen dieser *n*-Menge nennt man *n*-*k*-Kombinationen.

Die Anzahl der möglichen Kombinationen wird bezeichnet mit: $K(n, k)$ oder $\binom{n}{k}$ (gelesen *k* aus *n*).

Es gilt: $K(n, k) = \binom{n}{k} = \frac{n!}{(n-k)! \cdot k!}$

Können die *k* Elemente auch wiederholt vorkommen, so gilt für die Anzahl der Möglichkeiten:

$K_W(n, k) = \binom{n+k-1}{k}$

Beispiel:

In einer Urne befinden sich 30 nummerierte Kugeln.
Es sollen sechs Kugeln ohne Zurücklegen gezogen werden, wobei die Reihenfolge der gezogenen Kugeln keine Rolle spielen soll.

Die Mächtigkeit der Ergebnismenge ist dann

$K_W(30, 6) = \binom{30}{6} = \frac{30!}{(30-6)! \cdot 6!} = 593775$

$K_W(30, 6) = \binom{30+6-1}{6} = \binom{35}{6} = 1623160$

Besteht ein n-Tupel aus k verschiedenen Elementen, die jeweils $n_1, n_2, \ldots, n_k$-mal vorkommen, mit $n_1 + n_2 + \ldots + n_k = n$, so gibt es davon $\frac{n!}{n_1! \cdot n_2! \cdot \ldots \cdot n_k!}$ verschiedene n-Tupel.

17.10 Wahrscheinlichkeitsverteilung

Zufallsgröße

Eine Funktion X, die jedem Ergebnis ω der Ergebnismenge Ω (genauer: jedem Elementarereignis) eine reelle Zahl zuordnet, heißt Zufallsgröße X. $X: \Omega \rightarrow \mathrm{R}$ mit $X(\omega) = x$

Durch eine Zufallsgröße lässt sich das Elementarereignis stets als Zahl darstellen. Damit kann man die Elementarereignisse auch metrisch skalieren, also in Koordinatensysteme eintragen. Die Zuordnung geschieht nicht willkürlich, sie ist durch die entsprechende Aufgabenstellung gegeben. Die Zahlen der Zufallsgröße nennt man Zufallswerte oder Realisationen.

Der Ausdruck $(X = x)$ gibt ein bestimmtes Ereignis an.

Der Ausdruck $(X \leq x)$ gibt solche Ereignisse an, bei denen die Zufallsgröße alle Realisationen annimmt, die kleiner oder gleich der reellen Zahl x sind.

Der Ausdruck $(X > x)$ gibt solche Ereignisse an, bei denen die Zufallsgröße alle Realisationen annimmt, die größer als die reelle Zahl x sind.

Beispiel:

Eine Urne enthält eine weiße, eine rote und eine schwarze Kugel.

Es werden zwei Kugeln zufällig mit Zurücklegen gezogen. Zieht man zwei schwarze Kugeln, so erhält man 4 € ausbezahlt, bei zwei weißen oder roten Kugeln werden 2 € ausbezahlt, ist genau eine weiße Kugel darunter, muss man 3 € bezahlen.

$\Omega = \{ ss, sr, sw, rs, rr, rw, ws, wr, ww, \}$,

mit $\omega_1 = \{ ss \}$, $\omega_2 = \{ rr, ww \}$, $\omega_3 = \{ sw, rw, ws, wr, \}$, $\omega_4 = \{ sr, rs \}$ wird der Ergebnisraum zu $\Omega = \{ \omega_1, \omega_2, \omega_3, \omega_4 \}$ vergröbert.

Der Auszahlungsplan legt die Zufallsgröße X fest.

Ergebnis	X	P
ω_1	4	$\frac{1}{9}$
ω_2	2	$\frac{2}{9}$
ω_3	−3	$\frac{4}{9}$
ω_4	0	$\frac{2}{9}$

Ordnet man jeder Realisation einer Zufallsgröße *X* einen Wahrscheinlichkeitswert zu, so entsteht eine Funktion, die man Wahrscheinlichkeitsverteilung von X nennt: $x_i \rightarrow P(X = x_i)$.

Die Summe aller Wahrscheinlichkeiten einer Wahrscheinlichkeitsverteilung ist 1.

Wahrscheinlichkeitsfunktion

Die Funktion $f(x)$, die jeder reellen Zahl $x \in R$ die Wahrscheinlichkeit $P(X = x)$ zuordnet, heißt Wahrscheinlichkeitsfunktion der Zufallsgröße X. Diese Funktion ist nur an den diskreten Stellen x_i von Null verschieden ($i = 1, 2, 3, \ldots$).

Beispiel:

(Fortsetzung)

x	−3	0	2	4	sonst
$f(x)$	$\frac{4}{9}$	$\frac{2}{9}$	$\frac{2}{9}$	$\frac{1}{9}$	0

17. Stochastik

Der Graph dieser Wahrscheinlichkeitsverteilung besteht aus vier Punkten und Teilstrecken auf der x-Achse. Die Wahrscheinlichkeitsverteilung hat eine formale Ähnlichkeit mit der Häufigkeitsverteilung aus der beschreibenden Statistik.

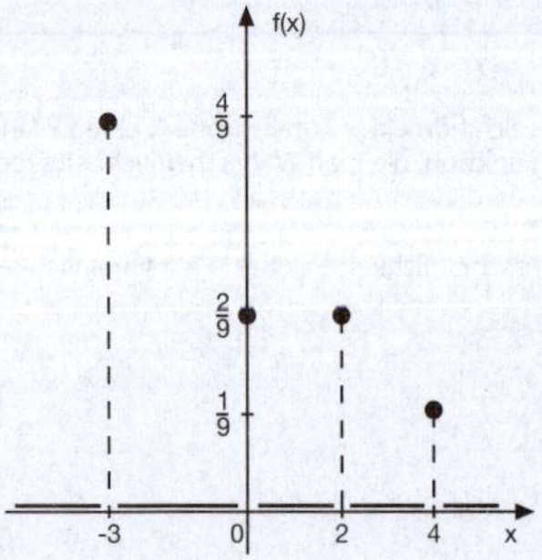

Verteilungsfunktion

X ist eine Zufallsgröße mit den Realisationen $\{ x_1, x_2, \ldots, x_k \}$.
Die für alle $x \in R$ definierte Funktion F mit

$$F(x) = P(X \leq x) = \sum_{x_i \leq x} = P(X = x_i)$$

ist die Verteilungsfunktion von X.

Die Wertemenge jeder Verteilungsfunktion ist [0 ; 1]. Jede Verteilungsfunktion ist monoton steigend.

Die Wahrscheinlichkeiten der Realisationen werden in Richtung der Zahlenachse kumulativ aufsummiert. Links von der kleinsten Realisation nimmt die Funktion stets den Wert 0 an, rechts von der größten Realisation hat die Funktion stets den Wert 1.

$P(a < X \leq b) = F(b) - F(b)$.
Die Verteilungsfunktion hat eine formale Ähnlichkeit mit der Summenverteilung aus der beschreibenden Statistik.

Beispiel.

(Fortsetzung)

$$F(x) = \begin{cases} 0 & \text{für } x \in]-\infty; -3[\\ \frac{4}{9} & \text{für } x \in [-3; 0[\\ \frac{6}{9} & \text{für } x \in [0; 2[\\ \frac{8}{9} & \text{für } x \in [2; 4[\\ 1 & \text{für } x \in [4; +\infty[\end{cases}$$

Es handelt sich um eine abschnittsweise definierte Funktion. Die Trennstellen der einzelnen Abschnitte sind die Realisationen der Zufallsgröße.

Der Graph dieser Verteilungsfunktion ist die folgende Treppenkurve:

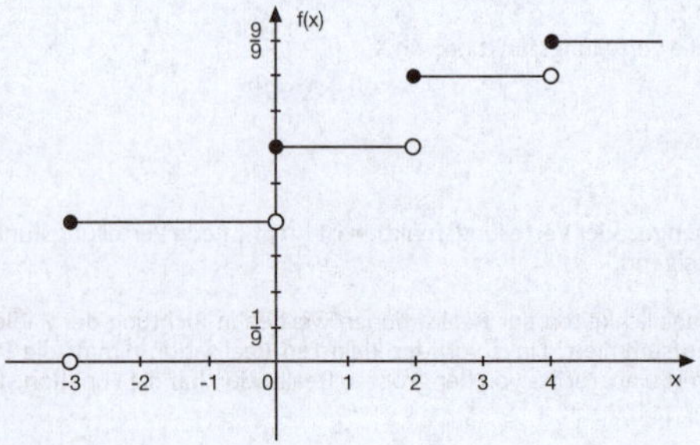

17.11 Verteilungsparameter

Erwartungswert

Die Realisationen einer Zufallsgröße X sind $\{ x_1, x_2, \dots , x_k \}$. Die Wahrscheinlichkeiten der Realisationen sind gegeben. Unter dem Erwartungswert der Zufallsgröße X versteht man die Zahl (Parameter)

$$E(X) = x_1 \cdot P(X = x_1) + x_2 \cdot P(X = x_2) + \dots + x_k \cdot P(X = x_k) =$$

$$= \sum_{i=E_1}^{k} x_i \cdot P(X = x_i) \; .$$

Bei festgelegten Verteilungen bezeichnet man den Erwartungswert auch mit dem griechischen Buchstaben μ. Der Erwartungswert ist das mit den Wahrscheinlichkeiten gewogene arithmetische Mittel der Realisationen.

Die Zahl E(X) ist in der Nähe derjenigen Realisation, die mit der größten Wahrscheinlichkeit angenommen wird. E(X) ist ein Verteilungsparameter (eine Verteilungskennzahl).

Regeln zum Erwartungswert:

$E(X) = a$, falls $X(\omega) = a$

$E(cX) = c \cdot E(X)$

$E(X_1 + X_2) = E(X_1) + E(X_2)$

Varianz

Die Realisationen einer Zufallsgröße X sind $\{x_1, x_2, \ldots, x_k\}$, und der Erwartungswert ist μ.
Die positive Zahl

$$Var(X) = E\left((X - \mu)^2\right) = \sum_{i=1}^{k} (x_i - \mu)^2 \cdot P(X = x_i) = E(X^2) - (E(X))^2$$

heißt Varianz von X.

Die Quadratwurzel aus der Varianz von X, also die Zahl $\sqrt{Var(X)}$, heißt Standardabweichung von X. Bei festgelegten Verteilungen bezeichnet man die Varianz und die Standardabweichung auch mit griechischen Buchstaben:
$Var(X) = \sigma^2$, $\sqrt{Var(X)} = \sigma$.

Die Varianz ist ein Maß für die Abweichung der Realisationen vom Erwartungswert, ebenso die Standardabweichung. Die Varianz ist das mit den Wahrscheinlichkeiten gewogene arithmetische Mittel aus den quadratischen Abweichungen der Realisationen vom Erwartungswert.

Varianz und Standardabweichung sind Parameter der Wahrscheinlichkeitsverteilung. Die Varianz ist vergleichbar mit der Streuung aus der beschreibenden Statistik.

Regeln zur Varianz:

$\mathrm{Var}(X + a) = \mathrm{Var}(X)$

$\mathrm{Var}(aX) = a^2 \cdot \mathrm{Var}(X)$

$\mathrm{Var}\left(\sum_{i=1}^{n} X_i\right) = \sum_{i=1}^{n} \mathrm{Var}(X_i),$

wenn X_i paarweise unabhängige Zufallsgrößen sind

Beispiel:

Aus einem Zufallsexperiment ergibt sich die Wahrscheinlichkeitsverteilung einer Zufallsgröße X (1. und 2. Spalte). Die 3. Spalte wird zur Berechnung des Erwartungswerts E(X), die 4. und 5. Spalte zur Berechnung von $E(X^2)$ benötigt.

$E(X) = 7{,}3\,,\ (E(X))^2 = 53{,}3$

$\mathrm{Var}(X) = E(X^2) - (E(X))^2 = 217 - 53{,}3 = 163{,}7;\ \sigma = \sqrt{163{,}7} = 12{,}8$

x_k	f_k	$x_k f_k$	x_k^2	$x_k^2 f_k$
0	0,54	0	0	0
10	0,36	3,6	100	36
30	0,09	2,7	900	81
100	0,01	1,0	10000	100
		7,3		217

17. Stochastik

Ungleichung von Tschebyscheff

$$P(|X - E(X)| \geq \varepsilon) \leq \frac{Var(X)}{\varepsilon^2}$$

Diese Abschätzung gilt für $\varepsilon > 0$ und für jede beliebige Verteilung.

Beispiel:

Die Zufallsgröße X hat eine unbekannte Verteilung mit $E(X) = 10$ und $Var(X) = 5{,}5$.

$$P(|X - 10| \geq 8) =$$
$$= P(X \leq 2 \vee X \geq 18) =$$
$$= 1 - P(2 < X < 18) \geq 1 - \frac{5{,}5}{64} =$$
$$= 1 - 0{,}086 = 0{,}914$$

Standardisierung einer Zufallsgröße

Eine Zufallsgröße Z nennt man standardisiert, wenn sie den Erwartungswert $E(Z) = 0$ und die Varianz $Var(Z) = 1$ hat.

Ist die Zufallsgröße X mit $E(X) = \mu$ und $Var(X) = \sigma_X^2$ gegeben, so lässt sie sich nach folgender Formel standardisieren:

$$Z = \frac{X - \mu}{\sigma_X}$$

Kovarianz und Korrelation

Die Kovarianz misst den Grad der stochastischen Abhängigkeit zwischen zwei Zufallsgrößen X und Y, sie ist eine reelle Zahl.

$$\text{Cov}(X, Y) = E[(X - E(X))(Y - E(Y))] = E(X \cdot Y) - E(X) \cdot E(Y)$$

Die auf das Intervall [−1 ; 1] genormte Kovarianz heißt Korrelationskoeffizient.

Korrelationskoeffizient:

$$\rho(X, Y) = \frac{\text{Cov}(X, Y)}{\sqrt{\text{Var}(X)} \cdot \sqrt{\text{Var}(Y)}}$$

17.12 Binomialverteilung

Bernoulli-Experiment

Unter einem Bernoulli-Experiment versteht man ein Zufallsexperiment mit genau zwei Ausgängen (T = Treffer, N = Niete) mit

$P(T) = p$, $P(N) = q$, $p + q = 1$.

Eine Folge von *n* unabhängigen Bernoulli-Experimenten mit der Trefferwahrscheinlichkeit *p* heißt Bernoulli-Kette mit den Parametern *p* und *n*. *n* ist die Länge der Bernoulli-Kette.

Beispiel:

Das zehnmalige Werfen einer Münze ist eine Bernoulli-Kette mit $p = 0{,}5$, $q = 0{,}5$ und $n = 10$.

Genau *k* Treffer

Die Wahrscheinlichkeit $B(n; p; k)$ für k Treffer in einer Bernoulli-Kette der Länge n ist gegeben durch:

$B(n; p; k) = \binom{n}{k} \cdot p^k \cdot q^{n-k}$.

Die Zufallsgröße X sei die Anzahl der Ausgänge T bei der Bernoulli-Kette der Länge n.

Für die Realisationen x_i gilt: $x_i = 0, 1, \dots, n$.

Die Wahrscheinlichkeitsverteilung von X dieser Bernoulli-Kette heißt Binomialverteilung:

$$P(X = x) = f(x) = \binom{n}{x} \cdot p^x \cdot q^{n-x},\ x = 0, 1, \dots, n$$

In Tabellenbüchern findet man die Werte $B(n; p; k)$ für gängige Parameter schon ausgerechnet angegeben.

Ist X eine binomialverteilte Zufallsgröße, so lassen sich Erwartungswert und Varianz leicht berechnen:
$E(X) = np$, $\mathrm{Var}(X) = np(1 - p)$.

Höchstens *k* Treffer

Die Frage nach höchstens *k* Treffern bei einer Bernoulli-Kette der Länge *n* führt auf den Wert $F_{n;p}(k)$ der Verteilungsfunktion von X an der Stelle *k*:

$$P(X \leq k) = f(0) + f(1) + \ldots + f(k) = \sum_{i=0}^{k} B(n; p; i)$$

Mindestens *k* Treffer

Die Frage nach mindestens *k* Treffern bei einer Bernoulli-Kette der Länge *n* führt auf den Wert $1 - F_{n;p}(k)$ der Verteilungsfunktion von X:

$$P(X \geq k) = f(k) + f(k+1) + \ldots + f(n) = \sum_{i=k}^{n} B(n; p; i)$$

Die Verteilungsfunktion $F_{n;p}(k-1)$ findet man in Tabellenbüchern für gängige Parameter *n* und *p*.

Mindestens *k* und höchstens *m* Treffer

Die Frage nach mindestens *k* Treffern und höchstens *m* Treffern bei einer Bernoulli-Kette der Länge *n* führt auf den Wert $F_{n;p}(m) - F_{n;p}(k-1)$ der Verteilungsfunktion von X:

$$P(k \leq X \leq m) = f(k) + f(k+1) + \ldots + f(m) = \sum_{i=k}^{m} B(n; p; i)$$

Beispiel:

In einer Urne befinden sich vier rote und sechs schwarze Kugeln. Es werden zehn Kugeln mit Zurücklegen entnommen.

Die Zufallsgröße X ist die Anzahl der roten Kugeln unter den entnommenen:

$p = \frac{4}{10} = 0{,}4$, $q = \frac{6}{10} = 0{,}6$.

Die Wahrscheinlichkeit, dass genau sechs rote unter den zehn Kugeln sind, kann man aus der Tabelle entnehmen:

$P(X = 6) = f(6) = B(10; 0{,}4; 6) = 0{,}1115$

oder durch Rechnung ermitteln:

$B(10; 0{,}4; 6) = \binom{10}{6} \cdot 0{,}4^6 \cdot 0{,}6^4 = 0{,}1115$

Die Wahrscheinlichkeit, dass höchstens sechs rote Kugeln unter den entnommenen sind, ist:

$P(X \leq 6) = F_{10;0,4}(6) = 0{,}9452$ (Tabelle).

Die Wahrscheinlichkeit, dass mindestens sechs rote Kugeln unter den entnommenen sind, ist:

$P(X \geq 6) = 1 - F_{10;0,4}(5) = 1 - 0{,}8338 = 0{,}1662$.

Die Wahrscheinlichkeit, dass mindestens drei, aber nicht mehr als sieben rote Kugeln unter den entnommenen sind, ist:

$P(3 \leq X \leq 7) = F_{10;0,4}(7) - F_{10;0,4}(2) =$
$= 0{,}9877 - 0{,}1673 = 0{,}8204$.

17.13 Poissonverteilung

Für kleine Werte von p und sehr große n ($n \to \infty$) geht die Binomialverteilung in die Poissonverteilung über.

Dabei bleibt der Erwartungswert erhalten $E(X) = \mu = np$, die Varianz ist gleich dem Erwartungswert $Var(X) = E(X) = \mu = np$.

Ist X eine poissonverteilte Zufallsgröße, dann gilt für ihre Wahrscheinlichkeitsverteilung:

$$P(X = x) = f(x) = \begin{cases} \frac{\mu^x \cdot e^{-\mu}}{x!} & , x \in N \\ 0 & , \text{sonst} \end{cases}$$

$\mu = np$

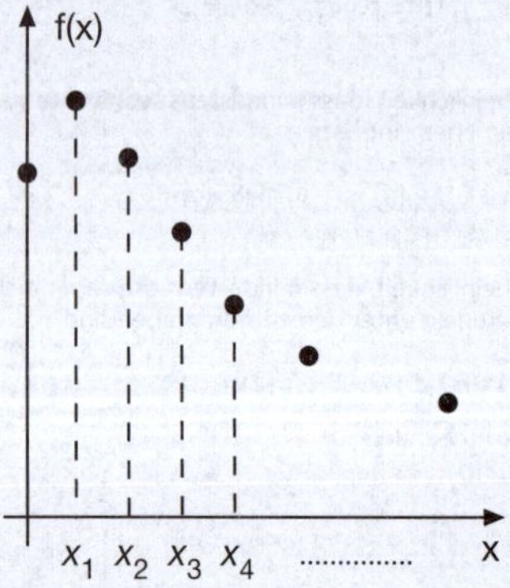

Beispiel:

Die Wahrscheinlichkeit, dass beim Skatspielen einer der drei Spieler alle vier Buben auf die Hand bekommt, ist $p = 0{,}0175$.

Wie groß ist die Wahrscheinlichkeit, dass dieses Ereignis bei 100 Spielen mindestens einmal eintritt?

Die Werte der Parameter $n = 100$ und $p = 0{,}0175$ rechtfertigen den Übergang von der Binomialverteilung zur Poissonverteilung mit $\mu = 100 \cdot 0{,}0175 = 1{,}75$.

$$P(X \geq 1) = 1 - P(X = 0) = 1 - \frac{1{,}75^0 \cdot e^{-1{,}75}}{0!}$$

$$1 - e^{-1{,}75} = 1 - 0{,}1738 = 0{,}8262.$$

In der Tafel zur Poissonverteilung ist $\mu = 1{,}75$ nicht aufgeführt. Man muss zwischen den Werten 1,7 und 1,8 interpolieren.

17.14 Normalverteilung

Die Normalverteilung eines Merkmals aus der beschreibenden Statistik ergibt sich besonders bei Grundgesamtheiten aus der Medizin, Biologie, Psychologie, Physik und der Sozial- und Wirtschaftsstatistik.
Beispielsweise sind Abmessungen bei Menschen, Tieren und Pflanzen genauso normal verteilt wie der Gehalt an roten Blutkörperchen oder der Intelligenzquotient. In der Physik sind es die fehlerbehafteten Messgrößen, Schwingungsamplituden oder Größen bei atomaren Teilchen.

Es gibt zu den genannten Anwendungsbereichen Zufallsexperimente, zu denen man normal verteilte Zufallsgrößen definieren kann, und zwar solche, die in einem Bereich der Zahlengeraden jeden Wert annehmen können. Man nennt sie stetige Zufallsgrößen, sie entsprechen den quantitativen (metrisch skalierten) Merkmalen der beschreibenden Statistik. Die Wahrscheinlichkeitsfunktion einer stetigen Zufallsgröße nennt man auch Dichtefunktion. Die Verteilungsfunktion ist eine Stammfunktion der Dichtefunktion.

Eine stetige Zufallsgröße X heißt normal verteilt, wenn ihre Dichtefunktion folgende Vorschrift hat:

$$f(x) = \frac{1}{\sqrt{2\pi} \cdot \sigma} \cdot e^{-\frac{1}{2} \cdot \left(\frac{x-\mu}{\sigma}\right)^2}$$

Erwartungswert: $E(X) = \mu$,

Varianz: $Var(X) = \sigma^2$

Wird die stetige Zufallsgröße X gemäß der Formel $U = \frac{X - \mu}{\sigma}$ umgewandelt, so erhält man die standardisierte Normalverteilung $\varphi(u)$ mit ihrer Verteilungsfunktion $\Phi(u)$:

$$\varphi(u) = \frac{1}{\sqrt{2\pi}} \cdot e^{-\frac{1}{2} \cdot u^2}$$

$$\Phi(u) = \frac{1}{\sqrt{2\pi}} \cdot \int_{-\infty}^{u} e^{-\frac{1}{2} \cdot t^2} dt$$

Beide Funktionen liegen für $u \geq 0$ tabelliert vor, wobei $\Phi(-u) = 1 - \Phi(u)$ gilt.

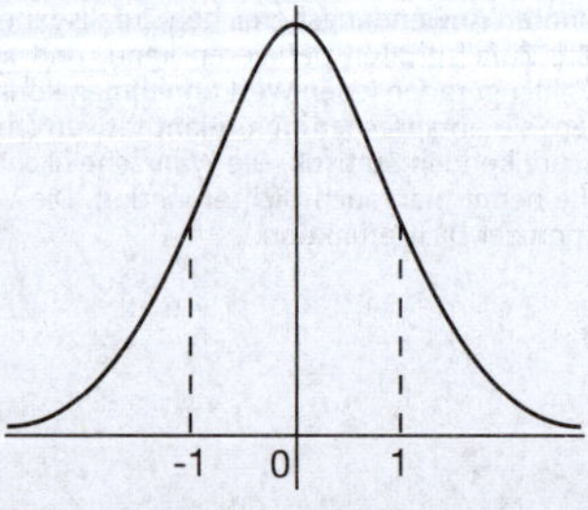

Beispiel:

X ist eine (150; 22) normal verteilte Zufallsgröße, also mit den Parametern $\mu = 150$, $\sigma = 22$.

$$P(X \leq 190) = F(190) = \Phi(\frac{190-150}{22}) =$$
$$= \Phi(1{,}8) = 0{,}9641 \text{ (Tabelle)}$$

$$P(X \leq 102) = \Phi(\frac{102-150}{22}) = \Phi(-2{,}182) =$$
$$= 1 - \Phi(2{,}182) = 1 - 0{,}9855 = 0{,}0145$$

$$P(X \geq 130) = 1 - F(130) = 1 - \Phi(\frac{130-150}{22}) =$$
$$= 1 - \Phi(-0{,}909) = \Phi(0{,}909) = 0{,}8183 \text{, durch Interpolation}$$

$$P(177{,}5 \leq X \leq 192{,}9) =$$
$$\Phi(\frac{192{,}9-150}{22}) - \Phi(\frac{177{,}5-150}{22}) =$$
$$= \Phi(1{,}95) - \Phi(1{,}25) = 0{,}9744 - 0{,}8944 = 0{,}08$$

Eine B(n ; p)-binomialverteilte Zufallsgröße X mit abzählbar vielen Realisationen kann man für große n (Faustregel $n > 30$) annähernd durch die stetige Normalverteilung N($n\,p$; $\sqrt{n\,p(1-p)}$) ersetzen.

Beim Übergang zur Standard-Normalverteilung gilt dann:

$$P(a \leq X \leq b) = \sum_{x=a}^{b} \binom{n}{x} \cdot p^x (1-p)^{n-x} \approx$$
$$\approx \Phi\left(\frac{b+0{,}5-n\,p}{\sqrt{n\,p(1-p)}}\right) - \Phi\left(\frac{a-0{,}5-n\,p}{\sqrt{n\,p(1-p)}}\right)$$

Der Übergang von einer diskreten zu einer stetigen Verteilung kann nicht exakt, sondern nur annähernd vollzogen werden, da die einzelnen Wahrscheinlichkeiten der Binomialverteilung in Bereichswahrscheinlichkeiten der Ereignisse $k - 0{,}5 \leq X \leq k + 0{,}5$ der Normalverteilung umgewandelt werden müssen.

Beispiel:

Eine Münze wird 600-mal geworfen.

Die diskrete Zufallsgröße X ist B(600; 0,5)-binomialverteilt mit $E(X) = 600 \cdot 0{,}5 = 300$ und $\sqrt{Var(X)} = 12{,}25$.

$$P(X \le 350) = \sum_{i=0}^{350} B(600; 0{,}5; i) =$$

$$F(350) \approx \Phi\left(\frac{350 + 0{,}5 - 300}{12{,}25}\right) = \Phi(4{,}12) = 0{,}99998$$

$$P(300 \le X \le 320) = \sum_{i=300}^{320} B(600; 0{,}5; i) \approx$$

$$\approx \Phi\left(\frac{320 + 0{,}5 - 300}{12{,}25}\right) - \Phi\left(\frac{300 - 0{,}5 - 300}{12{,}25}\right) =$$

$$\approx \Phi(1{,}673) - \Phi(-0{,}041) =$$

$$\approx \Phi(1{,}673) - (1 - \Phi(0{,}041)) = 0{,}4696$$

Die Einsetzungen 350 + 0,5 anstelle 350, 320 + 0,5 anstelle 320 sowie 300 − 0,5 anstelle 300 sind wegen des Übergangs von einer diskreten in eine stetige Verteilung notwendig.

Zentraler Grenzwertsatz

X_i ($i = 1, 2, 3, \ldots, n$) seien n beliebig verteilte unabhängige Zufallsgrößen mit den Erwartungswerten μ_i und den Varianzen σ_i^2.

Dann hat die Zufallsgröße $X = \sum_{i=1}^{n} X_i$ den Erwartungswert $\mu = \sum_{i=1}^{n} \mu_i$ und die Varianz $Var\,X = \sigma = \sum_{i=1}^{n} \sigma_i^2$ und X ist annähernd normal verteilt: $P(X \le x) \approx \Phi\left(\frac{x - \mu}{\sigma}\right)$.

Ab $n > 30$ ergibt sich eine brauchbare Annäherung. Sind die X_i bereits normal verteilt, dann ist X exakt normal verteilt.

17.15 Hypergeometrische Verteilung

In einer Urne sind N Objekte, davon haben K Objekte die Eigenschaft T und die restlichen $N - K$ Objekte die Eigenschaft $\overline{T}$.

Entnimmt man daraus zufällig eine Stichprobe ohne Zurücklegen von n Objekten, so sind die einzelnen Entnahmen nicht unabhängig. Die Zufallsgröße X gibt die Zahl k der Objekte in der Stichprobe an, welche die Eigenschaft T haben.
Die Wahrscheinlichkeitsverteilung von X nennt man hypergeometrische Verteilung H.

Hypergeometrische Verteilung:

$$H(N; K; n; k) = \frac{\binom{K}{k} \cdot \binom{N-K}{n-k}}{\binom{N}{n}}$$

$k = 0, 1, 2, 3, \ldots, n$

Beispiel:

$N = 10, K = 6, n = 4.$

Die Wahrscheinlichkeit, dass in der Stichprobe $k = 2$ Objekte der Eigenschaft T sind, ergibt sich durch:

$$H(10; 6; 4; 2) = \frac{\binom{6}{2} \cdot \binom{10-6}{4-2}}{\binom{10}{4}} = \frac{3}{7}$$

17.16 Stichproben

Eine Stichprobe ist eine zufällig ausgewählte beliebige echte Teilmenge einer Grundgesamtheit.

Um die echte Zufälligkeit der Auswahl zu garantieren, gibt es verschiedene Arten von Auswahlverfahren. Eine Möglichkeit ist beispielsweise, die Elemente der Grundgesamtheit zu nummerieren und daraufhin in einer Zufallszahlentabelle eine Serie von Nummern auszuwählen. Die Gesamtheit der Objekte mit den gewählten Nummern ist die Stichprobe aus der Grundgesamtheit. Diese Methode verleiht jeder Folge von N Objekten der Grundgesamtheit die gleiche Wahrscheinlichkeit, zur Stichprobe zu gehören, außerdem jedem Element einer Stichprobe dieselbe Wahrscheinlichkeit, gezogen zu werden. Wenn n Elemente als Stichprobe gezogen werden, dann entspricht dies n Ausführungen des Experiments „Ziehen eines Objekts". Die angegebene Zufallsauswahl garantiert die Unabhängigkeit dieser n Ausführungen.

Bevor der Abschätzungsprozess der Grundgesamtheit durch die Stichprobe beginnen kann, muss die Stichprobe „geeicht" werden. Dazu verwendet man eine hinlänglich bekannte Grundgesamtheit, entnimmt die Stichprobe und stellt die Häufigkeitsverteilung des Merkmals auf. Diese Verteilung (empirische Verteilung) vergleicht man dann mit der im Voraus berechneten Wahrscheinlichkeitsverteilung für das Eintreffen des Merkmals. Falls sich diese Verteilungen innerhalb gewisser zulässiger Fehlergrenzen decken, dann ist das Stichprobenauswahlverfahren brauchbar. Manchmal genügt auch der Vergleich der Parameter von beiden Verteilungen.

Eine zufällige Stichprobe wird dann zum Abschätzen von Grundgesamtheiten verwendet. Beispielsweise kann man aus dem Anteil m eines Merkmals in der Stichprobe den Anteil M desselben Merkmals in der Grundgesamtheit abschätzen oder aus dem Mittelwert eines Merkmals der Stichprobe den unbekannten Mittelwert desselben Merkmals in der Grundgesamtheit abschätzen.

Aufgaben

1. Addition:

a)
```
    254
+   371
```

b)
```
    379
+   780
+   578
```

c)
```
   1785
+   369
+   158
```

d)
```
  10002
+   115
+     3
```

2. Subtraktion:

a)
```
    381
-    50
```

b)
```
    725
-    97
```

c)
```
   3584
-   258
-    32
```

d)
```
   1357
-   249
-   177
```

3. Multiplikation:

a) $89 \cdot 4$

b) $37 \cdot 5$

c) $136 \cdot 22$

d) $571 \cdot 17$

4. Division:

a) $81 : 3$

b) $195 : 3$

c) $156 : 13$

d) $173 : 14$

5. Ist 39 eine Primzahl? Wieso?

6. Die folgenden Zahlen sind in Primfaktoren zu zerlegen:

a) 640

b) 28875

7. Sind die folgenden Aussagen wahr oder falsch?

a) $3 \mid 62352$

b) $4 \mid 6438722$

8. a) $7(23-25) =$

b) $3 + 7 \cdot 5 =$

c) $(3+7) \cdot 5 =$

d) $2 \cdot 6 - 4 \cdot 3 =$

9. a) $3a + 4a =$

b) $3c \cdot c =$

c) $15d - 9f + 7d + 12f =$

d) $28d : 4 =$

10. Die Klammern sind erst aufzulösen und anschließend zusammenzurechnen:

a) $(17b + 7b) : 8 =$

b) $2(5 - 3x) =$

c) $9j(5k - 2) =$

d) $-(4i + 6) =$

11. Die Terme sind so weit wie möglich zusammenzufassen:

a) $7a + 63b =$

b) $4c - 12d + 16cd =$

c) $h \cdot h + h =$

d) $5f + 8j - 35h - 5(f - 7h) - 2(4j) =$

12. Die Terme sollen zuerst ausmultipliziert und dann zusammengefasst werden:

a) $2c(5b(2f-7)) =$

b) $3m - (4x(-6y + 3n)) + 2(6xn) - 15xy =$

13. Wie lautet die Gegenzahl zu

a) 97

b) – 869

c) – 0,789

d) 39

14. a) $3 \cdot 10^4 + 5 \cdot 10^3 + 0 \cdot 10^2 + 1 \cdot 10^1 + 4 \cdot 10^0 =$

b) $1 \cdot 10^0 + 1 \cdot 10^{-1} + 9 \cdot 10^{-2} =$

15. Der Bruch $\frac{69300}{193050}$ ist in Primfaktoren zu zerlegen und daraufhin so weit wie möglich zu kürzen.

16. Wie lautet die Schreibweise als Bruchzahl:

a) Nenner: 50, Zähler: 6

b) Nenner: 7, Zähler: 3

c) Nenner: 9, Zähler: 4

d) Nenner: 6, Zähler: 0

17. Wie groß ist der Anteil der Figur, der als Bruch angegeben ist. Man schraffiere in der Figur:

a) $\frac{3}{4}$ 

b) $\frac{3}{6}$ 

c) $\frac{1}{5}$ 

18. Die Brüche sind in ganze oder gemischte Zahlen zu verwandeln:

a) $\frac{7}{4}$

b) $\frac{9}{2}$

c) $\frac{5}{1}$

d) $\frac{72}{9}$

e) $\frac{0}{6}$

f) $\frac{13}{12}$

19. Die Zahlen sind in unechte Brüche umzuwandeln:

a) $3\frac{6}{7}$

b) $5\frac{1}{10}$

c) 2 als 19tel (im Nenner steht die 19)

d) $4\frac{5}{8}$

e) $110\frac{2}{10}$

f) 19 als 5tel (im Nenner steht die 5)

20. Die folgenden Brüche sind am Zahlenstrahl darzustellen:

$\frac{3}{4}, \frac{2}{2}, \frac{0}{7}, \frac{3}{12}$

21. Die folgenden Brüche sind auf den Hauptnenner zu bringen:

a) $\frac{7}{2}$ und $\frac{1}{14}$

b) $\frac{9}{7}$ und $\frac{6}{8}$

22. Addition:

a) $\frac{1}{2} + \frac{1}{2} =$

b) $\frac{3}{12} + \frac{5}{12} =$

c) $\frac{2}{8} + \frac{5}{7} =$

d) $\frac{6}{9} + \frac{1}{3} =$

e) $1\frac{1}{3} + 3\frac{1}{3} =$

f) $3\frac{1}{8} + 2\frac{3}{4} =$

23. Subtraktion:

a) $\frac{7}{25} - \frac{2}{25} =$

b) $\frac{13}{18} - \frac{11}{18} =$

c) $\frac{2}{4} - \frac{1}{3} =$

d) $\frac{1}{4} - \frac{1}{5} =$

e) $9\frac{1}{4} - 2\frac{3}{4} =$

f) $1\frac{6}{7} - 1\frac{2}{21} =$

24. Multiplikation:

a) $\frac{2}{4} \cdot \frac{9}{7} =$

b) $1\frac{5}{7} \cdot \frac{1}{2} =$

c) $1\frac{7}{88} \cdot \frac{64}{30} =$

25. Division:

a) $\frac{1}{2} : \frac{2}{3} =$

b) $\frac{1}{4} : \frac{9}{8} =$

c) $\left(-1\frac{1}{4}\right) : \left(\frac{20}{3}\right) =$

26. a) $\frac{1}{2} \cdot \left(\frac{2}{5} + \frac{1}{5}\right) =$

b) $1\frac{1}{8} + \left(\frac{1}{20} \cdot 2\frac{1}{2}\right) =$

27. Wie lautet die Schreibweise als Zehner- oder Dezimalbruch?

a) 0,274

b) $\frac{58}{100}$

c) $9\frac{4}{10}$

28. Folgende Dezimalzahlen sollen gerundet werden:

a) Auf die 4. Stelle genau: 97,897651

b) Auf die 1. Stelle genau: 0,17

c) Auf die 2. Stelle genau: 0,771

d) Auf die 3. Stelle genau: 7,66121

29. Addition:

a)
```
   1,78
+ 17,01
```

b)
```
   1,00
+  0,19
```

c)
```
   2,56
+  3,67
```

d)
```
  14,98
+  9,32
```


30. Subtraktion:

a)
```
   1,78
−  1,01
```

b)
```
  27,18
−  1,77
−  9,78
```

c)
```
  15,36
−  6,48
```

d)
$$\begin{array}{r} 75{,}69 \\ -\quad 0{,}15 \\ -\ \underline{24{,}96} \end{array}$$

31. Multiplikation:

a) $7{,}68 \cdot 71 =$

b) $86{,}7 \cdot 1{,}1 =$

c) $1{,}356 \cdot 2{,}25 =$

d) $23{,}486 \cdot 12{,}69 =$

32. Division:

a) $86 : 430 =$

b) $9 : 4 =$

c) $25 : 1250 =$

d) $81 : 36 =$

33. a) $(+15) - (+7) =$

b) $(+4) + (-27) =$

c) $(-18) - (-27) =$

d) $(-3) + (-14) =$

34. a) $(-11) \cdot (+3) =$

b) $(+15) \cdot (-2) =$

c) $(+18) : (-6) =$

d) $(-21) : (-3) =$

35. Die folgenden Größen sind in die angegebenen Maßeinheiten umzurechnen:

a) 7 km = m

b) 40 mg = g

c) 70 m^3 = km^3

d) 1 dm = km

e) 971 ml = l

f) 78 m^2 = a

36. a) 78 mm + 971 mm = mm

b) 91 s + 73 s = s

c) 2 dm + 7 dm = dm

d) 1 l − 1 dl = l

e) 1 mg + 50 g = g

f) 2 km − 91 m = m

37. a) $2\ \text{m} \cdot 2\ \text{m} =$

b) $4 \cdot 97\ \text{ml} =$

c) $60\ \text{s} : 4 =$

d) $33\ \text{kg} : 11\ \text{kg} =$

e) $1\ \text{km} \cdot 7\ \text{m} =$

f) $21\ \text{dm} : 7\ \text{cm} =$

38. Man berechne $(u - 2v)^6$ mit dem binomischen Lehrsatz und dem Pascal'schen Dreieck.

39. Folgende Aufgaben sollen mithilfe der ersten bis dritten binomischen Formel berechnet werden:

a) $(a + 3)^2 -$

b) $(15x + 2ay)^2 =$

c) $(4a - 9b)^2 =$

d) $(ax - 4y)^2 =$

e) $(3(7x - 5) - 4y)^2 =$

f) $(x - 3)(x + 3) =$

g) $(x - 2y)(x + 2y) =$

40. Die Formeln für die Binome 3. Grades sind zu ermitteln:

a) Mithilfe des Pascal'schen Dreiecks $(a + b)^3$

b) Mithilfe des binomischen Satzes $(a - b)^3$

41. Mithilfe der binomischen Formel soll berechnet werden:

a) $(x - 3y)^3 =$

b) $(2x + y)^4 =$

42. Wie lautet die Definitionsmenge und die Lösungsmenge von folgenden Gleichungen?

a) $\frac{10}{6x - 2} = \frac{10}{3x + 4}$

b) $\frac{1}{x - 3} - \frac{1}{x + 5} = \frac{4}{10}$

43. Wie lautet die Lösungsmenge, wenn die Grundmenge G = R und die Definitionsmenge D = R ist?

a) $2x - 2 = 0$

b) $3x = x - 2{,}6$

c) $2x - a = 5a$

d) $\frac{3}{4}x = \frac{1}{2}$

e) $4{,}6x + 0{,}9 = 3{,}6x + 2{,}7$

f) $\frac{7}{2}x - 1{,}5 = \frac{2}{4}x$

44. Um im Urlaubsjet die verbleibende Reiseflugdauer bis zum Zielflughafen zu berechnen, wird im Computer prinzipiell die Gleichung: Entfernung = Flugdauer · Fluggeschwindigkeit verwendet. Somit kann man für folgende Daten die Flugdauer bis zum Urlaubsort berechnen:

Entfernung bis zum Zielflughafen: 735 km

Fluggeschwindigkeit: 980 km/h

45. Für folgende Gleichungen ist die Lösung mithilfe der allgemeinen Lösungsformel anzugeben.

a) $5x + 3 = 2x - 2$

b) $2 = \frac{1}{2}x + 5$

c) $3{,}2x + 4{,}8 = 2{,}8 - 0{,}8x$

d) $\frac{2}{3}x + \frac{4}{16} = \frac{1}{6}x - \frac{1}{4}$

46. Wie lautet die Lösungsmenge für folgende quadratische Gleichungen, wenn die Grundmenge G = R und die Definitionsmenge D = R ist?

a) $x^2 = 49$

b) $x^2 = 15$

c) $x^2 = -9$

d) $x^2 = \frac{9}{25}$

47. Folgende einfache quadratische Gleichungen sind zu lösen (Grundmenge G = R, Definitionsmenge D = R):

a) $x^2 - 16 = 0$

b) $x^2 + 9 = 0$

c) $6x^2 - 54 = 0$

d) $\frac{1}{2}x^2 + x = 0$

e) $2x^2 - x = 0$

f) $x^2 - 7x = 0$

48. Die folgenden quadratischen Gleichungen können mithilfe der Lösungsformel berechnet werden (Grundmenge G = R, Definitionsmenge D = R):

a) $x^2 + x - 6 = 0$

b) $x(x - 5) = -40 + 8x$

c) $-50x - 140 = 55 - 5x^2$

d) $x^2 - 62x + 392 = -x^2 + 22x - 490$

49. Die Anzahl der Lösungen ist anzugeben. Dazu ist es nötig, die Diskriminante zu berechnen (Grundmenge G = R, Definitionsmenge D = R):

a) $-x^2 + 2x + 1 = 0$

b) $x^2 - 3x + \frac{9}{4} = 0$

c) $x^2 - 3x + 3 = 0$

d) $2x^2 - 16x = 2x - 28$

50. Die Falldauer eines Blumentopfs von einem Fensterbrett in 20 m Höhe kann folgendermaßen berechnet werden:

$s = \frac{1}{2} \cdot a \cdot t^2$;

Fallbeschleunigung: $a = 9{,}81\,\frac{m}{s^2}$;

$s = 20$ m

51. Die Gleichungen sind mit Hilfe des Satzes von Vieta zu lösen:

a) $x^2 - 2x + 1 = 0$

b) $x^2 - x - 20 = 0$

c) $2x^2 + 2x - 12 = 0$

52. Die folgenden Aufgaben sind durch quadratische Ergänzungen zu berechnen:

a) $x^2 + 4x - 5 = 0$

b) $x^2 - 6x - 7 = 0$

c) $x^2 + 2x - 24 = 0$

53. Wie lautet die Lösungsmenge
(Definition D = R, Grundmenge G = R)?

a) $x^3 - 2x^2 - x + 2 = 0$

b) $x^3 + 5x^2 - 2x - 24 = 0$

c) $2x^3 - 10x^2 + 12x = 0$

54. Die Lösungsmengen der folgenden Gleichungen sind zu bestimmen. Dazu wird folgender Lösungsweg vorgeschlagen:

1. Prüfen, welche der angegebenen Werte tatsächlich Lösungen sind.
2. Polynomdivision durch die jeweiligen Linearfaktoren (x – Lösungswert)
3. Anwendung der quadratischen Lösungsformel
4. Prüfen, ob die Lösungswerte in der Definitionsmenge enthalten sind

a) $D = R$

$x^4 - 4x^3 - x^2 + 16x - 12 = 0$

Mögliche Lösungen: $\{-3; -2; -1; 0; 1; 2; 3\}$

b) $D = R^+$

$x^4 + 2x^3 - 8x - 16 = 0$

Mögliche Lösungen: $\{0; 1; 2; 3\}$

55. Zur Bestimmung der Lösungsmengen der folgenden biquadratischen Gleichungen wird folgender Lösungsweg vorgeschlagen:

1. Ersetzen (substituieren) einer x-Potenz durch u, sodass sich eine quadratische Gleichung der Form $au^2 + bu + c = 0$ ergibt
2. Bestimmen der Lösungen für u (quadratische Gleichung, Lösungsformel)
3. Rückersetzen (re-substituieren) von u durch die entsprechende x-Potenz
4. Bestimmen der Lösungen für x

a) $x^4 - 13x^2 + 36 = 0$

$D = R$

b) $2x^4 + 4x^2 - 16 = 0$

$D = R$

c) $x^6 + 7x^3 - 8 = 0$

$D = R$

56. Die Lösungsmengen der Wurzelgleichungen sind zu bestimmen. Dabei ist folgender Lösungsweg einzuschlagen ($G = \mathbb{R}$):

1. Bestimmen der (maximalen) Definitionsmenge
2. Lösen der Gleichung
3. Prüfen der Lösungen auf Gültigkeit
4. Bestimmen der Lösungsmenge

a) $\sqrt{25 - x} = 0$

b) $x + \sqrt{x} = 3$

c) $x - \sqrt{2x + 8} = 0$

57. Wie lauten die Definitionsmengen und die Lösungsmengen der folgenden Gleichungen?

a) $\sqrt{x + 3} = 3 - \sqrt{x + 2}$

b) $\sqrt{5 - x} = \sqrt{3 + x}$

c) $\sqrt[3]{x + 3} = 4$

58. Wie lauten die Lösungsmengen folgender Ungleichungen?

a) $\frac{x - 4}{x + 5} \geq 6$

b) $x^2 - 3x - 4 < 0$

59. Wie lauten die Lösungsmengen der folgenden Ungleichungen?

a) $3x \quad 8 < 1$

Definitionsmenge D = R

b) $x - 2 > 24 + 2x$

Definitionsmenge D = R

c) $2x - 4 > x - a$

Definitionsmenge D = R

60. Die Lösungsmengen und die Definitionsmengen der folgenden Ungleichungen sind zu bestimmen:

a) $-2x \leq 8$

b) $\frac{x}{-9} + 2 > 29$

c) $\frac{6}{x} > 8$

61. Wie lautet die Lösungsmenge folgender Gleichungssysteme?

a) $\begin{cases} x + y = 8 \\ x \cdot y = 16 \end{cases}$

b) $\begin{cases} 3x - y = 5 \\ 5x + 3y = -1 \end{cases}$

c) $\begin{cases} x - y + 2z = -5 \\ -2x + y - z = 0 \\ 3x - 4y + z = 7 \end{cases}$

62. Wie lauten die Lösungen folgender linearer Gleichungssysteme?

a) G1: $2x + y = 7$
G2: $x + y = 5$

b) G1: $2x + 4y = 0$
G2: $x - y = 9$

c) G1: $3x - 4y = 8$
G2 : $2x - 3y = 5$

63. Die linearen Gleichungssysteme sind zu berechnen:

a) G1: $2x - = 3$

G2: $3x + y - z = 4$

G3: $4x + 2y + z = 13$

b) G1: $x + y - z = 32$

G2: $10x - y + z = 1$

G3: $2x - 2y + 3z = -31$

64. Wie lauten die Lösungen der folgenden unbestimmten linearen Gleichungssysteme?

a) G1: $x + y = 5$ Definitionsmenge D: $x, y \in R$

G2: $x - y = 1$

G3: $2x + y = 8$

b) G1: $x - 2y = -1$ Definitionsmenge D: $x, y \in R$

G2: $3x + y = 18$

G3: $x + y = 10$

65. Wie groß ist die Determinate von

$$\begin{pmatrix} a & b & c \\ 0 & d & e \\ 0 & 0 & f \end{pmatrix}?$$

66. Wie groß ist die Determinante von

$$\begin{pmatrix} 1 & 2 & 3 & 4 \\ 5 & 6 & 7 & 8 \\ 0 & 1 & 0 & 1 \\ 1 & 0 & 1 & 0 \end{pmatrix}?$$

67. Sei A eine reguläre Matrix mit $\det(A) = a$. Wie lauten die Determinanten der Matrizen A^{-1}, $A \cdot A$, $A \cdot A^t$ und $A^{-1} \cdot A^t$?

68. Welchen großen Nachteil, neben dem größeren Rechenaufwand, hat die Cramer'sche Regel im Vergleich zum Gauß'schen Eliminationsverfahren?

69. Warum hat jede Matrix aus M(3, 3) einen Eigenwert?

70. Welche der folgenden Zahlen sind rational, welche irrational?

a) $\sqrt{3}$

b) $\sqrt{16}$

c) $\sqrt{9}$

d) $\sqrt{6}$

71. Folgende Wurzeln sind mithilfe der Intervallschachtelung auf vier Stellen genau zu bestimmen:

a) $\sqrt{3}$

b) $\sqrt{8}$

c) $\sqrt{5}$

d) $\sqrt{111}$

72. Man mache den Nenner rational (wurzelfrei):

$$\frac{5}{2(\sqrt{3}-\sqrt{2})}$$

73. Man vereinfache den Wurzelterm:

$$\left(\frac{\sqrt{m}\cdot\sqrt[3]{n}}{\sqrt[4]{n}\cdot\sqrt[3]{m^2}}\right)^4$$

74. a) $(x \cdot y)^2 : (2 \cdot x)^3 =$

b) $(2 \cdot x \cdot y)^4 : (x^2 \cdot y)^3 =$

c) $(x^3 \cdot y^2)^2 : (4 \cdot x \cdot y)^2 =$

d) $(3 \cdot x^2 \cdot y)^3 : (2 \cdot x \cdot y)^2 =$

75. a) $x^2 \cdot x^5 \cdot x^3 =$

b) $x^2 \cdot y^2 \cdot x^4 \cdot y =$

c) $2 \cdot x^2 \cdot y^3 \cdot x^3 \cdot y^{-1} =$

d) $4 \cdot x^5 \cdot x^2 \cdot y^4 \cdot x^2 \cdot y^4 =$

76. a) $4^{-1} \cdot 2^{-3} =$

b) $2^{-2} \cdot 3^2 =$

c) $\left(\frac{4}{3}\right)^{-2} \cdot 3^{-2} =$

d) $2^3 \cdot 2^{-4} \cdot \left(\frac{1}{4}\right)^{-2} =$

77. a) $\sqrt[3]{27} =$

b) $\sqrt[3]{125} =$

c) $\sqrt[5]{64} =$

d) $\sqrt{64} \cdot \sqrt[4]{81} =$

78. a) $\sqrt[3]{48x^6} =$

b) $\sqrt{36x^8y^4z^3} =$

79. a) $\left(\sqrt[6]{2x^2y}\right)^9 =$

b) $\sqrt{\sqrt[3]{\sqrt[4]{8}}} =$

80. Folgende Exponentialgleichungen sind zu lösen:

a) $3^{4x} \cdot 9^{-x-2} = 27 \cdot 3^{4x+1}$

b) $4^{2x} - 16{,}25 \cdot 4^x + 4 = 0$

81. Die folgende Logarithmengleichung ist zu lösen:

$\lg(x - 8) + \lg(x + 2) = \lg(2x + 4)$

82. Wie lauten die Lösungsmengen der folgenden Exponentialgleichungen?

a) $3x = 9$ Definitionsmenge D = R

b) $4^{x^2-x} = 1$ Definitionsmenge D = R

c) $3^{2x} \cdot 4^{-x} = 9$ Definitionsmenge D = R

d) $25^x - 5^x = 20$ Definitionsmenge D = R

83. Für folgende Logarithmusgleichungen sollen die Definitions- und die Lösungsmengen angegeben werden:

a)	$\ln(x) = 3$	Grundmenge $G = R$
b)	$\log_4(x) + \log_2(x) = 6$	Grundmenge $G = R$
c)	$\ln(2x^2 - 60) - \ln(x) = \ln(2)$	Grundmenge $G = R$
d)	$\ln\left(\frac{x-3}{2x}\right) = 0$	Grundmenge $G = R$

84. Welche der folgenden Relationen sind Funktionen?

a) $G = \{(a;1),(b;1),(c;1),(d;2)\}$

b) $G = \{(1;x),(2;y),(3;x),(3;y)\}$

c) $G = \{(1;1),(1;-1),(2;\sqrt{2}),(2;-\sqrt{2})\}$

d) $G = \{(1;5),(2;10),(3;5),(3;10)\}$

e) $G = \{(2;5),(3;5),(4;5),(5;5)\}$

85. Wie viele verschiedene Funktionen $f: \{1, 2, 3, 4\} \rightarrow \{1, 2, 3, 4\}$, $x \rightarrow f(x)$ gibt es?

86. Wie lautet der Definitionsbereich, der Bildbereich und die Funktionalgleichung der folgenden Funktion?

1 ⟶ 1
2 ⟶ 4
3 ⟶ 9
4 ⟶ 16
5 ⟶ 25
6 ⟶ 36
7 ⟶ 49
... ⟶ ...

87. a) Ist die folgende Funktion injektiv oder surjektiv?
$f: N \rightarrow N, n \rightarrow f(n) = n^2$

b) Kann man zu der Funktionalgleichung $f(n) = n^2$ eine bijektive Funktion angeben?

88. Die folgende Funktion ist als Hintereinanderausführung einer surjektiven Funktion f_s und einer injektiven Funktion f_i darzustellen:
$f: R \rightarrow R, x \rightarrow f(x) = x^2$.

89. Man zeichne einen Graphen der folgenden Funktion:
$f: R \rightarrow R, x \rightarrow f(x) = x^2 - 1$.

90. Gegeben ist eine lineare Funktion durch die Gleichung
$3x - 4y + 6 = 0$.

Man prüfe durch Rechnung nach, ob die Punkte P(0 ; 1,5) und Q (1,5 ; 3,5) auf dem Graphen dieser Funktion liegen.

91. Die Gleichung der Geraden g, die zur Geraden h mit $h(x) = 3x + 1$ parallel ist und durch den Punkt P(– 1 ; 0) läuft, ist zu bestimmen.

92. Man bestimme die Scheitelkoordinaten durch eine quadratische Ergänzung: $f(x) = x^2 + 4x + 7$

93. Gegeben ist die Funktionsgleichung $y = 2x^2 - 6x - 8$.

Die Schnittpunkte des Graphen mit der x- und der y-Achse sind anzugeben.

94. Man berechne die Nullstellen und gebe ihre Vielfachheiten an:

a) $f(x) = 3x^4 - x^3$

b) $f(x) = 2(x-1)^2(x+2)^3(x-2)$

95. Die Nullstellen (Vielfachheiten), die Pole (Ordnung) und die Lücke sind anzugeben:

$$f(x) = \frac{4(x^2-1)(x+1)^2}{(x-1)(x-3)^2x^3}$$

96. Folgende Funktion mit Beträgen ist in eine Funktion mit aufgeteiltem Definitionsbereich umzuwandeln:

$f(x) = x|x-1|^2 - 3|x-1|, x \in R$

97. Die Aufgaben für folgende lineare Funktionen sind schrittweise zu lösen:

1. Bestimmung der Nullstelle (S_x) des Funktionsgraphen (Schnittpunkt mit der x-Achse)
2. Bestimmung des Schnittpunktes (S_y) des Funktionsgraphen mit der y-Achse
3. Einzeichnen des Funktionsgraphen in das kartesische Koordinatensystem
4. Angabe des Steigerungsverhaltens des Graphen

Für das Koordinatensystem gilt: x-Achse von (– 5) bis 5, y-Achse von (– 5) bis 5 Definitionsmenge D = R.

a) $f_1(x) = 2x - 2$

b) $f_2(x) = -x + 1$

c) $f_3(x) = -0{,}5x + 1$

98. Mithilfe der angegebenen Punkte können die Funktionsgleichungen der folgenden Geraden aufgestellt werden:

a) g_1: $P_1(-1; 1)$; $P_2(1; 3)$

b) g_2: $P_1(0; 2)$; $P_2(1; -1)$

c) g_3: $P_1(-3; -3)$; $P_2(2; 2)$

99. Mithilfe des angegebenen Punktes sowie der angegebenen Steigung können die Funktionsgleichungen der Geraden aufgestellt werden. Anschließend zeichnet man die Gerade in ein Koordinatensystem. Für das Koordinatensystem gilt:
x-Achse von (– 5) bis 5, y-Achse von (– 5) bis 5.

a) g_1: $P_1(-1; 2)$; $m = -1$

b) g_2: $P_1(-3; -2)$; $m = \frac{2}{3}$

c) g_3: $P_1(1; \frac{5}{2})$; $m = \frac{3}{2}$

100. Von einer arithmetischen Folge sind gegeben:
Anfangsglied 7, Differenz 3 und n-tes Glied 28.

Man berechne die Anzahl n der Glieder und die Summe der n Glieder.

101. Das Anfangsglied einer geometrischen Folge ist 5, der Quotient beträgt 0,5.

a) Wie lauten die ersten 4 Glieder der Folge?

b) Wie lautet das achte Glied?

c) Wie lautet die Summe der ersten 8 Glieder?

102. Nachstehende Folge kann auch auf eine andere Weise dargestellt werden: (1, 3, 5, 7, 9, ...)

103. Handelt es sich bei der Folge (a_n) mit $a_n = 3 - 2 \cdot n$ für alle $n \in N$ um eine arithmetische Folge?

104. Gibt es eine geometrische Folge, die auch eine arithmetische Folge ist?

105. Die Folge $(a_n)_{n \in N}$ mit $a_n = \frac{n}{n+1}$ konvergiert gegen 1.
Ist diese Aussage wahr?

106. Man konstruiere eine unbeschränkte Folge, welche mindestens einen Häufungspunkt hat.

107. Die Wurzel von 6 ist näherungsweise zu berechnen!

108. Wenn die Reihe $\sum_{n=0}^{\infty} a_n$ gegen unendlich strebt, wohin strebt dann die Reihe $\sum_{n=0}^{\infty} \frac{1}{a_n}$?

109. Der folgende Grenzwert ist zu berechnen:

$$\lim_{x \to 2} \frac{x^2 + 3x - 10}{x^2 - 4}$$

110. Folgende Funktionen sind zu zeichnen:

a) eine überall stetige Funktion

b) eine nur an einer Stelle unstetige Funktion

111. Ist die Funktion $f: R \to R$, $x \to f(x)$, mit $f(x) = x$ für x rational und $f(x) = \frac{1}{x}$ für x irrational, irgendwo stetig?

112. Warum hat jedes reele Polynom p vom Grad 3, also $p(x) = a \cdot x^3 + b \cdot x^2 + c \cdot x + d$, mindestens eine Nullstelle?

113. Ein Kapital von 20000 € wird auf Zinseszins angelegt und zwar bei einem Zinssatz von 4,5 %.
Wie viel ist es nach 8 Jahren geworden?

114. Herr Maier hat bei einem Zinssatz von 2,5 % nach einem Jahr 800 € Zinsen an die Bank zu zahlen.
Wie hoch sind seine Schulden?

115. Olaf hat für sein Guthaben von 125 € nach einem Jahr Zinsen in Höhe von 6,50 € erhalten.
Zu welchem Zinssatz wurde das Geld verzinst?

116. Mark möchte für seine 270 €, die zu einem jährlichen Zinssatz von 4,5 % angelegt sind, 10 € erhalten.
Bekommt er die erhofften 10 €, wenn er sein Geld 240 Tage lang nicht abhebt?

117. Wie viel Geld hat Astrid auf ihrem Sparbuch, wenn sie nach 144 Tagen 14 € Zinsen ausgezahlt bekommt und der jährliche Zinssatz bei 3,5 % liegt?

118. Herr Müller vergleicht die Angebote zweier Banken. Bei der einen Bank erhält er einen jährlichen Zinssatz von 7 %. Bei der anderen Bank, so hat er es ausgerechnet, bekommt er für 120 € nach 135 Tagen 2,70 € ausgezahlt. Bei welcher Bank bekommt er einen höheren Zinssatz?

119. Auf welche Summe wächst ein Kapital von 500 € nach 3 Jahren, nach 5 Jahren und nach 7 Jahren bei einem jährlichen Zinssatz von 4 %, wenn die Zinsen eines jeden Jahres mitverzinst werden.

120. Folgende Teilaufgaben sind zu lösen:

1. Darstellen der beiden komplexen Zahlen z_1 und z_2 im Koordinatensystem
2. Berechnen der Summe $u = z_1 + z_2$ sowie der Differenz $v = z_1 - z_2$
3. Eintragen von u und v ins gleiche Koordinatensystem
4. Berechnen des Betrags von z_1, z_2, u und v
5. Berechnen des Winkels, den jede der komplexen Zahlen z_1, z_2, u und v mit der x – Achse einschließt (auf 2 Stellen hinter dem Komma gerundet)
6. Angabe der Polarkoordinaten von z_1, z_2, u und v

Komplexe Zahlen:	$z_1 = 3 + i4$	$z_2 = 3 - i4$
Summe:	$u = z_1 + z_2$	
Differenz:	$v = z_1 - z_2$	

121. Folgende Teilaufgaben sind zu lösen:

1. Darstellen der beiden komplexen Zahlen z_1 und z_2 im Koordinatensystem
2. Berechnen des Produkts $u = z_1 \cdot z_2$
3. Bestimmen der konjugiert-komplexen Zahl $\overline{z_2}$
4. Berechnen des Quotienten $v = \frac{z_1}{z_2}$
5. Eintragen von u, v und $\overline{z_2}$ ins gleiche Koordinatensystem

Komplexe Zahlen: $z_1 = 1 + i2$ $z_2 = -1 - i2$

Produkt: $u = z_1 \cdot z_2$

Quotient: $v = \frac{z_1}{z_2}$

122. Von einem gleichseitigen Dreieck ist der Flächeninhalt gegeben: $A = 4\sqrt{3}$.

Man berechne die Höhe, den Umkreisradius und den Inkreisradius.

123. Von einem rechtwinkligen Dreieck sind die Höhe h = 4 cm und der Hypotenusenabschnitt q = 2 cm gegeben.

Man berechne die Seiten des Dreiecks und den Flächeninhalt.

124. Von einem Rechteck sind der Flächeninhalt und eine Seite gegeben: $A = 40\ cm^2$, a = 8 cm.

Man berechne den Umfang und die Länge der Diagonalen.

125. Von einem Quadrat ist der Flächeninhalt A gegeben.

Man berechne daraus die Diagonale und den Umfang in Abhängigkeit von A.

126. Ein Kreissektor hat den Radius 5 cm und den Mittelpunktswinkel 123°.

a) Man berechne den Flächeninhalt des Sektors.

b) Man berechne die Bogenlänge des Sektors.

c) Welchen Mittelpunktswinkel hat der Sektor bei doppelter Bogenlänge und gleichem Radius?

127. Eine Strecke ist im goldenen Schnitt geteilt. Der größere Abschnitt hat die Länge 6 cm.

Wie lang ist die Strecke?

128. Man zeige mithilfe einer Zeichnung, dass

$\sin 45° = \frac{1}{2}\sqrt{2}$ und $\cos 45° = \frac{1}{2}\sqrt{2}$ gilt.

129. Von einem Dreieck sind gegeben: $\alpha = 55°$, $a = 7{,}5$, $b = 4$.

Man berechne den Winkel β und die Seite c.

130. Wie groß sind die unbekannten Winkel und Seiten des rechtwinkligen Dreiecks ABC?

a) Bekannt: 1 Seite, 2 Winkel

$|a| = 3$; $\alpha = 30°$; $\gamma = 90°$

$|b| = ?$

$|c| = ?$

$\beta = ?$

$h = ?$

$p = ?$

$q = ?$

b) Bekannt: Hypothenusenabschnitte p, q

$p = 9; q = 4; \gamma = 90°$

$|a| = ?$

$|b| = ?$

$|c| = ?$

$\alpha = ?$

$\beta = ?$

$h = ?$

Die Höhe lässt sich über den Höhensatz berechnen ($h^2 = p \cdot q$)

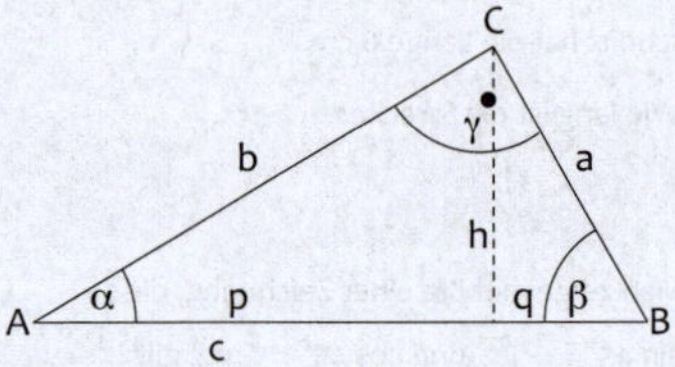

131. Wie groß sind die unbekannten Winkel und Seiten des Dreiecks ABC?

Bekannt: 1 Seite, 2 Winkel

$\alpha = 20°; \gamma = 120°; |c| = 6$

$|a| = ?$

$|b| = ?$

$\beta = ?$

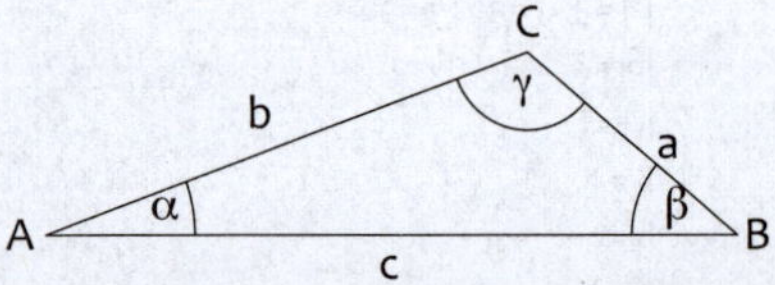

132. Wie groß sind die unbekannten Winkel und Seiten des Dreiecks ABC?

a) Bekannt: 3 Seiten

$|a| = 2{,}37$; $|b| = 4{,}45$; $|c| = 6$

$\alpha = ?$

$\beta = ?$

$\gamma = ?$

b) Bekannt: 2 Seiten, 1 Zwischenwinkel

$|a| = 2{,}37$; $|c| = 6$; $\beta = 40°$

$|b| = ?$

$\alpha = ?$

$\gamma = ?$

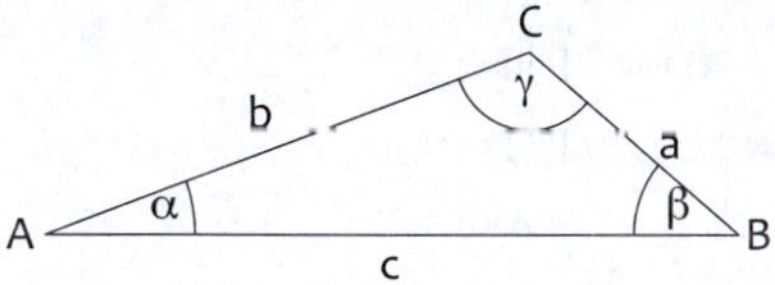

133. Von einem Tetraeder ist das Volumen $V = \frac{2}{3}\sqrt{2}$.

Die Oberfläche, die Höhe, der Umkugelradius und der Inkugelradius sind zu berechnen.

134. Einem Zylinder mit dem Radius *r* ist eine Kugel einbeschrieben.

a) Wie verhält sich das Zylindervolumen zum Kugelvolumen?

b) Wie verhält sich die Zylinderoberfläche zur Kugeloberfläche?

135. Man berechne für das Prisma ABCEFG

a) die Grundfläche G des rechtwinkligen Dreiecks ABC

b) die Seitenflächen S_1 und S_2 der Rechtecke ABFE und BCGF

c) die Länge der Kante AC

d) die Seitenflächen S_3 des Rechtecks ACGE

e) die Oberfläche O

f) das Volumen V

Bekannt: $[AB] = 2$

$[BC] = 2$

$\sphericalangle ABC = 90°$

$h = 4$

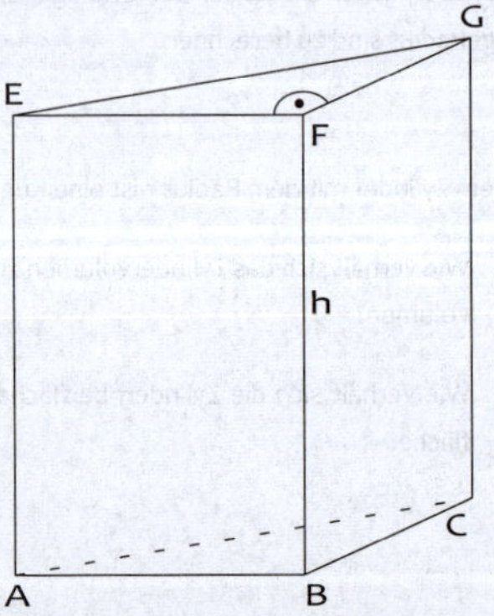

136. Der Quader ABCDEFGH hat die Maße eines Zimmers. Davon berechne man

a) die Größe W1 und W2 der Wandflächen ABFE und BCGF

b) die Größe G der Bodenfläche ABCD

c) die gesamte Oberfläche O (Wände, Boden und Decke)

d) den Rauminhalt (Volumen)

Bekannt: Breite a = [AB] = 4 m
Länge b = [BC] = 6 m
Höhe c = [BF] = 2,5 m

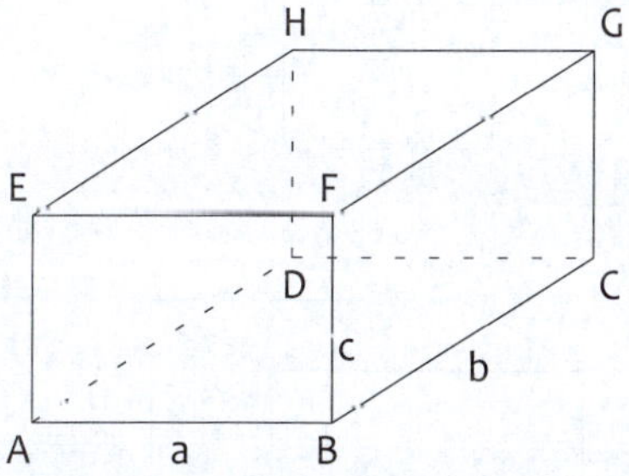

137. Man berechne die Länge aller Raumdiagonalen d

a) des Würfels

b) des Quaders

Bekannt: Würfel:

$a = 1$

Quader:

$a = 1{,}5$

$b = 1$

$c = 2$

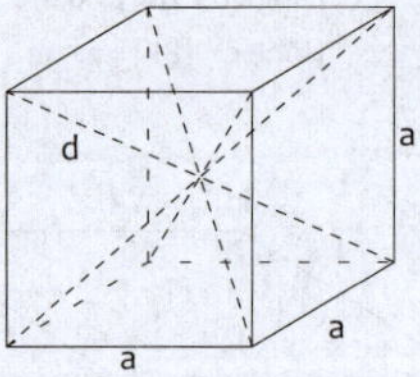

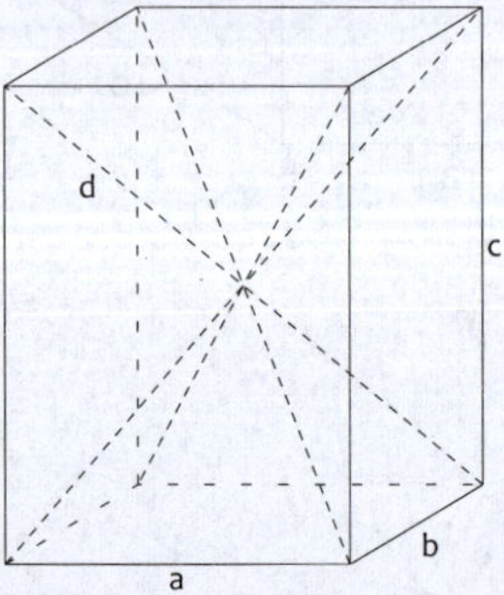

138. Eines der Weltwunder ist die Cheops-Pyramide in Ägypten in der Nähe von Kairo.

a) Um welchen Dreiecktyp handelt es sich bei den Seitenflächen der Pyramide?

Nun soll mit den angegebenen Werten berechnet werden:

b) die quadratische Grundfläche G

c) die Höhe [MS] der dreieckigen Seitenflächen

d) die Größe S einer Seitenfläche

e) die gesamte Oberfläche O der Pyramide

f) wie viele Fußballfelder auf der Oberfläche der Pyramide Platz haben

g) das Volumen V der Pyramide

Bekannt: Grundfläche: quadratisch
$a = 227\ m$
$[FM] = 0{,}5 \cdot a$
$h = [FS] = 146\ m$
Größe eines Fußballfeldes:
$105\ m \cdot 70\ m = 7350\ m^2$

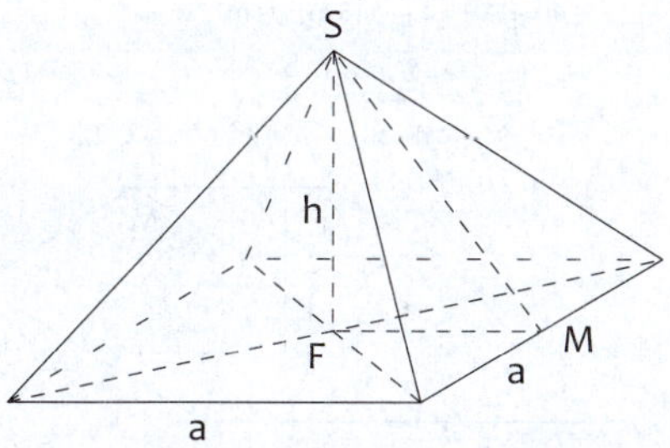

139. Die Cheops-Pyramide aus der vorangegangenen Aufgabe wird nun auf halber Höhe abgeschnitten. Der untere Teil ist ein Pyramidenstumpf.

a) Welcher Figur entsprechen die Seitenflächen des Pyramidenstumpfes?

Man berechne mit den angegebenen Werten

b) die Höhe [MM′] der Seitenflächen (Tipp: vgl. zentrische Streckung, S. 351 f.)

c) die Seitenlänge s der Deckfläche

d) die Größe A_s einer Seitenfläche

e) die Größe D der Deckfläche des Pyramidenstumpfes

f) die gesamte Oberfläche O des Pyramidenstumpfes

g) das Volumen V des Pyramidenstumpfes

Bekannt: quadratische Grundfläche

$G = 51529\ m^2$

$a = 227\ m$

$[FM] = 0{,}5 \cdot a$

$[FS] = 146\ m$

$[MS] = 184{,}93\ m$

$h = [FF'] = 0{,}5 \cdot 146\ m = 73\ m$

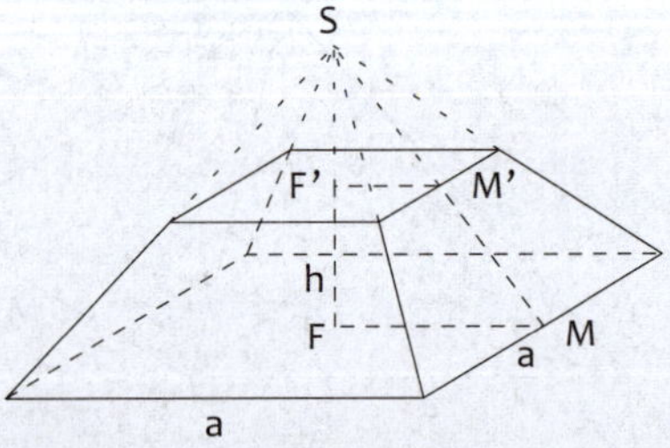

140. Die Säule eines Tempels aus der Antike hat die unten angegebenen Maße. Sie soll restauriert werden.

Man berechne

a) ihren Radius r

b) ihre Grundfläche G

c) ihre Mantelfläche M

d) ihre gesamte Oberfläche O

e) ihr Volumen V

Bekannt: $h = 8\ m$

$d = 2\ m$

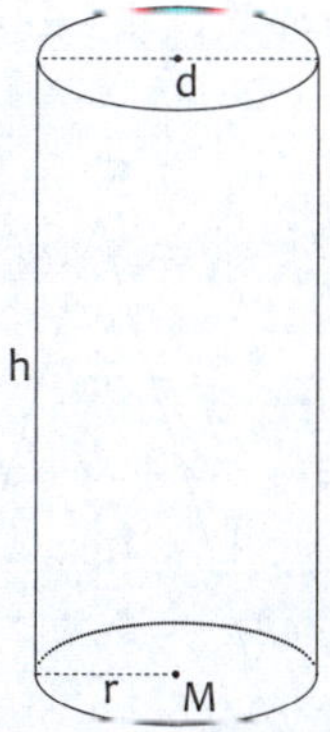

141. Eine Schokoladentorte soll mit einem geraden Kreiskegel aus Marzipan dekoriert werden.
Man berechne für die angegebenen Werte

a) die Grundfläche G

b) die benötigte Marzipanmenge in Liter (Volumen V)

c) die Länge l der Mantellinie

d) die Größe M der Mantelfläche (für zusätzliche Dekoration)

e) die gesamte Oberfläche O

Bekannt: $h = 5$ cm
$r = 2$ cm

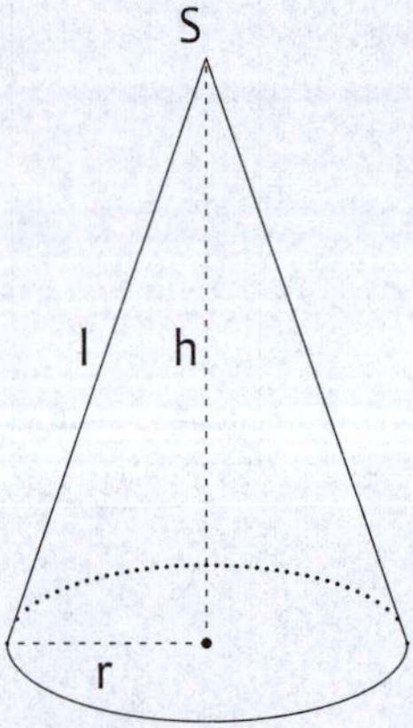

142. Die Höhe des Kreiskegels aus Aufgabe 7 wird halbiert.
Dazu soll berechnet werden:

a) der Radius der Deckfläche D

b) die Größe der Deckfläche D

c) die Länge l = [FF′] der neuen Mantellinie

d) die Größe M der neuen Mantelfläche

e) die gesamte Oberfläche O

f) das Volumen V des Kegelstumpfes

Bekannt: Grundfläche G = 12,57 cm²
H = [MS] = 5 cm
L = [FS] = 5,39 cm
h = 0,5 · H = 2,5 cm
R = 2 cm

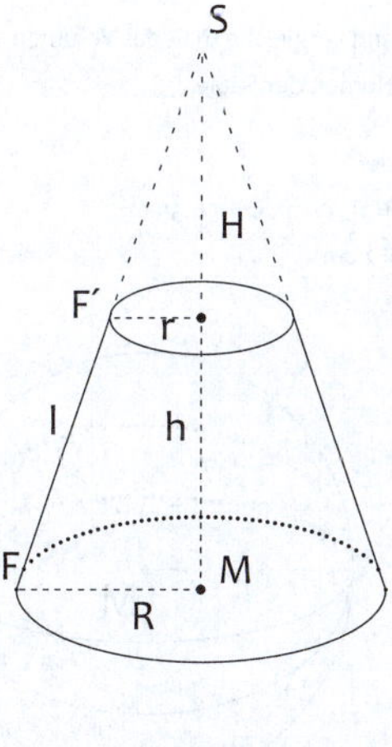

143. Diese Aufgabe wird zeigen, dass die Kugel bei gleichem Volumen im Vergleich zum Zylinder die kleinere Oberfläche hat.
Die Säule aus Aufgabe 6 hat ein Volumen von $25{,}12\ m^3$.
Ihre Oberfläche ist $56{,}55\ m^2$.
Gesucht wird eine Kugel, deren Volumen genauso groß ist wie das der Säule aus Aufgabe 6. Man berechne dazu

a) den Radius r der Kugel
b) die Oberfläche O der Kugel
c) Nun lassen sich die Oberfläche der Kugel mit der Oberfläche der Säule vergleichen.

Diesmal wird eine Kugel gesucht, deren Oberfläche genauso groß ist wie die der Säule aus Aufgabe 140.
Man berechne dafür

d) den Radius r der Kugel

e) das Volumen V der Kugel

f) Dann vergleiche man das Volumen der Kugel mit dem Volumen der Säule.

Bekannt: Säule:
$V = 25{,}12\ m^3$, $O = 56{,}55\ m^2$
$r = 2\ cm$

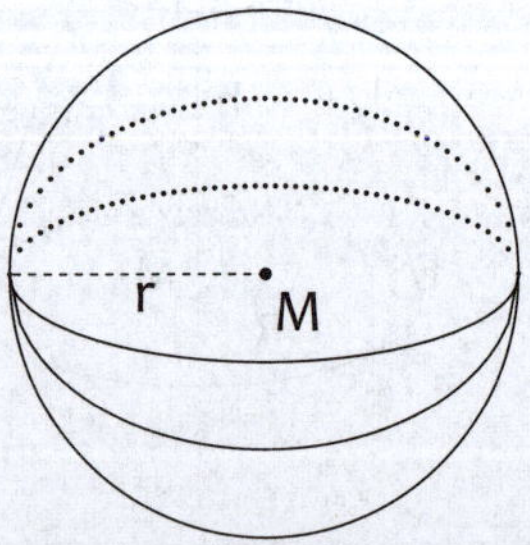

144. In einem Quadrat ABCD mit dem Schwerpunkt S ist gegeben:

$\overrightarrow{SA} = \vec{a}$ und $\overrightarrow{SB} = \vec{b}$.

Die Vektoren $\overrightarrow{AB}$, $\overrightarrow{BC}$, $\overrightarrow{CD}$, $\overrightarrow{DA}$, $\overrightarrow{AC}$ und $\overrightarrow{BD}$ sind durch die gegebenen Vektoren auszudrücken.

145. Unter den folgenden Vektoren sind zwei kollinear und drei nicht komplanar. Welche?

$$\vec{v}_1 = \begin{pmatrix} 1 \\ -2 \\ 3 \end{pmatrix}, \vec{v}_2 = \begin{pmatrix} 1 \\ 1 \\ 1 \end{pmatrix}, \vec{v}_3 = \begin{pmatrix} -2 \\ 4 \\ -6 \end{pmatrix}, \vec{v}_4 = \begin{pmatrix} -1 \\ 5 \\ -6 \end{pmatrix}$$

146. Gegeben sind die Vektoren:

$$\vec{v}_1 = \begin{pmatrix} 0{,}5 \\ 0 \\ -2 \end{pmatrix}, \vec{v}_2 = \begin{pmatrix} -1 \\ 0 \\ 4 \end{pmatrix}$$

a) Man berechne die Beträge dieser Vektoren.

b) Welchen Winkel schließen die Vektoren miteinander ein?

147. Gegeben sind zwei Geraden.
Es ist zu untersuchen, ob sie sich schneiden und gegebenenfalls ihr Schnittpunkt zu ermitteln.

$$g_1: \vec{r} = \begin{pmatrix} -1 \\ 7 \\ 1 \end{pmatrix} + \lambda \cdot \begin{pmatrix} -1 \\ 2 \\ 0 \end{pmatrix}$$

$$g_2: \vec{r} = \begin{pmatrix} 1 \\ 1 \\ 2 \end{pmatrix} + \mu \cdot \begin{pmatrix} 0 \\ -2 \\ 1 \end{pmatrix}$$

148. Gegeben ist eine Ebene durch:

$$E: \vec{r} = \begin{pmatrix} 1 \\ 0 \\ 1 \end{pmatrix} + \lambda \cdot \begin{pmatrix} 2 \\ 3 \\ 1 \end{pmatrix} + \mu \cdot \begin{pmatrix} -1 \\ -2 \\ 1 \end{pmatrix}.$$

Man schreibe die Punkt-Normalenform dieser Ebene auf.

Welchen Abstand hat die Ebene vom Ursprung?

149. Wie lautet die erste Ableitung von folgenden Funktionen?

a) $f(x) = 5kx^3 - 4x^2 + 2x + 1,\ k > 0$

b) $f(x) = (3x^3 + 1)\sqrt{x + 1}$

c) $f(x) = \dfrac{x - 3}{x^2 - 1}$

d) $f(x) = \sqrt{2x^2 - 1}$

150. Gegeben ist die ganzrationale Funktion 3. Grades mit der Gleichung $f(x) = -\frac{1}{8}(x^3 - 12x^2 + 36x)$.

Man berechne die Koordinaten des Hoch-, Tief- und Wendepunkts des Graphen.

151. Zu zeichnen ist eine Funktion, an der man nicht überall eine Tangente anlegen kann.

152. Wenn $f: R \to R,\ x \to f(x)$ im Punkt x_0 differenzierbar ist mit $f'(x_0) > 0$, was gilt dann für alle x, die nur ein wenig größer als x_0 sind?

153. Folgende Funktionen sind abzuleiten bzw. zu differenzieren.

a) $(x^2 - 2) \cdot (x^4 + 1)$

b) $\frac{(x^3 + 1)}{x^2}$

c) $(x + 1)^2$

154. Zu zeichnen ist eine Funktion, die überall außer in einem Punkt differenzierbar ist, sodass der Mittelwertsatz nicht gilt.

155. Eine beschränkte und eine unbeschränkte Funktion sind zu zeichnen.

156. Zu zeichnen ist eine Funktion, die genau zwei lokale Minima hat.

157. Eine Funktion, die überall konvex und konkav ist, soll gezeichnet werden.

158. Warum sollte man für den Begriff „Kurvendiskussion" besser den Begriff „Kurvenuntersuchung" benutzen?

159. Warum hat ein Polynom vom Grad n maximal n – 1 lokale Extrema?

160. Welcher wichtige Unterschied besteht zwischen Polynomen und rationalen Funktionen?

161. Welche Prozesse lassen sich besonders gut mithilfe von Exponentialfunktionen beschreiben?

162. Wieso kann man ein Integral als eine unendliche Summe auffassen?

163. Welche beiden Eigenschaften haben die Operationen Integrieren und Differenzieren gemeinsam?

164. Mithilfe welcher Regel kann man den Satz über partielle Integration herleiten?

165. Wenn *p* ein Polynom $\neq 0$ ist, warum existiert dann das uneigentliche Integral $\int_0^\infty p(x)dx$ nicht?

166. Man berechne das bestimmte Integral:

$$\int_0^1 \left(\frac{1}{4}x^4 - \frac{5}{2}x^2 + \frac{9}{4} \right) dx$$

167. Beim Werfen einer Münze können die Elementarereignisse {Kopf} und {Zahl} eintreten. Wie sehen die anderen Ereignisse aus?

168. Ein Würfelexperiment wird 1000-mal durchgeführt. Es wird 150-mal eine 1, 176- mal eine 2, 184-mal eine 3, 151-mal eine 4, 174-mal eine 5 und 175-mal eine 6 gewürfelt. Wie groß sind die relativen Häufigkeiten der verschiedenen Elementarereignisse?

169. Wie groß ist die Wahrscheinlichkeit, dass der Sekundenzeiger einer stehen gebliebenen Uhr zwischen 3 und 4 steht? Vorausgesetzt sei, dass der Sekundenzeiger überall mit der gleichen Wahrscheinlichkeit stehen bleibt.

170. Wie groß ist die Wahrscheinlichkeit, eine gerade Zahl zu würfeln, die größer als 3 ist?

171. Wie viele Möglichkeiten gibt es, zwei Karten aus einem Spiel mit 32 Karten zu ziehen?

172. Wie groß ist die Wahrscheinlichkeit, aus einem Skatspiel drei rote Karten zu ziehen?

173. Angenommen in einem 60-Liter-Aquarium schwimmen zwei punktförmige Fische. Wie groß ist die Wahrscheinlichkeit, dass sich die beiden Fische an ein und derselben Stelle aufhalten (das heißt, einer hat den anderen gefressen)?

174. Welche verschiedenen Grade von stochastischer Abhängigkeit gibt es für zwei Ereignisse A und B?

175. Wann sind Binomial- und Polynomialverteilung dasselbe?

Lösungen

1. Addition:

a)
```
    254
+   371
     1
    625
```

b)
```
    379
+   780
+   578
    2 1
   1737
```

c)
```
   1785
+   369
+   158
   1 2 2
   2312
```

d)
```
  10002
+   115
+     3
      1
  10120
```

2. Subtraktion:

a)
```
    381
-    50
    331
```

b)
```
    725
-    97
    1 1
    628
```

c)
```
   3584
-   258
-    32
    1 1
   3294
```

d)

$$\begin{array}{r} 1357 \\ -\ 249 \\ -\ 177 \\ \hline 931 \end{array}$$

3. Multiplikation:

a)

$$\begin{array}{r} 89 \cdot 4 \\ \hline 356 \end{array}$$

b)

$$\begin{array}{r} 37 \cdot 5 \\ \hline 185 \end{array}$$

c)

$$\begin{array}{r} 136 \cdot 22 \\ \hline 272 \\ 272 \\ \hline 2992 \end{array}$$

d)

$$\begin{array}{r} 571 \cdot 17 \\ \hline 571 \\ 3997 \\ \hline 9707 \end{array}$$

4. Division:

a) $81 : 3 = 27$

$$\begin{array}{l} \underline{6} \\ 21 \\ \underline{21} \\ 0 \end{array}$$

b) $195 : 3 = 65$

$$\begin{array}{l} \underline{18} \\ 15 \\ \underline{15} \\ 0 \end{array}$$

c) $156 : 13 = 12$

$$\begin{array}{l} \underline{13} \\ \ \ 26 \\ \ \ \underline{26} \\ \ \ \ 0 \end{array}$$

d) $173 : 14 = 12$ Rest 5

$$\begin{array}{l} \underline{14} \\ \ \ 33 \\ \ \ \underline{28} \\ \ \ \ 5 \end{array}$$

5. 39 ist keine Primzahl, da $3 \cdot 13 = 39$.

6. a) $640 = 2 \cdot 2 \cdot 2 \cdot 2 \cdot 2 \cdot 2 \cdot 2 \cdot 5 = 2^7 \cdot 5$

b) $28875 = 3 \cdot 5 \cdot 5 \cdot 5 \cdot 7 \cdot 11 = 3 \cdot 5^3 \cdot 7 \cdot 11$

7. Sind die folgenden Aussagen wahr oder falsch?

a) $3 \mid 62352$ ist wahr, da die Quersumme 18 durch 3 teilbar ist: $18 = 6 \cdot 3$.

b) $4 \mid 6438722$ ist falsch, da die letzten zwei Ziffern keine durch 4 teilbare Zahl bilden.

8. a) $7(23 - 25) = 7(-2) = -14$

b) $3 + 7 \cdot 5 = 3 + 35 = 38$

c) $(3 + 7) \cdot 5 = (10) \cdot 5 = 50$

d) $2 \cdot 6 - 4 \cdot 3 = 12 - 12 = 0$

9. a) $3a + 4a = 7a$

b) $3c \cdot c = 3\,c^2$

c) $15d - 9f + 7d + 12f = 15\,d + 7d - 9f + 12f = 22d + 3f$

d) $28d : 4 = 7d$

10. a) $(17b + 7b) : 8 = (24b) : 8 = 3b$

b) $2\,(5 - 3x) = 10 - 6x$

c) $9j\,(5k - 2) = 45jk - 18j$

d) $-(4i + 6) = -4i - 6$

11. a) $7a + 63b = 7\,(a + 9b)$

b) $4c - 12d + 16cd$
$= 4\,(c - 3d + 4\,cd)$
$= 4\,(c + 4cd - 3d)$
$= 4\,(c\,(1 + 4d) - 3d)$

c) $h \cdot h + h = h\,(h + 1)$

d) $5f + 8j - 35h - 5\,(f - 7h) - 2\,(4j)$
$= 5f + 8j - 35h - 5f + 35h - 8j$
$= 5f - 5f + 8j - 8j - 35h + 35h = 0$

12. a) $2c\,(5b\,(2f - 7))$
$= 2c\,(10bf - 35b)$
$= 20cbf - 70cb$
$= 10b\,(2cf - 7c)$
$= 10bc\,(2f - 7)$

b) $3m - (4x(-6y + 3n)) + 2(6xn) - 15xy$

$= 3m - (-24xy + 12xn) + 12xn - 15xy$

$= 3m + 24xy - 12xn + 12xn - 15xy$

$= 3m + 9xy$

$= 3(m + 3xy)$

13. a) -97

b) $+869$

c) $+0{,}789$

d) -39

14. a) $3 \cdot 10^4 + 5 \cdot 10^3 + 0 \cdot 10^2 + 1 \cdot 10^1 + 4 \cdot 10^0 = 35014$

b) $1 \cdot 10^0 + 1 \cdot 10^{-1} + 9 \cdot 10^{-2} = 1{,}19$

15. $\frac{69300}{193050} = \frac{2 \cdot 2 \cdot 3 \cdot 3 \cdot 5 \cdot 5 \cdot 7 \cdot 11}{2 \cdot 3 \cdot 3 \cdot 3 \cdot 5 \cdot 5 \cdot 11 \cdot 13} =$

$= \frac{2 \cdot 7}{3 \cdot 13} = \frac{14}{39}$

16. a) $\frac{6}{50}$

b) $\frac{3}{7}$

c) $\frac{4}{9}$

d) $\frac{0}{6}$

17. a) zu schraffieren $\frac{3}{4}$

b) zu schraffieren $\frac{3}{6}$

c) zu schraffieren $\frac{1}{5}$

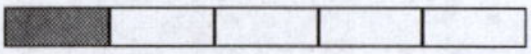

18. a) $\frac{7}{4} = 7 : 4 = 1 + 3$ Rest, damit ist $\frac{7}{4} = 1\frac{3}{4}$

b) $\frac{9}{2} = 9 : 2 = 4 + 1$ Rest, damit ist $\frac{9}{2} = 4\frac{1}{2}$

c) $\frac{5}{1} = 5 : 1 = 5 + 0$ Rest, damit ist $\frac{5}{1} = 5$

d) $\frac{72}{9} = 72 : 9 = 8 + 0$ Rest, damit ist $\frac{72}{9} = 8$

e) $\frac{0}{6} = 0 : 6 = 0 + 0$ Rest, damit ist $\frac{0}{6} = 0$

f) $\frac{13}{12} = 13 : 12 = 1 + 1$ Rest, damit ist $\frac{13}{12} = 1\frac{1}{12}$

19. a) $(3 \cdot 7) + 6 = 21 + 6 = 27$, daraus folgt:

$3\frac{6}{7} = \frac{27}{7}$

b) $(5 \cdot 10) + 1 = 50 + 1 = 51$, daraus folgt:

$5\frac{1}{10} = \frac{51}{10}$

c) $2 \cdot 19 = 38$, daraus folgt:

$$2 = \frac{38}{19}$$

d) $(4 \cdot 8) + 5 = 32 + 5 = 37$, daraus folgt:

$$4\frac{5}{8} = \frac{37}{8}$$

e) $(110 \cdot 10) + 2 = 1100 + 2 = 1102$, daraus folgt:

$$110\frac{2}{10} = \frac{1102}{10}$$

f) $19 \cdot 5 = 95$, daraus folgt:

$$19 = \frac{95}{5}$$

20.

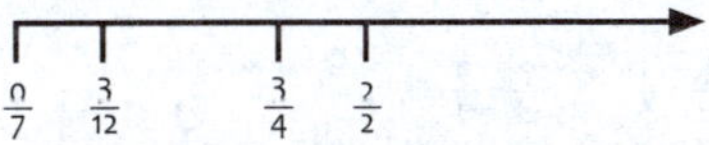

21. a) $\frac{7}{2}$ und $\frac{1}{14}$, im Hauptnenner steht 14.

Da $14 : 2 = 7$ wird aus $\frac{7}{2} = \frac{7 \cdot 7}{2 \cdot 7} = \frac{49}{14}$

Der zweite Bruch wird nicht verändert, da er bereits 14tel im Nenner stehen hat.

$\frac{7}{2}$	$\frac{7}{2}$	$\frac{7 \cdot 7}{2 \cdot 7}$	$\frac{49}{14}$
$\frac{1}{14}$	$\frac{1}{2 \cdot 7}$	$\frac{1}{2 \cdot 7}$	$\frac{1}{14}$

b) $\frac{9}{7}$ und $\frac{6}{8}$, im Hauptnenner steht 56.

Da 56 : 7 = 8, wird aus $\frac{9}{7} = \frac{9 \cdot 8}{7 \cdot 8} = \frac{72}{56}$

Da 56 : 8 = 7, wird aus $\frac{6}{8} = \frac{6 \cdot 7}{8 \cdot 7} = \frac{42}{56}$

$\frac{9}{7}$	$\frac{9}{7}$	$\frac{9 \cdot 2 \cdot 2 \cdot 2}{2 \cdot 2 \cdot 2 \cdot 2}$	$\frac{72}{56}$
$\frac{6}{8}$	$\frac{6}{2 \cdot 2 \cdot 2}$	$\frac{6 \cdot 7}{2 \cdot 2 \cdot 2 \cdot 2}$	$\frac{42}{56}$

22. a) $\frac{1}{2} + \frac{1}{2} = \frac{2}{2} = 1$

b) $\frac{3}{12} + \frac{5}{12} = \frac{8}{12} = \frac{2}{3}$

c) $\frac{2}{8} + \frac{5}{7} = \frac{14}{56} + \frac{40}{56} = \frac{54}{56} = \frac{27}{28}$

d) $\frac{6}{9} + \frac{1}{3} = \frac{6}{9} + \frac{3}{9} = \frac{9}{9} = 1$

e) $1\frac{1}{3} + 3\frac{1}{3} = \frac{4}{3} + \frac{10}{3} = \frac{14}{3} = 4\frac{2}{3}$

f) $3\frac{1}{8} + 2\frac{3}{4} = \frac{25}{8} + \frac{11}{4} = \frac{25}{8} + \frac{22}{8} = \frac{47}{8} = 5\frac{7}{8}$

23. a) $\frac{7}{25} - \frac{2}{25} = \frac{5}{25} = \frac{1}{5}$

b) $\frac{13}{18} - \frac{11}{18} = \frac{2}{18} = \frac{1}{9}$

c) $\frac{2}{4} - \frac{1}{3} = \frac{6}{12} - \frac{4}{12} = \frac{2}{12} = \frac{1}{6}$

d) $\frac{1}{4} - \frac{1}{5} = \frac{5}{20} - \frac{4}{20} = \frac{1}{20}$

e) $9\frac{1}{4} - 2\frac{3}{4} = \frac{37}{4} - \frac{11}{4} = \frac{26}{4} = \frac{13}{2} = 6\frac{1}{2}$

f) $1\frac{6}{7} - 1\frac{2}{21} = \frac{13}{7} - \frac{23}{21} = \frac{39}{21} - \frac{23}{21} = \frac{16}{21}$

24. a) $\frac{2}{4} \cdot \frac{9}{7} = \frac{2 \cdot 9}{4 \cdot 7} = \frac{18}{28} = \frac{9}{14}$

b) $1\frac{5}{7} \cdot \frac{1}{2} = \frac{12 \cdot 1}{7 \cdot 2} = \frac{12}{14} = \frac{6}{7}$

c) $1\frac{7}{88} \cdot \frac{64}{30} = \frac{95 \cdot 64}{88 \cdot 30} = \frac{19 \cdot 8}{11 \cdot 6} = \frac{76}{33} = 2\frac{10}{33}$

25. a) $\frac{1}{2} : \frac{2}{3} = \frac{1 \cdot 3}{2 \cdot 2} = \frac{3}{4}$

b) $\frac{1}{4} : \frac{9}{8} = \frac{1 \cdot 8}{4 \cdot 9} = \frac{2}{9}$

c) $\left(-1\frac{1}{4}\right) : \left(\frac{20}{3}\right) = -\frac{5 \cdot 3}{4 \cdot 20} = -\frac{1 \cdot 3}{4 \cdot 4} = -\frac{3}{16}$

26. a) $\frac{1}{2} \cdot \left(\frac{2}{5} + \frac{1}{5}\right) = \frac{1}{2} \cdot \left(\frac{3}{5}\right) =$

$= \frac{1 \cdot 3}{2 \cdot 5} = \frac{3}{10}$

b) $1\frac{1}{8} + \left(\frac{1}{20} \cdot 2\frac{1}{2}\right) = \frac{9}{8} + \left(\frac{1 \cdot 5}{20 \cdot 2}\right) = \frac{9}{8} + \left(\frac{1 \cdot 1}{4 \cdot 2}\right) =$

$= \frac{9}{8} + \left(\frac{1}{8}\right) = \frac{10}{8} = \frac{5}{4} = 1\frac{1}{4}$

27. a) $0{,}274 = \frac{274}{1000}$

b) $\frac{58}{100} = 0{,}58$

c) $9\frac{4}{10} = 9{,}4$

28. a) 97,8977

b) 0,2

c) 0,77

d) 7,661

29. Addition:

a)
$$\begin{array}{r} 1{,}78 \\ +\ 17{,}01 \\ \hline 18{,}79 \end{array}$$

b)
$$\begin{array}{r} 1{,}00 \\ +\ 0{,}19 \\ \hline 1{,}19 \end{array}$$

c)
$$\begin{array}{r} 2{,}56 \\ +\ 3{,}67 \\ \hline 6{,}23 \end{array}$$

d)
$$\begin{array}{r} 14{,}98 \\ +\ 9{,}32 \\ \hline 24{,}30 \end{array}$$

30. Subtraktion:

a)
```
   1,78
 – 1,01
 ------
   0,77
 ======
```

b)
```
  27,18
 – 1,77
 – 9,78
 ------
  15,63
 ======
```

c)
```
  15,36
 – 6,48
 ------
   8,88
 ======
```

d)
```
  75,69
 – 0,15
– 24,96
 ------
  50,58
 ======
```

31. Multiplikation:

a)
```
7,68 · 71
---------
  5376
   768
---------
  545,28
=========
```

b)
```
86,7 · 1,1
----------
   867
    867
----------
   95,37
==========
```

c) 1,356 · 2,25

2712
 2712
  6780
3,05100

d) 23,486 · 12,69

23486
 46972
 140916
 211374
298,03734

32. Division:

a) $86 : 430 = 0{,}2$

b) $9 : 4 = 2{,}25$

c) $25 : 1250 = 0{,}02$

d) $81 : 36 = 2{,}25$

33. a) $(+15) - (+7) = (+8)$

b) $(+4) + (-27) = (-23)$

c) $(-18) - (-27) = (+9)$

d) $(-3) + (-14) = (-17)$

34. a) $(-11) \cdot (+3) = (-33)$

b) $(+15) \cdot (-2) = (-30)$

c) $(+18) : (-6) = (-3)$

d) $(-21) : (-3) = (+7)$

35. a) 7 km = 7000 m

b) 40 mg = 0,04 g

c) 70 m3 = 0,00000007 km^3

d) 1 dm = 0,0001 km

e) 971 ml = 0,971 l

f) 78 m2 = 0,78 a

36. Man erhält mit Hilfe der Rechenregeln:

a) 78 mm + 971 mm = 1049 mm

b) 91 s + 73 s = 164 s

c) 2 dm + 7 dm = 9 dm

d) 1 l − 1 dl = 1 l − 0,1 l = 0,9 l

e) 1 mg + 50 g = 0,001 g + 50 g = 50,001 g

f) 2 km − 91 m = 2000 m − 91 m = 1909 m

37. Mithilfe der Rechenregeln erhält man folgende Ergebnisse:

a) $2\,m \cdot 2\,m = 4\,m^2$

b) $4 \cdot 97\,ml = 388\,ml$

c) $60\,s : 4 = 15\,s$

d) $33\,kg : 11\,kg = 3$

e) $1\,km \cdot 7\,m = 1000\,m \cdot 7\,m = 7000\,m^2$ oder
$1\,km \cdot 7\,m = 1\,km \cdot 0{,}007\,km = 0{,}007\,km^2$

f) $21\,dm : 7\,cm = 210\,cm : 7\,cm = 30$

38. $(u - 2v)^6 =$
$= u^6 - 6 \cdot u^5 \cdot 2v + 15 \cdot u^4 \cdot 4v^2 - 20 \cdot u^3 \cdot 8v^3 + 15 \cdot u^2 \cdot 16v^4 -$
$- 6 \cdot u \cdot 32 \cdot v^5 + 64v^6 =$
$= u^6 - 12u^5v + 60u^4v^2 - 160u^3v^3 + 240u^2v^4 - 192uv^5 + 64v^6$

39. a) $(a + 3)^2 = a^2 + 6a + 9$ (1. binomische Formel)

b) $(15x + 2ay)^2 = 225x^2 + 60axy + 4a^2y^2$ (1. binomische Formel)

c) $(4a - 9b)^2 = 16a^2 - 72\,ab + 81b^2$ (2. binomische Formel)

d) $(ax - 4y)^2 = a^2x^2 - 8axy + 16y^2$ (2. binomische Formel)

e) $(3(7x - 5) - 4y)^2$
$= (3(7x - 5))^2 - 2 \cdot (3(7x - 5)) \cdot (4y) + (4y)^2$ (2. binomische Formel)
1. Term: $3(7x - 5)$, 2. Term: $4y$)
$= 9(7x - 5)^2 - 6(7x - 5) \cdot 4y + 16y^2$
$= 9(7x - 5)^2 - 24(7x - 5)y + 16y^2$
$= 9(49x^2 - 70x + 25) - 168xy + 120y + 16y^2$
$= 441x^2 - 630x + 225 - 168xy + 120y + 16y^2$

f) $(x - 3)(x + 3) = x^2 - 9$ (3. binomische Formel)

g) $(x - 2y)(x + 2y) = x^2 - 4y^2$ (3. binomische Formel)

40. Die Formeln für die Binome 3. Grades sind zu ermitteln:

a) $(a+b)^3 = 1a^3 + 3a^2b + 3ab^2 + 1b^3 = a^3 + 3a^2b + 3ab^2 + b^3$

b) $(a-b)^3$

$$= \sum_{k=0}^{3} (-1)^k \binom{3}{k} a^{3-k} b^k = \binom{3}{0} a^3 b^0 - \binom{3}{1} a^2 b^1 + \binom{3}{2} a^1 b^2 - \binom{3}{3} a^0 b^3$$

$$= a^3 - 3a^2b + 3ab^2 - b^3$$

41. a) $(x-3y)^3 \quad = x^3 - 3 \cdot x^2 \cdot 3y + 3 \cdot x \cdot (3y)^2 - (3y)^3$

$= x^3 - 9x^2y + 27xy^2 - 27y^3$

b) $(2x+y)^4 \quad = (2x)^4 + 4 \cdot (2x)^3 y + 6 \cdot (2x)^2 y^2 + 4 \cdot 2xy^3 + y^4$

$= 16x^4 + 32x^3y + 24x^2y^2 + 8xy^3 + y^4$

42. a) $\frac{10}{6x-2} = \frac{10}{3x+4} \Leftrightarrow 10(3x+4) = 10(6x-2) \Leftrightarrow$

$3x + 4 = 6x - 2 \Leftrightarrow 6 = 3x \Leftrightarrow$

$2 = x \Rightarrow L = \{2\}$

$D = R \setminus \left\{-\frac{4}{3}, \frac{1}{3}\right\}$

b) $\frac{1}{x-3} - \frac{1}{x+5} = \frac{4}{10} \Leftrightarrow$

$\frac{x+5-x+3}{(x-3)(x+5)} = \frac{4}{10} \Leftrightarrow$

$\frac{8}{x^2+2x-15} = \frac{4}{10} \Leftrightarrow$

$80 = 4x^2 + 8x - 60 \Leftrightarrow 4x^2 + 8x - 140 = 0$

(Lösungsformel für quadratische Gleichungen) $\Leftrightarrow$

$x = 5 \vee x = -7 \Rightarrow L = \{-7, 5\}$

$D = R \setminus \{-5, 3\}$

43. a) $L = \{1\}$

b) $L = \{-1{,}3\}$

c) $L = \{3a\}$ Die Lösung ist abhängig vom Parameter a

d) $L = \left\{\frac{2}{3}\right\}$

e) $L = \{1{,}8\}$

f) $L = \left\{\frac{1}{2}\right\}$ $\left(\text{Zwischenlösung: } 3x = \frac{2}{3}\right)$

44. $L = \left\{\frac{3}{4}\right\}$

Die Gleichung lautet: $980x = 735$

x ist die Flugdauer in Stunden.

Die Flugdauer beträgt $\frac{3}{4}$ Stunden = 45 min.

45. a) Grundform: $3x + 5 = 0$

Koeffizienten: $a = 3$; $b = 5$

$$x = -\frac{b}{a} = -\frac{5}{3}$$

b) $\frac{1}{2}x + 3 = 0$

$$x = -\frac{3}{\frac{1}{2}} = -\frac{3 \cdot 2}{1 \cdot 1} = -6$$

c) $4x + 2 = 0$

$$x = -\frac{2}{4} = -\frac{1}{2}$$

d) $\frac{1}{2}x + \frac{2}{4} = 0$

$$x = -\frac{\frac{2}{4}}{\frac{1}{2}} = -\frac{2 \cdot 2}{4 \cdot 1} = -1$$

46. a) $L = \{-7; 7\}$

b) $L = \{-\sqrt{15}; \sqrt{15}\}$

c) $L = \{\varnothing\}$

d) $L = \left\{-\frac{3}{5}, \frac{3}{5}\right\}$

47. a) $L = \{-4; 4\}$

b) $L = \{\varnothing\}$

c) $L = \{-3; 3\}$

d) $L = \{-2; 0\}$

e) $L = \{0; \frac{1}{2}\}$

f) $L = \{0; 7\}$

48. a) $x_{1/2} = \frac{-1 \pm \sqrt{1 + 24}}{2}$
$\Rightarrow L = \{-3; 2\}$

b) $x_{1/2} = \frac{13 \pm \sqrt{169 - 160}}{2}$
$\Rightarrow L = \{5; 8\}$

c) $x_{1/2} = \frac{50 \pm \sqrt{2500 + 3900}}{10}$
$\Rightarrow L = \{-3; 13\}$

d) $x_{1/2} = \frac{84 \pm \sqrt{7056 - 7056}}{4}$
$\Rightarrow L = \{21\}$

49. a) $2^2 - 4 \cdot (-1) \cdot 1 = 8$
$\Rightarrow$ Anzahl der Lösungen: 2

b) $(-3)^2 - 4 \cdot 1 \cdot \frac{9}{4} = 0$
$\Rightarrow$ Anzahl der Lösungen: 1

c) $(-3)^2 - 4 \cdot 1 \cdot 3 = -3$
$\Rightarrow$ Anzahl der Lösungen: 0

d) $(-16)^2 - 4 \cdot 2 \cdot 0 = 256$
$\Rightarrow$ Anzahl der Lösungen: 2

50. Die Falldauer beträgt 2,02 Sekunden.

51. a) $x_1 + x_2 = 2; x_1 \cdot x_2 = 1 \Rightarrow L = \{1\}$
(Zwei identische Lösungen: $x_1 = 1; x_2 = 1$)

b) $x_1 + x_2 = 1; x_1 \cdot x_2 = -20 \Rightarrow L = \{-4; 5\}$

c) $x_1 + x_2 = -1; x_1 \cdot x_2 = -6 \Rightarrow L = \{-3; 2\}$

52. a) $L = \{-5; 1\}$
(Zwischenlösung: $(x+2)^2 - 9 = 0$)

b) $L = \{-1; 7\}$
(Zwischenlösung: $(x-3)^2 - 16 = 0$)

c) $L = \{-6; 4\}$
(Zwischenlösung: $(x+1)^2 - 25 = 0$)

53. a) $L = \{-1; 1; 2\}$

b) $L = \{-4; -3; 2\}$

c) $L = \{0; 2; 3\}$
(Erst den Wert 2 ausklammern, dann x ausklammern;
die erste Lösung ist: $x = 0$)

54. a) $x_1 = -2$; $x_2 = 1$ — Lösungen: − 2 und 1
$x_3 = 2$; $x_4 = 3$ — Linearfaktoren: $(x + 2)$ und $(x - 1)$
$L = \{-2; 1; 2; 3\}$ — Quadratische (Teil-) Gleichung: $x^2 - 5x + 6 = 0$

b) $x_1 = -2$; $x_2 = 2$ — Lösungen: − 2 und 2
Linearfaktoren: $(x + 2)$ und $(x - 2)$
$L = \{2\}$ — Quadratische (Teil-) Gleichung: $x^2 + 2x + 4 = 0$
Keine weitere Lösungen;
(− 2) nicht in Definitionsmenge enthalten!

55. a) $x_1 = -3$; $x_2 = 3$ — Substitution: $u = x^2$
$x_3 = -2$; $x_4 = 2$ — Quadratische Gleichung: $u^2 - 13u + 36 = 0$
$L = \{-3; -2; 2; 3\}$ — Quadratische (Teil-) Gleichung: $x^2 - 5x + 6 = 0$

b) $x_1 = \sqrt{2}$; $x_2 = \sqrt{2}$ — Substitution: $u = x^2$
$L = \{-\sqrt{2}; \sqrt{2}\}$ — Quadratische Gleichung: $2u^2 + 4u - 16 = 0$
Lösungen für u : $u_1 = 2$ und $u_2 = -4$
Re-Substitution: $x^2 = 2$ bzw. $x^2 = -4$ (keine Lösung)

c) $x_1 = -2$; $x_2 = 1$ — Quadratische Gleichung: $u^2 + 7u - 8 = 0$
$L = \{-2; 1\}$ — Lösungen für u: $u_1 = -8$ und $u_2 = 1$
Re-Substitution: $x^3 = -8$ bzw. $x^3 = 1$

56. a) $D =]-\infty; 25]$
$x = 25$
$L = \{25\}$

b) $D = [0 ; \infty[$ Gleichung nach Quadrieren: $x^2 - 7x + 9 = 0$
$x_1 = 1{,}70$
$x_2 = 5{,}30$ Lösungen: $x_{1/2} = \frac{7 \pm \sqrt{13}}{2}$; $x_1 = 1{,}70$ ist eine Lösung, aber $5{,}30 + \sqrt{5{,}30} = 7{,}60$. Da nach der Gleichung aber 3 herauskommen soll, ist $x_2 = 5{,}30$ eine ungültige Lösung.
$L = \{1{,}70\}$

c) $D = [-4 ; \infty[$ Gleichung nach Quadrieren: $x^2 - 2x - 8 = 0$
$x_1 = 4$
$x_2 = -2_{2x}$
$L = \{4\}$ Lösungen: $x_{1/2} = \frac{2 \pm \sqrt{36}}{2}$
$x_1 = 4$ (gültige Lösung)
$x_2 = -2$ (ungültige Lösung)

57. a) $D =]-2 ; \infty[$
$L = \{-\frac{8}{36}\}$

b) $D =]-3 ; 5[$
$L = \{1\}$

c) $D = R$
$L = \{61\}$

58. a) $\frac{x-4}{x+5} \geq 6 \Leftrightarrow \frac{-5x-34}{x+5} \geq 0 \Leftrightarrow$
$(-5x - 34 \geq 0 \wedge x + 5 > 0) \vee$
$(-5x - 34 \leq 0 \wedge x + 5 < 0) \Leftrightarrow$
$L = [-6{,}8 ; -5[$

b) $x^2 - 3x - 4 < 0 \Leftrightarrow (x-4)(x+1) < 0 \Leftrightarrow$
$(x - 4 > 0 \wedge x + 1 < 0) \vee (x - 4 < 0 \wedge x + 1 > 0) \Rightarrow$
$L =]-1 ; 4[$

59. a) $x < 3$

$L =]-\infty; 3[$

b) $x < -26$

$L =]-\infty; -26[$

c) $x > 4 - a$

$L =]4 - a; \infty[$

60. a) $D =]-2; \infty[$

$L = \left\{-\frac{8}{36}\right\}$

b) $D =]-3; 5[$

$L = \{1\}$

c) $D =]-3; \infty[$

$L = \{61\}$

61. a) $L = \{(4; 4)\}$

b) $L = \{(1; -2)\}$

c) $L = \{(2; 1; -3)\}$

62. a) $x = 2$

$y = 3$

$L = \{(2; 3)\}$

b) $x = 6$

$y = -3$

$L = \{(6; -3)\}$

c) $x = 4$

$y = 1$

$L = \{(4; 1)\}$

63. a) $x = 2$

$y = 1$

$z = 3$

$L = \{(2; 1; 3)\}$

b) $x = 3$

$y = 50$

$z = 21$

$L = \{(3; 50; 21)\}$

64. a) $x = 3$

$y = 2$

$L = \{(3; 2)\}$

b) nicht lösbar $L = \varnothing$

65. $\begin{vmatrix} a & b & c \\ 0 & d & e \\ 0 & 0 & f \end{vmatrix} = a \cdot d \cdot f$

66. $\begin{vmatrix} 1 & 2 & 3 & 4 \\ 5 & 6 & 7 & 8 \\ 0 & 1 & 0 & 1 \\ 1 & 0 & 1 & 0 \end{vmatrix} = 0$

67. $\det(A^{-1}) = \frac{1}{a}$

$\det(A \cdot A) = \det(A) \cdot \det(A) = a^2$

$\det(A \cdot A^t) = \det(A) \cdot \det(A^t) = \det(A) \cdot \det(A) = a^2$

$\det(A^{-1} \cdot A^t) = \det(A^{-1}) \cdot \det(A^t) = \frac{1}{a} \cdot a = 1$

68. Die Cramer'sche Regel kann man nur für reguläre quadratische Matrizen verwenden. Diese Einschränkung hat das Gauß'sche Eliminationsverfahren nicht.

69. Das charakteristische Polynom $p^A(\lambda) = \det(A - \lambda \cdot E)$ ist ein Polynom vom Grad drei.
Nun hat aber jedes Polynom vom Grad drei eine Nullstelle und diese Nullstelle ist der gesuchte Eigenwert von A.

70. a) $\sqrt{3}$ lässt sich nicht als Bruch zweier ganzer Zahlen darstellen $\Rightarrow \sqrt{3}$ ist irrational

b) $\sqrt{16} = \frac{4}{1} \Rightarrow \sqrt{16}$ ist rational

c) $\sqrt{9} = \frac{3}{1} \Rightarrow \sqrt{9}$ ist rational

d) $\sqrt{6}$ lässt sich nicht als Bruch zweier ganzer Zahlen darstellen $\Rightarrow \sqrt{6}$ ist irrational

71. a)

$$1 < \sqrt{3} < 2$$
$$1{,}7 < \sqrt{3} < 1{,}8$$
$$1{,}73 < \sqrt{3} < 1{,}74$$
$$1{,}732 < \sqrt{3} < 1{,}733$$
$$1{,}7320 < \sqrt{3} < 1{,}7321$$

$$\sqrt{3} = 1{,}7320\ldots$$

b)

$$2 < \sqrt{8} < 3$$
$$2{,}8 < \sqrt{8} < 2{,}9$$
$$2{,}82 < \sqrt{8} < 2{,}83$$
$$2{,}828 < \sqrt{8} < 2{,}829$$
$$2{,}8284 < \sqrt{8} < 2{,}8285$$

$$\sqrt{8} = 2{,}8284\ldots$$

c) $2 < \sqrt{5} < 3$

$2{,}2 < \sqrt{5} < 2{,}3$

$2{,}23 < \sqrt{5} < 2{,}24$

$2{,}236 < \sqrt{5} < 2{,}237$

$2{,}2360 < \sqrt{5} < 2{,}2361$

$\sqrt{5} = 2{,}2360\ ...$

d) $10 < \sqrt{111} < 11$

$10{,}5 < \sqrt{111} < 10{,}6$

$10{,}53 < \sqrt{111} < 10{,}54$

$10{,}535 < \sqrt{111} < 10{,}536$

$10{,}5356 < \sqrt{111} < 10{,}5357$

$\sqrt{111} = 10{,}5356\ ...$

72. $\frac{5}{2(\sqrt{3}-\sqrt{2})} = \frac{5(\sqrt{3}+\sqrt{2})}{2(\sqrt{3}-\sqrt{2})(\sqrt{3}+\sqrt{2})} =$

$= \frac{5(\sqrt{3}+\sqrt{2})}{2(3-2)} = \frac{5(\sqrt{3}+\sqrt{2})}{2}$

73. $\left(\frac{\sqrt{m}\cdot\sqrt[3]{n}}{\sqrt[4]{n}\cdot\sqrt[3]{m^2}}\right)^4 = \frac{m^2\cdot n^{\frac{4}{3}}}{n\cdot m^{\frac{8}{3}}} = m^{2-\frac{8}{3}}\cdot n^{\frac{4}{3}-1} = \sqrt[3]{\frac{n}{m^2}}$

74. a) $(x\cdot y)^2 : (2\cdot x)^3 = \frac{x^2\cdot y^2}{2^3\cdot x^3} = \frac{y^2}{8x}$

b) $(2\cdot x\cdot y)^4 : (x^2\cdot y)^3 = \frac{2^4\cdot x^4\cdot y^4}{x^6\cdot y^3} = \frac{16y}{x^2}$

c) $(x^3\cdot y^2)^2 : (4\cdot x\cdot y)^2 = \frac{x^6\cdot y^4}{4^2\cdot x^2\cdot y^2} = \frac{x^4\cdot y^2}{16}$

d) $(3\cdot x^2\cdot y)^3 : (2\cdot x\cdot y)^2 =$

$= \frac{3^3\cdot x^6\cdot y^3}{2^2\cdot x^2\cdot y^2} = \frac{27\cdot x^4\cdot y}{4}$

75. a) $x^2 \cdot x^5 \cdot x^3 = x^{2+5+3} = x^{10}$

b) $x^2 \cdot y^2 \cdot x^4 \cdot y = x^{2+4} \cdot y^{2+1} = x^6 \cdot y^3$

c) $2 \cdot x^2 \cdot y^3 \cdot x^3 \cdot y^{-1} = 2 \cdot x^{2+3} \cdot y^{3-1} =$
$= 2 \cdot x^5 \cdot y^2$

d) $4 \cdot x^5 \cdot x^2 \cdot y^4 \cdot x^2 \cdot y^4 =$
$= 4 \cdot x^{5+2+2} \cdot y^{4+4} = 4 \cdot x^9 \cdot y^8$

76. a) $4^{-2} \cdot 2^{-3} = \frac{1}{4^2} \cdot \frac{1}{2^3} = \frac{1}{16} \cdot \frac{1}{8} = \frac{1}{128}$

b) $2^{-2} \cdot 3^2 = \frac{1}{2^2} \cdot 9 = \frac{1}{4} \cdot 9 = \frac{9}{4}$

c) $\left(\frac{4}{3}\right)^{-2} \cdot 3^{-2} = \frac{1}{\left(\frac{4}{3}\right)^2} \cdot \frac{1}{3^2} =$
$= \frac{1}{\frac{16}{9}} \cdot \frac{1}{9} = \frac{1}{16}$

d) $2^3 \cdot 2^{-4} \cdot \left(\frac{1}{4}\right)^{-2} = 8 \cdot \frac{1}{2^4} \cdot \frac{1}{\left(\frac{1}{4}\right)^2} =$
$= 8 \cdot \frac{1}{16} \cdot \frac{1}{\frac{1}{16}} = 8 \cdot \frac{1}{16} \cdot \frac{16}{1} = 8$

77. a) $\sqrt[3]{27} = \sqrt[3]{3 \cdot 3 \cdot 3} = 3$

b) $\sqrt[3]{125} = \sqrt[3]{5 \cdot 5 \cdot 5} = 5$

c) $\sqrt[5]{64} = \sqrt[5]{2 \cdot 2 \cdot 2 \cdot 2 \cdot 2 \cdot 2} = 2 \cdot \sqrt[5]{2}$

d) $\sqrt{64} \cdot \sqrt[4]{81} = \sqrt{2 \cdot 2 \cdot 2 \cdot 2 \cdot 2 \cdot 2} \cdot \sqrt[4]{3 \cdot 3 \cdot 3 \cdot 3} =$
$= 2 \cdot 2 \cdot 2 \cdot 3 = 24$

78. a) $\sqrt[3]{48x^6} =$

$= \sqrt[3]{2\cdot 2\cdot 2\cdot 2\cdot 3\cdot x\cdot x\cdot x\cdot x\cdot x\cdot x} =$

$= \left(2\cdot x\cdot x\cdot \sqrt[3]{2\cdot 3}\right) =$

$= \left(2x^2\cdot \sqrt[3]{6}\right)$

b) $\sqrt{36x^8y^4z^3} =$

$= \sqrt{2\cdot 2\cdot 3\cdot 3\cdot x\cdot x\cdot x\cdot x\cdot x\cdot x\cdot x\cdot x\cdot y\cdot y\cdot y\cdot y\cdot z\cdot z\cdot z} =$

$= 2\cdot 3\cdot x\cdot x\cdot x\cdot x\cdot y\cdot y\cdot z\cdot \sqrt{z} =$

$= 6x^4y^2z\sqrt{z}$

79. a) $\left(\sqrt[6]{2x^2\cdot y}\right)^9 = (2x^2\cdot y)^{\frac{9}{6}} = (2x^2\cdot y)^{\frac{3}{2}} =$

$= 2^{\frac{3}{2}}\cdot x^{2\cdot\frac{3}{2}}\cdot y^{\frac{3}{2}} = \sqrt{2^3}\cdot x^3\cdot \sqrt{y^3} =$

$= \sqrt{2\cdot 2\cdot 2}\cdot x^3\cdot \sqrt{y\cdot y\cdot y} =$

$= 2\sqrt{2}\cdot x^3\cdot y\cdot \sqrt{y} = 2x^3y\sqrt{2y}$

b) $\sqrt{\sqrt[3]{\sqrt[4]{8}}} = \left(\sqrt[3]{\sqrt[4]{8}}\right)^{\frac{1}{2}} = \left(\left(\sqrt[4]{8}\right)^{\frac{1}{2}}\right)^{\frac{1}{3}} = \left(\left((8)^{\frac{1}{2}}\right)^{\frac{1}{3}}\right)^{\frac{1}{4}}$

$= 8^{\frac{1}{2}\cdot\frac{1}{3}\cdot\frac{1}{4}} = 8^{\frac{1}{24}} = 1{,}090507733$

80. a) $3^{4x}\cdot 9^{-x-2} = 27\cdot 3^{4x+1} \Leftrightarrow$

$3^{4x}\cdot 3^{-2x-4} = 3^3\cdot 3^{4x+1} \Rightarrow$

(Vergleich der Exponenten)

$4x - 2x - 4 = 3 + 4x + 1 \Leftrightarrow x = -4$

b) $4^{2x} - 16{,}25 \cdot 4^x + 4 = 0$; $4^x = z$ (Substitution)

$z^2 - 16{,}25z + 4 = 0 \Leftrightarrow z = \frac{16{,}25 \pm \sqrt{16{,}25^2 - 16}}{2} \Leftrightarrow$

$z = 16 \vee z = 0{,}25$

1. Fall: $4^x = 16 \Rightarrow x = 2$

2. Fall: $4^x = 0{,}25 \Rightarrow x = -1$

$L = \{ 2 ; -1 \}$

81. $\lg(x - 8)(x + 2) = \lg(2x + 4) \Leftrightarrow$

$(x - 8)(x + 2) = 2x + 4 \Leftrightarrow$

$x^2 - 8x - 20 = 0 \Leftrightarrow x = -2 \vee x = 10$

$L = \{ 10 \}$

Die Probe stimmt für $x = 10$.

82. a) $x = 2$
$L = \{2\}$

b) $x_1 = 0$ Gleichung nach Logarithmieren: $(x^2 - x) \cdot \ln(4) = 0$
$x_2 = 1$
$L = \{0; 1\}$

c) $x = 2{,}71$ Gleichung nach Logarithmieren:
$L = \{2{,}71\}$ $2x\ln(3) - x\ln(4) = \ln(9)$
$x = \frac{\ln(9)}{2\ln(3) - \ln(4)} = 2{,}71$ (gerundet)

d) $x = 1$ Gleichung nach Substitution ($5^x = u$): $u^2 - u = 20$
$L = \{1\}$ Für u ergeben sich die Lösungen: $u_1 = 5$; $u_2 = -4$
Re-Substitution: $5^x = 5$ und $5^x = -4$ (keine Lösung)

3. a) $D = R^+ \setminus \{0\}$

$x = e^3 = 20{,}09$

$L = \{20{,}09\}$

b) $D = R^+ \setminus \{0\}$ — Beide Logarithmen auf gleiche Basis unformen,
$x = 16$ — z. B. Basis e.
$L = \{16\}$ — zugehöriger Logarithmus: ln().
Gleichung nach Umformen:
$\left(\frac{1}{\ln(4)} + \frac{1}{\ln(2)}\right) = \ln(x) = 6$
$\ln(x) = 2{,}77$ $\quad x = 16$

c) $D =]\sqrt{30}\,;\infty[$ — Gleichung nach Exponenzieren:
$x = 6$ — $\frac{2x^2 - 60}{x} = 2$
$L = \{6\}$

d) $D = R^+ \setminus \{0\,;3\}$
$x = -3$ — Gleichung nach Exponenzieren:
$L = \{-3\}$ — $\frac{x-3}{2x} = 1$

84. a) Funktion

b) Keine Funktion

c) Keine Funktion

d) Keine Funktion

e) Funktion

85. Die 1 kann auf 4 verschiedene mögliche Bilder abgebildet werden. Dassselbe gilt jeweils für die 2, 3 und 4.
Es gibt also insgesamt $4^4 = 256$ verschiedene Funktionen
$f: \{1, 2, 3, 4\} \rightarrow \{1, 2, 3, 4\}, x \rightarrow f(x)$.

86. Der Definitionsbereich ist die Menge N der natürlichen Zahlen und der Bildbereich ist die Menge der Quadrate aller natürlichen Zahlen.
Die Funktionalgleichung lautet: $f(n) = n^2$.

87. a) Die Abbildung f ist injektiv, folgt doch aus $n^2 = m^2$ entweder $n = m$ oder $n = -m$. Da wir nur positive Zahlen betrachten, gilt also $n = m$.
f ist nicht surjektiv, da zum Beispiel 2 eine natürliche Zahl ist, aber trotzdem nicht als Bild vorkommt.

b) Natürlich kann man zu der Funktionalgleichung die folgende bijektive Funktion angeben:
$g : N \rightarrow N^{(2)} = \{n^2 : n \text{ aus } N\}$,
$n \rightarrow g(n) = f(n) = n^2$.

88. $f_s : R \rightarrow R(\geq 0) = \{x \text{ aus } R : x \geq 0\}$,
$x \rightarrow f_s(x) = f(x) = x^2$ ist offenbar surjektiv.
$f_i : R(\geq 0) \rightarrow R,\ x \rightarrow f_i(x) = x$ ist injektiv.
Und für $(f_i \circ f_s) : R \rightarrow R,\ x \rightarrow (f_i \circ f_s)(x)$

gilt: $$\begin{aligned}(f_i \circ f_s)(x) &= f_i(f_s(x)) \\ &= f_i(x^2) \\ &= x^2 \\ &= f(x).\end{aligned}$$

89.

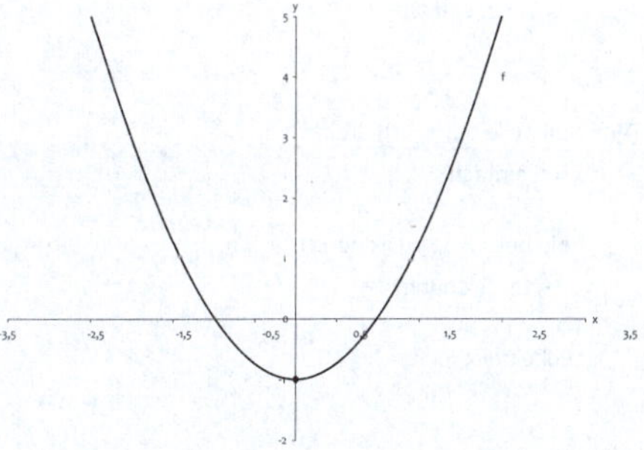

90. P (0 ; 1,5) in die Gleichung eingesetzt: 0 = 0,
P liegt auf dem Graphen.

Q (1,5 ; 3,5) in die Gleichung eingesetzt: −9,5 = 0,
Q liegt nicht auf dem Graphen.

91. $f(x) = 3x + 3$

92. S (−2 ; 3)

93. Schnittpunkte mit der x-Achse: (−1 ; 0) und (4 ; 0)

Schnittpunkt mit der y-Achse: (0 ; −8)

94. a) $x = 0$, dreifach
$x = -\frac{1}{3}$, einfach

b) $x = 1$, zweifach
$x = -2$, dreifach
$x = 2$, einfach

95. Nullstelle bei $x = -1$, dreifach
$x = 1$, einfach

Pole bei $x = 0$ (3. Ordnung),
$x = 3$ (2. Ordnung)

Lücke bei $x = 1$

96. $f(x) = \begin{cases} x(x^2 - 2x + 1) - 3x + 3, & x \geq 1 \\ x(x^2 - 2x + 1) + 3x - 3, & x < 1 \end{cases}$

97. a) $S_x(1; 0)$
$S_y(0; -2)$
streng monoton steigend

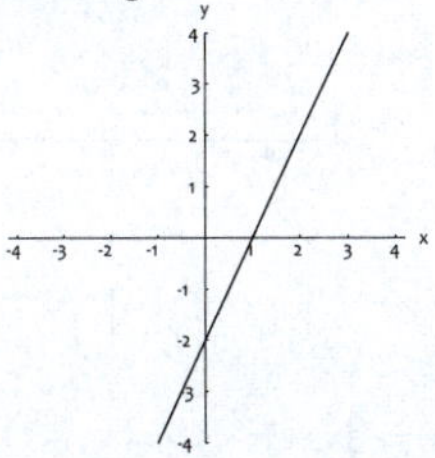

b) $S_x(1; 0)$
$S_y(0; 1)$
streng monoton fallend

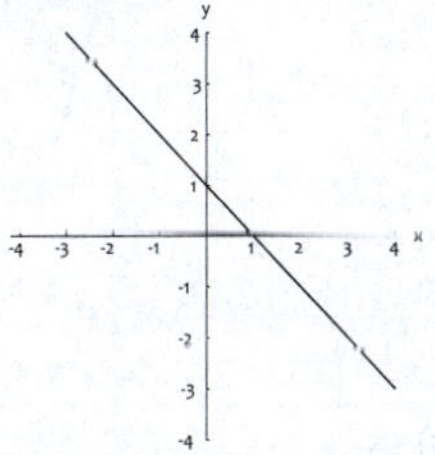

c) $S_x(2; 0)$
$S_y(0; 1)$
streng monoton fallend

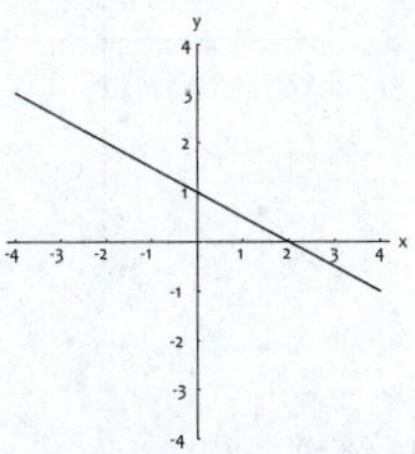

98. a) $g_1(x) = x + 2$

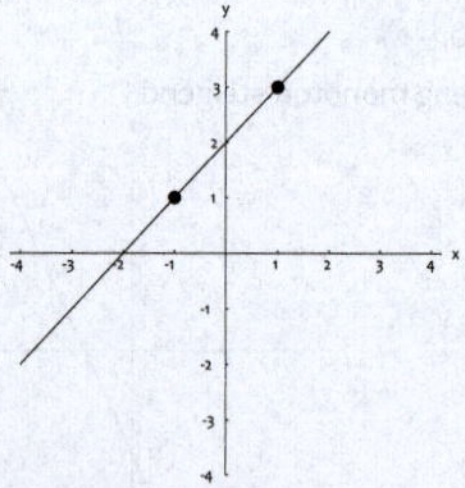

b) $g_2(x) = -3x + 2$

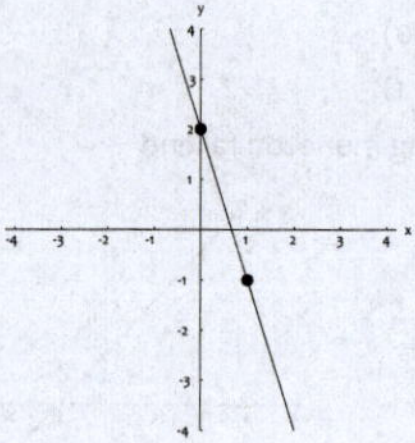

c) $g_3(x) = x$

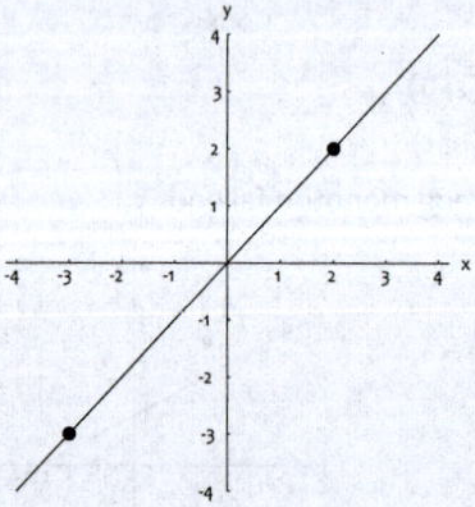

99. a) $g_1(x) = -x + 1$

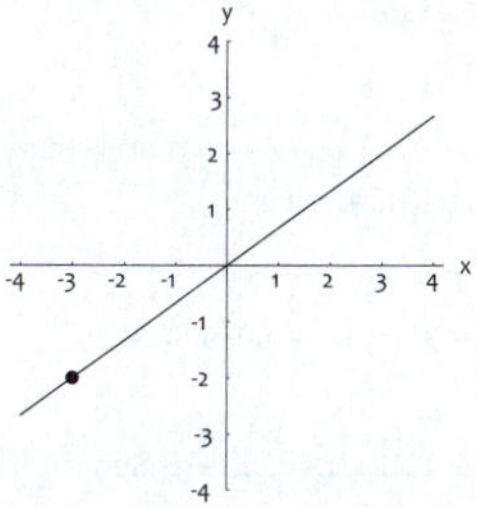

b) $g_2(x) = \frac{2}{3}x$

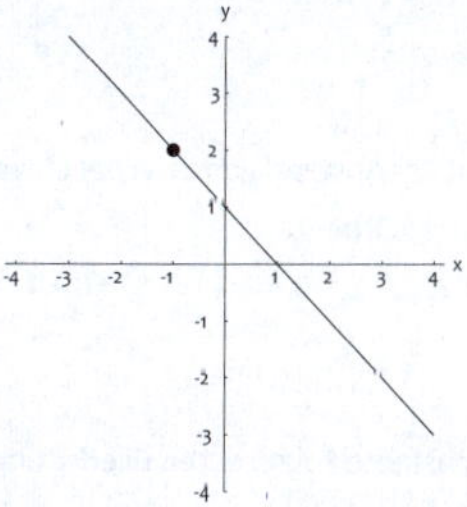

c) $g_3(x) = \frac{2}{3}x + 1$

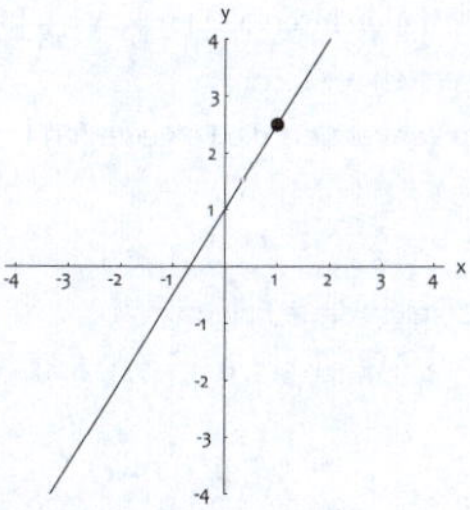

100. $n = 8,\ s_8 = 140$

101. a) 5, 2,5, 1,25, 0,625

b) $a_8 = 5 \cdot \left(\frac{1}{2}\right)^{8-1} = 0{,}0390625$

c) $S_8 = \dfrac{5\left(1 - \left(\frac{1}{2}\right)^8\right)}{1 - \frac{1}{2}} = 9{,}9609375$

102. (a_n) mit $a_n = 2 \cdot n - 1$

103. Ja, denn der Abstand von zwei beliebigen Folgengliedern ist immer gleich – 2.
Beweis: $a_{n+1} - a_n = 3 - 2 \cdot (n + 1) - 3 + 2 \cdot n = -2$

104. Jede konstante Folge, deren Glieder ungleich Null sind, ist sowohl eine arithmetische als auch eine geometrische Folge, zum Beispiel (1, 1, 1, 1, . . .).

105. In dem offenen Intervall $]\,1 - \frac{1}{n}, 1 + \frac{1}{n}\,[$ liegen alle Folgenglieder bis auf die ersten $n - 1$.
Deshalb konvergiert die Folge gegen 1.

106. Ein Beispiel ist diese Folge:
$(1, 2, 1, -3, 1, 4, 1, -5, 1, 6, 1, -7, 1, 8, 1, -9, \ldots)$.

107. $a_0 = 6$

$$a_1 = \frac{1}{2} \cdot \left(a_0 + \frac{a}{a_0}\right) = \frac{1}{2} \cdot \left(6 + \frac{6}{6}\right) = \frac{1}{2} \cdot 7 = 3{,}5$$

$$a_2 = \frac{1}{2} \cdot \left(a_1 + \frac{a}{a_1}\right) = \frac{1}{2} \cdot \left(3{,}5 + \frac{6}{3{,}5}\right) = 2{,}60714\ldots$$

$$a_3 = \frac{1}{2} \cdot \left(a_2 + \frac{a}{a_2}\right) = \frac{1}{2} \cdot \left(2{,}60714\ldots + \frac{6}{2{,}60714\ldots}\right) = 2{,}45426\ldots$$

108. Sowohl die Reihe $1 + \frac{1}{2} + \frac{1}{3} + \frac{1}{2} + \ldots$ als auch die Reihe $1 + 2 + 3 + 4 + \ldots.$ streben gegen unendlich. Auch die Reihe $1 + 2 + 4 + 8 + \ldots$ strebt gegen unendlich, aber die Reihe $1 + \frac{1}{2} + \frac{1}{4} + \frac{1}{8} + \frac{1}{16} + \ldots$ konvergiert gegen 2.
Solche Folgerungen, wie sie in der Aufgabenstellung suggeriert werden, sind also nicht möglich.

109. $$\lim_{x \to 2} \frac{x^2 + 3x - 10}{x^2 - 4} =$$

$$= \lim_{x \to 2} \frac{(x-2)(x+5)}{(x-2)(x+2)} = \lim_{x \to 2} \frac{x+5}{x+2} = \frac{7}{4}$$

110. a)

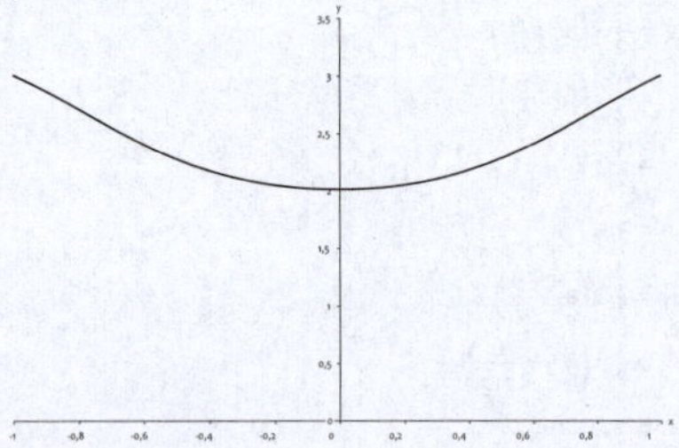

b)

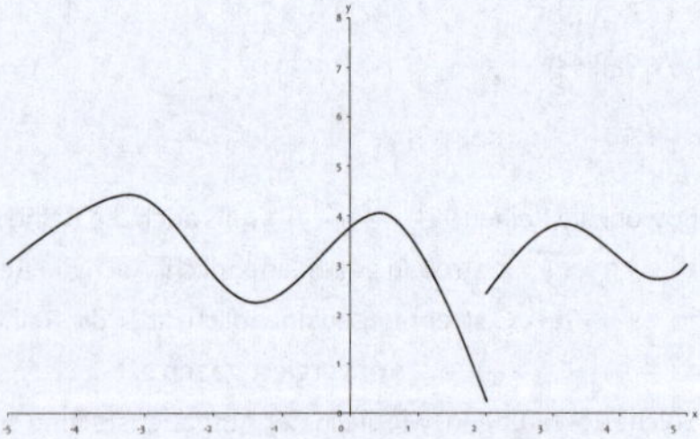

111. Die Funktion ist in genau zwei Punkten, nämlich -1 und 1, stetig.

112. Angenommen der Koeffizient a ist größer als Null, dann wird für sehr große x, egal wie b, c und d gewählt sind, $p(x) > 0$ sein. Anders herum wird für sehr kleine x immer $p(x) < 0$ sein. Folglich existiert mit dem Zwischenwertsatz eine Nullstelle von p.

113. Zinsfaktor: $q = 1 + \frac{4{,}5}{100} = 1{,}045$

Kapital nach 8 Jahren:

$K_8 = 20000 \cdot 1{,}045^8 \,€ = 28442{,}01 \,€$

114. Gesucht: K = x €, gegeben: Z = 800 €, p = 2,5 %

$K = \frac{800 \cdot 100}{2{,}5}\ € = \frac{800 \cdot 40}{1}\ € = 32000\ €$

Herr Maier hat 32.000 € Schulden bei der Bank.

115. Gesucht: p = x %, gegeben: K = 125 €, Z = 6,5 €

$p = \frac{6{,}5 \cdot 100}{125} = \frac{6{,}5 \cdot 4}{5} = \frac{26}{5} = 5\frac{1}{5} = 5\frac{2}{10} = 5{,}2\ \%$

Das Geld wurde mit 5,2 % verzinst.

116. Gesucht: Z(t) = x €, gegeben: K = 270 €, p = 4,5 %, t = 240 Tage

$Z(t) = \frac{270 \cdot 4{,}5 \cdot 240}{360 \cdot 100}\ € = \frac{27 \cdot 4{,}5 \cdot 2}{3 \cdot 10}\ € =$

$= \frac{9 \cdot 9}{1 \cdot 10}\ € = \frac{81}{10}\ € = 8{,}1\ €$

Nein, denn nach 240 Tagen erhält er 8,10 € Zinsen.

117. Gesucht: K = x €, gegeben: Z (t) = 14 €, p = 3,5 %, t = 144 Tage

$K = \frac{14 \cdot 100 \cdot 360}{3{,}5 \cdot 144}\ € = \frac{4 \cdot 100 \cdot 15}{1 \cdot 6}\ € = \frac{4 \cdot 50 \cdot 5}{1 \cdot 1}\ € = 1000\ €$

Astrid hat 1000 € auf ihrem Sparbuch.

118. Gesucht: p = x %,

gegeben: K = 120 €, Z(t) = 2,70 €, t = 135 Tage

$p = \frac{2{,}7 \cdot 100 \cdot 360}{120 \cdot 135} = \frac{2{,}7 \cdot 5 \cdot 24}{6 \cdot 9} = \frac{2{,}7 \cdot 5 \cdot 4}{1 \cdot 9} = \frac{54}{9} = 6\ \%$

Der jährliche Zinssatz beträgt 6 %.

Da die erste Bank einen jährlichen Zinssatz von 7 % zahlt, sollte er sein Geld lieber dort anlegen.

119. Gegeben: K = 500 €, p = 4 %

nach 3 Jahren: $K_3 = 500 \cdot \left(1 + \frac{4}{100}\right)^3 € = 500 \cdot (1{,}04)^3 € = 562{,}43 €$

Das Kapital ist nach drei Jahren auf 562,43 € angewachsen.

nach 5 Jahren: $K_5 = 500 \cdot \left(1 + \frac{4}{100}\right)^5 € = 500 \cdot (1{,}04)^5 € = 608{,}33 €$

Das Kapital ist nach fünf Jahren auf 608,33 € angewachsen.

nach 7 Jahren: $K_7 = 500 \cdot \left(1 + \frac{4}{100}\right)^7 € = 500 \cdot (1{,}04)^7 € = 657{,}97 €$

Das Kapital ist nach sieben Jahren auf 657,97 € angewachsen.

120.

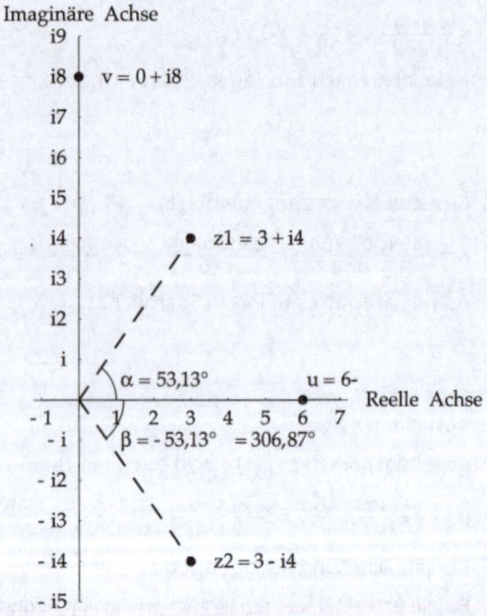

Betrag:	Winkel zur x-Achse:	Polarkoordinaten:
$\lvert z_1\rvert = \sqrt{3^2 + 4^2} = 5$	$z_1 : \alpha = 53{,}13°$	$z_1\,(5; 53{,}13°)$
$\lvert z_2\rvert = \sqrt{3^2 + (-4)^2} = 5$	$z_2 : \beta = -53{,}13°$	$z_2\,(5; -53{,}13°)$
	(oder $\beta = 306{,}87°$)	

$u = 6$	Winkel zur x-Achse:	Polarkoordinaten:
$\|u\| = 6$	$u : \gamma = 0°$	$u(8{,}0°)$
$v = i8$	Winkel zur x-Achse:	Polarkoordinaten:
$\|v\| = 8$	$v : \delta = 90°$	$v(8{,}90°)$

121. konjugiert-komplex: $\overline{z_2} = -1 + i2$

$u = 3 - i4$

$v = -1 + i0$

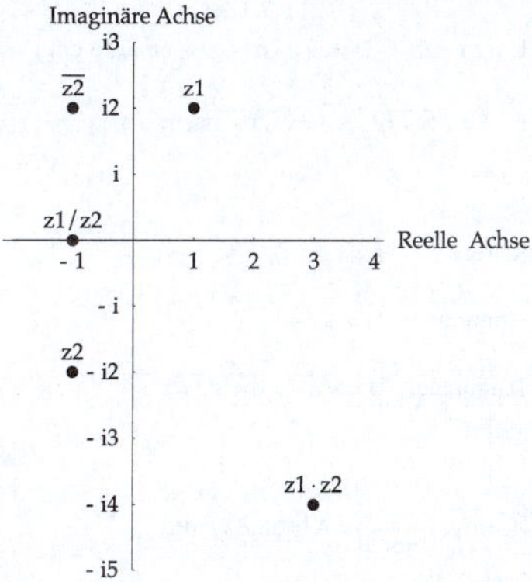

122. $\sqrt[4]{3} = \frac{a^2}{4}\sqrt{3} \Leftrightarrow a^2 = 16 \Rightarrow a = 4$

$h = \frac{4}{2}\sqrt{3} = 2\sqrt{3} \approx 3{,}46$

$r_u = \frac{4}{3}\sqrt{3} \approx 2{,}31$,

$r_i = \frac{4}{6}\sqrt{3} \approx 1{,}15$

123. $h^2 = p \cdot q \Rightarrow p = \frac{h^2}{q} \Rightarrow p = \frac{16}{2}\,\text{cm} = 8\,\text{cm}$

$c = p + q \Rightarrow c = 2\,\text{cm} + 8\,\text{cm} = 10\,\text{cm}$

$a^2 = p \cdot c \Rightarrow a^2 = 8 \cdot 10\,\text{cm}^2 \Rightarrow a \approx 8{,}94\,\text{cm}$

$b^2 = q \cdot c \Rightarrow b^2 = 2 \cdot 10\,\text{cm}^2 \Rightarrow b \approx 4{,}47\,\text{cm}$

$A = \frac{a \cdot b}{2} \Rightarrow A = \frac{\sqrt{80} \cdot \sqrt{20}}{2} = 20\,\text{cm}^2$

124. $A = a \cdot b \Rightarrow b = \frac{A}{a} \Rightarrow b = \frac{40\,\text{cm}^2}{8\,\text{cm}} = 5\,\text{cm}$

$U = 2a + 2b \Rightarrow U = 2 \cdot 8\,\text{cm} + 2 \cdot 5\,\text{cm} = 26\,\text{cm}$

$e = f = \sqrt{a^2 + b^2} \Rightarrow e = \sqrt{64 + 25}\,\text{cm} \approx 9{,}43\,\text{cm}$

125. Seite: $a = \sqrt{A}$

Umfang: $U = 4\sqrt{A}$

Diagonale: $d = a\sqrt{2} = \sqrt{A}\,\sqrt{2} = \sqrt{2A}$

126. $A_s = r^2\pi \cdot \frac{\alpha}{360} \Rightarrow A_s = 26{,}83\,\text{cm}^2$

$b = 2r\pi \cdot \frac{\alpha}{360} \Rightarrow b = 10{,}73\,\text{cm}$

Bei doppelter Bogenlänge ist auch der Mittelpunktswinkel doppelt so groß.

127. Strecke: a, größerer Abschnitt: x

$\frac{a}{x} = \frac{x}{a - x} \Leftrightarrow a^2 - ax = x^2$

$a^2 - 6a - 36 = 0 \Rightarrow a \approx 9{,}7\,\text{cm}$

128. Die Beziehungen leitet man aus einem gleichschenklig-rechtwinkligen Dreieck ab.

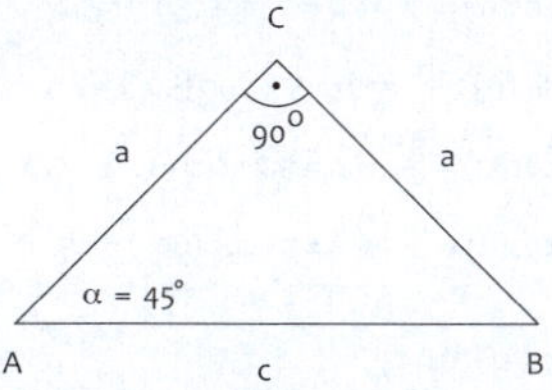

$c^2 = a^2 + a^2 = 2a^2 \Rightarrow c = a\sqrt{2}$

$\sin 45° = \frac{a}{a\sqrt{2}} = \frac{1}{\sqrt{2}} = \frac{1 \cdot \sqrt{2}}{\sqrt{2} \cdot \sqrt{2}} = \frac{1}{2}\sqrt{2}$

$\cos 45° = \frac{a}{a\sqrt{2}} = \frac{1}{\sqrt{2}} = \frac{1 \cdot \sqrt{2}}{\sqrt{2} \cdot \sqrt{2}} = \frac{1}{2}\sqrt{2}$

129. $\frac{\sin\beta}{\sin\alpha} = \frac{b}{a} \Rightarrow \sin\beta = \frac{b \cdot \sin\alpha}{a} \Rightarrow$

$\sin\beta = \frac{4 \cdot \sin 55°}{7{,}5} = 0{,}4368$

$\beta_1 = 25{,}9° \Rightarrow \gamma_1 = 180° - 25{,}9° - 55° = 99{,}1°$

$\beta_2 = 154{,}1°$ (keine Lösung, da die Winkelsumme größer als 180 ist)

$\frac{\sin\gamma}{\sin\alpha} = \frac{c}{a} \Rightarrow c = \frac{a \cdot \sin\gamma}{\sin\alpha} \Rightarrow$

$c = \frac{7{,}5 \cdot \sin 99{,}1°}{\sin 55°} = 9{,}04$

130. a) $\beta = 180° - \alpha - \gamma = 60°$

$$\sin(\alpha) = \frac{a}{c} \Rightarrow c = \frac{3}{\sin(30°)} = 6$$

$$\cos(\alpha) = \frac{b}{c} \Rightarrow b = c \cdot \cos(30°) = 5{,}2$$

$$\sin(\alpha) = \frac{h}{b} \Rightarrow h = 5{,}2 \cdot \sin(30°) = 2{,}6$$

$$\cos(\alpha) = \frac{p}{b} \Rightarrow p = 5{,}2 \cdot \cos(30°) = 4{,}5$$

$$\cos(\beta) = \frac{q}{c} \Rightarrow q = 3 \cdot \cos(60°) = 1{,}5$$

b) $c = p + q = 13$

$$h^2 = p \cdot q \Rightarrow h = \sqrt{9 \cdot 4} = 6$$

$$\tan(\alpha) = \frac{h}{p} \Rightarrow \alpha \text{ arc tan } \frac{6}{9} = 33{,}69°$$

$$\tan(\beta) = \frac{h}{q} \Rightarrow \beta \text{ arc tan } \frac{6}{4} = 56{,}31°$$

$$\sin(\alpha) = \frac{h}{b} \Rightarrow b = \frac{6}{\sin(33{,}69°)} = 10{,}82$$

$$\sin(\alpha) = \frac{a}{c} \Rightarrow a = 13 \cdot \sin(33{,}69°) = 7{,}21$$

131. $\alpha + \beta + \gamma = 180°$

$$\Rightarrow \beta = 180° - 20° - 120° = 40°$$

$$\frac{a}{\sin(\alpha)} = \frac{c}{\sin(\gamma)}$$

$$\Rightarrow a = 6 \cdot \frac{\sin(20°)}{\sin(120°)} = 2{,}37$$

$$\frac{b}{\sin(\beta)} = \frac{c}{\sin(\gamma)}$$

$$\Rightarrow b = 6 \cdot \frac{\sin(40°)}{\sin(120°)} = 4{,}45$$

132. a) $c^2 = a^2 + b^2 - 2ab\cos(\gamma)$

$$\Rightarrow \gamma = \arccos\left(\frac{a^2 + b^2 - c^2}{2 \cdot a \cdot b}\right)$$

$$= \arccos\left(\frac{2{,}37^2 + 4{,}45^2 - 6^2}{2 \cdot 2{,}37 \cdot 4{,}45}\right) = 120{,}1°$$

$b^2 = c^2 + a^2 - 2ca\cos(\beta)$

$$\Rightarrow \beta = \arccos\left(\frac{6^2 + 2{,}37^2 - 4{,}45^2}{2 \cdot 6 \cdot 2{,}37}\right) = 39{,}91°$$

$a^2 = b^2 + c^2 - 2bc\cos(\alpha)$

$$\Rightarrow \alpha = \arccos\left(\frac{4{,}45^2 + 6^2 - 2{,}37^2}{2 \cdot 4{,}45 \cdot 6}\right) = 19{,}98°$$

Eigentlich hätten für die Winkel die gleichen Werte herauskommen müssen wie im Dreieck in der Aufgabe zum Sinussatz. Die Unterschiede liegen daran, dass die Ergebnisse für die Seitenlängen gerundet und diese Werte hier übernommen wurden.

b) $b^2 = c^2 + a^2 - 2ca\cos(\beta)$

$$\Rightarrow b = \sqrt{6^2 + 2{,}37^2 - 2 \cdot 6 \cdot 2{,}37 \cdot \cos(40°)} = 4{,}45$$

$c^2 = a^2 + b^2 - 2ab\cos(\gamma)$

$$\Rightarrow \gamma = \arccos\left(\frac{2{,}37^2 + 4{,}45^2 - 6^2}{2 \cdot 2{,}37 \cdot 4{,}45}\right) = 120{,}1°$$

$a^2 = b^2 + c^2 - 2bc\cos(\alpha)$

$$\Rightarrow \alpha = \arccos\left(\frac{4{,}45^2 + 6^2 - 2{,}37^2}{2 \cdot 4{,}45 \cdot 6}\right) = 19{,}98°$$

Den zweiten Winkel berechnet man viel einfacher über den Sinussatz, z. B. $\frac{a}{\sin(\alpha)} = \frac{c}{\sin(\gamma)}$; den dritten Winkel berechnet man dann selbstverständlich über den Winkelsummensatz. Aber, und das wurde hier gezeigt: Es geht auch mit dem Cosinussatz!

133. Seite: $\frac{2}{3}\sqrt{2} = \frac{a^3}{12}\sqrt{2} \Rightarrow a^3 = 8 \Rightarrow a = 2$

Oberfläche: $A_O = 4\sqrt{3}$

Höhe: $h = \frac{2}{3}\sqrt{6}$

Umkugelradius: $r = 0{,}5\sqrt{6}$

Inkugelradius: $\rho = \frac{1}{6}\sqrt{6}$

134. Die Zylinderhöhe beträgt 2r.

Zylindervolumen: $V_Z = r^2\pi \cdot 2r = 2r^3\pi$

Kugelvolumen: $V_K = \frac{4}{3}r^3\pi$

Verhältnis: $\frac{V_Z}{V_K} = \frac{2r^3\pi}{\frac{4}{3}r^3\pi} = \frac{3}{2}$

Zylinderoberfläche: $A_Z = 2r^2\pi + 2r\pi \cdot 2r = 6r^2\pi$

Kugeloberfläche: $A_K = 4r^2\pi$

Verhältnis: $\frac{A_Z}{A_K} = \frac{6r^2\pi}{4r^2\pi} = \frac{3}{2}$

135. a) $G = \frac{1}{2} \cdot [AB] \cdot [BC] = \frac{1}{2} \cdot 2 \cdot 2 = 2$

b) $S_1 = S_2 = [AB] \cdot h = 2 \cdot 4 = 8$

c) $[AC] = \sqrt{[AB]^2 \cdot [BC]^2} = \sqrt{8} = 2\sqrt{2} = 2{,}83$
Satz des Pythagoras

d) $S_3 = [AC] \cdot h = 11{,}31$

e) $O = 2 \cdot G + S_1 + S_2 + S_3 = 31{,}31$
Die Deckfläche EFG ist kongruent zur Grundfläche ABC und hat somit gleichen Flächeninhalt.

f) $V = G \cdot h = 2 \cdot 4 = 8$

136. a) $W1 = a \cdot c = 10\ m^2$

$W2 = b \cdot c = 15\ m^2$

b) $G = a \cdot b = 24\ m^2$

c) $O = 2 \cdot W1 + 2 \cdot W2 + 2 \cdot G = 98\ m^2$

d) $V = G \cdot c = 24\ m^2 \cdot 2{,}5\ m = 60\ m^3$

137. a) $d = a\sqrt{3} = 1{,}73$

Alle Diagonalen sind gleich lang.

b) $d = \sqrt{a^2 + b^2 + c^2}$

$= \sqrt{1{,}5^2 + 1^2 + 2^2} = 2{,}69$

Alle Diagonalen sind gleich lang.

138. a) Da die Pyramidenspitze über dem Diagonalenschnittpunkt der Grundfläche liegt, handelt es sich um vier gleichschenklige kongruente Dreiecke.

b) $G = a \cdot a = 51529\ m^2$

c) $[MS]^2 = h^2 + \left(\frac{a}{2}\right)^2$

Satz des Pythagoras (vgl. S. 309) im rechtwinkligen Dreieck SFM

$\Rightarrow [MS] = \sqrt{21316 + 12882{,}25} = 184{,}93\ m$

d) $AS = \frac{1}{2} \cdot a \cdot [MS] = 20989{,}56\ m^2$

e) $O = 4 \cdot AS + G = 135487{,}24\ m^2$

f) Oberfläche der Pyramide geteilt durch Fläche eines Fußballfeldes: $\frac{135487{,}24\ m^2}{7350\ m^2} = 18{,}43$

Es hätten also etwas mehr als 18 Fußballfelder Platz.

g) $V = \frac{1}{3} \cdot G \cdot h = 2507744{,}67\ m^3$

139. a) Nach den Gesetzen der zentrischen Streckung handelt es sich bei allen vier Seitenflächen um gleichschenklige Trapeze.

b) $[MM'] = 0{,}5 \cdot [MS] = 92{,}47\ m$ zentrische Streckung

c) $s = 0{,}5 \cdot a = 113{,}5\ m$ zentrische Streckung

d) $AS = 0{,}5 \cdot (a + s) \cdot [MM'] = 15743{,}02\ m^2$ Flächenberechnung Trapez

e) $D = s \cdot s = 12882{,}25\ m^2$ Die Deckfläche ist quadratisch, zentrische Streckung

f) $O = G + D + 4 \cdot AS = 51529\ m^2 + 12882{,}25\ m^2 + 62972{,}08\ m^2 =$
$= 127383{,}33\ m^2$

g) $V = \frac{h}{3} \cdot (G + D + \sqrt{G \cdot D} =$
$= \frac{73\ m}{3} \cdot \left(51529\ m^2 + 12882{,}25\ m^2 + \sqrt{51529\ m^2 \cdot 12882{,}25\ m^2}\right) =$
$= \frac{73\ m}{3} \cdot 90175{,}75 = 2194276{,}58\ m^3$

140. a) $r = 0{,}5 \cdot d = 1\ m$

b) $G = \pi \cdot r^2 = 3{,}14\ m^2$

c) $M = 2 \cdot \pi \cdot r \cdot h = 50{,}27\ m^2$

d) $O = M + 2 \cdot G = 56{,}55\ m^2$

e) $V = G \cdot h = 25{,}12\ m^3$

141. a) $G = \pi \cdot r^2 = 12{,}57\ cm^2$

b) $V = \frac{1}{3} \cdot G \cdot h = 20{,}95\ cm^3 = 0{,}02$ Liter (gerundet)

c) $l = \sqrt{r^2 + h^2} = 5{,}39\ cm$

d) $M = \pi \cdot r \cdot l = 33{,}87\ cm^2$

e) $O = M + G = 46{,}44\ cm^2$

142. a) $r = 0{,}5 \cdot R = 1\ cm$ zentrische Streckung

b) $D = \pi \cdot r^2 = 3{,}14\ cm^2$

c) Möglichkeit 1: zentrische Streckung
$l = 0{,}5 \cdot L = 2{,}695\ cm$
Möglichkeit 2: Satz des Pythagoras
$l = \sqrt{h^2 + (R - r)^2} = 2{,}69\ cm$

d) $M = \pi \cdot l \cdot (R + r) = 25{,}35\ cm^2$

e) $O = G + D + M = 41{,}06\ cm^2$

f) $V = \frac{\pi \cdot h}{3}(R^2 + R \cdot r + r^2) = 18{,}33\ cm^3$

143. a) $V = \frac{4}{3} \cdot \pi \cdot r^3$
$\Rightarrow r = \sqrt[3]{V \cdot \frac{3}{4\pi}} = \sqrt[3]{6} = 1{,}82\ m$
$\sqrt[3]{6}$ bedeutet: Man muss die dritte Wurzel aus 6 berechnen. Dazu gibt man 6 in den Taschenrechner (TR) ein und drückt anschließend die Taste mit der Aufschrift „$\sqrt[3]{\ }$“. Der dann angezeigte Wert ist das gesuchte Ergebnis. Falls der TR keine $\sqrt[3]{\ }$-Taste hat, drückt man die Taste mit der Aufschrift und gibt anschließend 3 (für dritte Wurzel) ein. Das gesuchte Ergebnis erscheint dann in der Anzeige.

b) $O = 4 \cdot \pi \cdot r^2 = 41{,}62 m^2$

c) Vergleich:
Bei gleichem Volumen hat die Kugel eine deutlich kleinere Oberfläche ($41{,}62\ m^2$) als die Säule ($56{,}55\ m^2$). Wenn die Säule (Zylinder) eine geringere Höhe, dafür aber einen größeren Radius hätte, wäre ihre Oberfläche auch kleiner als $56{,}55\ m^2$. Es ist aber unmöglich, die Oberfläche der Kugel zu unterbieten.

d) $O = 4 \cdot \pi \cdot r^2$

$\Rightarrow r = \sqrt{\frac{O}{4 \cdot \pi}} = \sqrt{\frac{56{,}55}{4 \cdot \pi}} = 2{,}12\ m$

e) $V = \frac{4}{3} \cdot \pi \cdot r^3 = \frac{4}{3} \cdot \pi \cdot (2{,}12\ m)^3 = 39{,}91\ m^3$

f) Vergleich: Bei gleicher Oberfläche hat die Kugel deutlich mehr Volumen ($39{,}91\ m^3$) als die Säule ($25{,}12\ m^3$).

144. $\overrightarrow{AB} = -\overrightarrow{a} + \overrightarrow{b}$

$\overrightarrow{BC} = -\overrightarrow{a} - \overrightarrow{b}$

$\overrightarrow{CD} = -\overrightarrow{AB} = \overrightarrow{a} - \overrightarrow{b}$

$\overrightarrow{DA} = -\overrightarrow{BC} = \overrightarrow{a} + \overrightarrow{b}$

$\overrightarrow{AC} = -2\ \overrightarrow{a} + 0 \cdot \overrightarrow{b}$

$\overrightarrow{BD} = 0 \cdot \overrightarrow{a} - 2\ \overrightarrow{b}$

145. $\vec{v}_1$ und $\vec{v}_3$ sind kollinear,

denn es gilt $\vec{v}_3 = -2\,\vec{v}_1$.

$\vec{v}_1, \vec{v}_2$ und $\vec{v}_4$ sind nicht komplanar,

denn $\begin{vmatrix} 1 & 1 & -1 \\ -2 & 1 & 5 \\ 3 & 1 & -6 \end{vmatrix} = -3 \neq 0$

$\vec{v}_2, \vec{v}_3$ und $\vec{v}_4$ sind nicht komplanar,

denn $\begin{vmatrix} 1 & -2 & -1 \\ 1 & 4 & 5 \\ 1 & -6 & -6 \end{vmatrix} = -6 \neq 0$

146. a) $|\vec{v}_1| = \sqrt{0{,}5^2 + 0 + (-2)^2} = \sqrt{4{,}25}$

$|\vec{v}_2| = \sqrt{(-1)^2 + 0 + 4^2} = \sqrt{17}$

b) $\cos\alpha = \dfrac{0{,}5 \cdot (-1) + 0 \cdot 0 + (-2) \cdot 4}{\sqrt{4{,}25} \cdot \sqrt{17}} = -1$

$\Rightarrow \alpha = 180°$

147. Die rechten Seiten der beiden Geradengleichungen werden gleichgesetzt.

Daraus ergibt sich folgendes Gleichungssystem:

$$\begin{cases} -1 - \lambda = 1 \\ 7 + 2\lambda = 1 - 2\mu \\ 1 = 2 + \mu \end{cases} \quad \Leftrightarrow \quad \begin{cases} \lambda = -2 \\ 3 = 3 \\ \mu = -1 \end{cases}$$

Schnittpunkt P(1, 3, 1)

148. Punkt-Normalenform: $E: \left[\vec{r} - \begin{pmatrix} 1 \\ 0 \\ 1 \end{pmatrix}\right] \cdot \begin{pmatrix} 5 \\ -3 \\ -1 \end{pmatrix} = 0$

Abstand: $E: \left[\vec{r} \cdot \begin{pmatrix} \frac{5}{\sqrt{35}} \\ \frac{-3}{\sqrt{35}} \\ \frac{-1}{\sqrt{35}} \end{pmatrix}\right] = \frac{4}{\sqrt{35}} \Rightarrow$

$d = \frac{4}{\sqrt{35}} \approx 0{,}7$

149. a) $f'(x) = 15kx^2 - 8x + 2$

(Potenzregel, Summenregel, Konstantenregel)

b) $f'(x) = 9x^2 \cdot \sqrt{x+1} + (3x^3 + 1) \cdot \frac{1}{2\sqrt{x+1}}$

(Multiplikationsregel)

c) $f'(x) = \frac{(x^2+1) \cdot 1 - (x-3) \cdot 2x}{(x^2+1)^2}$

(Quotientenregel)

d) $f'(x) = \frac{4x}{2\sqrt{2x^2 - 1}}$

(Kettenregel)

150. Hoch- und Tiefpunkt:

$f'(x) = -\frac{1}{8}(3x^2 - 24x + 36)$

$f''(x) = -\frac{1}{8}(6x - 24) - \frac{1}{8}(3x^2 - 24x + 36) = 0 \Leftrightarrow$

$x_1 = 2 \vee x_2 = 6$

$f''(2) = 1{,}5 > 0 \Rightarrow$ Tiefpunkt

$f''(6) = -1{,}5 < 0 \Rightarrow$ Hochpunkt

$f(2) = -\frac{1}{8} \cdot 2 \cdot (-4)^2 = -4$

$f(6) = 0$

Wendepunkt:

$-\frac{1}{8} \cdot (6x - 24) = 0 \Leftrightarrow x = 4$

$f'''(x) = -\frac{3}{4} \Rightarrow f'''(4) \neq 0 \Rightarrow$ Wendepunkt

$f(4) = -\frac{1}{8} \cdot 4 \cdot (-2)^2 = -2$

151. Diese Funktion (Betragsfunktion) ist in 0 nicht differenzierbar.

152. Natürlich sind alle diese Funktionswerte etwas größer als $f(x_0)$.

153. a) $((x^3 - 1) \cdot (x^4 + 1))' = 3 \cdot x^2 \cdot (x^4 + 1) + (x^3 - 1) \cdot 4 \cdot x^3 =$
$= 7 \cdot x^6 - 4 \cdot x^3 + 3 \cdot x^3$

b) $\left(\frac{x^3 + 1}{x^2}\right)' = \frac{x^4 - 2 \cdot x}{x^4} =$
$= \frac{x^3 - 2}{x^3} = \frac{x^3 - 2}{x^3}$

c) $((x + 1)^2)' = 2 \cdot (x + 1)$

154.

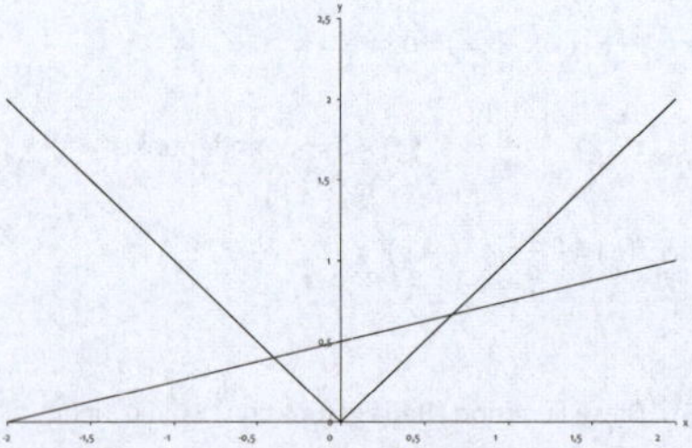
y
2,5
2
1,5
1
0,5
0
-2
-1,5
-1
-0,5
0
0,5
1
1,5
2
x

155.

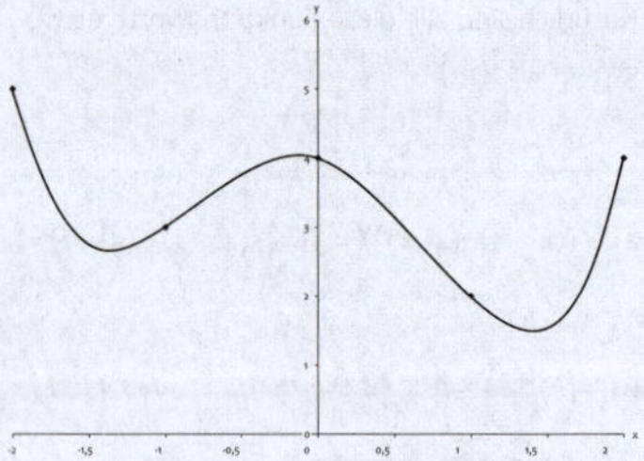
y
6
5
4
3
2
1
0
-2
-1,5
-1
-0,5
0
0,5
1
1,5
2
x

156.

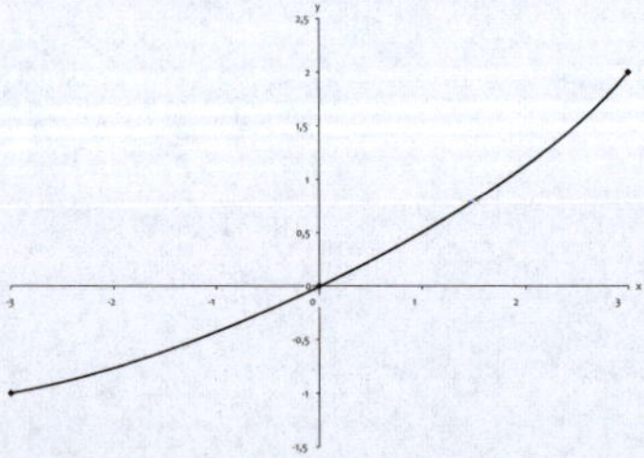
y
2,5
2
1,5
1
0,5
0
-0,5
-1
-1,5
-3
-2
-1
0
1
2
3
x

157. Nur ein Polynom vom Grad 1 bzw. eine konstante Funktion ist sowohl konvex als auch konkav.

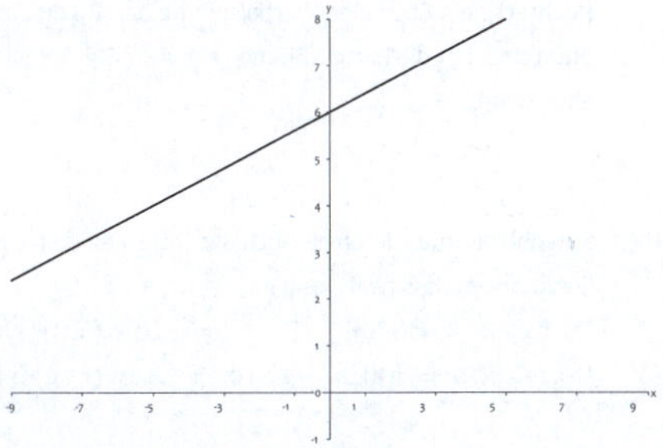

158. Man sollte nicht mit einer Kurve diskutieren, zumindest in der Öffentlichkeit sollte man keine Selbstgespräche führen!

159. Die Ableitung eines Polynoms p vom Grad n ist ein Polynom p′ vom Grad n – 1. Ein Polynom vom Grad n – 1 hat maximal n – 1 Nullstellen, somit maximal n – 1 kritische Punkte und folglich maximal n – 1 lokale Extrema.

160. Rationale Funktionen können Definitionslücken haben. Diese treten genau dann auf, wenn das Nennerpolynom gleich Null ist. Manchmal kann man diese Lücken durch stetiges Ergänzen schließen, manchmal aber auch nicht. Solche Probleme gibt es mit Polynomen nicht.

161. Sämtliche Arten von Wachstumsprozessen lassen sich besonders gut mithilfe von Exponentialfunktionen beschreiben.

162. Wenn man die Fläche unter einer Kurve mit Hilfe von schmalen Rechteckstreifen approximiert, dann stellt die Fläche eines solchen Rechtecks ein Glied einer Partialsumme dar. Da die Streifen sehr dünn sind, hat die Partialsumme sehr viele Glieder, ist also praktisch eine Reihe.

163. Sowohl das Integrieren als auch das Differenzieren sind lineare Funktionale, dass heißt, es gilt:

$\int \lambda \cdot f(x)dx = \lambda \cdot \int f(x)dx$ bzw. $(\lambda \cdot f)'(x) = \lambda \cdot f'(x)$,

$\int f(x) + g(x)\,dx = \int f(x)\,dx + \int g(x)\,dx$ bzw. $(f + g)'(x) = f'(x) + g'(x)$.

164. Mit Hilfe der Produktregel kann man den Satz über die partielle Integration herleiten.

165. $\int_0^1 \left(\frac{1}{4}x^4 - \frac{5}{2}x^2 + \frac{9}{4} \right)dx =$

$= \left[\frac{x^5}{20} - \frac{5x^3}{6} - \frac{9x}{4} \right]_0^1 =$

$= \frac{1}{20} - \frac{5}{6} + \frac{9}{4} - 0 = \frac{22}{15}$

166. Da die Stammfunktion für sehr große und kleine Werte gegen plus oder minus unendlich strebt, kann man den Hauptsatz der Differential- und Integralrechnung nicht anwenden.

167. Die Lösung ist das unmögliche Ereignis $\varnothing$ und das sichere Ereignis {Kopf, Zahl}.

168. r(1000, 1) = 0,15,
r(1000, 2) = 0,176,
r(1000, 3) = 0,184,
r(1000, 4) = 0,151,
r(1000, 5) = 0,174,
r(1000, 6) = 0,175.

169. Die Strecke, die der Sekundenzeiger zwischen 3 und 4 Uhr zurücklegt, ist genau $\frac{1}{12}$ der Strecke, die der Zeiger benötigt, um einmal um das Ziffernblatt zu laufen.

Folglich müsste die gesuchte Wahrscheinlichkeit gerade $\frac{1}{12}$ sein. In Wirklichkeit bleibt der Sekundenzeiger aber meistens vor der 9 stehen, da er an dieser Stelle die größte Kraft aufbringen muss. Es wurde also richtig gerechnet, aber das Zufallsexperiment wurde falsch modelliert. So etwas kommt leider sehr häufig in der Praxis vor.

170. Die günstigen Fälle sind 4 und 6, die möglichen Fälle sind 1, 2, 3, 4, 5 und 6, folglich ist die gesuchte Wahrscheinlichkeit $\frac{2}{6} = \frac{1}{3} = 0,333\ldots$.

171. Es gibt $\binom{32}{2} = 32 \cdot \frac{31}{2} = \frac{992}{2} = 496$ Möglichkeiten 2 Karten aus 32 Karten zu ziehen.

172. Ein Skatblatt hat genau 16 rote Karten, die gesuchte

Wahrscheinlichkeit beträgt also

$$\frac{\binom{16}{3} \cdot \binom{16}{0}}{\binom{32}{3}} = \frac{7}{62} = 0,11290\ldots$$

173. Unter der Voraussetzung, dass sich die beiden Punktfische ganz zufällig bewegen, also nicht bewusst aufeinander zu schwimmen, ist es fast sicher, dass sie sich nicht fressen. Man denke sich einen Würfel, aber diesmal einen besonders kleinen mit 1 ml Inhalt in dem betreffenden Aquarium. Wenn sich jetzt Punktfisch 1 in diesem Würfel aufhält, dann wird sich auch Punktfisch 2 mit der Wahrscheinlichkeit $\frac{0{,}001 \text{ Liter}}{60 \text{ Liter}} = 0{,}0000166666\ldots$ in diesem Würfel aufhalten. Es ist aber unwahrscheinlich, dass die beiden Punktfische sich am gleichen Punkt befinden, die gesuchte Wahrscheinlichkeit ist also $\frac{0 \text{ Liter}}{60 \text{ Liter}} = 0$.

174. 1. Fall: A zieht B nach, also ist B eine Teilmenge von A.

2. Fall: B zieht A nach, also ist A eine Teilmenge von B.

3. Fall: A und B sind stochastisch abhängig, das heißt, A und B haben einen nichtleeren Schnitt, dies schließt die beiden ersten Fälle mit ein.

4. Fall: A und B sind stochastisch unabhängig, das heißt, A und B haben einen leeren Schnitt.

175. Im Fall n = 2 sind Binomial- und Polynomialverteilung dasselbe, gilt doch: $\binom{n}{k} = \binom{n!}{k!} \cdot (n-k)!$.

Anhang

1. Mathematische Zeichen und Symbole

Logische Zeichen

$\wedge$	und (Konjunktion)
$\vee$	oder (Disjunktion)
$\neg$	nicht (Negation)
$\rightarrow$	wenn ..., dann ... (Implikation)
$\leftrightarrow$	genau dann ..., wenn ... (Äquivalenz)

Mengen

$\{a, b, c, \ldots\}$	aufzählende Schreibweise
$\{x \mid x = \ldots\}$	kennzeichnende Schreibweise
$\in$	ist Element von
$\notin$	ist nicht Element von
N	Menge der natürlichen Zahlen
Z	Menge der ganzen Zahlen
Q	Menge der rationalen Zahlen
Y	Menge der irrationalen Zahlen
R	Menge der reellen Zahlen
C	Menge der komplexen Zahlen
Z^+, Z^-	Menge der positiven (negativen) ganzen Zahlen
Q^+, Q^-	Menge der positiven (negativen) rationalen Zahlen
R^+, R^-	Menge der positiven (negativen) reellen Zahlen
$\subset$	ist Teilmenge von
$\not\subset$	ist nicht Teilmenge von
$\emptyset, \{\}$	leere Menge

[a ; b]	abgeschlossenes Intervall in R
] a ; b [	offenes Intervall in R
] a ; b], [a ; b [	halboffene Intervalle
$A \cup B$	Vereinigungsmenge, A oder B
$A \cap B$	Schnittmenge, A und B
$A \setminus B$	Restmenge, A, aber nicht B
$A \times B$	Produktmenge
T_n	Menge der Teiler der Zahl *n*
V_n	Menge der Vielfachen von *n*

Aussageformen

p, *q*, *r*, ...	Aussagen
$A_1(x)$, $A_2(x)$	Aussageformen
$A_1(x) \wedge A_2(x)$	Konjunktion von Aussageformen
$A_1(x) \vee A_2(x)$	Disjunktion von Aussageformen
$A_1(x) \Rightarrow A_2(x)$	Implikation von Aussageformen
$A_1(x) \Leftrightarrow A_2(x)$	Äquivalenz von Aussageformen
$\overline{A(x)}$	Negation einer Aussageform
G	Grundmenge
D	Definitionsmenge
L	Lösungsmenge
$T_1(x)$, $T_2(x)$, ...	Terme mit der Variablen x

Grundgesetze

K	Kommutativgesetz
A	Assoziativgesetz
N	Existenz des neutralen Elements
I	Existenz zueinander inverser Elemente
D	Distributivgesetz

Relationen

ρ	Relation
$f: x \rightarrow f(x), x \in D$	Funktion als besondere Relation mit Angabe des Definitionsbereichs
f^*, f^{-1}	Umkehrfunktion
D	Urbildmenge, Definitionsmenge
W, Z	Wertemenge, Bildmenge, Zielmenge
$f: A \rightarrow B$	Funktion als Abbildung
G	Graph der Funktion
$y = f(x)$	Funktionsgleichung

Zahlen

$=$	gleich
$\neq$	ungleich
$<$	kleiner als
$\leq$	kleiner oder gleich
$>$	größer als
$\geq$	größer oder gleich
$\mathrm{ggT}(a, b)$	größter gemeinsamer Teiler
$\mathrm{kgV}(a, b)$	kleinstes gemeinsames Vielfaches
$\lvert a \rvert$	Betrag der Zahl a
a^n	n-te Potenz von a
$\sqrt{a}$	Quadratwurzel aus a
$\sqrt[n]{a}$	n-te Wurzel aus a
$\log_a x$	Logarithmus von x zur Basis a
$\lg x$	Logarithmus von x zur Basis 10
$\ln x$	natürlicher Logarithmus von x
$\mathrm{lb}\, x$, $\mathrm{ld}\, x$	Logarithmus von x zur Basis 2
$n!$	n-Fakultät

$\binom{n}{k}$	Binomialkoeffizient, *n* über *k*
$\sum$	Summenzeichen
$\prod$	Produktzeichen
i	imaginäre Einheit
$\overline{a}$	konjugiert komplex zu *a*

Analysis

$\to \pm\infty$	geht gegen plus oder minus Unendlich
$\frac{dy}{dx}, y', f'(x)$	Differentialquotient (1. Ableitung)
$\frac{d^n y}{dx^n}, y^{(n)}, f^{(n)}(x)$	*n*-te Ableitung
Δ	Differenz
$\lim\limits_{n \to \infty} a_n$	Grenzwert einer Folge
$\lim\limits_{x \to x_0} f(x)$	Grenzwert einer Funktion
$\int f(x)\,dx$	unbestimmtes Integral
$\int_a^b f(x)\,dx$	bestimmtes Integral
sin φ	Sinus des Winkels φ
cos φ	Kosinus des Winkels φ
tan φ	Tangens des Winkels φ
cot φ	Kotangens des Winkels φ
arcsin φ	Arcussinusfunktion Umkehrfunktion der Sinusfunktion
arccos φ	Arcuskosinusfunktion
arctan φ	Arcustangensfunktion
arccot φ	Arcuskotangensfunktion
exp	Exponentialfunktion

Matrizen, Determinanten

A, B, C, M, …	Matrizen
o	Nullmatrix
E	Einheitsmatrix
a_{mn}	Matrixelement in der *m*-ten Zeile und der *n*-ten Spalte
$\| \|, \Delta, \Delta_x$	Determinanten

Geometrie

A, B, C, …, P, Q, R	Punkte
g, h, k, …	Geraden
E	Ebene
A	Flächeninhalt
V	Rauminhalt, Volumen
u	Umfang
AB	Gerade durch die Punkte A und B
[AB]	Strecke von A bis B
$\overline{AB}$	Länge der Strecke [AB]
$P \in g$	P liegt auf der Geraden g
$g \cap h = \{ S \}$	S ist Schnittpunkt von g und h
$E \cap F = g$	g ist Schnittgerade der Ebenen E und F
$g \perp h$	g steht senkrecht auf h
$g \parallel h$	g ist parallel zu h
$\angle$	Winkel
$\angle$ ASB	Winkel, Scheitel bei S
$\alpha, \beta, \gamma, \ldots$	Winkelbezeichnungen

Vektoren

$\overrightarrow{AB}$, $\overrightarrow{a}$	Vektoren
$\lvert \overrightarrow{a} \rvert$	Betrag eines Vektors
$\overrightarrow{a} = (a_x, a_y, a_z)$	Zeilenvektor mit 3 Komponenten
$\overrightarrow{a} = \begin{pmatrix} a_x \\ a_y \\ a_z \end{pmatrix}$	Spaltenvektor mit 3 Komponenten
x_1, x_2, x_3	Bezeichnung der Koordinatenachsen, anstelle x, y, z
$\overrightarrow{a^0}$	Einheitsvektor
$n \cdot \overrightarrow{a}$	S-Multiplikation
$\overrightarrow{a} \cdot \overrightarrow{b}$	Skalarprodukt
$\overrightarrow{a} \times \overrightarrow{b}$	Vektorprodukt

Stochastik

x_n	Merkmalsrealisationen
f_n	absolute Häufigkeiten
h_n	relative Häufigkeiten
s_n	Summenhäufigkeiten
$\overline{x}$	Mittelwert
s	Streuung
s^2	mittlere quadratische Abweichung
X, Z, ...	Zufallsgrößen
E(X), μ	Erwartungswert
var (X), σ^2	Varianz
σ	Standardabweichung
P (E)	Wahrscheinlichkeit für ein Ereignis
Ω	Ergebnisraum
$f(x)$	Wahrscheinlichkeitsfunktion

2. Römische Zahlen

1 – I	20 – XX	200 – CC	1500 – MD
2 – II	30 – XXX	300 – CCC	1900 – MCM
3 – III	40 – XL	400 – CD	1940 – MCMXL
4 – IV	50 – L	500 – D	1949 – MCMIL
5 – V	60 – LX	600 – DC	1990 – MXM
6 – VI	70 – LXX	700 – DCC	1991 – MIXM
7 – VII	80 – LXXX	800 – DCCC	2000 – MM
8 – VIII	90 – XC	900 – CM	2050 – MML
9 – IX	100 – C	1000 – M	2060 – MMLX
10 – X	(99 – IC)	(990 – XM)	2200 – MMCC

3. Griechische Buchstaben

Α	α	a	Alpha	Ν	ν	n	Ny
Β	β	b	Beta	Ξ	ξ	x	Ksi
Γ	γ	g	Gamma	Ο	ο	o	Omikron
Δ	δ	d	Delta	Π	π	p	Pi
Ε	ε	e	Epsilon	Ρ	ρ	r	Rho
Ζ	ζ	z	Zeta	Σ	σ	s	Sigma
Η	η	e	Eta	Τ	τ	t	Tau
Θ	θ, ϑ	th	Theta	Υ	υ	y	Ypsilon
Ι	ι	j	Jota	Φ	ϕ, φ	ph	Phi
Κ	κ	k	Kappa	Χ	χ	ch	Chi
Λ	λ	l	Lambda	Ψ	ψ	ps	Psi
Μ	μ	m	My	Ω	ω	o	Omega

Die wichtigsten Formeln im Überblick

Algebra

Rechengesetze und Umformungen

Kommutativgesetze der Addition und Multiplikation	$a + b = b + a$ $a \cdot b = b \cdot a$
Assoziativgesetze der Addition und Multiplikation	$a + (b + c) = (a + b) + c$ $a \cdot (b \cdot c) = (a \cdot b) \cdot c$
Distributivgesetz	$(a + b) \cdot c = a \cdot c + b \cdot c$
Produkt von Summen	$(a + b) \cdot (c + d) = a \cdot c + a \cdot d + b \cdot c + b \cdot d$
Binomische Formeln	$(a + b)^2 = a^2 + 2ab + b^2$ $(a - b)^2 = a^2 - 2ab + b^2$ $(a \pm b)^3 = a^3 \pm 3a^2b + 3ab^2 \pm b^3$ $(a + b) \cdot (a - b) = a^2 - b^2$
Binomischer Lehrsatz	$(a + b)^n = \binom{n}{0}a^n + \binom{n}{1}a^{n-1}b^1 + \binom{n}{n-1}a^1b^{n-1} + \binom{n}{n}b^n =$ $= \sum_{i=0}^{n} \binom{n}{i} a^{n-i}b^i$
Zerlegungen	$a^2 - b^2 = (a + b) \cdot (a - b)$ $a^3 + b^3 = (a + b) \cdot (a^2 - ab + b^2)$ $a^3 - b^3 = (a - b) \cdot (a^2 + ab + b^2)$ $a^n - b^n = (a - b) \cdot (a^{n-1} + a^{n-2} \cdot b + \ldots + a \cdot b^{n-2} + b^{n-1})$

Prozent- und Zinsrechnung

Grundwert G, Prozentsatz p (in %), Prozentwert PW	$PW = \frac{p}{100} \cdot G$
Kapital K(t), t Anzahl Verzinsungen, p Zinssatz, Z Zinswert am Jahresende	$Z = \frac{p}{100} \cdot K$ $K(t) = K_0 \cdot \left(1 + \frac{p}{100}\right)^t$

Rechnen mit Brüchen

Addition und Subtraktion	$\frac{a}{c} \pm \frac{b}{c} = \frac{a \pm b}{c}$
Multiplikation und Division	$\frac{a}{b} \cdot \frac{c}{d} = \frac{a \cdot c}{b \cdot d}$ $\quad \frac{x}{y} : \frac{r}{s} = \frac{x \cdot s}{y \cdot r}$

Mittelwerte

Betrachtet werden die Werte $w_1, w_2, \dots w_n$:

Arithmetisches Mittel	$\overline{x} = \frac{w_1 + w_2 + \dots + w_3}{n}$
Geometrisches Mittel	$\overline{x_g} = \sqrt[n]{w_1 \cdot w_2 \cdot \dots \cdot w_n}$
Harmonisches Mittel	$\overline{x_h} = \frac{n}{\frac{1}{w_1} + \frac{1}{w_2} + \dots + \frac{1}{w_n}}$

Rechnen mit Wurzeln, Logarithmen, Potenzen

Potenz	$x^n = x \cdot x \cdot x \cdot \dots \cdot x$ (n – Faktoren)
Wurzel	$\sqrt[n]{x}$, $x \in R_0^+$, $n \in N$ ist die nicht negative Zahl, für die gilt: $(\sqrt[n]{x})^n = x$
Logarithmus	$\log_b a$, $a, b \in R^+$, $b \neq 1$ ist diejenige Zahl, mit der die Basis b potenziert werden muss, damit man den Potenzwert a erhält – also $x = \log_b a \Rightarrow b^x = a$

Potenzgesetze

Für $a, b \in R_0^+$, $n, m \in N$ gilt:

Besondere Potenzen ($a \neq 0$)	$a^0 = 1$ $a^{-n} = \frac{1}{a^n}$
Bei gleicher Basis ($a \neq 0$)	$a^n \cdot a^m = a^{n+m}$ $a^n : a^m = a^{n-m}$
Bei gleichem Exponent ($b \neq 0$)	$a^n \cdot b^n = (a \cdot b)^n$ $a^n : b^n = \frac{a^n}{b^n} = \left(\frac{a}{b}\right)^n$
Potenz einer Potenz	$(a^n)^m = a^{n \cdot m}$

Rechnen mit Wurzeln

Für $a, b \in \mathbb{R}_0^+$, $n, m \in \mathbb{N}$ gilt:

Wurzeln und Potenzen	$a^{\frac{1}{n}} = \sqrt[n]{a}$
	$a^{\frac{m}{n}} = \sqrt[n]{a^m} = \left(\sqrt[n]{a}\right)^m$
Zusammenfassen von Wurzeln	$\sqrt[n]{a} \cdot \sqrt[n]{b} = \sqrt[n]{a \cdot b}$

Logarithmen

Für $a, b, c \in \mathbb{R}^+$, $a \neq 1$, $n \in \mathbb{N}$ gilt:

Besondere Logarithmen	$\log_a 1 = 0$
	$\log_a a^n = n$
Zusammenfassen	$\log_a b + \log_a c = \log_a(b \cdot c)$
	$\log_a b - \log_a c = \log_a\left(\frac{b}{c}\right)$
	$r \cdot \log_a b = \log_a b^r$
Basiswechsel ($c \neq 1$)	$\log_a b = \frac{\log_c b}{\log_c a}$

Gleichungen höheren Grades

Lösungen der allgemeinen quadratischen Gleichung $ax^2 + bx + c = 0$

$x_{1/2} = \frac{-b \pm \sqrt{b^2 - 4ac}}{2a}$, falls $D = b^2 - 4ac \geq 0$, sonst keine reelle Lösung.

Lösung der quadratischen Gleichung in Normalform $x^2 + px + q = 0$

$x_{1/2} = -\frac{-p}{2}\sqrt{\frac{p^2}{4} - q}$, falls $D = p^2 - 4q \geq 0$, sonst keine reelle Lösung.

Satz von Vieta:

Sind x_1 und x_2 Lösungen der quadratischen Gleichung in Normalform, so gilt:

$x_1 + x_2 = -p$ und $x_1 \cdot x_2 = q$

Newton-Verfahren als Näherungsverfahren für Gleichungen höheren Grades:

Sei $f(x)$ rationales Polynom höheren Grades, mit bekannter Ableitung $f'(x)$, sowie x_1 eine Näherung für eine Nullstelle. Dann erhält man im Allgemeinen einen besseren Wert x_2 für die Nullstelle wie folgt:

$x_2 = x_1 - \frac{f(x_1)}{f'(x_1)}$

Proportionalitäten

Direkt proportionale Größen x (mit Werten $x_1, x_2, \ldots$) und y (mit Werten $y_1, y_2, \ldots$)	$\frac{x_1}{y_1} = \frac{x_2}{y_2} = \ldots$	„quotientengleich“
Indirekt proportionale Größen x (mit Werten $x_1, x_2, \ldots$) und y (mit Werten $y_1, y_2, \ldots$)	$x_1 \cdot y_1 = x_2 \cdot y_2 = \ldots$	„produktgleich“

Goldener Schnitt

Eine Strecke s wird durch *T* im goldenen Schnitt geteilt, falls

$$\frac{s}{x} = \frac{x}{s-x}$$

$$x = \frac{\sqrt{5}-1}{s-x} \cdot s$$

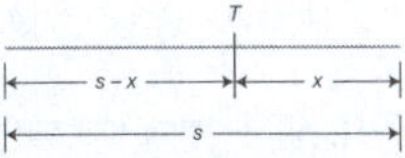

Determinanten und lineare Gleichungssysteme

2 × 2 Determinante:	$\begin{vmatrix} a & c \\ b & d \end{vmatrix} = ad - bcx$
3 × 3 Determinante bei Entwicklung nach der ersten Spalte:	$\begin{vmatrix} a & d & g \\ b & e & h \\ c & f & i \end{vmatrix} = a \cdot \begin{vmatrix} e & h \\ f & i \end{vmatrix} - b \cdot \begin{vmatrix} d & g \\ f & i \end{vmatrix} + c \cdot \begin{vmatrix} d & g \\ e & h \end{vmatrix}$
Regel von Sarrus:	$\det\left(\begin{pmatrix} a \\ b \\ c \end{pmatrix} \cdot \begin{pmatrix} d \\ e \\ f \end{pmatrix} \cdot \begin{pmatrix} g \\ h \\ i \end{pmatrix}\right) = \begin{vmatrix} a & d & g \\ b & e & h \\ c & f & i \end{vmatrix} =$ $= aei + dhc + gbf - (gec + ahf + dbi)$

Gleichungssystem mit zwei Gleichungen und zwei Unbekannten mit:

$a_{11} \cdot x + a_{12} \cdot y = b_1$
$a_{21} \cdot x + a_{22} \cdot y = b_2$

Lösung mit dem Determinantenverfahren:

$$D := \begin{vmatrix} a_{11} & a_{12} \\ a_{21} & a_{22} \end{vmatrix}; D_x := \begin{vmatrix} b_1 & a_{12} \\ b_2 & a_{22} \end{vmatrix}; D_y := \begin{vmatrix} a_{11} & b_1 \\ a_{21} & b_2 \end{vmatrix}$$

Für $D \neq 0$ eindeutig lösbar $x = \frac{D_x}{D}; y = \frac{D_y}{D}$

Für $D = 0$: keine Lösung, falls $D_x \neq 0$ oder $D_y \neq 0$
unendlich viele Lösungen, falls $D_x = D_y = 0$ und mindestens ein $a_{ij} \neq 0$

Gleichungssystem mit drei Gleichungen und drei Unbekannten mit:

$$a_{11} \cdot x + a_{12} \cdot y + a_{13} \cdot z = b_1$$
$$a_{21} \cdot x + a_{22} \cdot y + a_{23} \cdot z = b_2$$
$$a_{31} \cdot x + a_{32} \cdot y + a_{33} \cdot z = b_3$$

Lösung mit dem Determinantenverfahren:

$$D := \begin{vmatrix} a_{11} & a_{12} & a_{13} \\ a_{21} & a_{22} & a_{23} \\ a_{31} & a_{32} & a_{33} \end{vmatrix}; D_x := \begin{vmatrix} b_1 & a_{12} & a_{13} \\ b_2 & a_{22} & a_{23} \\ b_3 & a_{32} & a_{33} \end{vmatrix};$$

$$D_y := \begin{vmatrix} a_{11} & b_1 & a_{13} \\ a_{21} & b_2 & a_{23} \\ a_{31} & b_3 & a_{33} \end{vmatrix}; D_z := \begin{vmatrix} a_{11} & a_{12} & b_1 \\ a_{21} & a_{22} & b_2 \\ a_{31} & a_{32} & b_3 \end{vmatrix}$$

Für $D \neq 0$ eindeutig lösbar $x = \frac{D_x}{D}; y = \frac{D_y}{D}; z = \frac{D_z}{D}$

Für $D = 0$: keine Lösung, falls $D_x \neq 0$ oder $D_y \neq 0$ oder $D_z \neq 0$

unendlich viele Lösungen, falls $D_x = D_y = D_z = 0$ und mindestens ein $a_{ij} \neq 0$

Geometrie

Trigonometrie

Winkelfunktionen im rechtwinkligen Dreieck

$$\sin(\alpha) = \frac{\text{Gegenkathete}}{\text{Hypotenuse}}$$

$$\cos(\alpha) = \frac{\text{Ankathete}}{\text{Hypotenuse}}$$

$$\tan(\alpha) = \frac{\text{Gegenkathete}}{\text{Ankathete}}$$

$$\cot(\alpha) = \frac{\text{Ankathete}}{\text{Gegenkathete}}$$

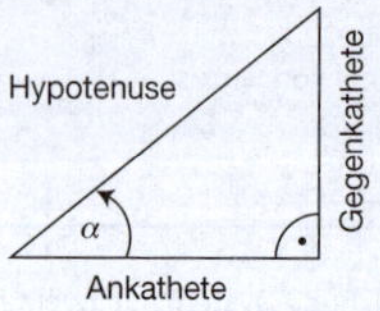

Bogenmaß-Gradmaß

Umrechnung $1° \triangleq \frac{1}{180°} \cdot \pi\,(rad)$

$1(rad) \triangleq \frac{180°}{\pi}$

Periodizität und Zusammenhänge im Bogenmaß
Sämtliche Beziehungen im Gradmaß gelten auch im Bogenmaß. Zu ersetzen sind $90°$ durch $\frac{\pi}{2}$, $180°$ durch π und $360°$ durch 2π.

Anhang

Winkelfunktionen allgemein

Definitionsmengen

$f_1(\alpha) = \sin\alpha$	$D_{\sin\alpha} = R$
$f_2(\alpha) = \cos\alpha$	$D_{\cos\alpha} = R$
$f_3(\alpha) = \tan\alpha$	$D_{\tan\alpha} = R \setminus \{\pm(2n+1)\cdot 90°, n \in N_0\}$
$f_4(\alpha) = \cot\alpha$	$D_{\cot\alpha} = R \setminus \{\pm n \cdot 180°, n \in N_0\}$

Periodizität

Für $n \in N_0$ gilt:

$$\cos(\alpha \pm n \cdot 360°) = \cos\alpha$$
$$\sin(\alpha \pm n \cdot 360°) = \sin\alpha$$
$$\tan(\alpha \pm n \cdot 180°) = \tan\alpha$$
$$\cot(\alpha \pm n \cdot 180°) = \cot\alpha$$

Zusammenhänge

$\sin(180° - \alpha) = \sin\alpha$	$\cos(180° - \alpha) = -\cos\alpha$
$\sin(\alpha - 180°) = -\sin\alpha$	$\cos(\alpha - 180°) = -\cos\alpha$
$\tan(180° - \alpha) = -\tan\alpha$	$\cot(180° - \alpha) = -\cot\alpha$
$\tan(\alpha - 180°) = \tan\alpha$	$\cot(\alpha - 180°) = \cot\alpha$
$\sin(360° - \alpha) = -\sin\alpha$	$\cos(360° - \alpha) = \cos\alpha$
$\tan(360° - \alpha) = -\tan\alpha$	$\cot(360° - \alpha) = -\cot\alpha$
$\sin(-\alpha) = -\sin\alpha$	$\cos(-\alpha) = \cos\alpha$
$\tan(-\alpha) = -\tan\alpha$	$\cot(-\alpha) = -\cot\alpha$

Zusammenhänge zwischen verschiedenen Winkelfunktionen

$\sin(90° - \alpha) = \cos\alpha$	$\cos(90° - \alpha) = \sin\alpha$
$\tan(90° - \alpha) = \cot\alpha$	$\cot(90° - \alpha) = \tan\alpha$

$$\tan\alpha = \frac{1}{\cot\alpha}$$

$$(\sin\alpha)^2 + (\cos\alpha)^2 = 1$$

$$1 + (\tan\alpha)^2 = \frac{1}{(\cos\alpha)^2} \text{ falls } \alpha \neq \pm(2n+1)\cdot 90°$$

Additionstheoreme

$$\sin(\alpha + \beta) = \sin(\alpha)\cdot\cos(\beta) + \cos(\alpha)\cdot\sin(\beta)$$
$$\cos(\alpha + \beta) = \cos(\alpha)\cdot\cos(\beta) - \sin(\alpha)\cdot\sin(\beta)$$
$$\sin(\alpha - \beta) = \sin(\alpha)\cdot\cos(\beta) - \cos(\alpha)\cdot\sin(\beta)$$
$$\cos(\alpha - \beta) = \cos(\alpha)\cdot\cos(\beta) + \sin(\alpha)\cdot\sin(\beta)$$

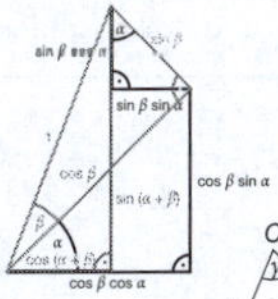

Kosinussatz $c^2 = a^2 + b^2 - 2 \cdot a \cdot b \cdot \cos\gamma$

Sinussatz $\frac{\sin\alpha}{a} = \frac{\sin\beta}{b} = \frac{\sin\gamma}{c}$

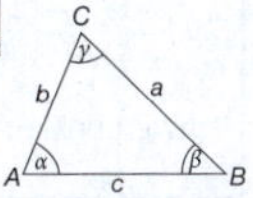

Winkelbetrachtungen

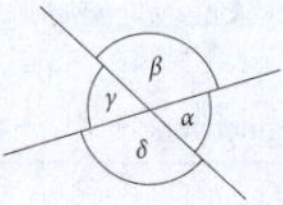

Winkel an sich schneidenden Geraden

Scheitelwinkel	$\alpha = \gamma$ und $\beta = \delta$
Nebenwinkel	$\alpha + \beta = 180°$

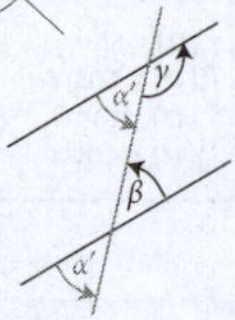

Winkel an parallelen Geraden

Stufenwinkel (F-Winkel)	$\alpha = \alpha'$
Wechselwinkel (Z-Winkel)	$\beta = \alpha'$
Nachbarwinkel	$\beta + \gamma = 180°$

Längenverhältnisse

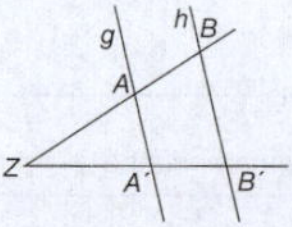

An parallelen Geraden

Falls g||h, so gilt:

$$\frac{\overline{ZA}}{\overline{ZA'}} = \frac{\overline{ZB}}{\overline{ZB'}} \quad \frac{\overline{ZB}}{\overline{ZA}} = \frac{\overline{ZB'}}{\overline{ZA'}} = \frac{\overline{BB'}}{\overline{AA'}} \quad \frac{\overline{BA}}{\overline{ZA}} = \frac{\overline{B'A'}}{\overline{ZA'}}$$

Am Kreis

Sehnensatz	$\overline{S_iA} \cdot \overline{S_iC} = \overline{S_iB} \cdot \overline{S_iD}$
Tangentensatz	$\overline{S_aT}^2 = \overline{S_aV} \cdot \overline{S_aU}$
Sekantensatz	$\overline{S_aA} \cdot \overline{S_aB} = \overline{S_aC} \cdot \overline{S_aD}$

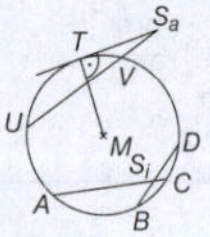

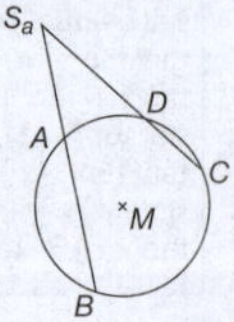

Dreiecke

Allgemein

A Flächeninhalt; a, b, c Längen der Seiten;
α, β, γ Innenwinkel; h_a, h_b, h_c Höhen;
M_a, M_b, M_c Seitenmitten;
r_i, r_u Inkreis- und Umkreisradius

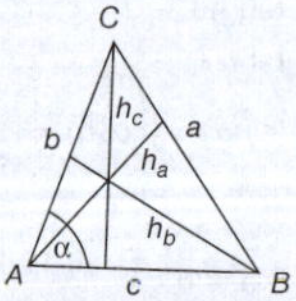

$$A = \frac{1}{2} \cdot a \cdot h_a = \frac{1}{2} \cdot b \cdot h_b = \frac{1}{2} \cdot c \cdot h_c = \frac{1}{2} \cdot b \cdot c \cdot \sin(\alpha)$$

$$r_u = \frac{a \cdot b \cdot c}{4 \cdot A} \qquad r_i = \frac{2 \cdot A}{a + b + c}$$

Schwerpunkt S: $\frac{\overline{CS}}{\overline{SM_c}} = \frac{\overline{BS}}{\overline{SM_b}} = \frac{\overline{AS}}{\overline{SM_a}} = 2$

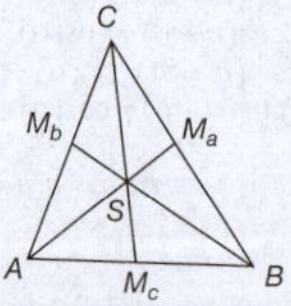

Gleichseitiges Dreieck

$h = \frac{a}{2} \cdot \sqrt{3}$ $A = \frac{a^2}{4} \cdot \sqrt{3}$

$r_u = \frac{a}{3} \cdot \sqrt{3}$ $r_i = \frac{a}{6} \cdot \sqrt{3}$

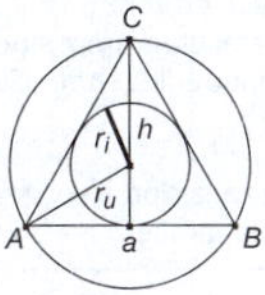

Gleichschenkliges Dreieck

$h = \frac{1}{2} \cdot \sqrt{4b^2 - a^2}$ $A = \frac{1}{4} \cdot a \cdot \sqrt{4b^2 - a^2}$

$r_u = \frac{b^2}{\sqrt{4b^2 - a^2}}$ $r_i = \frac{A}{b + \frac{1}{2}a}$

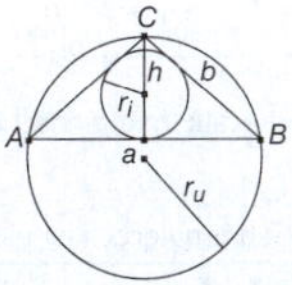

Rechtwinkliges Dreieck
a, *b* Katheten; *c* Hypotenuse

Satzgruppe des Pythagoras
Kathetensatz $a^2 = c \cdot p$ und $b^2 = c \cdot q$
Höhensatz $h^2 = p \cdot q$
Satz des Pythagoras $a^2 + b^2 = c^2$

$A = \frac{1}{2} \cdot c \cdot h = \frac{1}{2} a \cdot b$ $r_u = \frac{c}{2}$ $r_i = \frac{a + b + c}{2}$

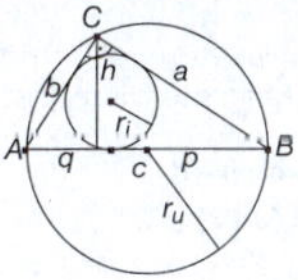

Vierecke und Vielecke

Besondere Vierecke

Raute:
In einer Raute sind alle Seiten gleich lang.

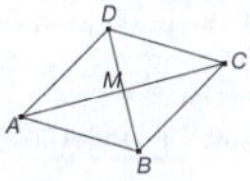

Quadrat:
Im Quadrat sind alle Seiten gleich lang und alle Winkel gleich groß.

$U = 4 \cdot a$
$A = a^2$
$d = a \cdot \sqrt{2}$

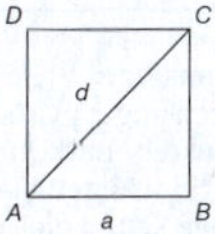

Rechteck:
Im Rechteck sind alle Winkel gleich groß.

$U = 2 \cdot a + 2 \cdot b$
$A = a \cdot b$
$d = \sqrt{a^2 + b^2}$

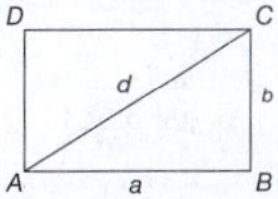

Parallelogramm:
Im Parallelogramm sind alle gegenüberliegenden Seiten parallel.

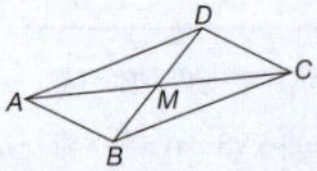

Trapez:
Im Trapez sind zwei gegenüberliegende Seiten parallel.

$$U = a + b + c + d$$

$$A = \frac{a + c}{2} \cdot h = m \cdot h$$

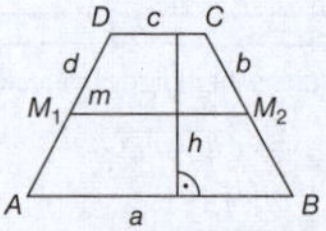

Sonderfall: Im gleichschenkligen Trapez gilt: $b = d$

Sehnenviereck:
Ein Sehnenviereck ist ein Viereck mit Umkreis.

$$\alpha + \gamma = \beta + \delta = 180°$$

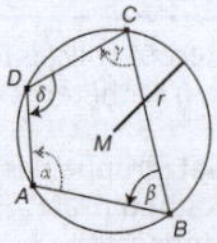

Tangentenviereck:
Ein Tangentenviereck ist ein Viereck mit Inkreis.

$$a + c = b + d$$

$$A = (a + c) \cdot r$$

$$r = \frac{A}{a + c}$$

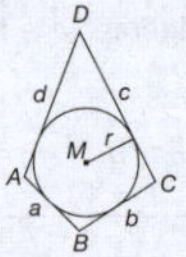

Sehnentangentenviereck:
Im Sehnentangentenviereck gibt es einen In- und einen Umkreis.

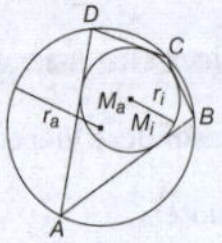

Winkelsumme im n-Eck
Für die Winkelsumme W(n) im n-Eck gilt

$$W(n) = (n - 2) \cdot 180°$$

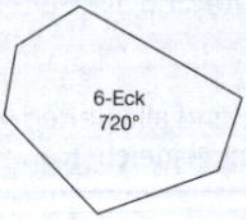

Regelmäßiges Vieleck
a Seitenlänge; *γ* Größe des Innenwinkels;
r_i, r_u Inkrels- und Umkreisradius;
Im regelmäßigen Vieleck sind alle Winkel *γ* gleich groß und alle Seiten gleich lang.

$$\gamma = \frac{n - 2}{n} \cdot 180° \qquad \mu = \frac{360°}{n}$$

$$r_u = \frac{a}{2 \cdot \sin\left(\frac{360}{2n}\right)} \qquad r_i = \frac{1}{2} \cdot \sqrt{4 \cdot r_a^2 - a^2}$$

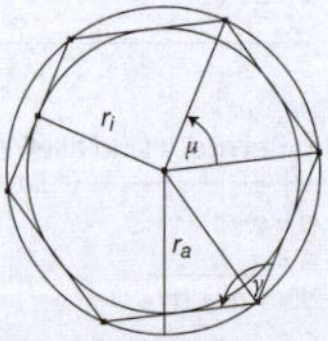

Kreis und Kreisteile

Kreis

Mittelpunkt M; Radius r; μ Mittelpunktswinkel; γ Umfangswinkel; τ Tangentenwinkel

$$u = 2 \cdot \pi \cdot r \qquad A = \pi \cdot r^2 \qquad \mu = 2 \cdot \gamma = 2 \cdot \tau$$

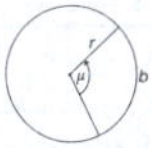

Kreissektor

$$A = \frac{\mu}{360°} \cdot \pi \cdot r^2 \qquad b = \frac{\mu}{180°} \cdot \pi \cdot r \qquad u = b + 2 \cdot r$$

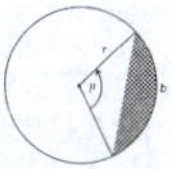

Kreissegment

$$A = \frac{1}{2} \cdot (b \cdot r - r^2 \cdot \sin(\mu)) \qquad b = \frac{\mu}{360°} \cdot \pi \cdot r$$

Ellipse

Eine Ellipse ist bestimmt durch zwei Brennpunkte F_1 und F_2, die beiden Halbachsen a und b sowie die Exzentrizität e.

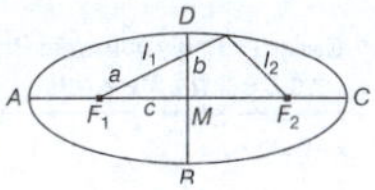

$$l_1 + l_2 = 2a \qquad e = \sqrt{a^2 - b^2}$$

$$\overline{F_1F_2} = 2e \qquad A = \pi \cdot a \cdot b$$

Körper

Geradlinig begrenzte Körper

Würfel: Bei einem Würfel sind alle Kanten gleich lang und stehen paarweise senkrecht aufeinander.

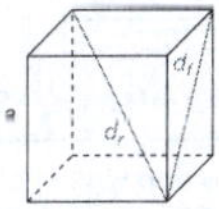

$$O = 6 \cdot a^2 \qquad V = a^3$$

$$d_f = a \cdot \sqrt{2} \qquad d_r = a \cdot \sqrt{3}$$

Quader: Bei einem Quader stehen alle Kanten paarweise senkrecht aufeinander.

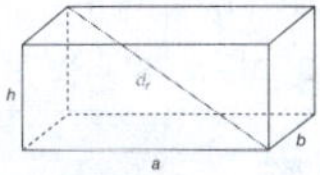

$$O = 2(a \cdot b + a \cdot h + b \cdot h) \qquad V = a \cdot b \cdot h = G \cdot h$$

$$d_r = \sqrt{a^2 + b^2 + h^2}$$

Prisma: Bei einem Prisma sind Grund- und Deckfläche G kongruent und alle Seitenflächen sind Rechtecke.

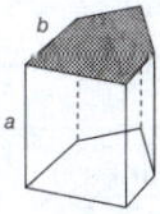

$$V = G \cdot h$$

Pyramide: Bei einer Pyramide laufen alle Kanten, die nicht die Grundfläche G begrenzen, von dieser aus der Grundfläche G auf eine Spitze zu.

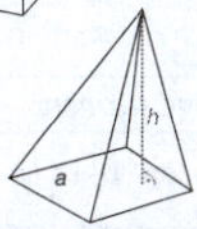

$$V = \frac{1}{3} \cdot G \cdot h$$

Pyramidenstumpf: Ein Pyramidenstumpf ist eine Pyramide mit so abgeschnittener Spitze, dass die Deckfläche D und die Grundfläche G parallel sind.

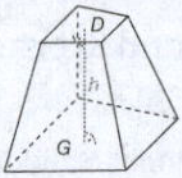

$$V = \frac{1}{3} \cdot (G + \sqrt{GD} + D) \cdot h$$

Tetraeder: Ein Tetraeder wird von 4 Dreiecken begrenzt.
Sonderfall: Ein reguläres Tetraeder hat lauter gleich lange Kanten.

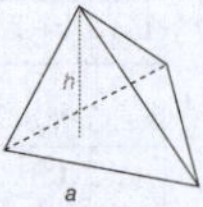

$$O = a^2 \cdot \sqrt{3} \qquad V = \frac{a^3 \cdot \sqrt{2}}{12} \qquad h = \frac{a \cdot \sqrt{6}}{3}$$

Reguläres Oktaeder: Körper, der von acht gleichseitigen Dreiecken begrenzt wird.

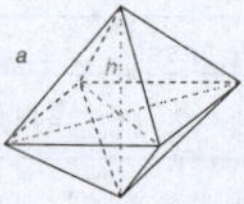

$$O = 2 \cdot a^2 \cdot \sqrt{3} \qquad V = \frac{a^3 \cdot \sqrt{2}}{3} \qquad h = a \cdot \sqrt{2}$$

Körper mit kreisförmigen Begrenzungen

Gerader Kreiszylinder: Beim geraden Kreiszylinder sind Grund und Deckfläche Kreise und alle Kanten stehen senkrecht auf diesen.

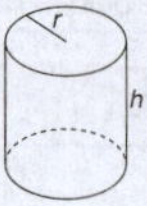

$$M = 2 \cdot \pi \cdot r \qquad O = M + 2 \cdot \pi \cdot r^2 = M + 2 \cdot G$$
$$V = \pi \cdot r^2 \cdot h = G \cdot h$$

Gerader Kreiskegel: Beim geraden Kreiskegel laufen von der kreisrunden Grundfläche alle Kanten auf eine Spitze zu, die über dem Mittelpunkt des Grundkreises liegt.

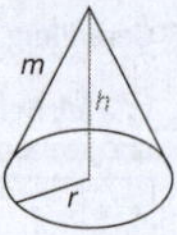

$$m = \sqrt{r^2 + h^2} \qquad O = \pi \cdot m \cdot r + \pi \cdot r^2$$
$$V = \frac{1}{3} \cdot \pi \cdot r^2 \cdot h = \frac{1}{3} \cdot G \cdot h$$

Kegelstumpf: Ein Kegelstumpf ist ein Kegel mit so abgeschnittener Spitze, dass die Deckfläche und die Grundfläche parallel sind.

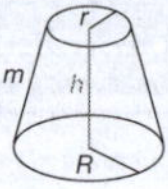

$$m = \sqrt{(R - r)^2 + h^2} \qquad M = (R + r) \cdot \pi \cdot s$$
$$O = M + \pi \cdot (R^2 + r^2) \qquad V = \frac{\pi \cdot h}{3} \cdot (R^2 + r^2 + Rr)$$

Kugel

$$O = 4 \cdot \pi \cdot r^2 \qquad V = \frac{4}{3} \cdot \pi \cdot r^3$$

Kugelsektor

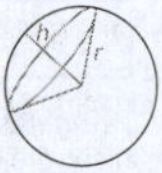

$$O = 2 \cdot \pi \cdot r \cdot h + \pi \cdot r \cdot \sqrt{(2r - h) \cdot h}$$
$$V = \frac{2}{3} \cdot \pi \cdot r^2 \cdot h$$

Kugelsegment

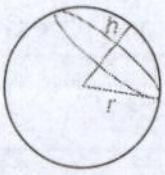

$$O = \pi \cdot h \cdot (4 \cdot r - h) \qquad V = \frac{1}{3} \cdot \pi \cdot h^2 \cdot (3r - h)$$

Wahrscheinlichkeitsrechnung

Wahrscheinlichkeit

Häufigkeit

Tritt ein Ereignis E bei n Versuchen k-mal auf, so bezeichnet man mit k die absolute Häufigkeit von E und mit $\frac{k}{n}$ die relative Häufigkeit des Ereignisses.

Wahrscheinlichkeit und Gesetz der großen Zahlen

Ist p die Wahrscheinlichkeit eines Ereignisses E, so gilt: $\lim_{n \to \infty} \left| p - \frac{k}{n} \right| = 0$, falls das Ereignis E bei n Versuchen k-mal auftritt.

Laplace-Experiment

Sei Ω die Menge mit allen möglichen Ausgängen eines Experimentes. Bei einem Laplace-Experiment sind alle möglichen Ausgänge in Ω gleichwahrscheinlich.

Laplace-Wahrscheinlichkeit

Gibt es bei einem Laplace-Experiment für das Ereignis A $|A|$-verschiedene Ergebnisse, die zu A gehören, so gilt: $P(A) = \frac{|A|}{|\Omega|}$

Kombinatorik

Fakultät einer Zahl $n \in \mathbb{N}$:	$n! = n \cdot (n-1) \cdot (n-2) \cdot \ldots \cdot 2 \cdot 1$
Binomialkoeffizient:	$\binom{n}{k} = \frac{n!}{k! \cdot (n-k)!}$
Permutation von n verschiedenen Elementen:	$N = n!$
Permutationen mit Mengen gleicher Elemente: $n_1, n_2, \ldots, n_m$ seien die Mächtigkeit der Gruppen jeweils gleicher Elemente:	$N = \frac{(n_1 + n_2 + \ldots + n_m)!}{n_1! \cdot n_2! \cdot \ldots \cdot n_m!}$
Anzahl der k-elementigen Teilmengen einer Menge mit n verschiedenen Elementen:	$N = \binom{n}{k}$
Anzahl der k-elementigen Teilmengen einer Menge mit n verschiedenen Elementen mit Wiederholung:	$N = \binom{n+k-1}{k}$
Kombinationen aus einer n-elementigen Menge der Länge k:	$N = n^k$
Kombinationen aus einer n-elementigen Menge der Länge k ohne Wiederholung:	$N = \binom{n}{k} \cdot k! = \frac{n!}{(n-k)!}$

Anhang

Axiome von Kolmogorov und Mengenalgebra

Axiome von Kolmogorov

Sei Ω der Ergebnisraum eines Zufallsexperimentes. Jedem Ereignis E wird eine Wahrscheinlichkeit P zugeordnet, für welche die Axiome von Kolmogorov gelten:

1. Nichtnegativität: $P(E) \geq 0$
2. Normierung: $P(\Omega) = 1$
3. Additionssatz: $E_1 \in E_2 = \{\} \Rightarrow P(E_1 \cup E_2) = P(E_1) + P(E_2)$

Gesetze der Mengenalgebra

A, B und C seien Teilmengen einer Grundmenge Ω.

Kommutativgesetze	$A \cup B = B \cup A$	und $A \cap B = B \cap A$
Assoziativgesetze	$(A \cup B) \cup C = A \cup (B \cup C)$	und $(A \cap B) \cap C = A \cap (B \cap C)$
Distributivgesetze	$A \cup (B \cap C) = (A \cup B) \cap (A \cup C)$ und $A \cap (B \cup C) = (A \cap B) \cup (A \cap C)$	
Absorptionsgesetz	$A \cup (A \cap B) = A$	und $A \cap (A \cup B) = A$
Idempotenzgesetz	$A \cup A = A$	und $A \cap A = A$
Komplementgesetz	$A \cup \overline{A} = \Omega$	und $A \cap \overline{A} = \varnothing$
Neutrales Element	$A \cup \varnothing = A$	und $A \cap \Omega = A$
Dominantes Element	$A \cup \Omega = \Omega$	und $A \cap \varnothing = \varnothing$
De-Morgan-Gesetz	$\overline{A \cup B} = \overline{A} \cap \overline{B}$	und $\overline{A \cap B} = \overline{A} \cup \overline{B}$
Doppeltes Komplement	$\overline{\overline{A}} = A$	

Venn-Diagramme

Venn-Diagramme stellen Relationen zwischen Mengen bzw. Aussagen dar.

Darstellung grundlegender Relationen:

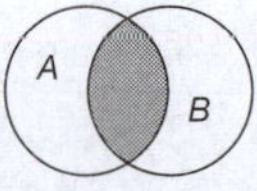

$A \cap B$

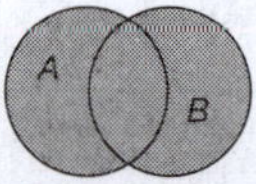

$A \cup B$

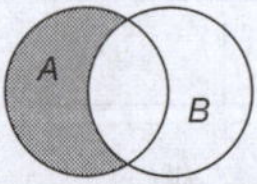

$A \setminus B = A \cap \overline{B}$

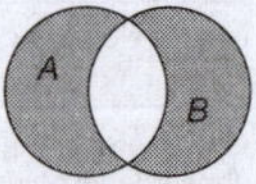

$(A \cup B) \setminus (A \cap B)$

Pfadregel

Bei einem Baumdiagramm stehen an den Zweigen die Wahrscheinlichkeiten.

Pfadregel 1 Die Wahrscheinlichkeit eines Ergebnisses ergibt sich aus der Multiplikation der Wahrscheinlichkeiten entlang des Pfades.
Pfadregel 2 Die Wahrscheinlichkeit eines Ereignisses ergibt sich als Summe der Wahrscheinlichkeiten der einzelnen Pfade.

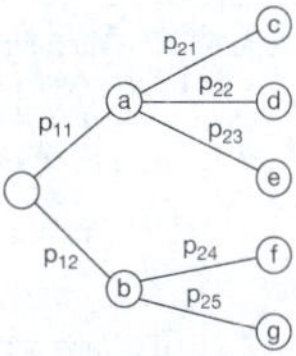

Zufallsgrößen

Zufallsgröße

Eine Zufallsgröße Z ordnet jedem Ergebnis einer Ergebnismenge eine Zahl zu.

Wahrscheinlichkeitsfunktion P

Die Wahrscheinlichkeitsfunktion ordnet jedem Wert x, den eine Zufallsgröße annehmen kann, eine Wahrscheinlichkeit $P(X = x)$ zu.

Für zwei Zufallsgrößen X und Y gibt es eine gemeinsame Wahrscheinlichkeitsverteilung P_{XY}, die angibt, mit welcher Wahrscheinlichkeit X den Wert x und gleichzeitig Y den Wert y annimmt.

Verteilungsfunktion

Sei P Wahrscheinlichkeitsfunktion einer Zufallsgröße X. Dann ist F die Verteilungsfunktion, falls gilt: $F(X = x_0) = \sum_{x_i \le x_0} P(X = x_i)$

Unabhängige Zufallsgrößen

Zwei Zufallsgrößen heißen unabhängig, falls

$P_X(X = x_i) \cdot P_Y(Y = y_j) = P_{Xy}(X = x_i \wedge Y = y_j)$

Erwartungswert E(X)

$$E(X) = x_1 \cdot P(X = x_1) + x_2 \cdot P(X = x_2) + \ldots + x_n \cdot P(X = x_n) =$$
$$= \sum_{i=1}^{n} x_i \cdot P(X = x_i)$$

Varianz VAR(X)

$$VAR(X) = (x_1 - \mu)^2 \cdot P(X = x_1) + (x_2 - \mu)^2 \cdot P(X = x_2) + \ldots + (x_n - \mu)^2 \cdot P(X = x_n) =$$
$$= \sum_{i=1}^{n} (x_i - \mu)^2 \cdot P(X = x_i)$$

Es gilt : $VAR(X) = E(X^2) - [E(X)]^2$

Streuung ρ(X)

$\rho(X) = \sqrt{VAR(X)}$

Regeln für Erwartungswert und Varianz

Für den Erwartungswert:

α) $E(X + Y) = E(X) + E(Y)$

β) $E(X + t) = E(X) + t$

γ) $E(k \cdot X) = k \cdot E(X)$

δ) falls X und Y unabhängig: $E(X \cdot Y) = E(X) \cdot E(Y)$

Für die Varianz:

α) $VAR(X + t) = VAR(X)$

β) $VAR(k \cdot X) = k^2 \cdot VAR(X)$

γ) falls $X_1, X_2, \dots, X_n$ unabhängig:

$VAR(X_1 + X_2 + \dots + X_n) = VAR(X_1) + VAR(X_2) + \dots + VAR(X_n)$

Bernoulliexperimente und spezielle Verteilungen

Bernoulliexperiment

Ein Zufallsexperiment heißt Bernoulliexperiment, falls der Ergebnisraum nur zwei unterschiedliche Ergebnisse hat.

Bernoullikette

n-malige Hintereinanderausführung eines Bernoulliexperimentes

Binomialverteilung

Eine Zufallsgröße X heißt $B(n; p)$-binomialverteilt, wenn gilt:

$$P(X = k) = \binom{n}{k} \cdot p^k \cdot q^{n-k} =: B(n / p / k)$$

mit $q = 1 - p$ und $0 \leq k \leq n$

Hypergeometrische Verteilung

Eine Zufallsgröße X heißt hypergeometrisch verteilt mit N, K und n, wenn gilt: .

$$P(X = k) = \frac{\binom{K}{k} \cdot \binom{N-K}{n-k}}{\binom{N}{n}}$$

mit $0 \leq k \leq n$

Anhang

Normalverteilung

Eine Zufallsgröße X heißt normalverteilt mit den Parameter $\mu = E(X)$ und $\sigma = \sqrt{VAR(X)}$, falls für die Dichtefunktion gilt:

$$f(x) = \frac{1}{\sqrt{2\pi}} \cdot \frac{1}{\sigma} \cdot e^{-\frac{1}{2} \cdot \left(\frac{x-\mu}{\sigma}\right)^2}$$

Glockenkurve

$$\varphi(x) = \frac{1}{\sqrt{2\pi}} \cdot e^{-\frac{1}{2} \cdot (x)^2}$$

Verteilungsfunktion der standardisierten Normalverteilung

$$\Phi(x) = \frac{1}{\sqrt{2\pi}} \cdot \int_{-\infty}^{x} e^{-\frac{1}{2} \cdot t^2}$$

mit $\Phi(-x) = 1 - \Phi(x)$

Approximation der Binomialverteilung

Lokal: $B(n, p, k) \approx \frac{1}{\sigma} \cdot \varphi\left(\frac{k-\mu}{\sigma}\right)$

mit $\mu = n \cdot p$ und $\sigma = \sqrt{n \cdot p \cdot (1-p)}$

Global: $\sum_{i \leq k} B(n, p, i) \approx \Phi\left(\frac{k - \mu + \frac{1}{2}}{\sigma}\right)$

mit $\mu = n \cdot p$ und $\sigma = \sqrt{n \cdot p \cdot (1-p)}$

Unabhängigkeit und bedingte Wahrscheinlichkeit

Unabhängige Freignisse

Zwei Ereignisse A und B heißen (stochastisch) unabhängig, falls gilt:
$P(A) \cdot P(B) = P(A \cap B)$
Sonst nennt man diese abhängig.

Bedingte Wahrscheinlichkeit

Die Wahrscheinlichkeit, dass B unter der Bedingung A eintritt, ist:

$$P_A(B) = \frac{P(A \cap B)}{P(A)}$$

Formel von Bayes

Sei $A_1 \cup A_2 \cup \ldots \cup A_n = \Omega$ mit $A_i \cap A_j = \varnothing \ \forall i, j \in \{1, \ldots, n\}$ eine Zerlegung von Ω, so gilt:

$$P_B(A_i) = \frac{P_{A_i}(B) \cdot P(A_i)}{\sum_{j=0}^{n} P_{A_j}(B) \cdot P(A_j)}$$

Register

S

T